O CICLO DA VIDA

Russell Foster

O ciclo da vida

Como a nova ciência do relógio biológico pode revolucionar seu sono e sua saúde

TRADUÇÃO
André Fontenelle

Grafia atualizada segundo o Acordo Ortográfico da Língua Portuguesa de 1990, que entrou em vigor no Brasil em 2009.

Título original
Life Time: The New Science of the Body Clock, and How It Can Revolutionize Your Sleep and Health

Capa e imagem
Mateus Valadares

Preparação
Isadora Próspero

Índice remissivo
Probo Poletti

Revisão
Nestor Turano Jr.
Ana Luiza Couto

Dados Internacionais de Catalogação na Publicação (CIP)
(Câmara Brasileira do Livro, SP, Brasil)

Foster, Russell
O ciclo da vida : Como a nova ciência do relógio biológico pode revolucionar seu sono e sua saúde / Russell Foster ; tradução André Fontenelle. — 1ª ed. — Rio de Janeiro : Objetiva, 2023.

Título original : Life Time : The New Science of the Body Clock, and How It Can Revolutionize Your Sleep and Health.
ISBN 978-85-390-0764-6

1. Autocuidados de saúde 2. Ritmos biológicos 3. Ritmos circadianos 4. Sono – Aspectos fisiológicos I. Título.

23-158308 CDD-616.8498
NLM-WM-188

Índice para catálogo sistemático:
1. Sono : Distúrbios : Medicina 616.8498

Aline Graziele Benitez – Bibliotecária – CRB-1/3129

EDITORA SCHWARCZ S.A.
Praça Floriano, 19, sala 3001 — Cinelândia
20031-050 — Rio de Janeiro — RJ
Telefone: (21) 3993-7510
www.companhiadasletras.com.br
www.blogdacompanhia.com.br
facebook.com/editoraobjetiva
instagram.com/editora_objetiva
twitter.com/edobjetiva

Este livro é afetuosamente dedicado a
Elizabeth, Charlotte, William e Victoria,
e à memória de Doreen Amy Foster
(17/08/1933-28/11/2020)

Sumário

Abreviaturas

AAS	ácido acetilsalicílico
ACS	apneia central do sono
ADP	adenosina difosfato
AIT	ataque isquêmico transitório
AOS	apneia obstrutiva do sono
ASPD	síndrome do avanço das fases do sono
ATP	adenosina trifosfato
AVP	arginina vasopressina
Aβ	amiloide (placas)
BSB	Comitê de Normas Bancárias (Reino Unido)
BST	Horário de verão britânico
CBD	canabidiol
covid-19	doença causada pelo coronavírus SARS-CoV-2
CPAP	pressão positiva contínua das vias aéreas
DDAVP	desmopressina
DHGNA	doença hepática gordurosa não alcoólica
DPOC	doença pulmonar obstrutiva crônica
DSPD	síndrome do atraso das fases do sono
EEG	eletroencefalograma
EHNA	esteatose hepática não alcoólica
EL	emissor de luz

EMA	Agência Europeia de Medicamentos
FDA	Food and Drug Administration (Estados Unidos)
FSH	hormônio folículo-estimulante
GABA	ácido gama-aminobutírico
GMT	Horário de Greenwich
GnRH	hormônio liberador de gonadotrofina
HbAc	hemoglobina glicada
hCG	gonadotrofina coriônica humana
HDL	lipoproteína de alta densidade
HPB	hiperplasia prostática benigna
IBP	inibidor da bomba de prótons
IMC	índice de massa corporal
IVF	fertilização in vitro
LDL	lipoproteína de baixa densidade
LH	hormônio luteinizante
NREM	sono com movimentos não rápidos dos olhos
NSQ	núcleos supraquiasmáticos
OPN4	gene da opsina que codifica a melanopsina
PKC	proteína quinase C
PNA	peptídeo natriurético atrial
pRGC	célula ganglionar retinal fotossensível
REM	sono com movimento rápido dos olhos
RRCS	ruptura do ritmo circadiano e do sono
RRP	receptor de reconhecimento de padrões
SHO	síndrome de hipoventilação da obesidade
SPI	síndrome das pernas inquietas
ISRS	inibidor seletivo da recaptação de serotonina
SWS	sono de ondas lentas
TARS	transtorno alimentar relacionado ao sono
TCCi	terapia cognitivo-comportamental para insônia
TCR	transtorno comportamental do sono REM
TDAH	transtorno de déficit de atenção e hiperatividade
TDPM	transtorno disfórico pré-menstrual
TEA	transtorno do espectro autista
TEPT	transtorno de estresse pós-traumático

THC	tetraidrocanabinol
TMRS	transtorno motor relacionado ao sono
TND	transtorno do neurodesenvolvimento
TNF	fator de necrose tumoral
TOC	transtorno obsessivo-compulsivo
TPM	síndrome pré-menstrual
TRH	terapia de reposição hormonal
TRS	transtorno respiratório relacionado ao sono
TST	tempo de sono total
VNS	estimulação do nervo vago

Introdução

Nada na vida deve ser temido, apenas compreendido.
Agora é hora de compreender mais para temer menos.
Marie Skłodowska-Curie

Quarenta anos atrás, quando eu era aluno da graduação em zoologia na Universidade de Bristol, sabia que queria me tornar cientista, mas pouco entendia o que isso realmente significava ou exigia. O relógio biológico não passava de um conceito difuso em meu cérebro jovem e disperso. No entanto, durante o último ano da graduação, trabalhei como voluntário em um simpósio internacional sobre ritmos biológicos. Minhas funções não eram complexas, então passei um bom tempo perambulando de palestra em palestra, conhecendo os grandes nomes da área na época. Com a confiança — ou talvez a arrogância — da juventude, eu imaginava que aqueles titãs da ciência iriam querer falar comigo tanto quanto eu queria falar com eles. A maioria foi incrivelmente generosa, embora eu tenha aprendido a não abordar um renomadíssimo professor durante seu café da manhã (é incrível o quanto se pode dizer com um silêncio sepulcral e um olhar fixo numa linguiça gordurosa...). Foi uma experiência formadora sob vários aspectos, e absorvi conhecimentos como uma esponja. Sem que soubesse, aquele simpósio definiria meus interesses por toda a vida, despertando a ambição de pertencer àquele grupo extraordinário de acadêmicos internacionais que trabalhavam com a ciência, em rápida ascensão, do tempo biológico. Minha carreira de cientista, dos dias de universitário a meu posto atual como professor de Neurociência Circadiana e diretor do Instituto Sir Jules Thorn do Sono e de Neurociência Circadiana, em Oxford, permitiu-me adquirir ideias novas de — e às vezes compartilhar novos conhecimentos com — colegas do mundo inteiro. De certa forma, este livro representa um compilado de tudo que aprendi ao estudar a natureza do tempo biológico ao longo de quatro décadas. Minha esperança é transmitir um pouco do entusiasmo, do encanto, do fascínio e do permanente prazer que senti ao longo de todos esses anos.

Nas últimas décadas, temos assistido a uma explosão de descobertas sobre a ciência do relógio biológico e dos ciclos de 24 horas que regem nossas vidas. Desses ciclos, o mais evidente é o nosso padrão diário de sono e vigília. Surpreendentemente, a maioria dos livros discute o relógio biológico e o sono em separado. Novas pesquisas, porém, nos mostram que essa abordagem desconexa só nos conta uma parte da história. Não há como compreender o sono de forma apropriada sem compreender o relógio biológico; e o sono, por sua vez, é quem regula esse relógio. Nas próximas páginas, o relógio biológico e o sono serão pensados em conjunto, como duas áreas da biologia intimamente ligadas e entrelaçadas, que definem e controlam nossa saúde. Em inúmeros casos, nossa capacidade de ter ou não êxito em algo, de voltar do trabalho dirigindo em segurança ou de fazer uma dieta para perder peso dependerá de estarmos trabalhando a favor ou contra esses ciclos de 24 horas. Aconteceu tanta coisa nessa área da ciência e da medicina que muitas vezes fica difícil diferenciar o que é fato do que é lenda. Quando se fala em saúde, conselhos sensatos muitas vezes se transformam em ordens peremptórias que mais parecem instruções berradas por um sargento do Exército em uma parada militar: você *tem* que dormir oito horas por noite; você *tem* que continuar a dividir a cama com um parceiro que ronca; você *não pode* usar um leitor de e-book que emita luz antes de dormir. Por isso, em vez de serem reconhecidos como amigos fiéis, os ritmos biológicos e o sono costumam ser retratados como um inimigo que precisa ser combatido, subjugado e derrotado. O que precisamos, em vez disso, é compreender e abraçar esses ritmos.

Neste livro, busquei elucidar a ciência dos relógios biológicos e do sono, apresentando algumas de suas descobertas mais incríveis em um formato, espero, divertido e fácil de ler. Pude recorrer às minhas próprias experiências como cientista ao longo dos últimos quarenta anos e tirei enorme proveito das discussões com amigos e colegas que contribuíram para nossa compreensão atual do tempo biológico. Apresento as evidências em que se baseiam nossos conhecimentos atuais e explico como essas evidências podem ser usadas por cada um de nós para tomar decisões mais informadas sobre como melhorar nossas vidas. Isso vai de dormir melhor a organizar nossas atividades diárias, incluindo benefícios que podemos obter ao tomar remédios ou mesmo nos vacinar em determinado horário. As informações reunidas aqui também proporcionarão uma melhor compreensão do comportamento alheio — por que adolescentes e idosos têm dificuldade de conseguir um sono reparador; por que seu estado de espírito e sua capacidade de tomar decisões podem mudar da manhã para a tarde; e por que o risco de divórcio é maior entre aqueles que trabalham no turno da noite. Busquei salientar que somos todos muito diferentes e que, embora seja possível generalizar, tentar tirar uma média pode ser enganoso. Ainda que a duração média do ciclo menstrual seja de 28 dias, apenas 15% das mulheres têm de fato um ciclo de 28 dias. O relógio biológico e a biologia do sono podem ser comparados ao tamanho de um sapato: não existe um número que sirva para todos, e obrigar todo mundo a usar o mesmo número não apenas seria estúpido, mas potencialmente danoso. A incapacidade de reconhecer essa variedade explica por que os conselhos genéricos dos meios de comunicação podem ser ou simplistas demais ou absolutamente inúteis.

O sono e os ritmos diários provêm da nossa genética, fisiologia, comportamento e entorno, e, assim como a maioria de nossos comportamentos, não são fixos. Modificam-se de acordo com nossas atitudes, a forma de interagir com o ambiente e as mudanças do nascimento à velhice. Da primeira infância à idade adulta avançada, nosso relógio biológico e padrões de sono se transformam de modo profundo, mas isso não é necessariamente ruim. Precisamos parar de nos preocupar com nosso sono e aceitar que diferente não quer dizer pior. Parte dos conselhos que recebemos está errada porque provém do mundo nebuloso do "senso comum". Esse "senso" pode ser antiquíssimo, remontando às origens da história escrita. No entanto, como veremos, a repetição de uma ideia nem sempre implica legitimidade. Por exemplo, *virar o bebê no berço ajuda a melhorar o sono*. Segundo essa antiga máxima, girar o bebê, mudando o lado da cabeça, reiniciaria seu relógio interno, levando-o a dormir à noite e a ficar acordado durante o dia. Não existe absolutamente nenhuma evidência que confirme isso. Na verdade, lendas assim podem muito bem ter surgido do desespero parental. A privação crônica do sono afeta demais o julgamento e a capacidade de agir racionalmente, sobretudo em pais e mães! Outro mito bastante repetido é o de que a melatonina, hormônio da glândula pineal, é um "hormônio do sono". Não é, e nos próximos capítulos vou explicar por quê.

Meu recado, ao longo deste livro, é que todos nós, como indivíduos e membros da sociedade, precisamos fazer algum esforço para compreender os novos conhecimentos científicos sobre o tempo biológico e agir de acordo com eles. Mas por que se preocupar com isso? Para mim, faz todo o sentido, em um mundo complexo e cheio de demandas, tentar atingir a melhor saúde física e mental possível. Conhecimentos sobre esse assunto vão nos ajudar a lidar com as diversas e variadas atribulações que enfrentamos ao longo da vida. Há mais um motivo, porém. Se você quiser abraçar a vida, ser criativo, tomar decisões sensatas, desfrutar da companhia alheia e enxergar o mundo — e tudo o que ele tem a oferecer — sob uma perspectiva positiva, respeitar o tempo biológico vai ajudá-lo. E por que não aproveitar ao máximo o tempo que temos, e talvez até estendê-lo?

O TIC-TAC DO RELÓGIO BIOLÓGICO

A profunda arrogância do ser humano faz com que a maior parte de nós suponha estar acima do reles mundo da biologia, como se pudéssemos fazer o que bem entendermos na hora em que bem entendermos. Essa é a premissa básica da sociedade moderna — funcionando 24/7, toda hora, todo dia e baseada em uma economia que depende de trabalhadores noturnos para abastecer nossos supermercados, limpar nossos escritórios, gerir nossos serviços financeiros globais, proteger-nos da criminalidade, consertar nossas ferrovias e estradas e, é claro, cuidar dos doentes e feridos nos momentos mais vulneráveis. Tudo isso acontece enquanto a maioria de nós está dormindo, ou pelo menos tentando dormir. Embora o plantão noturno seja a mais óbvia causa de ruptura do sono e do relógio biológico, muitos de nós sofremos uma redução do sono ao enfiar cada vez mais trabalho e atividades de lazer em uma rotina diária já sobrecarregada e excessiva. Por isso, empurramos essas atividades adicionais para a noite. A ocupação da noite foi possibilitada pela ampla comercialização da luz elétrica no mundo inteiro desde os anos 1950. Esse recurso extraordinário e maravilhoso também nos permitiu declarar uma guerra à noite — e, sem nos darmos conta, acabamos jogando fora uma parte essencial da nossa biologia.

É claro que *não somos* capazes de fazer o que bem entendermos na hora em que bem entendermos. Nossa biologia é controlada por um relógio biológico de 24 horas que nos avisa qual é a melhor hora para dormir, comer, pensar e realizar uma série de outras tarefas essenciais. Esse ajuste interno diário nos permite operar de maneira ideal em um mundo dinâmico, sintonizando nossa biologia com as exigências profundas impostas pelo ciclo dia/noite gerado pela rotação de 24 horas da Terra em torno do seu eixo. Para que nosso corpo funcione de maneira apropriada, precisamos da matéria-prima certa no lugar certo, na quantidade certa, na hora certa. Milhares de genes devem ser ligados e desligados em uma ordem específica. Proteínas, enzimas, lipídios, carboidratos, hormônios e outras substâncias precisam ser absorvidos, decompostos, metabolizados e produzidos em momentos específicos para o crescimento, a reprodução, o metabolismo, o movimento, a formação da memória, a defesa e a reparação de tecidos. Tudo isso exige uma biologia e um comportamento que estejam prontos e preparados na hora certa do dia. Sem essa regulação precisa de um relógio interno, toda a nossa biologia viveria no caos.

Para um ramo relativamente recente da biologia e emergente da medicina, a ciência dos relógios biológicos tem raízes muito mais antigas do que se poderia imaginar, remontando ao final da década de 1720 e ao estudo de uma planta com nome científico de *Mimosa pudica*, também chamada de dormideira. Este membro da família das ervilhas, conhecido de muitos jardineiros, tem folhas delicadas que se dobram para dentro e se fecham quando tocadas ou sacudidas, reabrindo alguns minutos depois. Além de responderem ao toque, as folhas se fecham à noite e se abrem durante o dia. Jean-Jacques d'Ortous de Mairan, um cientista francês, estudou essas plantas.

A observação fundamental de De Mairan para a nossa história foi que as folhas da mimosa continuavam a realizar esse movimento de abrir e fechar mesmo depois de vários dias em completa escuridão. Ele ficou espantado; era óbvio que não era a mudança da luz para o escuro que provocava aquele ciclo. O que, então, poderia ser? A temperatura? Alterações da temperatura ao longo do dia foram investigadas em 1759 por outro cientista francês, Henri-Louis Duhamel du Monceau, que levou mimosas a uma mina de sal onde havia condições constantes de temperatura e escuridão e concluiu que os ritmos persistiam. Quase cem anos depois, em 1832, um cientista suíço, Alphonse de Candolle, estudou as mimosas sob condições constantes e demonstrou que esses ritmos inerciais ou em livre curso de abertura e fechamento das folhas não eram exatamente de 24 horas, tendo em torno de 22 ou 23 horas.

Ao longo dos 150 anos seguintes, ritmos cotidianos que continuavam sob condições constantes próximos a 24 horas, mas não exatamente, foram observados em muitas plantas e animais. Esses ritmos vieram a ser chamados de *ritmos circadianos* (de *circa*, que significa "cerca de", e *dia*). No entanto, demorou bastante até os ritmos circadianos serem estudados nos seres humanos. Pistas de que eles existem em nós vieram de observações de Nathaniel Kleitman no final dos anos 1930. De 4 de junho a 6 de julho de 1938, Kleitman e um aluno, Bruce Richardson, se embrenharam na caverna Mammoth, no Kentucky. Não havia luz natural e a temperatura se manteve em constantes e frescos 12,2°C. Havia a luz das lanternas, então as condições não eram absolutamente constantes, e eles tiveram que compartilhar a caverna com uma vasta população de ratos e baratas enxeridos. Para impedir que subissem em seus colchões, puseram as quatro pernas de seus beliches dentro de baldes cheios de desinfetante. Registraram seus horários de sono e de vigília e mediram o ritmo diário da temperatura do corpo. Com essas observações, mostrou-se que eles continuaram a apresentar ciclos de cerca de 24 horas na temperatura corporal e nos momentos de sono e de vigília.

O verdadeiro significado dessas conclusões só foi compreendido na década de 1960. Um dos pioneiros na área, Jürgen Aschoff, mandou construir um bunker subterrâneo em Andechs, cidade da Baviera onde havia um mosteiro beneditino produtor de cerveja desde 1455. Universitários, quando não estavam na cervejaria, foram alojados nesse bunker com uma luz fraca constante e isolados de qualquer sinal externo do ambiente. Tinham, porém, acesso a um abajur de cabeceira. Mais uma vez, portanto, não estavam de fato sob condições de iluminação constante. Ao longo de vários dias, mediram-se seus ciclos de sono e vigília, a temperatura corporal, o volume de urina e outros "produtos". Sob essas condições semiconstantes, eles apresentaram um padrão rítmico diário de cerca de 24 horas. A partir dessas experiências, estimou-se que o relógio biológico humano tem cerca de 25 horas. Estudos mais recentes, do grupo de Charles Czeisler na Universidade Harvard, indicam que o relógio humano médio faz tique-taque a um ritmo mais próximo de 24 horas e 11 minutos. Essa diferença de tempo sempre foi um ponto de atrito entre Aschoff e a equipe de Harvard. Hoje, o consenso é que a diferença foi causada pelo uso de abajures na experiência dos bunkers. Aschoff era um homem extraordinário. Aprendi muito com ele — tanto científica quanto socialmente. Uns vinte e cinco anos atrás, em uma festa acadêmica na Baviera, abri uma garrafa de vinho. Vários minutos depois ouvi Aschoff rugindo: "Quem deixou a rolha no saca-rolhas?". Confessei que tinha sido eu e ele disse, para que todos ouvissem: "*Nunca* deixe a rolha no saca-rolhas, é o cúmulo da falta de modos". Nunca mais fiz isso.

Na década de 1960, os ritmos circadianos, que persistem (em livre curso) sob condições constantes e têm um período próximo, mas não exatamente, de 24 horas, foram identificados em muitas plantas e animais diferentes, inclusive em nós. E era aceito por todos (bem, quase todos) que esses ritmos seriam gerados biologicamente — seriam endógenos. Como em todos os ramos da ciência, a menos que você viva em uma ditadura, nunca há unanimidade sobre nada. Mas a discordância é saudável, porque leva os cientistas a aperfeiçoar suas experiências para formar uma base de evidências ainda mais sólida para a hipótese sob teste. O dissidente mais destacado era o professor Frank Brown, da Universidade Northwestern, em Chicago. Ele acreditava que os ritmos biológicos eram guiados por algum ciclo geofísico natural, como o eletromagnetismo, a radiação cósmica ou alguma outra força ainda desconhecida. O argumento central de Brown, que não era dos mais absurdos, era que nenhum mecanismo biológico podia ser independente da temperatura. Quando você eleva a temperatura, as reações biológicas se aceleram, enquanto o resfriamento as desacelera. No entanto, para que um relógio meça o tempo com precisão, ele precisa andar sempre à mesma velocidade. Eram necessárias observações adicionais, e estudos em plantas e insetos de sangue frio mostraram que os relógios biológicos de fato mediam bem o tempo — apesar de fortes alterações na temperatura ambiente. Brown estava equivocado, mas seu questionamento levou a experiências que demonstraram, de forma conclusiva, que os relógios biológicos de fato compensavam as variações de temperatura. Os relógios biológicos de 24 horas tinham que existir!

Um relógio interno lhe permite não apenas saber a hora, mas também prevê-la, ou ao menos prever eventos regulares em um determinado ambiente. Como mencionei, nosso corpo precisa da matéria-prima certa no lugar certo, na quantidade certa, na hora certa do dia, e um relógio consegue antecipar essas diferentes necessidades. Ao antecipar a manhã que se aproxima, nosso corpo se prepara de modo que o novo ambiente possa ser explorado de imediato. A pressão arterial e a taxa metabólica, junto com outros processos biológicos, sobem antes da alvorada. Caso simplesmente reagíssemos à luz da manhã para passar do sono à atividade, um tempo precioso seria desperdiçado ajustando nosso uso de energia, sentidos e sistemas imunológico, nervoso e muscular para agir. São necessárias várias horas para passar do sono à atividade, e uma biologia mal adaptada seria uma forte desvantagem na luta pela sobrevivência.

Abordamos, até aqui, duas das três características essenciais de um relógio circadiano interno — a capacidade de continuar girando, em um período de 24 horas, sob condições constantes, e de manter esse período de cerca de 24 horas mesmo quando a temperatura ambiente varia de maneira drástica, demonstrando uma compensação de temperatura. A terceira característica é chamada de "arrastamento": é uma capacidade incrivelmente importante e será discutida em detalhe no capítulo 3. De minha parte, talvez haja certo viés em relação à importância do arrastamento porque foi meu objeto de estudo durante a maior parte da minha carreira. Como mencionei, os relógios circadianos não funcionam em um período de exatamente 24 horas, mas um pouco mais rápido ou um pouco mais devagar. Portanto, os ritmos circadianos lembram mais aquele relógio mecânico do vovô, que precisa de um ligeiro ajuste diário para garantir que esteja acertado com o "verdadeiro" dia astronômico. Sem esse ajuste diário, o relógio logo se atrasa e fica desalinhado (em livre curso) em relação ao ciclo dia/noite do ambiente. Um relógio biológico de nada vale a menos que esteja acertado com a hora local. Para a maioria das plantas e dos animais, inclusive nós, o sinal de arrastamento mais importante, que alinha o dia interior ao dia exterior, é a luminosidade, sobretudo as mudanças da luz nas horas do nascer e do pôr do sol. Em nós, e em outros mamíferos, os olhos detectam a alvorada e o anoitecer para arrastar nossos ritmos circadianos, e a perda da visão impede esse ajuste. Pessoas que perderam os olhos em razão de uma doença genética, em combate ou devido a um acidente trágico ficam sem noção do tempo, passando por períodos de alguns dias em que acordam e vão dormir na hora certa antes de desviar-se de novo e querer dormir, comer e se manterem ativos na hora errada do dia. Um relógio biológico de 24 horas e 15 minutos levaria cerca de 96 dias para ir de um meio-dia até outro meio-dia, atrasando quinze minutos a cada dia. Indivíduos com deficiência visual vivenciam algo semelhante a um jet lag constante. Eles ficam "cegos para a hora", estado que discutirei com mais detalhes adiante.

O GRANDE SONO

Embora o ciclo de sono e vigília seja o mais óbvio dos ritmos de 24 horas, quase ninguém falava do sono nos meus primeiros simpósios. O sono me parecia, e a tantos outros na época, um tema nebuloso e turvo demais para que houvesse respostas claras. Também estava associado a noções filosóficas abstratas como a mente, a consciência e os sonhos. Era bastante impenetrável para a maioria de nós. Essa notável falta de interesse pelo sono da maior parte dos pesquisadores circadianos, inclusive eu mesmo na época, refletia as origens divergentes dos campos da pesquisa circadiana e da pesquisa do sono. A ciência dos ritmos circadianos foi estabelecida por biólogos pesquisando todo tipo de planta e animal. Em compensação, a pesquisa sobre o sono tem suas origens na medicina e nos registros da atividade elétrica no cérebro humano — as ondas cerebrais. O sono era, e ainda é, intensamente estudado com o uso de eletroencefalografia (EEG), e o foco de interesse eram as alterações da EEG durante os diferentes estágios do sono e de doenças. Com base no tamanho e na velocidade da atividade das ondas cerebrais registrada pela EEG, assim como nos movimentos oculares e na atividade muscular, o sono é definido como REM (da sigla em inglês para "movimento rápido dos olhos") ou como um dos três estágios do NREM (da sigla em inglês para "movimento não rápido dos olhos"). Quando estamos acordados, nossa EEG apresenta oscilações pequenas e rápidas na atividade elétrica do cérebro, mas à medida que caímos no sono NREM essas oscilações vão se tornando mais extensas e lentas até atingirmos o sono mais profundo, muitas vezes chamado de *sono de ondas lentas* (SWS, na sigla em inglês). A partir desse estado de sono profundo ocorre uma nova transição da EEG para oscilações mais rápidas e menores até entrarmos no sono REM, que já foi chamado de "sono paradoxal" porque relembra a EEG constatada durante a vigília. Durante o REM, também vivenciamos uma paralisia do pescoço para baixo, enquanto nossos olhos se movem rapidamente sob as pálpebras, de um lado para o outro — daí o nome. Esse ciclo NREM/REM ocorre a cada setenta a noventa minutos, e ao longo de uma noite passamos por quatro ou cinco ciclos NREM/REM, despertando naturalmente do sono REM. Em 1953, cerca de quinze anos depois da experiência na caverna Mammoth, Nathaniel Kleitman e outro aluno, Eugene Aserinsky, descobriram e batizaram o sono REM relacionando-o ao momento em que temos os sonhos mais vívidos e complexos. Caso você tenha um cachorro, já deve ter notado que, quando está dormindo, ele pode resmungar ou lamuriar-se e fazer movimentos de corrida, como se estivesse caçando uma lebre. Comportamentos como esses levaram alguns a sugerir que os cachorros, assim como vários mamíferos, também sonham durante o sono REM. Caso você não tenha um cachorro, pode assistir ao sono REM de seu parceiro. É fascinante, mas um pouco constrangedor quando a outra pessoa acorda e dá de cara com a sua contemplação!

Foi apenas nos últimos vinte anos, em especial nos últimos dez, que os pesquisadores do sono e do ciclo circadiano começaram a conversar mais entre si e a participar dos mesmos simpósios. Na verdade, hoje em dia são criados encontros para atrair ambos os grupos de cientistas, e me considero um pesquisador *tanto* do ciclo circadiano *quanto* do sono. Pois bem, o que me levou ao sono? No meu caso, houve um momento claro e decisivo após uma breve discussão que me irritou fortemente. No meu cargo anterior, eu passava bastante tempo no mesmo prédio com neurologistas e psiquiatras, e em um dia de 2001 topei com um psiquiatra num dos temidos elevadores do hospital Charing Cross, no oeste de Londres. "Você trabalha com sono, não é?", perguntou ele. "Não", respondi com educação, "eu estudo ritmos circadianos." Ignorando essa sutileza, ele prosseguiu: "Meus pacientes com esquizofrenia têm o sono péssimo, e na minha opinião é porque não têm emprego — então vão dormir tarde e acordam tarde, e com isso faltam às consultas, isolam-se socialmente e não conseguem fazer amigos". Essa explicação do desemprego não fazia nenhum sentido para mim. Por isso, juntei-me a outro psiquiatra para estudar padrões de sono em um grupo de vinte indivíduos com diagnóstico de esquizofrenia. Comparamos o sono desse grupo ao de indivíduos desempregados da mesma idade. Os resultados me deixaram besta. Os padrões de sono e vigília em pessoas com esquizofrenia não eram só ruins — estavam destroçados. E eram totalmente diferentes dos padrões dos indivíduos desempregados, que se assemelhavam aos de quem trabalhava.

Indivíduos com esquizofrenia também tinham pouquíssimo ou nenhum sono de ondas lentas e um sono REM anormal. Eu queria saber por que o sono havia decaído nessas pessoas, o que foi o ponto de partida para estudar o sono em indivíduos com doenças mentais, e posteriormente em outras condições. De maneira curiosa, muitos de meus colegas circadianos, pelos mais variados motivos, também enveredaram pelo sono na última década. Será que a idade nos deu sabedoria, ou talvez coragem? Até mais importante que isso é que uma nova geração de neurocientistas, armados de múltiplas e poderosas técnicas para examinar o cérebro, optou por estudar o sono e vem divulgando novas e incríveis informações.

Embora ainda exista uma série de dúvidas fundamentais, o sono, hoje em dia, já não é mais visto como a caixa-preta que era quando iniciei minhas pesquisas. Novos e notáveis trabalhos melhoraram imensamente nossa compreensão básica de como o sono é gerado dentro do cérebro e regulado pelo ambiente. Agora também entendemos que é durante o sono que consolidamos a maioria de nossas memórias, resolvemos problemas e processamos emoções; removemos toxinas perigosas cujo teor aumenta durante a atividade; reconstruímos vias metabólicas e reequilibramos reservas de energia. E, quando deixamos de dormir o suficiente, as funções cerebrais, as emoções e a saúde física desabam todas — e depressa. Por exemplo, o sono anormal nos deixa mais vulneráveis a doenças cardíacas, ao diabetes tipo 2, a infecções e até ao câncer. Em suma, nosso sono define nossa capacidade de operar quando estamos acordados, e a falta de sono e a perturbação circadiana impactam enormemente nosso bem-estar e saúde gerais. Embora as evidências que demonstram a importância do sono sejam claras, essa enorme fatia da nossa biologia, cerca de 36% da nossa vida, ainda não é plenamente compreendida por muitos setores da sociedade. Em seis anos de estudo, a maioria dos estudantes de medicina assistirá a apenas uma ou duas aulas sobre esse tema, e as informações tratadas costumam cobrir só a atividade da EEG durante o sono, não as novas informações científicas sobre os ritmos circadianos e o sono que discutirei neste livro. Entre o público em geral continuam a existir muitas ideias imprecisas sobre o tema. Os patrões supõem que seus funcionários do período noturno conseguirão se adaptar às exigências do trabalho nesse horário. Trata-se de uma premissa equivocada e, em razão dela, os empregados ficam sujeitos a um risco maior de doenças perigosas, sobrepeso e doenças mentais, divórcio e acidentes automobilísticos. À medida que nossa sociedade se torna cada vez mais ligada a toda hora e enfiamos cada vez mais coisas em um dia sobrecarregado, nosso sono vai se tornando uma vítima impotente.

O QUE EU ESPERO CONSEGUIR

Meu objetivo central é empoderar você, leitor, proporcionando informações e ensinamentos concretos com base nas últimas pesquisas científicas. Você será capaz de usar as ideias dos próximos capítulos para compreender melhor aquilo que forma o tique-taque do seu relógio biológico e, o mais importante, usar esses conhecimentos para elaborar uma rotina pessoal ideal, quaisquer que sejam sua idade e situação. Pretendo romper alguns mitos e talvez furar algumas bolhas, entre eles a ideia de que os adolescentes são preguiçosos e de que o executivo que acorda às quatro da manhã para trabalhar é um modelo a ser seguido. Como você verá, este livro abarca um amplo leque da biologia humana e, espero, vai estimular você a investigar com mais profundidade muitas das temáticas abordadas.

Cada capítulo tratará de um tema central, definirá o escopo científico desse tema e em seguida abordará questões que impactam nossa saúde e bem-estar. Algumas informações científicas podem ser um tanto complicadas, mas são fundamentais para obtermos uma compreensão de nossa biologia e nossa saúde. Este livro também foi estruturado de forma que você possa facilmente voltar aos capítulos anteriores para relembrar informações. Por fim, cada capítulo termina com uma breve seção de Perguntas e Respostas elaborada para elucidar alguns questionamentos feitos com frequência a mim e a meus colegas. Essa seção de P&R também trará informações adicionais e, às vezes, transversais. Ressalto que minha intenção não é dar aconselhamento médico; para isso, você sempre deve consultar seu médico. Mas tentarei explicar como algumas de suas ações podem ser importantes para obter uma saúde ideal e prevenir danos em potencial. Entre essas ações, estão: por que comer em determinadas horas, quando se exercitar ou tomar diferentes medicamentos e por que convém evitar dirigir nas primeiras horas da manhã. Não vamos ficar apontando o dedo. O objetivo é propiciar as informações mais atualizadas, que você pode adotar ou ignorar, mas com uma clara compreensão das consequências dos seus atos.

Você também encontrará um Apêndice em que dou algumas orientações sobre a conveniência de adotar seu próprio diário de sono para monitorar seus padrões de sono e vigília. O Apêndice 1 também inclui um questionário que lhe permitirá estimar seu cronotipo — se você é uma pessoa matutina, neutra ou noturna. O Apêndice 2 apresenta um breve panorama do sistema imunológico, aprofundando-se um pouco na complexidade dessa importante parte da nossa biologia, tratada no capítulo 11. E, em termos de detalhamento, este livro traz todas as referências, obedecendo às orientações de um dos meus heróis da ciência, Thomas Henry Huxley, que disse: "Quando um pouco de conhecimento é perigoso, onde está o homem que possui tanto a ponto de estar fora de perigo?". Para ajudá-lo a progredir com base no "pouco de conhecimento" deste livro, citei os artigos científicos relevantes que serviram de base para a discussão. Muitas dessas publicações científicas estão, ou em breve estarão, disponíveis on-line graças ao movimento Acesso Aberto, que defende que pesquisas publicadas possam ser acessadas sem custo. Na verdade, a maioria dos artigos científicos é disponibilizada gratuitamente nos sites das revistas científicas doze meses após a publicação.

Minha esperança é que você desfrute deste livro, se inspire com as pesquisas científicas emergentes sobre os ritmos biológicos e, o mais importante, queira aplicar essas informações em prol de sua própria saúde, felicidade e bem-estar. Também espero que, depois de um período adequado de reflexão, você concorde comigo que, ao abraçar esses conhecimentos, podemos nos tornar mais criativos, tomar decisões melhores, tirar mais proveito da companhia alheia e enxergar o mundo e tudo o que ele tem a oferecer com um maior senso de curiosidade e encanto.

Oxford, janeiro de 2022

1. O dia interior

O que é um relógio biológico?

Eu sei quem eu era quando levantei esta manhã, mas acho que devo ter mudado várias vezes desde então.
Lewis Carroll

"Síncope" é um termo musical que significa uma série de ritmos diferentes, tocados ao mesmo tempo, para compor uma peça musical. Por analogia, nossa biologia é sincopada, e o produto somos nós. Tudo em nós é rítmico. Os impulsos elétricos gerados em nosso sistema nervoso, o batimento do coração, a liberação de hormônios pelas glândulas e as contrações musculares que regulam a digestão, junto com uma infinidade de outros processos, são, todos, orientados por alterações rítmicas e endógenas no corpo. E alguns desses ritmos se relacionam com o lugar onde vivemos.

Uma das mais antigas dificuldades encarada por todas as civilizações é entender a natureza do nosso lar. Nosso sistema solar consolidou a atual distribuição de planetas orbitando o Sol cerca de 4,6 bilhões de anos atrás e, como os demais planetas, a Terra formou-se em razão da gravidade, que atraiu o gás e a poeira que rodopiavam no espaço para gerar um corpo distinto, fazendo da Terra o terceiro planeta a orbitar o Sol. A Terra primordial foi fundida devido a colisões frequentes com outras massas; na verdade, acredita-se que a proto-Terra tenha sofrido um impacto maciço com um corpo do tamanho de Marte, batizado de Theia. A Lua veio, provavelmente, dessa colisão, ocorrida cerca de 100 milhões de anos depois da formação do sistema solar. Acredita-se que esse impacto tenha deslocado a Terra de seu eixo rotacional diário, de modo que hoje ela tem uma inclinação de cerca de 23,4 graus em relação a seu eixo orbital em torno do Sol, embora ocorra uma leve oscilação de alguns graus. Essa inclinação de 23,4 graus ao orbitar o Sol é o que causa nosso ciclo anual de estações. Durante parte do ano, o hemisfério Norte inclina-se em direção ao Sol (verão) e o hemisfério Sul inclina-se na direção oposta (inverno). Seis meses depois, ocorre a situação inversa. Isso produziu um clima relativamente estável durante bilhões de anos, e muitos acreditam que a vida na Terra nunca teria surgido sem essa estabilização propiciada pela Lua. Parafraseando a música dos Rolling Stones, somos *todos* filhos da Lua.

A conclusão é que hoje vivemos em um planeta estável e rítmico, com cerca de 4,5 bilhões de anos e um eixo rotacional diário de 24 horas — ou 23 horas, 56 minutos e 4 segundos, para ser mais preciso. Cerca de 600 milhões de anos atrás, quando estava surgindo a vida complexa, o dia durava apenas 21 horas; portanto, a Terra está desacelerando. Mas essa é outra história. Nossa Terra, hoje, orbita o Sol a cada 365,26 dias, e a inclinação em seu eixo rotacional origina as estações. A Lua orbita a Terra a cada 29,53 dias, mais ou menos, e sua interação gravitacional com a Terra e o Sol produz as marés. Coletivamente, esses movimentos geofísicos geram o dia, a noite, as estações e as marés. Muitos animais, na verdade a maioria das formas de vida, desenvolveram relógios biológicos de vários tipos para antecipar ao menos um desses ciclos ambientais — o diário, o anual e o lunar — e às vezes todos.

A ritmicidade é uma característica tão onipresente na vida e em nossa experiência cotidiana que nem pensamos nela. Talvez esse distanciamento não surpreenda. A maior parte do tempo, não percebemos nosso funcionamento interno e, ao menos nas nações industrializadas, o ciclo dia/noite foi suplantado pela luz elétrica e pelo aquecimento artificial. Para *a maioria* de nós, o Sol nunca se põe de verdade, e as estações já não definem nossa dieta ou lugar de residência. Os alimentos estão sempre disponíveis. No Reino Unido, podemos comer morangos do Quênia ou do sul da Califórnia o ano inteiro, mas há meros 25 anos a estação de morangos, produzidos localmente, durava apenas seis semanas. O aquecimento, em casa ou no trabalho, é obtido com um simples toque em um interruptor. Vivemos, hoje, isolados dos ciclos ambientais que predominaram em nossa evolução. Um dos objetivos centrais deste livro é recuperar nossa intimidade com um deles — o ciclo de dia e noite de 24 horas.

O estudo da fisiologia busca entender como os seres vivos funcionam. É uma disciplina vasta, que inclui os processos moleculares dentro das células, a operação do sistema nervoso, a regulagem dos hormônios, como atuam os diversos órgãos do corpo e como é gerado o comportamento em suas mais variadas formas. A fisiologia humana, assim como a da maioria dos outros animais, organiza-se em torno de um ciclo de 24 horas de atividade e repouso. Na fase ativa, em que se buscam e se consomem água e comida, os órgãos precisam ser preparados para a ingestão, processamento, absorção e armazenamento de nutrientes. A atividade de órgãos como o estômago, o fígado, o intestino delgado e o pâncreas, e o suprimento de sangue a esses órgãos, precisa ser adequadamente ajustada ao longo do dia e da noite. Durante o sono, continuamos vivos, recorrendo à nossa energia armazenada. Essa energia é, então, usada para estimular várias atividades essenciais, entre elas o reparo de tecidos corporais, a remoção de toxinas nocivas e a formação de memórias e a geração de ideias novas no cérebro. Como a fisiologia apresenta um padrão cotidiano tão definido, não surpreende que nosso desempenho, a gravidade das doenças e o efeito de medicamentos mudem ao longo dessas 24 horas do dia. Alguns exemplos dessas mudanças circadianas rítmicas nas 24 horas são apresentados na Figura 1. Alguns ritmos foram observados séculos atrás e, é claro, a pergunta que sempre se fez é: "De onde eles vêm?".

Durante centenas de anos, um dos maiores objetivos ao tentar compreender o cérebro foi identificar que partes dele fazem o quê, uma tarefa verdadeiramente intimidadora. Em muitos manuais, você lerá que existem 100 bilhões de neurônios no cérebro humano. Ninguém parece saber direito de onde veio esse número, mas de qualquer maneira ele está errado. A pesquisadora brasileira Suzana Herculano-Houzel realizou minuciosas pesquisas para enfim esclarecer essa questão, e sua resposta foi que o cérebro humano médio contém cerca de 86 bilhões de neurônios.[1] Pois bem, sei que isso pode soar como o debate medieval sobre quantos anjos podem dançar na cabeça de um alfinete, mas uma diferença de 14 bilhões de neurônios envolve muitos neurônios. Há cerca de 14 bilhões de neurônios no cérebro *inteiro* de um babuíno e, para uma comparação adicional, 75 milhões no cérebro do camundongo,

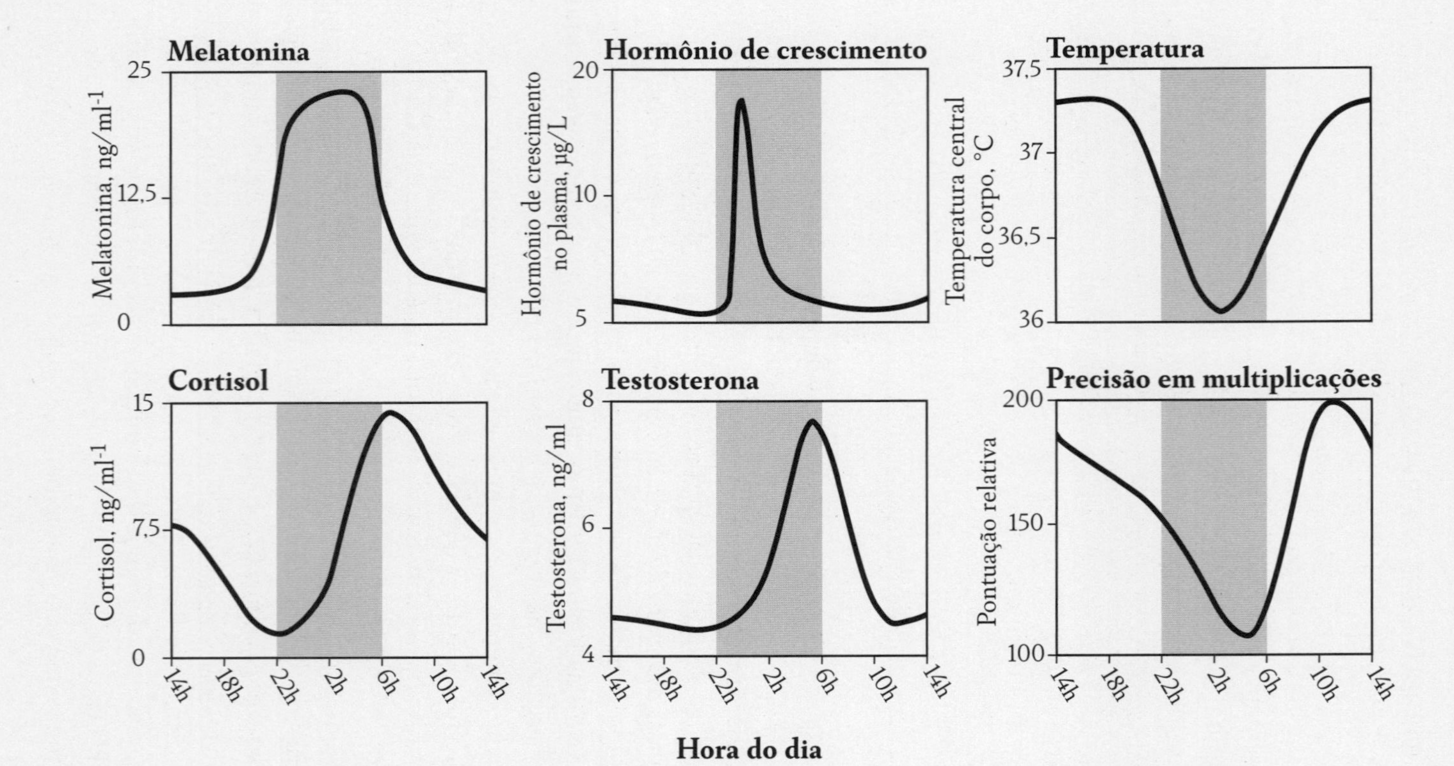

Melatonina
Melatonina, ng/ml-1
25
12,5
0
Hormônio de crescimento
Hormônio de crescimento no plasma, µg/L
20
10
5
Temperatura
Temperatura central do corpo, °C
37,5
37
36,5
36
Cortisol
Cortisol, ng/ml-1
15
7,5
0
Testosterona
Testosterona, ng/ml
8
6
4
Precisão em multiplicações
Pontuação relativa
200
150
100
14h
18h
22h
2h
6h
10h
14h
Hora do dia

Figura 1. Exemplos de alterações na fisiologia humana ao longo das 24 horas do dia. Aqui estão representações das alterações constatadas na fisiologia ao longo do dia: o hormônio melatonina, da glândula pineal (Figura 2);[2] o hormônio de crescimento liberado pela glândula pituitária;[3] a temperatura do corpo;[4] o hormônio do estresse, cortisol, das glândulas suprarrenais;[5] a testosterona, produzida pelas gônadas (os testículos, no homem, e os ovários, na mulher) e em pequenas quantidades pelas glândulas suprarrenais;[6] e a precisão em multiplicações, representando um aspecto de nossa capacidade cognitiva.[7] Muitos hormônios, como o cortisol, são liberados como impulsos, e por isso apresenta-se aqui a média suavizada da liberação do hormônio. São duas as questões importantes em relação a esses ritmos. Primeiro, trata-se de médias, e haverá diferenças de um indivíduo para outro quanto aos picos, dimensão e amplitude desses ritmos. A segunda questão é que muitos desses ritmos não foram registrados sob condições constantes e, embora possuam quase certamente um componente circadiano, o que significa que persistiriam por muitos ciclos sob condições constantes, seria mais preciso chamá-los de "alterações diurnas". A relevância dessas alterações será discutida em capítulos posteriores.

250 milhões no do gato e 257 bilhões no do elefante. Portanto, 86 bilhões são um monte de neurônios, e a descoberta de que apenas 50 mil operam juntos como um relógio-mestre biológico,[8] coordenando nossos ritmos circadianos de 24 horas, é um feito verdadeiramente notável.

Esse relógio-mestre do ser humano, e da maioria dos mamíferos, localiza-se em uma região do cérebro chamada de núcleos supraquiasmáticos, ou NSQ (Figura 2). A história da descoberta dessa estrutura é fascinante. Nos anos 1920, pesquisadores observaram que ratos sob condições constantes de escuridão corriam em uma roda (parecida com aquela rodinha para porquinhos-da-índia que você compra na pet shop) com ritmos de repouso (sono)/atividade um pouco mais curtos que 24 horas. Essa observação causou certa surpresa, porque nos anos 1920 o ponto de vista prevalente era que os comportamentos resultavam de um estímulo específico — algo como um reflexo. Você proporcionaria um estímulo e receberia um tipo específico de resposta. No entanto, os ratos apresentavam um padrão rítmico de atividade diária sem qualquer estímulo exterior. Esse padrão de atividade parecia ser gerado dentro do animal, e não orientado por alterações na iluminação ou outros estímulos. O que estaria, então, orientando esse ritmo?

Experiências realizadas nos anos 1950 e 1960 retiraram diferentes órgãos do corpo dos ratos na tentativa de identificar esse estímulo de 24 horas, mas os ritmos de repouso/atividade de aproximadamente 24 horas persistiram sob condições constantes. O cérebro dos ratos foi então examinado. Pequenas partes do cérebro eram cirurgicamente removidas (lesionadas), e os padrões de repouso/atividade, analisados. Se você está achando que foi ruim para os ratos, lembre-se de que naquela época a lobotomia era uma operação rotineira em seres humanos, um procedimento em que a maior parte das conexões de e para o córtex pré-frontal (Figura 2) era interrompida na tentativa de "curar" condições psiquiátricas, e que o sujeito que inventou essa técnica ganhou o prêmio Nobel. As experiências com ratos sugeriram que esse "relógio" devia ficar em algum lugar profundo do cérebro, provavelmente o hipotálamo (Figura 2), porque a destruição dessa diminuta região resultava em "arritmia", ou a perda total de quaisquer padrões de atividade e repouso de 24 horas.[9] No começo dos anos 1970, deu-se continuidade a esses estudos, e o NSQ (núcleo supraquiasmático) surgiu como maior candidato.[10] Quase vinte anos depois, o papel final e crucial do NSQ foi confirmado em hamsters-sírios. No final dos anos 1980, Martin Ralph e Michael Menaker, meus colegas próximos na Universidade da Virgínia, descobriram um hamster "mutante", o "hamster mutante *Tau*", com um padrão de atividade/repouso de vinte horas, enquanto os animais não mutantes tinham um padrão próximo das 24 horas. O NSQ do hamster mutante *Tau* (vinte horas) foi transplantado para o hipotálamo de um hamster não mutante (24 horas) cujo próprio NSQ fora lesionado e apresentava total arritmia. De forma notável, o NSQ mutante não apenas restabeleceu os ritmos circadianos no comportamento da roda giratória mas, o que é mais importante, esse ritmo restabelecido era de vinte horas — e não de 24! Transplantar outras partes do cérebro do hamster não produziu efeito. Essas descobertas demonstraram que o NSQ transplantado deveria conter o "relógio".[11] Lembro-me claramente dessas experiências e do entusiasmo que sentíamos, dia a dia, à medida que os dados eram obtidos e observávamos que os ritmos restabelecidos eram de vinte, e não de 24 horas.

Como já foi dito, o NSQ contém cerca de 50 mil neurônios,[12] e uma notável descoberta foi que cada um deles tem seu próprio relógio. Isso também foi descoberto inicialmente nos ratos, em que as células individuais do NSQ foram separadas e inseridas em uma cultura celular. A atividade elétrica das células individuais do NSQ foi monitorada e apresentou ritmos circadianos independentes e robustos — todos em um tique-taque ligeiramente diferentes entre si. Além disso, esses neurônios individuais do NSQ continuavam funcionando na cultura durante semanas.[13] Como as células do NSQ demonstraram ter um relógio, era preciso que o mecanismo do relógio estivesse dentro da célula – precisava existir um relógio molecular! Era, de fato, algo notável, que exigia uma resposta para a pergunta: como esse ritmo era gerado?

Em 2017, três pesquisadores americanos, Jeffrey C. Hall, Michael Rosbash e Michael W. Young, compartilharam o prêmio Nobel pela descoberta de como o relógio batia. Conseguiram isso após quase quarenta anos de pesquisa, às vezes trabalhando juntos, às vezes como rivais, e junto com muitos jovens cientistas, todos contribuindo com uma pecinha do quebra-cabeça. Eu trabalhava na Universidade da Virgínia quando algumas das descobertas cruciais foram feitas, e Hall, Rosbash e Young vieram nos visitar e ministrar um seminário sobre os avanços mais recentes. Como cientistas, os três eram igualmente brilhantes, mas suas personalidades eram muito diferentes, cada um tendo um jeito de ser muito singular. Jeff Hall, por exemplo, também é um notável especialista na Guerra de Secessão dos Estados Unidos, e em uma ocasião memorável veio à Universidade da Virgínia dar uma palestra a respeito de seus últimos avanços sobre o relógio molecular vestido com quepe e uniforme do Exército da União do Norte. Essa escolha de indumentária, possivelmente feita como provocação, foi completamente ignorada pelo corpo docente no coração do Velho Sul. Costuma-se apresentar a ciência como uma marcha linear da ignorância rumo às luzes. Não é nem de longe assim; sempre ocorrem erros e becos sem saída, e é fascinante ver com que frequência cientistas extraordinários se equivocam, às vezes terrivelmente. Mas, com o acúmulo de evidências, as lições vão sendo aprendidas, as hipóteses ajustadas, os erros discretamente esquecidos e o progresso, uma vez mais retomado. Assim é a ciência.

O progresso que Hall, Rosbash e Young vinham fazendo não era com seres humanos, nem mesmo camundongos, mas com um parente animal muito distante, a diminuta mosca-das-frutas chamada *Drosophila*, aquela mesma que fica em volta da fruteira no verão e esmagamos sem pensar duas vezes. A *Drosophila* ainda é uma das espécies modelo mais usadas para compreender como os genes dão origem à fisiologia e ao comportamento, e tem sido estudada há mais de cem anos.[14] São moscas baratas de cuidar, reproduzem-se com rapidez e possuem uma genética minuciosamente estudada. Tudo isso as tornou indispensáveis em pesquisas básicas, entre elas as do relógio circadiano. O que Hall, Rosbash e Young descobriram, então, na *Drosophila*? No cerne, as vias celulares que geram a engrenagem molecular consistem em um ciclo de feedback negativo, que por sua vez consiste nos seguintes estágios

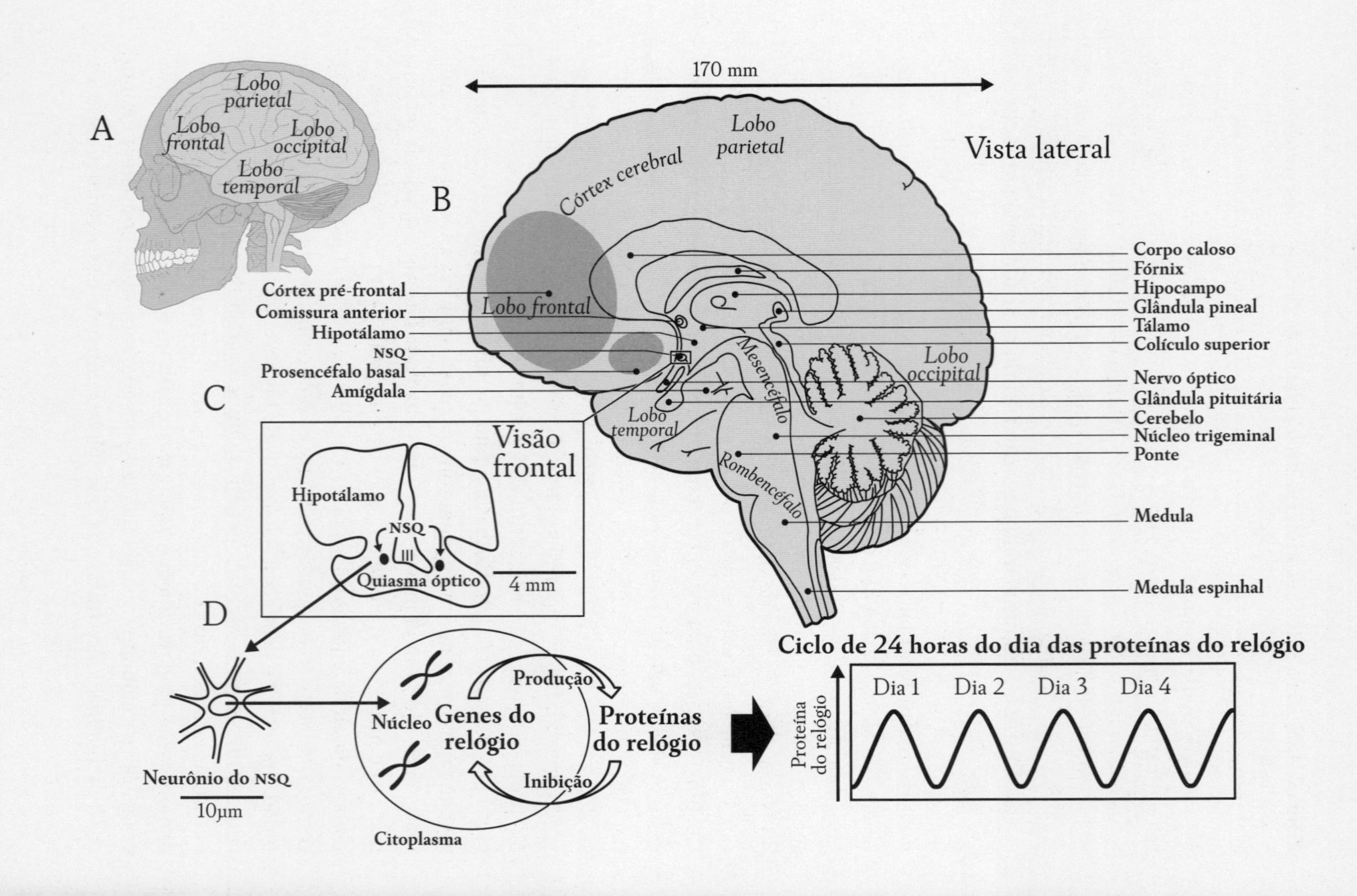
A
Lobo parietal
Lobo frontal
Lobo occipital
Lobo temporal
170 mm
B
Vista lateral
Córtex cerebral
Lobo parietal
Lobo frontal
Lobo occipital
Lobo temporal
Mesencéfalo
Rombencéfalo
Córtex pré-frontal
Comissura anterior
Hipotálamo
NSQ
Prosencéfalo basal
Amígdala
Corpo caloso
Fórnix
Hipocampo
Glândula pineal
Tálamo
Colículo superior
Nervo óptico
Glândula pituitária
Cerebelo
Núcleo trigeminal
Ponte
Medula
Medula espinhal
C
Visão frontal
Hipotálamo
NSQ
III
Quiasma óptico
4 mm
D
Neurônio do NSQ
10µm
Núcleo
Genes do relógio
Produção
Proteínas do relógio
Inibição
Citoplasma
Ciclo de 24 horas do dia das proteínas do relógio
Proteína do relógio
Dia 1
Dia 2
Dia 3
Dia 4

Figura 2. A. Mostra a localização do cérebro humano dentro do crânio e os lobos cerebrais mais evidentes (parietal, frontal, occipital, temporal), reconhecíveis de fora do cérebro. **B.** Apresenta uma visão do cérebro ao longo de uma secção média lateral e indica a localização das estruturas internas principais. O cérebro humano típico representa cerca de 2% do peso total do corpo, mas usa 20% de nosso consumo total de energia. Meros cinco minutos sem oxigênio podem levar à morte das células cerebrais, ocasionando graves danos cerebrais. O cérebro é 73% água, mas bastam 2% de desidratação para funções cerebrais como atenção, memória e outras habilidades cognitivas serem fortemente prejudicadas. Nosso cérebro, em geral, termina seu desenvolvimento por volta dos 25 anos de idade. **C.** Apresenta uma ampliação do núcleo supraquiasmático (abreviado como NSQ), visto de frente. O NSQ representa o relógio-mestre biológico. Fica dos dois lados do terceiro ventrículo do cérebro (III) e acima do quiasma óptico, que é onde os nervos ópticos entram no cérebro e se fundem. Um número reduzido de nervos dentro do nervo óptico, chamados de trato retino-hipotalâmico, entram no NSQ e proporcionam informações de claro/escuro do olho para o arrastamento (capítulo 3). **D.** Apresenta um neurônio NSQ, que tem cerca de 10 µm (0,01 mm) de diâmetro. O NSQ possui cerca de 50 mil neurônios, e cada um deles é capaz de gerar um ritmo circadiano. Normalmente, todos estão conectados entre si. Os genes do relógio ficam no núcleo de cada neurônio do NSQ e criam uma mensagem que orienta a produção das proteínas do relógio. Essas proteínas são fabricadas no citoplasma que fica em torno do núcleo e interagem entre si, formando um complexo proteico, que se desloca até o núcleo para inibir ou "desligar" a produção de mais proteínas do relógio. Depois de algum tempo, esse complexo proteico é decomposto (degradado), o que permite que os genes do relógio voltem a produzir proteínas do relógio. Disso resulta um ciclo de produção e decomposição das proteínas do relógio, de cerca de 24 horas. Esse ciclo de retroalimentação molecular é convertido em um sinal (elétrico ou hormonal), que atua coordenando os relógios circadianos no resto do corpo.

(Figura 2D): os genes do relógio (*clock genes*), localizados no núcleo da célula, criam uma mensagem com a receita para a produção das proteínas do relógio. Essas proteínas são fabricadas no citoplasma (o órgão-matriz da célula, que envolve o núcleo). As proteínas do relógio, então, interagem, formando um complexo proteico que se desloca para dentro do núcleo, para inibir ou "desligar" a produção de proteínas do relógio adicionais. Depois de algum tempo, esse complexo proteico é, por sua vez, decomposto, o que permite que os genes do relógio façam seu trabalho uma vez mais, fabricando mais proteínas do relógio. Disso resulta um ciclo de 24 horas de produção e decomposição de proteínas. E esse é o relógio molecular. Quer dizer... mais ou menos! Os ritmos de ativação do gene do relógio, da produção de proteínas, da montagem do complexo proteico, da entrada desse complexo proteico no núcleo, da inibição dos genes do relógio, da decomposição do complexo proteico e, por fim, da reativação dos genes do relógio combinam-se, todos, para produzir um ritmo de 24 horas, e alterações (mutações genéticas) em qualquer um desses estágios podem acelerar, desacelerar ou quebrar o relógio.[15] Foi exatamente uma dessas mutações no "hamster mutante *Tau*" que lhe deu um período de vinte, em vez de 24 horas.[16] A engrenagem molecular de todos os animais, inclusive você e eu, é formada de maneira muito semelhante. Isso é ainda mais notável se pensarmos que compartilhamos um ancestral em comum com a *Drosophila*, mais de 570 milhões de anos atrás, quando a Terra tinha um dia de 22 a 23 horas, o que sugere que nossos relógios biológicos tiveram que desacelerar algumas horas nas últimas centenas de milhões de anos.

O ritmo de 24 horas de produção e degradação de proteínas do relógio atua como um sinal para o liga/desliga de incontáveis genes e a produção circadiana de suas proteínas, que, por sua vez, regulam a fisiologia rítmica e o comportamento (Figura 1). Nossa compreensão atual da engrenagem molecular é o exemplo mais completo, em qualquer campo da biologia, de como os genes são a origem fundamental do comportamento e, por essa caracterização molecular inicial de um ritmo circadiano na *Drosophila*, Hall, Rosbash e Young mereceram plenamente a viagem a Estocolmo e o prêmio Nobel, cuja cerimônia eu tive a felicidade de presenciar.

Curiosamente, pequenas alterações (polimorfismos) em nossos genes do relógio foram relacionadas ao tipo de relógio biológico das pessoas: matutino, noturno ou intermediário. Os matutinos, ou "sabiás", gostam de dormir cedo e acordar cedo, e parecem possuir relógios biológicos mais rápidos por conta de alterações em um ou mais de seus genes do relógio.[17] Em compensação, os noturnos, ou "corujas", têm relógios mais lentos e preferem ir para a cama mais tarde. Portanto, ao contribuir com nossos genes, nossos pais continuam nos dizendo a que horas levantar ou ir para a cama! Referimo-nos em geral ao nosso tipo de relógio biológico como nosso cronotipo e, como discutiremos adiante, ele também é influenciado pela idade e pela exposição à luz em torno da alvorada ou do crepúsculo. Com as informações do Apêndice 1, você poderá explorar seu cronotipo.

Embora o NSQ seja o relógio-mestre dos mamíferos, não é o único.[18] Hoje sabemos que existem relógios dentro das células do fígado, dos músculos, do pâncreas, do tecido adiposo e provavelmente em cada órgão e tecido do corpo.[19] Incrivelmente, esses relógios celulares periféricos parecem utilizar a mesma engrenagem molecular de feedback negativo que as células-relógio do NSQ. Isso causou enorme espanto. Lembro-me quando Ueli Schibler, que trabalhava na Universidade de Genebra, apresentou suas conclusões pela primeira vez em um encontro na Flórida, em 1998, mostrando que células não NSQ possuíam relógios.[20] Deu para ouvir os engasgos na plateia. Os genes do relógio já haviam sido descobertos em células não NSQ, mas durante muitos anos acreditou-se que cumpriam alguma outra função, e a ideia de que células fora do NSQ pudessem conter relógios não era levada a sério. A razão disso é que a destruição do NSQ acabava com os ritmos de atividade de 24 horas e com a liberação de hormônios do tipo ilustrado na Figura 1. A conclusão dos estudos que lesionavam o NSQ era que ele "dirigia" os ritmos de 24 horas em todo o corpo. Hoje, porém, temos consciência de que essa ideia era uma simplificação excessiva. A perda dos ritmos observáveis, depois de lesões ao NSQ, deve-se a dois fatores cruciais: o primeiro é que muitas células individuais do relógio periférico "murcham" e perdem sua ritmicidade ao cabo de vários ciclos — sem um leve empurrãozinho do NSQ, perdem o gás. A segunda causa, e a mais importante, é que, sem um sinal do NSQ, células do relógio individuais nos tecidos e nos órgãos se desacoplam umas das outras. As células continuam a pulsar individualmente, mas com tempos ligeiramente diferentes, o que faz com que se perca o ritmo de 24 horas coordenado em todo o tecido ou órgão.[21] Seria mais ou menos como visitar uma mansão onde todos os antigos relógios de pêndulo começassem a bater em horários levemente diferentes. Essa descoberta levou à constatação de que o NSQ atua como um marca-passo que coordena, mas não dirige, a atividade circadiana de bilhões de relógios circadianos individuais em todos os tecidos e órgãos do corpo. O NSQ é mais como o maestro da orquestra: fornece um sinal temporal que coordena o restante da orquestra/corpo, de modo que, sem esse maestro/NSQ, tudo sai de compasso; em vez de uma sinfonia, temos uma cacofonia biológica, tornando-nos incapazes de fazer a coisa certa na hora certa.

Ainda não se sabe bem quais são as vias sinalizadoras usadas pelo NSQ para sincronizar, ou arrastar, esses relógios periféricos, mas sabemos que o NSQ não envia uma quantidade infindável de sinais isolados corpo afora, direcionados a diferentes tecidos ou órgãos. Em vez disso, parece haver um número limitado de sinais, entre eles os que envolvem o sistema nervoso autônomo (a parte do sistema nervoso responsável pelo controle das funções corporais que o consciente não comanda) e vários sinais químicos. O NSQ também recebe sinais de feedback de outras partes do corpo, entre eles o ciclo de sono/

vigília, que ajustam sua atividade, permitindo que o corpo inteiro funcione em sincronia com as demandas em constante mudança nas 24 horas do dia.[22] O resultado é uma complexa rede circadiana, que coordena a fisiologia e o comportamento rítmicos. A perda de atividade sincronizada entre os diferentes relógios circadianos, seja dentro de um órgão ou entre órgãos, como o estômago e o fígado, é chamada "dissincronia interna" e pode causar sérios problemas de saúde, que discutirei em capítulos posteriores.

O sistema circadiano faz a sintonia fina do corpo diante das demandas variadas do ciclo dia/noite de 24 horas. Porém, a menos que esse sistema de cronometragem interna esteja acertado com o mundo exterior, ele não tem utilidade prática, e é o alinhamento do dia interno com o externo que vou analisar no capítulo 3. Antes disso, porém, quero dar uma olhada no sono, que é o mais óbvio dos nossos padrões de comportamento de 24 horas.

PERGUNTAS E RESPOSTAS

1. Quantos genes do relógio (*clock genes*) são necessários para montar um relógio molecular?

Já vão longe os dias em que falávamos de "um" gene do relógio. É difícil determinar um número exato, uma vez que isso depende do que você entende por gene do relógio. Uma definição possível seria que os genes do relógio são como as engrenagens de um relógio mecânico. Eles interagem de determinada forma para gerar um ritmo de 24 horas e, se você tirar ou danificar um dente dessa engrenagem, o relógio para ou sofre uma alteração significativa. Com base nessa definição, existem cerca de vinte genes do relógio em nós e em outros mamíferos, como os camundongos, que comandam a engrenagem molecular.[23] No entanto, isso é um tanto enganoso, já que existem muitos outros genes que contribuem para a regulagem e a estabilidade do relógio, além da forma como ele orienta a fisiologia circadiana. Incluindo esses genes, talvez haja centenas. Além disso, vale a pena lembrar que todos esses genes do relógio cumprem outros papéis, regulando processos biológicos cruciais, como a divisão celular e a regulagem dos processos metabólicos.

2. Existem ritmos circadianos influenciados por campos eletromagnéticos (CEMs)?
Atualmente não há evidências sólidas de que os CEMs possam alterar os ritmos circadianos humanos.[24] Porém, ausência de evidência não é evidência de ausência. Creio ser justo dizer que, se existir algum efeito, ele é mínimo.

3. O ser humano possui um relógio anual?
Apresentamos, efetivamente, uma série de ritmos anuais, entre eles picos de partos, liberação de hormônios, suicídios, cânceres e mortes. Por exemplo, no hemisfério Norte, e talvez de forma paradoxal, os suicídios são muito mais frequentes na primavera que no inverno, em torno de dezembro, quando as taxas são as mais baixas.[25] Há quem alegue que somos como as ovelhas, os cervos e muitos outros mamíferos que possuem um relógio anual. Mas é difícil demonstrar isso de forma experimental, já que seria preciso acomodar voluntários sob condições de luz e temperatura constantes durante pelo menos três anos; e a ética de experiências assim, sem falar na questão prática de encontrar voluntários, é inaceitável. Alguns afirmam que não possuímos um relógio anual, como um relógio circadiano, e que só reagimos a variações anuais do ambiente, como a duração do dia e a temperatura.[26]

4. Todo animal possui um núcleo supraquiasmático (NSQ)?
Todos os mamíferos, inclusive os marsupiais (por exemplo, o canguru) e os monotremados ovíparos (como o ornitorrinco), de fato possuem uma estrutura no cérebro que lembra o NSQ. Quando se realizam experiências, o NSQ parece atuar como o relógio-mestre, coordenando os ritmos circadianos dos relógios periféricos. Mas esse não é o caso nas aves, répteis, anfíbios e peixes. Nesses animais, existem vários órgãos que parecem agir como o relógio-mestre. Estes se localizam em estruturas do tipo NSQ dentro do hipotálamo, do órgão pineal e até dos olhos. Um grande enigma é que, em espécies de parentesco próximo, a importância e a interação entre o NSQ, o órgão pineal e os olhos variam consideravelmente. Por exemplo, no pardal doméstico, o órgão pineal parece ser o relógio predominante, enquanto na codorna os olhos desempenham esse papel. Nos pombos, os três órgãos interagem![27] É um tema que fascinou um dos pioneiros da pesquisa circadiana, Michael Menaker, que se tornou um amigo próximo quando eu trabalhava na Universidade da Virgínia.

5. Os genes e as proteínas da engrenagem molecular também regulam comportamentos além do relógio?

Sim – e, como será discutido no capítulo 10, mutações nos genes do relógio já foram relacionadas ao câncer e a outras condições, como doenças mentais (capítulo 9). Incrivelmente, um aumento do desejo de consumir álcool também foi vinculado a alterações em alguns dos genes do relógio.[28] Quando um único gene está envolvido em mais de uma atividade, ele é chamado de "gene pleiotrópico". E essa é a regra, e não a exceção.

6. Houve evolução de ritmos semanais ou mensais em humanos?

Isso é tema de muito debate. Na vida na Terra, embora esteja claro que ocorreu a evolução de relógios para prever ciclos geofísicos como a rotação de 24 horas do planeta, as estações e as marés influenciadas pela Lua, há bem menos evidências claras de relógios internos que prevejam ciclos criados pelo ser humano, como a semana ou o mês. Há quem postule firmemente em favor,[29] mas a maioria dos biólogos circadianos argumenta contra a existência de relógios biológicos com períodos de sete ou 31 dias, baseados na falta de evidências sólidas.

2. A herança do tempo das cavernas

O que é o sono e por que precisamos dele?

Não existe estudo científico mais vital para nós que o do nosso próprio cérebro. Toda a nossa visão do universo depende dele.
Francis Crick

Na mitologia grega, Hipnos é o deus do sono. É filho de Nix (a noite) e Érebo (a escuridão), e seu irmão gêmeo é Tânatos (a morte). Hipnos e Tânatos vivem no submundo (Hades). Portanto, desde a Antiguidade o sono é relacionado à escuridão, a morte e ao inferno. Por associação, os antigos não davam propriamente um aval muito feliz ao sono. E se pularmos mais de 2 mil anos, para o século XX, as coisas não melhoram tanto. O grande empresário Thomas Edison teria dito: "O sono é um desperdício criminoso de tempo e uma herança da idade das cavernas". Pode ser que suas palavras exatas não tenham sido essas, mas Edison certamente teria concordado com outro americano, Edgar Allan Poe, que declarou: "O sono, essas pequenas fatias de morte – como eu as odeio".

O sono, desde tempos imemoriais, não recebe muito apoio. Na verdade, nos séculos mais recentes chegou a ser desprezado, em parte porque o trabalho duro passou a ser considerado intrinsecamente virtuoso e digno de recompensa. O sono nos impede de trabalhar; portanto, por definição, deve ser reprovável. Evidentemente, nem todos concordaram com esse ponto de vista.

Como seria de esperar, Oscar Wilde adotou uma atitude bem diferente, explicando: "A vida é um pesadelo que nos impede de dormir".

Infelizmente, os pontos de vista em relação ao sono defendidos por Edison, Poe e muitos outros indivíduos de ideias semelhantes foram adotados por tomadores de decisões ao longo dos séculos XIX e XX. Embora essas atitudes tenham melhorado mais recentemente, o sono ainda hoje é visto como uma espécie de doença que necessita de uma cura. Algo que temos que tolerar, mas seria preferível se não tivéssemos. E assim, sem dispor de todos os fatos, temos declarado guerra a essa parte essencial da nossa biologia. Um ato tão impensado resulta em consequências dramáticas para nossa saúde e bem-estar individual, além de uma enorme fonte de crise econômica para os governos.

Dentro do nosso cérebro, a geração do ciclo diário de sono e vigília envolve um conjunto altamente complexo de interações entre o mesencéfalo, o rombencéfalo, o hipotálamo, o tálamo, o córtex cerebral (Figura 2) e todos os sistemas neurotransmissores do cérebro (por exemplo, histamina, dopamina, noradrenalina, serotonina, acetilcolina, glutamato, orexina e GABA, o ácido gama-aminobutírico) e alguns hormônios, nenhum deles exclusivo para gerar o sono. Esses sistemas se combinam para alternar os estados de sono e vigília, um pouco como uma gangorra entre sono e consciência. Mas o sono não é um estado "desligado", e sim uma condição variada e complexa.

O CICLO DE SONO REM E NREM

Durante séculos, imaginou-se que durante o sono o cérebro desligasse e não acontecesse muita coisa. Parte do motivo dessa premissa era que não havia instrumentos disponíveis para observar o cérebro durante o sono antes dos anos 1950. A partir de então o sono passou a ser estudado em laboratório, instalando-se eletrodos sobre o couro cabeludo que eram presos com um gel condutor de eletricidade, o chamado eletroencefalograma (EEG). Fiz menção a isso na introdução, mas só para recordar: quando estamos despertos, e nos estágios iniciais do sono, o padrão do EEG é rápido (alta frequência) e reduzido (baixa amplitude). Pense no padrão obtido quando uma corda de pular bem esticada oscila rápido. No começo do sono, porém, e durante a descida gradual ao sono de ondas lentas (SWS), mais profundo, as oscilações elétricas se tornam mais lentas (baixa frequência) e maiores (alta amplitude). Nesse caso, a corda de pular está mais frouxa e balança um pouco. O sono passa progressivamente por vários estágios (de um a três), até o sono profundo, ou sono de ondas lentas (SWS), também conhecido como sono delta. A partir do sono delta profundo, o padrão muda, logo passando do estágio 3 para o estágio 2, e deste para o 1. Essa reversão na atividade das ondas cerebrais, do estágio 3 para o estágio 1, é seguida, então, por outro estado de sono. Nesse novo estado, as ondas cerebrais e o EEG são muito semelhantes aos do cérebro desperto, com oscilações de alta frequência e baixa amplitude na atividade elétrica. As pálpebras estão fechadas, mas os olhos se mexem rápido. A frequência cardíaca e a pressão arterial aumentam, e o corpo, na prática, fica paralisado do pescoço para baixo. A isso se dá o nome, por motivos óbvios, de sono de movimento rápido dos olhos, ou sono REM. Depois de vários minutos de sono REM, ocorre uma volta ao sono de movimento não rápido dos olhos, ou sono NREM. Passamos, então, pelos estágios 1 a 3 rumo ao SWS, e dele de volta ao sono REM mais uma vez. Esse ciclo de sono NREM e REM dura aproximadamente entre setenta e noventa minutos (dependendo da idade), e em uma noite podemos passar, em média, por cinco desses ciclos de sono NREM/REM. Mas eles não são idênticos. Durante a primeira parte da noite, passamos por períodos mais longos e mais frequentes de sono REM. Em geral, acordamos naturalmente nele.

SONO NREM, MEMÓRIA E ANSIEDADE

O sono NREM foi vinculado à nossa capacidade de formar memórias e solucionar problemas. Isso foi demonstrado de uma série de maneiras diferentes. Um método foi estimular o cérebro a produzir mais SWS enquanto os indivíduos dormiam em um ambiente controlado de laboratório, o que pode ser feito utilizando certas frequências sonoras. O SWS adicional durante o sono foi relacionado com a capacidade de recordar mais fatos e acontecimentos da véspera.[1] Em outras experiências, indivíduos foram privados de SWS. Isso foi feito monitorando o seu EEG enquanto dormiam e despertando-os ao começar o SWS. Essa perda de SWS reduz a capacidade de formar memórias.[2] Surtos de atividade elétrica chamados de “fusos do sono” no estágio 2 do NREM também parecem ser importantes para a formação de memórias.[3] Nesse caso, foram usadas drogas para reduzir ou aumentar os fusos do sono, o que, por sua vez, reduziu ou aumentou a formação de memórias.[4] Outra característica do sono NREM estágio 2 são grandes eventos elétricos, conhecidos como "complexos K". Eles parecem ser particularmente úteis para nos impedir de acordar em resposta a um ruído externo ou outros eventos no entorno.[5] Dados recentes, porém, sugerem que os complexos K possam também ajudar na geração de memórias. A maior parte do SWS ocorre na primeira metade da noite, e talvez seja essa a base do ditado "Uma hora de sono antes da meia-noite vale mais que duas horas de sono depois da meia-noite". No fundo, porém, acho que não passa de mais um mito sobre o sono. Dormir mal está associado a um aumento da ansiedade, e alguns estudos recentes sugerem que o SWS durante o sono NREM pode ser importante na organização das redes cerebrais no córtex pré-frontal (Figura 2) para reduzir a ansiedade.[6] É interessante que na esquizofrenia ocorra uma queda acentuada do SWS durante o sono. Talvez seja um fator que contribui para o aumento da ansiedade frequentemente relatado em indivíduos com esquizofrenia e outras condições de saúde mental.

O SONO REM, OS SONHOS E O HUMOR

Sonhamos tanto durante o sono NREM quanto durante o REM, mas os sonhos no REM tendem a ser mais longos — e mais intensos, complexos e bizarros. Ao despertarmos naturalmente do sono REM conseguimos lembrar, por um breve instante, o último sonho que tivemos. Os sonhos parecem ocorrer durante todo o período REM, e hoje se acredita que a antiga ideia de que ocorrem em um lampejo ao acordarmos não seja verdadeira. O conteúdo dos sonhos é muito variável, mas costuma envolver o sonhador e conhecidos dele, como amigos e parentes, ou, às vezes, personalidades famosas. Para a maioria de nós, os sonhos são experiências visuais, e raramente temos sonhos que envolvem paladar ou olfato. No entanto, em pessoas cegas de nascença, os sonhos são dominados pela audição, pelo tato e por sensações emotivas.[7] Com frequência, os sonhos podem ser bastante bizarros, mas no fundo são extraídos de nossas experiências. Mais importante ainda, a perda do sono REM está associada a um aumento da ansiedade, da irritabilidade, da agressividade e de alucinações durante o dia, o que reforça a ideia de que os sonhos e o sono REM são importantes para o processamento das emoções e o desenvolvimento de memórias emocionais.[8] Voltarei ao tema dos sonhos mais adiante, mas a esta altura preciso dizer que os sonhos são muito difíceis de estudar. Não podem ser quantificados e são inteiramente subjetivos e, por sua própria natureza, autorrelatados. Não há como medi-los de modo adequado! Sigmund Freud acreditava que os sonhos representam a realização de desejos reprimidos e que seu estudo propiciaria uma via para a compreensão do inconsciente. Na época de Freud, a análise dos sonhos desempenhava um papel crucial na psicanálise. Hoje em dia, a importância dos sonhos na psicanálise diminuiu bastante. O problema central é que, sem medições objetivas e confiáveis, a compreensão dos sonhos é pura especulação. Por isso, muitas vezes eles são sequestrados pelos praticantes ocultos de pseudociências.

ALGUNS FATOS CURIOSOS SOBRE O SONO REM

De maneira estranha e paradoxal, a privação do sono REM em algumas pessoas com depressão (capítulo 9) pode causar uma melhora de curto prazo na gravidade dessa condição. Por exemplo, a privação do sono REM por uma noite inteira melhora os sintomas em 40% a 60% dos indivíduos. No entanto, depois que se recupera o sono a depressão volta.[9] Assim, por razões práticas, isso não funciona como um tratamento para a depressão, embora possa ser uma ferramenta útil para explorar como o sono e a depressão estão relacionados no cérebro.

Outra característica surpreendente do REM é que, durante esse estágio do sono, os homens passam por ereções penianas e as mulheres pelo intumescimento do clitóris. Esses eventos foram estudados de forma mais extensa nos homens, supostamente pela maior obviedade da constatação em ensaios biológicos. Essas ereções parecem durar a maior parte do episódio REM, seja durante o sono noturno ou diurno. Registraram-se ereções durante o REM em bebês do sexo masculino e até em indivíduos mantidos vivos por aparelhos.[10] Sugeriu-se que pinturas nas cavernas de Lascaux, no sul da França (cuja visita deveria estar na lista de "coisas a fazer antes de morrer" de qualquer pessoa), representam homens dormindo com enormes ereções. O intercurso sexual antes do sono não afeta o grau da ereção, e o excesso de álcool, que inibe as ereções durante a vigília, tem pouco efeito sobre essas ereções REM. Outros estudos sugerem não haver correlação entre o conteúdo sexual de um sonho e a ocorrência de uma ereção REM.[11] Não sabemos por que ocorrem essas ereções relacionados ao REM; uma hipótese é que elas contribuem para a saúde do pênis aumentando a oxigenação dos tecidos e músculos, mantendo o órgão em forma. Curiosamente, observaram-se ereções REM em todos os mamíferos estudados, à exceção do tatu-galinha das Américas do Norte, Central e do Sul. O que será que essa observação nos diz em relação às ereções REM? Outra característica curiosa do tatu-galinha é que ele é um dos pouquíssimos animais que carregam a bactéria causadora da lepra e podem transmitir essa doença ao ser humano.[12] Por isso, se você atropelar um com seu carro (e ouvi dizer que no Texas isso ocorre com frequência), é preciso tomar cuidado com a carcaça.

Comentei que, durante o sono REM, temos nossos sonhos mais complexos e vívidos. É nesse período que projeções do mesencéfalo para a medula espinhal causam paralisia (também chamada de atonia) do pescoço para baixo. Acredita-se que isso nos impede de "interpretar" fisicamente nossos sonhos. Essa ideia é respaldada por uma condição conhecida como transtorno comportamental do sono REM (TCR), em que há pouca ou nenhuma atonia durante o sono REM. Discutirei isso mais detalhadamente adiante, mas o TCR é um sinal precoce do desenvolvimento futuro do Parkinson.[13] Em um extremo da escala de gravidade do TCR, o indivíduo apenas mexe os braços e as pernas, mas há outros que falam, gritam, choram ou até cometem violência física durante o sono. Infelizmente, só se busca tratamento para o TCR depois que já se causou algum tipo de mal a um parceiro.[14] Um caso famoso e amplamente divulgado pela mídia britânica ocorreu com Brian Thomas, marido "decente e devotado" que estrangulou e matou a mulher durante as férias. No sonho, ele estava atacando um assaltante, mas na vida real, infelizmente, era sua mulher. A procuradoria da Coroa aceitou a explicação de que ele não tinha controle sobre seus atos e o júri do tribunal real de Swansea foi instruído a absolvê-lo. A única parte do sonho de que Thomas se lembrava era um invasor arrombando sua casa.

A alternância entre consciência e sono

As incontáveis interações associadas à alternância entre consciência e sono, e o ciclo REM/NREM, costumam ser reguladas por dois impulsos biológicos cruciais. O primeiro, o sistema circadiano (impulso circadiano), regulado pelo nascer e pelo pôr do sol (capítulo 3), comunica aos circuitos cerebrais qual é a melhor hora para dormir e acordar. Esse impulso circadiano age como um marcador de tempo do ciclo sono/vigília. O segundo impulso, e talvez o mais importante regulador do sono, depende de quanto sono necessitamos e foi batizado de "pressão do sono" ou "impulso homeostático" do sono. A pressão do sono vai aumentando desde o momento em que acordamos, subindo ao longo do dia e atingindo o nível máximo à noite, logo antes de dormirmos. Esse aumento da pressão do sono durante o dia se opõe ao impulso circadiano para despertar. Ironicamente, o sistema circadiano produz o maior impulso para despertar logo antes de adormecermos. Caímos no sono naturalmente quando o impulso circadiano para despertar se reduz e a pressão do sono está alta. Durante o sono, a pressão do sono cai e o relógio circadiano instrui o cérebro a permanecer no estado adormecido — proporcionando um impulso circadiano para dormir.[15] Acordamos naturalmente quando a pressão do sono diminui e o sistema circadiano avisa ao cérebro que está na hora de acordar. Às vezes, podemos sentir cansaço no meio da tarde. Com frequência, isso ocorre porque a pressão do sono cresce mais rápido que a pressão circadiana para ficar desperto. Esta última não consegue acompanhar. Isso pode acontecer, por exemplo, depois de uma noite de sono ruim ou curto. Nessas circunstâncias, acordamos com um nível significativo de pressão do sono. Nossa reação é querer tirar uma soneca. Um cochilo rápido nos livra da pressão do sono e nos dá uma maior sensação de alerta. A quantidade de sono de ondas curtas (SWS), ou sono delta, é uma medida direta da pressão do sono e proporcional ao tempo que passamos acordados.[16] Evidentemente, os impulsos circadiano e homeostático do sono não atuam isolados para determinar o momento e a duração do sono. Fatores adicionais, entre eles as exigências do trabalho e do lazer, nossa genética, idade e as consequências de doenças mentais e físicas, assim como nossas reações de estresse e emocionais, combinam-se todos para gerar o sono que conseguimos ter.

Por que o café nos mantém acordados

Há teorias de que o aumento de várias substâncias químicas no cérebro impulsiona a pressão do sono, e a melhor evidência disso é uma molécula chamada adenosina.[17] Estudos com animais mostraram que a adenosina aumenta no cérebro durante a vigília, e o sono pode ser desencadeado pela exposição do cérebro a ela. A cafeína no chá e no café é muito eficaz para nos manter alertas e despertos, e a cafeína opera bloqueando os mecanismos do cérebro que detectam a adenosina (os receptores de adenosina).[18] Entre outras coisas, a cafeína é um antagonista do receptor de adenosina, impedindo o cérebro de detectar até que ponto está cansado. O uso de curto prazo de bebidas cafeinadas pode ser útil para nos manter despertos durante longas viagens de carro,[19] mas é preciso tomar cuidado, porque, quando o efeito passa, podemos sofrer uma onda de cansaço profundo e insuperável, levando-nos a adormecer ao volante sob a forma de um microssono.[20]

Qual é o papel da melatonina?

A melatonina é frequentemente chamada de "hormônio do sono", o que é confuso e enganoso. A melatonina é produzida sobretudo na glândula pineal, uma estrutura situada no meio do cérebro (Figura 2) e considerada por René Descartes (1596-1650) o local anatômico da alma e da parte espiritual do ser humano. Uma discussão mais detalhada da alma foge ao escopo deste livro — sinta-se livre para recorrer à divindade de sua preferência. A glândula pineal é regulada pelo núcleo supraquiasmático, através do sistema nervoso autônomo, para produzir um padrão de liberação de melatonina, com níveis que aumentam no crepúsculo, atingem o pico no sangue aproximadamente entre as duas e as quatro horas da manhã e declinam perto da alvorada (Figura 1). Luzes brilhantes, detectadas pelos olhos, também atuam paralisando a produção de melatonina. Em consequência, a melatonina age como uma sinalização biológica do escuro. Embora a produção de melatonina ocorra à noite, durante o sono, em animais de hábitos diurnos como nós, nos animais noturnos, como ratos e toupeiras, ela também é produzida *à noite*, quando eles estão ativos.[21] Por isso, a melatonina não pode ser considerada um "hormônio do sono" universal. Mas o que ela faz em nós? Com certeza, a tendência ao sono no ser humano tem uma conexão íntima com o perfil da melatonina, mas isso pode ser uma correlação e não uma causalidade.

Existem indivíduos que não produzem melatonina, como os tetraplégicos. A liberação da melatonina é regulada por uma via neural que parte do NSQ e vai até a glândula pineal, passando pela medula espinhal cervical, no pescoço. Quando essa via neural é seccionada, o que ocorre nos tetraplégicos, a liberação de melatonina pela pineal é bloqueada, e constatou-se uma piora do sono dessas pessoas quando comparadas a um grupo controle. Porém, o sono ruim nos tetraplégicos é muito parecido com o sono ruim constatado em paraplégicos (casos em que há paralisia das pernas e da parte inferior do corpo), que possuem níveis normais de melatonina.[22] Esses dados sugerem que não é a falta de melatonina, mas algum outro aspecto da tetraplegia que causa o problema. É uma conclusão respaldada por um pequeno estudo no qual se administrou melatonina a tetraplégicos. Alguns indivíduos apresentaram uma pequena melhora, com redução no tempo que levaram para adormecer (a latência do adormecimento) e menos despertares durante a noite; no entanto, paradoxalmente, sua sonolência durante o dia aumentou. Os autores do estudo comentaram que seria necessária uma experiência randomizada, controlada por placebo e com uma amostra maior, para confirmar essas conclusões.[23]

Os betabloqueadores, usados para tratar uma série de condições cardíacas e de pressão arterial, também levaram a uma redução de 80% da produção de melatonina. Eles não apenas reduzem a pressão arterial mas também bloqueiam a sinalização para a glândula pineal, resultando em níveis noturnos de melatonina muito inferiores. Relatou-se piora do sono em indivíduos que tomavam betabloqueadores.[24] Em um estudo, administrou-se suplementação de melatonina a indivíduos tratados com betabloqueadores. Depois de três meses, e na comparação com um placebo, o período total de sono aumentou 36 minutos, e o tempo que levaram para adormecer reduziu-se em catorze minutos. Houve, portanto, um efeito pequeno, mas significativo.[25] Estudos adicionais sugerem que tomar melatonina pode encurtar o tempo necessário para adormecer e aumentar o tempo total de sono. No entanto, usando melatonina sintética,[26] ou drogas que imitam os efeitos da melatonina, esses efeitos foram modestos[27] (ver capítulo 14). Além da ação da melatonina sobre o sono, também é possível que a alta noturna da melatonina seja detectada pelo NSQ e sirva de sinal modulador adicional para acionar o relógio-mestre, reforçando os sinais de ativação luminosa do olho e estabilizando o ciclo de sono/vigília.[28] Resumindo, o consenso com base nos dados é que a melatonina parece ter uma pequena atuação direta na promoção do sono e/ou pode representar uma sinalização adicional ao cérebro de que a noite chegou, o que é usado para aumentar o arrastamento pela luz (capítulo 3).

Concentrei-me no sono do ser humano, mas não gostaria de passar a impressão de que é preciso possuir um cérebro grande e complexo para apresentar estados de sono e consciência. De maneira notável, estados semelhantes ao sono foram observados em todos os vertebrados e invertebrados, inclusive nos insetos e até nos vermes nematoides. Um estudo recente e notável sobre o polvo, um molusco aparentado às lesmas, mostrou que esses incríveis animais possuem dois estados de sono diferentes, que lembram os estados NREM e REM dos vertebrados.[29] Mas e quanto aos animais desprovidos de cérebro, com apenas uma rede nervosa, como corais, hidras e medusas, agrupados no filo *Cnidaria*, também chamado de *Coelenterata*? A primeira pergunta é: como se poderia reconhecer o sono em animais assim? Pois bem, existem alguns critérios consolidados para isso. Por exemplo, se forem impedidos de ficar inativos/dormir (teoricamente aumentando a pressão do sono) e tiverem uma oportunidade, eles apresentam mais inatividade/sono? Quando inativos/adormecidos, apresentam uma reação reduzida a estímulos ambientais, como o toque ou a luz? Existem evidências de regulação por um relógio circadiano ou de pressão do sono? Por fim, drogas que induzem o sono, que atuam sobre os receptores de adenosina ou histamina, alteram os padrões de atividade e inatividade? Os *Cnidaria* estudados até hoje, como a cubozoa (famosa por seu ferrão desagradável) e a hidra (que muitos de nós estudamos na escola), preenchem esses critérios, então, por definição, dormem. O que estou argumentando é que nem precisamos de um cérebro para dormir.[30] O que me leva à pergunta seguinte:

POR QUE NÓS E OUTROS ANIMAIS DORMIMOS?

Já mencionei alguns aspectos importantes do sono, e vou abordá-los com mais detalhes em capítulos posteriores. A questão que quero discutir aqui é como o sono evoluiu. Nos seres humanos, por exemplo, cerca de 36% da vida é passada dormindo e, afirmando o óbvio, enquanto estamos dormindo não comemos, bebemos nem (conscientemente) transmitimos nossos genes. Isso sugere que dormir nos proporciona algo de profundo valor. Quando somos privados de sono, a pressão do sono se torna tão forte que só pode ser satisfeita dormindo. Em consequência, muitos pesquisadores supõem que deva existir algum papel mais amplo para o sono, embutido de forma profunda em nossa biologia. Outros postulam que o sono carece de qualquer valor intrínseco, representando apenas um subproduto de alguma outra característica adaptativa, mas que ainda não foi descoberta. Quero tratar dessa questão apresentando minha visão pessoal sobre o assunto, e começo fazendo duas perguntas.

Por que a maior parte da vida desenvolveu um padrão circadiano de 24 horas de atividade e repouso?

Quase todas as formas de vida — até mesmo as bactérias — apresentam um padrão de 24 horas de atividade e repouso.[31] Parece muito provável que esse ritmo tenha surgido em razão de vivermos em um planeta que faz uma rotação a cada 24 horas e de que as alterações resultantes na iluminação, na temperatura e na disponibilidade de alimentos tenham forçado uma resposta evolutiva adaptativa.[32] As espécies diurnas e noturnas desenvolveram especializações que lhes permitiram atuar de forma ideal sob diferentes condições de luz ou escuro, porém, o que é crucial, não em ambas. A vida parece ter tomado a decisão evolutiva de ser ativa em uma parte específica do ciclo dia/noite, e, em consequência, as espécies especializadas para ser ativas durante o dia serão particularmente ineficazes durante a noite. Da mesma forma, animais noturnos maravilhosamente adaptados para deslocar-se e caçar em condições de pouca ou nenhuma luz são péssimos durante o dia. A luta pela existência forçou as espécies a se tornarem especialistas, não generalistas, e nenhuma delas consegue atuar com a mesma eficiência em um ambiente de luz ou escuro por 24 horas.

Quais são os processos importantes que ocorrem durante o sono?

Considerando que existe um ritmo de 24 horas de atividade e repouso, precisamos tratar do que acontece durante o estado fisicamente inativo do sono. No geral, o sono pode ser a suspensão da maior parte das atividades físicas, mas durante esse período ocorre uma fisiologia crucial e essencial em todos os níveis da nossa biologia. Por exemplo, sabe-se que muitos processos celulares diferentes, associados à restauração e reconstrução de vias metabólicas, sofrem regulação crescente durante o sono;[33] toxinas que se acumulam como subproduto da atividade são processadas e reduzidas a níveis seguros, tornando-se prontas para excreção, durante o sono;[34] nos seres humanos e em outros animais capazes de aprender, as informações recebidas durante o dia são processadas durante o sono e novas memórias e até novas ideias se consolidam. Na verdade, "deixar para pensar até amanhã" pode ajudar muito a encontrar novas soluções para questões complicadas.[35] Resumindo, durante o sono o cérebro realiza uma ampla gama de funções biológicas essenciais, sem as quais a performance e a saúde colapsam rapidamente. Tais atividades críticas são necessárias à sobrevivência, precisando ocorrer em algum momento durante o ciclo dia/noite, e na minha opinião a evolução situou essas atividades biológicas cruciais no momento mais apropriado do ciclo sono/vigília. Portanto, quer você possua um cérebro complexo ou um sistema nervoso simplificado, a consolidação das memórias ocorre *após* a atividade, durante o sono, quando o cérebro não está sendo inundado por novas informações sensoriais e conta com a capacidade e a energia disponíveis para realizar essa tarefa da maneira ideal. Da mesma forma, a limpeza das toxinas e a reconstrução das vias metabólicas precisam ocorrer depois que as toxinas se acumularam e a energia foi gasta. A subdivisão e o ordenamento desses eventos ao longo do tempo levam a uma incrível eficiência. É um pouco como uma linha de montagem em uma fábrica, na qual os objetos manufaturados passam por uma sequência bem definida de operações manuais ou mecânicas, na ordem correta e no momento correto.

Com essas duas perguntas em mente, chego um pouco mais perto da minha definição de sono. Não se sabe por que o ser humano dorme, em média, oito horas por dia, ou por que alguns animais dormem dezenove horas e outros apenas duas horas. Certamente, porém, isso deve estar relacionado a um conjunto complexo de interações concorrentes. Para sobreviver e prosperar, o indivíduo precisa conciliar as exigências essenciais de água e alimento suficientes e a produção e a criação de uma prole com os problemas da sobrevivência física, como os confrontos com predadores ou patógenos. Assim que uma espécie desenvolve um padrão evolutivo estável de repouso/atividade, processos biológicos são incorporados a essa estrutura temporal em um momento apropriado. Resumindo, o sono evoluiu como uma reação específica de cada espécie e seu desenvolvimento a um mundo de 24 horas em que a luz, a temperatura e a disponibilidade de alimentos variam drasticamente. Daí minha resposta à pergunta "Por que dormimos":

> O sono é um período de inatividade física durante o qual o indivíduo evita movimentar-se dentro de um ambiente para o qual está mal adaptado, usando esse tempo para realizar uma série de atividades biológicas essenciais que proporcionam um desempenho ideal durante a fase ativa.[36]

Como comentou um colega, depois de discutirmos essa definição: "O sono, então, é um pouco como o fim de semana: não tem uma função única. É um período útil para muitas atividades diferentes". Eu concordo, e isso faz dele uma parte altamente flexível da nossa biologia, impossibilitando uma definição simples e unidimensional. É um pouco como perguntar: "Por que estamos acordados?".

PERGUNTAS E RESPOSTAS

1. O que é sono local?

Esta é uma pergunta importante. Eu disse que o sono e a consciência ocorrem como um vai e vem geral do cérebro entre esses dois estados. Mas não é bem isso. Até muito recentemente, falava-se em um estado chamado de sono local, no qual uma pequena região do cérebro, durante o estado de vigília, apresenta uma atividade elétrica que faz lembrar o estado de sono. Vladyslav Vyazovskiy, meu colega de Oxford, foi um dos primeiros a demonstrar esse fenômeno. Ao manterem ratos acordados e monitorarem a atividade elétrica das células cerebrais do seu córtex cerebral, verificou-se que esta ficou brevemente "fora do ar", com um EEG local parecido com o do sono de ondas lentas. De forma notável, enquanto um grupo de neurônios estava "dormindo", uma região adjacente ficou "acordada". Quanto mais tempo os ratos ficavam despertos, maiores eram esses períodos de "sono local". Ou seja, populações locais de neurônios no córtex cerebral podem adormecer.[37] A explicação para o sono local não está clara, mas provavelmente ele permite algum processo restaurador local em consequência de uma privação do sono prolongada.

2. O que é CBD? Ele nos ajuda a dormir?

CBD é a abreviatura de canabidiol. Trata-se de um ingrediente ativo da *cannabis* (maconha). Ao contrário do THC (tetraidrocanabinol), não "dá barato". São promissores os resultados preliminares do seu uso na redução da ansiedade e na melhora do sono, mas são necessários estudos de grande escala.[38] Alguns produtores foram investigados pelo governo em razão de alegações indefensáveis e levianas, como a de que o CBD pode curar o câncer — para a qual não há a menor evidência. Como o CBD, em geral, está disponível na forma de suplemento não regulamentado, às vezes é difícil saber exatamente o que se está comprando. Por isso, caso decida experimentar CBD, fale com seu médico, ao menos para garantir que isso não afete outros medicamentos que você já toma. Mudanças de estilo de vida para melhorar o sono quase sempre são preferíveis a medicamentos ou suplementos, que devem ser recomendados por seu médico (capítulo 6).

3. O que é difenidramina? Deve-se tomá-la a longo prazo contra problemas do sono?

A difenidramina é um anti-histamínico, usado na maioria das vezes para aliviar sintomas de alergia e rinite alérgica, mas também pode ser usada como auxiliar do sono. A histamina atua no cérebro como um neurotransmissor excitante, mantendo a pessoa acordada. A difenidramina, conhecida sob os nomes comerciais de Nytol e Benadryl, atua tanto como anti-histamínico, bloqueando a ação da histamina (e promovendo o sono) quanto como anticolinérgico, bloqueando a ação do neurotransmissor acetilcolina, também para promover o sono. Ela é usada no tratamento de reações alérgicas, mas, por bloquear/reduzir a ação da histamina e da acetilcolina, tem propriedades sedativas, sendo por isso muito empregada como auxílio do sono sem receita médica. Com esse objetivo deve ser usada apenas no curto prazo, e, como outros sedativos, sempre é preferível optar por mudanças de estilo de vida para melhorar o sono. Uma preocupação é que, por ser uma droga anticolinérgica, ela prejudica a atividade muscular, o estado de alerta, o aprendizado e a memória. Em um estudo com homens e mulheres de 65 anos ou mais, aqueles que usaram drogas com base em difenidramina apresentaram maior probabilidade de desenvolver demência, e esse risco aumentava com o uso prolongado. Incrivelmente, tomar difenidramina por três anos ou mais estava associado a um risco 54% maior de demência do que tomar a mesma dose durante três meses ou menos.[39]

4. O sono varia muito de um mamífero para outro?

A resposta curta é: sim! Todos os mamíferos, inclusive o ornitorrinco ovíparo e a equidna, apresentam períodos alternados de sono REM/NREM, mas os padrões variam enormemente. Por exemplo, cavalos e girafas conseguem dormir de pé, mas precisam se deitar para curtos períodos de sono REM, que induz paralisia muscular (atonia); caso contrário, levariam um tombo. A duração do sono varia bastante entre um mamífero e outro, mas existem algumas tendências. Em geral, o tempo de sono diminui à medida que o tamanho do corpo aumenta. Da mesma forma, espécies predadoras (por exemplo, leões) tendem a dormir mais que as presas (por exemplo, a zebra), e mamíferos que se instalam em locais relativamente seguros durante o sono (como tocas e cavernas) tendem a dormir por mais tempo. Grandes mamíferos, como as girafas e os elefantes, passam aproximadamente cinco horas por dia dormindo em cativeiro, mas não se sabe se esses padrões ocorrem na natureza, onde esses animais migram por grandes distâncias em períodos prolongados. Estudos sobre o sono em cativeiro e na natureza com a preguiça-comum (*Bradypus variegates*) mostram que, em cativeiro, ela passa aproximadamente 70% do tempo adormecida, enquanto na vida selvagem o sono cai para 40%. Da mesma forma, os padrões de atividade/sono nos camundongos sofrem uma drástica alteração no laboratório em comparação com a natureza, onde precisam buscar alimento e passam por mudanças radicais na iluminação e na temperatura. Por isso, precisamos de mais observações de campo e medições de sono REM/NREM na natureza para entender melhor a importância do sono entre os mamíferos e outros animais.

5. Há algum fundo de verdade na expressão "sono de beleza"?

Diz a lenda que, para ficar mais atraente, é preciso ter uma boa noite de sono. Pode haver um fundo de verdade nisso. Estudos demonstraram que, quando as pessoas estão excessivamente cansadas, ficam menos atraentes.[40] Talvez isso ocorra porque elas produzem maior quantidade de cortisol, hormônio do estresse. O cortisol aumenta como reação aos processos inflamatórios do corpo e pode levar a uma ruptura do colágeno, o tecido conectivo da pele, e à retenção de água, fazendo a pele parecer inchada e menos atraente. Além disso, estudos sugerem que quem dorme bem se recupera de queimaduras de sol de forma mais eficiente do que quem dorme mal.

6. Como um animal dorme quando não pode parar de se mexer, como os golfinhos?

Formas especiais de sono foram descritas em mamíferos marinhos. No lobo-marinho antártico, o EEG (a atividade das ondas cerebrais) em terra é semelhante ao da maioria dos demais mamíferos terrestres: os dois olhos fechados e ciclos de sono REM/NREM. Na água, porém, o sono muitas vezes ocorre em apenas uma metade do cérebro. É o chamado "sono uni-hemisférico", em que um lado do cérebro apresenta um EEG de sono, um olho permanece fechado e uma nadadeira fica praticamente inativa. Portanto, metade do corpo parece estar dormindo enquanto a outra metade fica acordada. Mamíferos marinhos, como baleias e golfinhos, também apresentam sono uni-hemisférico, que parece possibilitar que continuem nadando. Recentemente, demonstrou-se que os botos fazem um mergulho específico que parece ser um período de sono. Durante esses mergulhos, conhecidos como "mergulhos parabólicos", os botos emitem alguns cliques de ecolocalização, em geral usados quando caçam. Além disso, esses mergulhos costumam ser menos profundos e parecem ser intencionalmente mais lentos.[41] Muitas aves voam sem parar durante dias ou mais. Por exemplo, as fragatas conseguem voar sobre o oceano por dez dias. E, como os golfinhos, também apresentam um padrão de sono uni-hemisférico.[42] Sugeriu-se até que os crocodilos apresentam uma forma de sono uni-hemisférico!

7. A covid-19 teve um efeito importante sobre o sono?

No momento em que escrevo isto (janeiro de 2022), ainda é cedo para afirmar com exatidão o que está acontecendo, mas uma pesquisa de 2020 do King's College de Londres, intitulada "Como o Reino Unido está dormindo no lockdown", sugere que nosso sono certamente mudou durante o lockdown, com resultados variados. Os pesquisadores concluíram que: 1. Metade da população afirma que o sono ficou mais agitado que de costume; 2. Duas em cada cinco pessoas disseram que passaram a dormir, em média, menos horas por noite; 3. Duas em cinco relataram ter sonhos mais vívidos que de costume; 4. Três em dez disseram dormir por mais tempo, mas se sentir menos repousadas que o normal; 5. Uma em cada quatro disse que dormiu por mais tempo e se sentiu mais repousada; 6. Aqueles que disseram que com certeza ou provavelmente passarão por dificuldades financeiras devido aos transtornos provocados pelo coronavírus apresentaram maior probabilidade de dormir mal; 7. Aqueles que consideraram a pandemia do coronavírus estressante apresentaram probabilidade muito maior de dormir mal; 8. Os mais jovens apresentaram probabilidade muito maior que os mais idosos de passarem por mudanças no sono; 9. Os homens estavam dormindo ligeiramente melhor que as mulheres. Além disso, relatos nos meios de comunicação sugerem que os indivíduos com problemas de sono antes da pandemia dormiram pior, e aqueles que dormiam bem começaram a ter pioras no sono. De fato, os termos "covid-insônia" e "coronainsônia" vêm sendo usados para descrever os transtornos do sono relacionados à covid. Portanto, os dados sugerem que a maioria das pessoas, mas nem todas, teve piora no sono. Porém, enquanto não forem coletados e analisados dados suficientes, é difícil estabelecer com precisão o que vem acontecendo com nosso sono.

8. O que descobrimos sobre o cérebro ao estudar os eletroencefalogramas (EEGs)?

Isso é motivo de intenso debate, que chega a ficar um pouco acalorado. E acho que a melhor resposta a essa pergunta foi a que um colega me falou recentemente: "Tentar compreender o cérebro registrando um EEG é como tentar entender o que acontece em um prédio com base nas luzes que se acendem e apagam, ou contando o número de descargas no banheiro". Um tanto grosseiro, mas acho que é por aí.

9. Quando você morre no sonho, seu coração para mesmo de bater e você morre por um breve período na vida real?
Outro dia, um menino esperto de oito anos, chamado Jacob, me fez essa pergunta fascinante. Não sei a resposta exata, mas suspeito fortemente que seja "não". Seja como for, isso com certeza me fez pensar!

3. O poder do olho

Arrastamento e o ciclo de dia e noite

Alegações extraordinárias exigem evidências extraordinárias.
Carl Sagan

No século IV a.C., Platão afirmou que somos capazes de enxergar porque o olho emite luz e essa luz atinge os objetos com seus raios. Era a teoria extramissiva da visão, e, por mais bizarro que nos pareça hoje, até os idos de 1500 era, na Europa, a mais aceita a respeito do funcionamento dos olhos. Reconheça-se que Aristóteles (384-322 a.C.) foi um dos primeiros a rejeitar a teoria extramissiva da visão, argumentando em favor da teoria intromissiva, segundo a qual o olho *recebe* raios de luz, em vez de projetá-los mundo afora. Infelizmente, essa teoria da Antiguidade, tão sensata, não foi acolhida. Até Leonardo da Vinci, nos anos 1480, apoiou primeiro a teoria extramissiva, mas, depois de dissecar um olho, uma década depois, mudou para a intromissiva. Observações precoces de médicos islâmicos, sobretudo Hasan Ibn al-Haytham, que viveu de 965 a 1040 d.C. e é conhecido no Ocidente como Alhazém, mostraram que a pupila se dilata e se contrai como reação aos diferentes níveis de iluminação, e que a luz forte pode fazer mal aos olhos. Ele utilizou essas observações para postular, corretamente, que a luz entra no olho, em vez de ser emitida por ele.

A teoria extramissiva deixou de ser levada a sério nos círculos científicos depois do século XVI, mas a ideia não morreu de todo. Um estudo publicado em 2002 identificou uma concepção bastante equivocada, entre estudantes universitários americanos, de que o processo da visão envolve emanações dos olhos, noção parecida com a teoria extramissiva da visão de Platão.[1] Como é possível? Aparentemente, quando nos falta um conhecimento adquirido, abordamos problemas novos com base em experiências pessoais e um acúmulo de fatos fragmentados. Isso ajuda a explicar por que cerca de 10% das pessoas ainda acredita que a Terra é maior que o Sol: a quem falta instrução — é o que sugere nossa experiência —, o Sol parece menor. O que estou tentando dizer é que, ao tentarmos resolver um problema, a princípio recorremos a experiências pessoais. Nosso ponto de vista é intrinsecamente distorcido. O que torna um cientista "bom" é a velocidade com que abandona preconceitos diante de novos conhecimentos. Este capítulo é todo dedicado à forma como nossos olhos regulam nossos ritmos circadianos e, como veremos, para atingir essa compreensão foi preciso abandonar dogmas e preconceitos fundamentais — e há muito arraigados — sobre o funcionamento dos olhos.

Como discutimos, uma das características mais marcantes dos ritmos circadianos, entre todas as formas de vida, é que eles não duram exatamente 24 horas. O período do ritmo circadiano é ora mais curto, ora mais longo que 24 horas. Demonstra-se isso facilmente em animais como o camundongo. Quando é posto em uma rodinha de correr, no escuro constante, ele apresenta um ritmo circadiano diário nessa atividade. Os ritmos do camundongo têm uma duração um pouco inferior a 24 horas, ou seja, sob escuridão constante, a cada dia os ritmos circadianos de atividade iniciam e terminam alguns minutos mais cedo — em relação ao mundo exterior de 24 horas. Um lembrete rápido: esse padrão oscilante do dia biológico é chamado de livre curso (Figura 4). A prova de que há ritmos de livre curso é uma evidência importante de que os ritmos circadianos de fato existem — que persistem, sob condições constantes, por um período um pouco mais longo ou mais curto que catorze horas. Se esse ritmo biológico fosse determinado por algum sinal geofísico não identificado, proveniente da rotação de 24 horas da Terra, ele seria exatamente de 24 horas, ou, para ser mais exato, 23 horas, 56 minutos e 4 segundos.

Nos anos 1960 e 1970, seres humanos foram submetidos a condições semiconstantes, registrando-se seus ritmos de livre curso. Essas experiências sugeriram que o relógio humano tem cerca de 25 horas. A maioria dos estudos recentes, que fizeram correções em certas questões metodológicas, mostraram que, na maioria de nós, o relógio circadiano tem um pouco mais de 24 horas, cerca de uns dez minutos.[2] Por razões que não compreendemos totalmente, os ritmos de livre curso dos animais diurnos como nós, no escuro constante, tendem a relógios biológicos mais longos que 24 horas, enquanto os animais noturnos, como os camundongos, têm ritmos de livre curso inferiores a 24 horas. Esse fenômeno ganhou até um nome: Terceira Regra de Aschoff. A questão central é que, sem um ajuste diário, acordaríamos e iríamos para a cama dez minutos mais tarde a cada dia, fazendo o dia interior sair de sincronia com o ciclo de dia e noite ambiental. Quando você sofre jet lag, experimenta uma forma mais profunda desse descompasso. Depois de atravessar vários fusos horários em uma viagem, o relógio biológico deixa de coincidir com a hora local, o que nos deixa com vontade de dormir e comer em horários errados. Depois de um tempo, nos sincronizamos com o novo fuso horário, mas de que forma, exatamente?

O PAPEL DO OLHO

Na maioria dos vegetais e animais, inclusive nós, o sinal mais importante que alinha ou "arrasta" nossos ritmos circadianos junto ao ciclo de dia e noite é a luz, sobretudo a luz do nascer ou do pôr do sol. Sabemos disso porque, tanto em nós quanto nos demais mamíferos, a perda da visão impede essa recalibragem, e pessoas que perderam a visão em razão de um acidente ou de uma condição genética, ou de um ferimento, perdem a noção do tempo, passando por períodos de alguns dias em que acordam ou vão para a cama mais ou menos na hora certa, e então voltam a se perder e passam a querer dormir, acordar e estar ativos nas horas erradas do dia. Essas pessoas vivenciam algo semelhante ao jet lag, mas sem chance de recuperação. Voltarei a esse tema no capítulo 14, mas, para dar desde já uma ideia de como isso pode ser devastador, eis o comentário de um participante de um de nossos estudos, que perdeu a visão em combate: "Estou no fim das minhas forças, sofrendo de horas de sono e de vigília variáveis, sentindo-me muitas vezes com sono de dia e desperto à noite. Aos poucos estou me isolando da família e dos amigos".

Insisto: a perda da visão impede que a luz regule o relógio biológico. No entanto, um relatório feito por pesquisadores da Faculdade de Medicina da

Universidade Cornell, em Nova York, e publicado em 1998 em uma das principais revistas científicas, a *Science*, sugeriu que luzes brilhantes aplicadas à pele da parte de trás do joelho podem alterar os ritmos circadianos de temperatura do corpo e melatonina.[3] Isso levou a um furor na mídia, e o artigo foi indicado pela *Science* como um dos mais importantes do ano, ocasionando em pouco tempo a patente de dois tratamentos para distúrbios do sono. Muitos de nós encaramos esse estudo com profundo ceticismo, questionando suas conclusões, sobretudo porque já fora demonstrado que a perda da visão, no ser humano, bloqueia os efeitos da luz sobre o relógio biológico.[4] Será que deixamos passar alguma coisa, talvez em razão de preconceitos que estariam prejudicando nossa objetividade? Foi aí que entrou em cena o método científico, e outros grupos, mundo afora, tentaram replicar aquelas conclusões usando diversas abordagens,[5] sendo que um estudo de 2022 reproduziu o método com exatidão.[6] Centenas de milhares de dólares depois, desperdiçando vários e vários anos de talento científico, todo o esforço para replicar as conclusões fracassou — aplicar luz atrás do joelho não alterava o sistema circadiano. Hoje acredita-se que erros na abordagem metodológica, entre eles o fato de que os pesquisados estavam expostos à luz e não em completa escuridão durante a iluminação do joelho, tenham sido a base para a alegação original. Por razões que não compreendo, esse estudo nunca foi oficialmente retratado — processo formal pelo qual uma publicação científica é retirada, devido a erros ou fraudes que tenham sido revelados após a publicação. Muitos se lembram do estudo original, mas não sabem dos trabalhos posteriores que não conseguiram replicar suas conclusões. A mídia tende a não relatar descobertas negativas. Infelizmente, mais de vinte anos depois, ainda ouço com frequência a pergunta: "Ok, e aquela história dos sensores de luz atrás do joelho?".

Embora os olhos detectem luz para regular o relógio biológico, não se sabia com clareza *como* essa luz é detectada. Isso meio que se tornou uma obsessão para mim. Até um passado recente, e antes das pesquisas que realizamos, considerava-se o olho um órgão minuciosamente investigado e uma das partes do corpo mais bem compreendidas. Anos de pesquisas complicadíssimas haviam explicado como enxergamos: a luz é detectada e processada por uma estrutura em camadas chamada retina. A primeira camada da retina é formada por células visuais, chamadas fotorreceptores, das quais existem dois tipos: os bastonetes e os cones. Essas células detectam a luz refletida por objetos do ambiente, transmitindo seus sinais para as células da retina interior, que os agrupam em uma imagem bruta. A primeira camada da retina é formada por células ganglionares, que atuam integrando toda a informação luminosa da retina. Esta já foi comparada a um carpete, em que os tufos representam os bastonetes e os cones, e a trama, ou a base do carpete, representa a retina interior e as células ganglionares. As projeções das células ganglionares formam o nervo óptico e enviam a informação luminosa do olho para o cérebro. Este, por sua vez, constrói uma imagem no córtex visual, na parte de trás do cérebro, no lobo occipital (Figura 2). Quando você leva uma pancada na cabeça, as células do lobo occipital sofrem uma sacudida e enviam impulsos elétricos aleatórios, que seu cérebro interpreta como flashes de luz — daí "vermos estrelas". Existem cerca de 100 milhões de bastonetes e cones e 1 milhão de células ganglionares no olho humano, o que dá uma ideia de quanta informação luminosa é processada e "afunilada" ao passar dos bastonetes e cones para as células ganglionares. O mais crucial é que, como era possível explicar em linhas gerais "como enxergamos" com o conhecimento do funcionamento do olho, supôs-se naturalmente que os bastonetes e cones comunicavam informação luminosa para o relógio biológico. Mas era uma suposição equivocada.

Espantosamente, as células visuais da retina — os bastonetes e cones — *não são* necessárias para a detecção do ciclo de luz e escuro. Existe um terceiro tipo de célula sensível à luz (fotorreceptora) dentro do olho. Essa descoberta foi impulsionada por uma pergunta muito elementar em minha cabeça — eu simplesmente não conseguia entender como os bastonetes e cones, que evoluíram de forma tão fantástica para gerar uma imagem, poderiam ser usados para extrair informação sobre a hora do dia. Para a visão funcionar, a retina precisa absorver luz e, uma fração de segundo depois, esquecer essa experiência e estar pronta para a imagem seguinte. Se não ocorresse esse "pega e esquece" tão rápido, nosso mundo *não* seria uma série de imagens precisas, mas um borrão constante de luz, escuro e cores. Mais importante ainda, o relógio biológico não precisa de uma imagem nítida. Em vez disso, o sistema circadiano precisa de uma ideia da quantidade geral de luz entre a alvorada e o crepúsculo, e essas mudanças gerais no ambiente luminoso ocorrem ao longo de minutos e horas. Assim, eu fiz uma pergunta simples: "Como os olhos podem ser usados tanto para tarefas sensoriais quanto para o acerto do tempo biológico?".

A DESCOBERTA DE UM NOVO DETECTOR DE LUZ NO OLHO

Com essa pergunta na cabeça, ao longo dos anos 1990 minha equipe realizou uma série de estudos usando camundongos com mutações genéticas que impediam os bastonetes e cones fotorreceptores de se desenvolver ou funcionar adequadamente. Eram camundongos cegos.[7] Eles vinham sendo estudados por outros pesquisadores na tentativa de compreender a base genética de doenças oculares humanas. Usamos esses animais para verificar se o arrastamento circadiano ("fotoarrastamento") para o ciclo de luz e escuro era afetado pela cegueira profunda provocada pela perda dos bastonetes e cones. Depois de mais de uma década de estudo cuidadoso, e usando camundongos com diferentes tipos de males genéticos, concluímos, para nossa alegria, que camundongos cegos, privados de bastonetes e cones, ainda conseguiam ajustar seus ritmos circadianos à luz de forma perfeitamente normal. Não apenas esses camundongos eram capazes de arrastamento, mas o faziam com a mesma sensibilidade à luz. Quando seus olhos eram cobertos, porém, o fotoarrastamento desaparecia.[8] Portanto, para deixar claro, camundongos sem bastonetes e cones eram cegos visualmente, mas não "cronologicamente". Com base nesses dados, postulamos que haveria outro fotorreceptor no olho, distinto dos bastonetes e cones, que detectava a luz a fim de ajustar o tempo biológico. Para minha genuína surpresa, esse postulado foi acolhido com indisfarçável menosprezo por muitos na comunidade de pesquisadores da visão. Em certa ocasião, fui dar uma palestra científica e um membro da plateia gritou "Conversa mole!" antes de ir embora; em outra, um sujeito irritado gritou: "É sério que você está tentando nos dizer que, depois de 150 anos de pesquisas sobre o olho, nós deixamos passar toda uma classe de fotorreceptores?". Meus pedidos iniciais de financiamento de pesquisa foram rejeitados porque simplesmente não acreditaram em nossos resultados. Um dos motivos mais doloridos para a rejeição foi: "Por que Foster está procurando fotorreceptores novos dentro do olho, se sabemos que existem sensores de luz atrás do joelho?". Não foi um momento feliz, e cheguei a comprar vários bilhetes de loteria na tentativa de custear minhas pesquisas! Tampouco tive sorte com essa estratégia. No entanto, essa experiência ressaltou, para mim, tanto o ponto forte quanto o fraco do método científico — o forte é que o progresso exige provas acachapantes, verificadas por outros cientistas, e é por isso que a ciência nunca pode ser um empreendimento solitário. Mas o ponto fraco é que costuma haver uma resistência arraigada à mudança, que pode frear o progresso e impedir a inovação. O desafio é atingir o equilíbrio exato entre o avanço científico e o dogma enraizado. A solução que encontramos em relação ao dogma foi realizar um número de experiências cada vez maior, que fornecesse cada vez mais dados. Foi isso que, no fim das contas, mudou as atitudes. A revista *Science* publicou dois de nossos estudos fundamentais,[9] trazendo um rápido avanço.

Como minha formação original era em zoologia, sempre fui adepto do "método comparativo", que consiste em comparar as características de uma espécie para aprender a respeito de outra. Quando estive na Universidade da Virgínia, trabalhava com peixes, lagartos e camundongos. Certo dia, Dan, o Homem das Cobras, de Louisiana, me enviou alguns lagartos *Anolis*, que eu estudava na época. Ao ser levada ao correio de Charlottesville, a caixa que continha os *Anolis* se desfez, soltando os lagartos. Esses animaizinhos lindos e completamente inofensivos aterrorizaram os funcionários do correio, que pensaram tratar-se de cobras, levando-os a fechar o estabelecimento durante horas até os lagartos serem apanhados. Caso já tenha ido à Flórida, são aqueles lagartos que você vê toda hora correndo pelas trilhas e subindo pelas árvores. Nosso trabalho com peixes, que começou na Virgínia, prosseguiu quando voltei para o Reino Unido, e nossas conclusões são de imensa relevância para esta história. Demonstramos que os olhos dos peixes possuem um novo tipo de molécula sensível à luz, e que esse fotopigmento não se encontra nos bastonetes e cones, mas em outras células oculares, entre elas as células ganglionares (aquelas cujas projeções formam o nervo óptico). Tínhamos descoberto no olho um fotorreceptor até então desconhecido.[10] Era algo de suma importância, porque, se os peixes tinham fotorreceptores desconhecidos no olho, deixava de ser tão absurda a ideia de que os mamíferos também pudessem contar com um sistema similar. O método comparativo nos propiciava uma "prova conceitual" da existência de outro tipo de detector luminoso dentro do olho. Mas mamíferos não são peixes, e a comunidade de pesquisadores da visão continuava bastante cética. No entanto, nosso trabalho finalmente passou a ser levado a sério, despertando o interesse de outros pesquisadores, que se juntaram à caça de novos fotorreceptores nos mamíferos. Por fim, estudos com ratos[11] e nossos estudos com camundongos[12] provaram que um número reduzido de células ganglionares da retina reage diretamente à luz. Demos a esses novos fotorreceptores o nome de "células ganglionares retinais fotossensíveis", ou pRGCs, na sigla em inglês. Isso gerou uma onda de estudos, de nosso grupo e de outros mundo afora, para demonstrar que cerca de uma célula ganglionar em cada cem é uma pRGC, e que elas formam uma "rede fotossensível" dentro do olho, captando a luz no espaço de todas as direções para fornecer uma medição geral do brilho ambiental. Outras pesquisas demonstraram que a sensibilidade luminosa das pRGCs se baseia em uma molécula (fotopigmento) recém-descoberta, sensível à luz azul, chamada melanopsina, ou OPN4.[13] Essa molécula fotopigmentar foi originalmente isolada por Ignacio ("Iggy") Provencio a partir de células pigmentares sensíveis à luz, ou melanóforos, encontradas na pele dos sapos e das rãs,[14] de onde veio o nome "melanopsina", que pegou. Infelizmente, porém, ele acaba sendo muitas vezes confundido com a melatonina, o principal hormônio produzido pela glândula pineal! Iggy foi o primeiro doutorando que orientei; na verdade, foi ele que me apresentou a Dan, o Homem das Cobras. Iggy era, e ainda é, um dos caras mais bacanas do mundo, e hoje é professor titular da Universidade da Virgínia, onde trabalhamos juntos no começo.

Em várias experiências fundamentais, nosso grupo demonstrou que a OPN4 e as pRGCs têm sensibilidade máxima à luz azul,[15] o que também foi observado em todos os animais, inclusive em nós. Mas por quê? A resposta provável parece estar relacionada ao seu papel como detectores de dia e noite. Durante o dia, o céu é dominado pela luz solar, formada pela luz de todo o espectro visível (do violeta ao vermelho). Porém, à medida que o Sol se põe e o disco solar desaparece abaixo do horizonte, diferentes cores (comprimentos de onda) de luz são dispersadas por partículas na atmosfera. Disso resulta que a luz no horizonte imediatamente se enriquece de luz amarela e vermelho-claro, enquanto o firmamento como um todo se enriquece de luz azul. O mesmo acontece na alvorada. À medida que o Sol se eleva, a luz azul se espalha até preencher o firmamento, enquanto o vermelho e o laranja dominam o horizonte. Acreditamos que as pRGCs sejam mais sensíveis à luz azul por ser essa a cor dominante da luz no amanhecer e no anoitecer, tornando-as ideais como detectores de dia e noite.[16] Os fatos se encaixam, mas não há como ter certeza.

DE QUANTA LUZ PRECISAMOS E QUANDO?

Até 1987, supunha-se que os ritmos circadianos do ser humano eram arrastados por meio de pistas sociais, tais como os horários em que comemos e interagimos com outras pessoas. Parte da razão dessa crença era que os estudos iniciais com seres humanos não conseguiram demonstrar qualquer efeito da luz sobre seu arrastamento circadiano. Hoje, porém, sabemos que o sistema circadiano humano é *muito* insensível à luz se comparado aos de outros animais, como os camundongos. Os níveis de iluminação que regulam o sistema circadiano do camundongo podem ser de mero 0,1 lux (Figura 3), mas tais intensidades não têm efeito algum sobre o ser humano. A primeira demonstração clara do fotoarrastamento no ser humano exigiu níveis de luminosidade de 5 mil lux durante horas.[17] O diagrama na Figura 3 traz uma aproximação grosseira dos níveis de luminosidade do ambiente e da sensibilidade das diferentes reações realizadas pelos nossos bastonetes, cones e pRGCs em nós.

Nossa incrível insensibilidade à luz, em comparação aos camundongos e outros roedores, pode resultar da diferença entre mamíferos diurnos e noturnos. Os mamíferos diurnos ficam expostos à luz o dia inteiro, enquanto os noturnos, que saem de suas tocas no crepúsculo, são submetidos a níveis inferiores de luz por um período relativamente curto, antes de o Sol desaparecer. Em função disso, uma sensibilidade maior à luz do amanhecer ou do anoitecer seria uma vantagem para animais noturnos que vivem em tocas e têm uma janela de oportunidade mais curta para detectar a luminosidade. Nos seres humanos, existe o problema adicional da luz artificial. As estimativas variam, mas se acredita que o uso controlado do fogo pelo nosso ancestral, o *Homo erectus*, tenha começado cerca de 600 mil anos atrás. Se nossos ancestrais fossem tão sensíveis quanto os roedores, a luz das fogueiras noturnas teria sido um importante perturbador dos ritmos circadianos. Será, então, que eles evoluíram de modo a reduzir a sensibilidade à luz devido ao uso do fogo?

Em 1800, a maior parte das sociedades humanas na Europa, nos Estados Unidos e no resto do mundo trabalhava ao ar livre, exposta ao ciclo natural de luz e escuro. Hoje, no Reino Unido, a proporção de trabalhadores na agricultura e na pesca é de aproximadamente 1% da força de trabalho.[18] Isso ilustra como a esmagadora maioria da força de trabalho nas economias desenvolvidas e em desenvolvimento se distanciou profundamente da luz ambiente, passando a

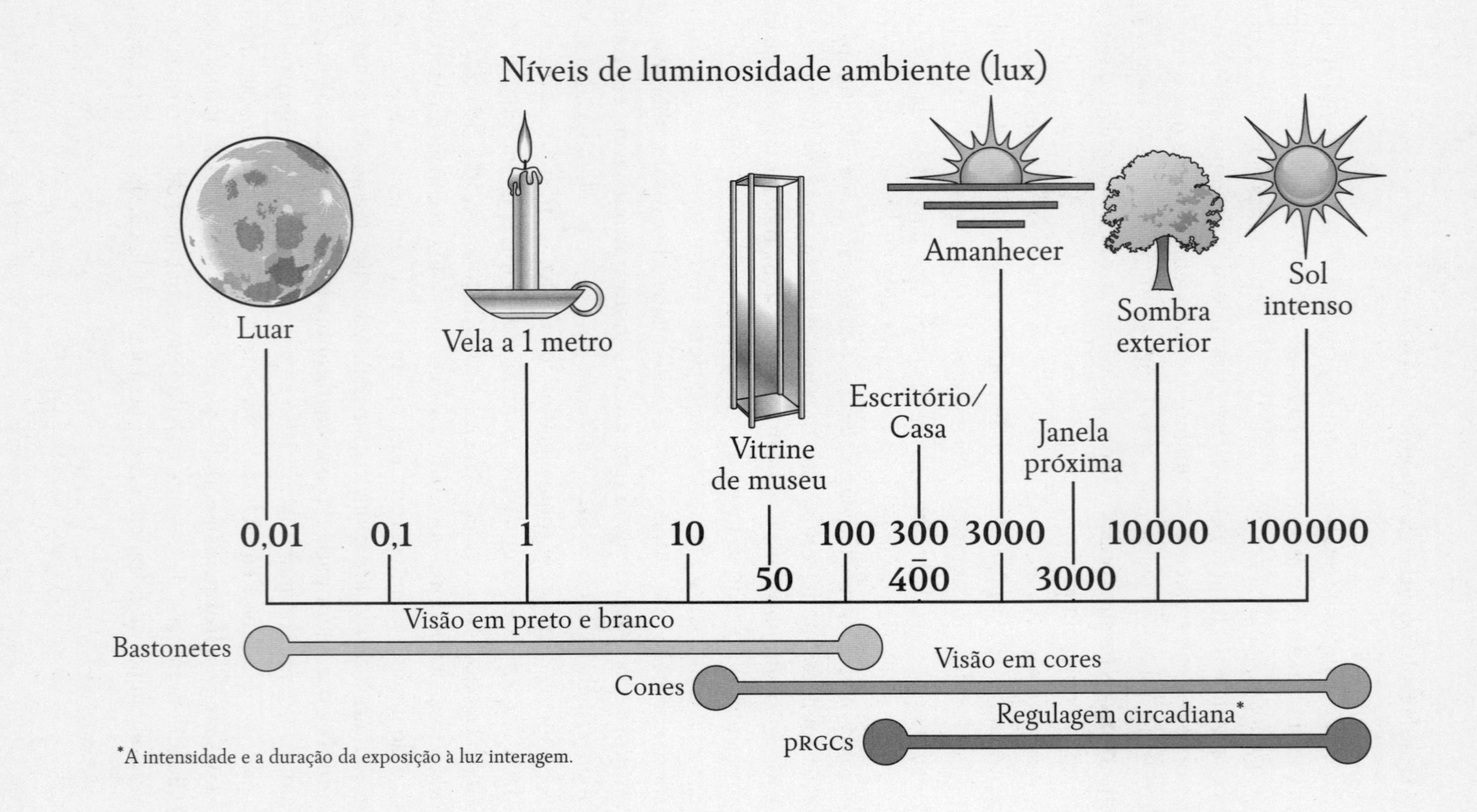
Níveis de luminosidade ambiente (lux)
Luar
Vela a 1 metro
Vitrine de museu
Escritório/ Casa
Amanhecer
Janela próxima
Sombra exterior
Sol intenso
0,01
0,1
1
10
50
100
300
400
3000
3000
10000
100000
Visão em preto e branco
Bastonetes
Visão em cores
Cones
Regulagem circadiana*
pRGCs
*A intensidade e a duração da exposição à luz interagem.

Figura 3. Níveis de luminosidade encontrados no ambiente e sensibilidades aproximadas dos bastonetes, dos cones e das pRGCs, fotorreceptores do ser humano. Os níveis de luminosidade estão indicados em lux, unidade de medida padrão da intensidade luminosa. Sob luz fraca, nossos bastonetes nos proporcionam uma visão em preto e branco. Enxergar cores exige uma luz mais brilhante, que nos é proporcionada pelos cones fotorreceptores. Entre 10 e 100 lux, tanto os bastonetes quanto os cones funcionam, mas à medida que os níveis de luminosidade aumentam os bastonetes ficam saturados e os cones nos dão a sensação de visão de cores em alto contraste. Com cerca de 100 lux, as pRGCs começam a atuar, mas exigem uma exposição de longa duração à luz (vários minutos ou até horas). Em compensação, os bastonetes e cones alcançam sua sensibilidade com exposições na faixa do milissegundo (milésimo de segundo). Portanto, mesmo quando há luz abundante para vermos em cores em nossos espaços domésticos e de trabalho em sala fechada (50 a 400 lux), costuma haver luz insuficiente para um fotoarrastamento potente. Veja também a pergunta 8 da seção Perguntas e Respostas deste capítulo. Pode ser útil comprar um fotômetro, em torno de cem reais, ou baixar um aplicativo gratuito de fotometria no celular para se convencer de quão profundas podem ser as diferenças de intensidade luminosa entre a luz natural exterior e a luz artificial interior.

contar apenas com um sinal de luz e escuro atenuado como fotoarrastamento. Na maior parte do tempo, simplesmente não obtemos luz intensa o suficiente, por tempo suficiente, para arrastar com força o relógio biológico para o dia solar (Figura 3), sobretudo no inverno. Mas não é só a intensidade da luz que é importante. O tempo de exposição a ela também é crucial.

O MOMENTO DA EXPOSIÇÃO À LUZ – A IMPORTÂNCIA DO AMANHECER E DO ANOITECER

Quando temos luz por volta do anoitecer e no começo da noite, isso atrasa o relógio do NSQ, e como consequência vamos para a cama mais tarde e acordamos mais tarde no dia seguinte. Em compensação, a luz do início da manhã tem o efeito contrário, adiantando o relógio, levando-nos a ir para a cama e acordar mais cedo. A luz no meio do dia tem pouco – alguns diriam nenhum – efeito no relógio biológico. Isso ressalta o argumento de que a detecção da luz do amanhecer e do anoitecer é mais importante para o arrastamento. Quando todos éramos lavradores, vivíamos segundo o ciclo do dia e da noite, e o sistema circadiano era "empurrado" para trás e para a frente todos os dias, alinhando-se ao nascer e ao pôr do sol. No ambiente urbano, porém, a exposição ao amanhecer e ao anoitecer pode variar muito. Um estudo recente com universitários do mundo inteiro mostrou que os cronotipos tardios (as corujas) são expostos à luz do início da noite (o que atrasa o relógio biológico), mas pouco veem luz de manhã (o que o adianta). O efeito foi um deslocamento do relógio biológico para um horário mais tardio.[19]

Um estudo americano mais detalhado, e que ficou famoso, examinou o ritmo de sono e vigília em indivíduos depois de uma semana seguindo as rotinas diárias de trabalho, escola, atividades sociais e exposição à luz elétrica, em comparação com uma semana de acampamento ao ar livre (em barracas) e exposição à luz natural nas Montanhas Rochosas. Depois da semana de exposição à luz natural, e sobretudo de exposição à luz da manhã, os ciclos circadiano e de sono/vigília haviam avançado duas horas — as pessoas estavam de fato acordando e indo dormir duas horas mais cedo depois de passar apenas uma semana expostas à luz natural.[20] Antes que eu encerre esta seção, devo dizer que, embora a luz seja o sinal dominante para arrastar o relógio biológico, exercícios e alimentação em horários específicos também podem influenciar o arrastamento, algo que discutirei em capítulos adiante.

QUAL É O EFEITO DAS TELAS LUMINOSAS?

Apenas lembrando, a exposição à luz em torno do anoitecer e durante a noite retarda o sistema circadiano (faz você ir dormir mais tarde e acordar mais tarde no dia seguinte), enquanto a luz da manhã adianta o sistema circadiano (faz você ir dormir mais cedo e acordar mais cedo no dia seguinte). Este fato tem sido usado para sustentar o argumento de que o uso de computadores ou celulares antes de dormir perturba o ritmo de sono/vigília, retardando, assim, o sono. Uma evidência a mais para essa teoria é o fato de que esses aparelhos emitem luzes relativamente ricas em azul, as que mais estimulam as pRGCs.[21] Pela grande imprensa, estimulada por alguns cientistas, ficamos "sabendo" que o uso de aparelhos eletrônicos antes de ir para a cama altera nossos ritmos circadianos. Chama minha atenção que muitos pesquisadores apoiem ao mesmo tempo visões excludentes de que o sistema circadiano humano é relativamente insensível à luz e ao mesmo tempo sensível à luz fraca emitida pelos aparelhos eletrônicos. Os dados não sustentam essas afirmações. O estudo mais detalhado feito até hoje comparou a leitura de um e-book em um aparelho emissor de luz (EL), sob iluminação interior fraca, durante cerca de quatro horas (das 18h às 22h) antes de dormir, durante cinco noites consecutivas, com a leitura de um livro impresso sob as mesmas condições. A luz emitida pelo EL ficou em torno de 31 lux, enquanto a luz refletida pelo livro impresso foi em torno de 1 lux. Os resultados mostraram que, depois de cinco dias, o uso do EL retardou o início do sono em menos de dez minutos na comparação com a leitura do livro impresso. Embora os resultados tivessem relevância estatística (por muito pouco), esse atraso de dez minutos é quase insignificante.[22] No entanto, esse artigo é citado como evidência de que o uso de leitores de e-books EL antes de dormir tem um forte impacto em nossos ritmos circadianos. Aplicativos vêm sendo desenvolvidos para ajustar a tela de modo a torná-la mais "adequada ao ritmo circadiano". Eles reduzem tanto a intensidade quanto o nível de luz azul da tela à noite, se comparados ao resto do dia. O argumento é que isso melhora o sono e reduz o desequilíbrio do ritmo circadiano. Embora os aplicativos tenham recebido amplas e favoráveis análises dos jornalistas de tecnologia, blogueiros e usuários, eles próprios não foram, até hoje, rigorosamente testados; um estudo recente indicou que esse efeito é, na melhor das hipóteses, diminuto.[23] Talvez esses aplicativos tenham recebido uma acolhida tão entusiasmada porque funcionam bem no que diz respeito ao conforto visual. À noite nossos olhos são biologicamente adaptados para níveis menores de luminosidade; portanto, uma tela de computador ou celular mais fraca é melhor para a vista.

Embora o impacto provável da exposição à luz de telas no fotoarrastamento seja pequeno, quase nenhum, estudos demonstraram que atividades tardias relacionadas à tecnologia, como jogos de computador, envio de e-mails e uso de mídias sociais, de fato aumentam o estado de alerta cerebral e retardam o sono, levando a sonolência e queda do desempenho durante o dia.[24] Esse é um problema, sobretudo, para os adolescentes,[25] muitos dos quais acabam caindo no sono em plena aula devido ao uso de mídias sociais ou video games durante toda a madrugada em dias de escola. A conclusão é que se deve parar de usar esses aparelhos pelo menos meia hora antes de dormir — não por causa da luz que emitem, mas devido à atividade de vigília que induzem no cérebro.

UMA NOVA COMPREENSÃO DA CEGUEIRA

A descoberta de que também possuímos pRGCs que regulam nosso sistema circadiano[26] vem exercendo um importante impacto sobre oftalmologistas em hospitais de olhos do mundo inteiro. É possível ser visualmente cego sem ser cronologicamente cego. Existem várias doenças oculares genéticas que resultam na perda dos bastonetes e cones, causando cegueira, mas essas doenças costumam poupar as pRGCs — assim como nos camundongos que usamos para descobrir esses fotorreceptores. Sob tais circunstâncias, seria aconselhável que aqueles que possuem olhos mas são cegos exponham seus olhos sempre que possível a luz suficiente para regular seu ritmo circadiano. A essa altura, está claro que se deve fazer o maior esforço possível para preservar olhos afetados, mas com pRGCs funcionais, mesmo que a pessoa seja cega. A compreensão cada vez maior de que o olho nos propicia tanto um senso de espaço (visão) quanto de tempo (via regulagem do relógio biológico) vem alterando nossa definição e nosso tratamento da cegueira humana. Espero que a pessoa que gritou "Conversa mole!" para mim, tantos anos atrás, se disponha a pedir desculpas!

PERGUNTAS E RESPOSTAS

1. Existem outros sinais ambientais, além da luz, que arrastam o ritmo circadiano?
Sim. Embora a luz seja o sinal mais potente para arrastar o relógio-mestre do NSQ, exercícios também podem surtir efeito. Além disso, os "relógios periféricos" podem ser arrastados ingerindo alimentos em horários específicos (ver capítulo 13).

2. Os bastonetes e cones podem contribuir para a regulagem do relógio?
Sim. Originalmente, acreditava-se que os fotorreceptores não desempenhavam um papel relevante no arrastamento circadiano porque perdê-los não afeta a capacidade dos camundongos de sofrer arrastamento com a luz. Não há perda de sensibilidade. Por conta disso, acreditava-se que todo o arrastamento era mediado pelas pRGCs. Hoje, porém, já sabemos que, sob certas condições, os bastonetes e os cones podem enviar sinais luminosos às pRGCs

e dar apoio ao arrastamento. A contribuição deles ainda está sendo estudada, mas a hipótese atual é que ocorre uma integração dos sinais luminosos dentro das pRGCs, o que permite usar os bastonetes para detectar luz fraca e os cones para detectar intensidades luminosas maiores e integrar a exposição à luz intermitente (cintilante), enquanto as pRGCs proporcionam informações relativas à luz intensa por períodos mais longos.[27]

3. É preciso expor-se à luz azul para arrastar o sistema circadiano?

Não. Havendo luz intensa o bastante, tal como se encontra na natureza (ver Figura 3), a luz branca de amplo espectro será suficiente para provocar o arrastamento. As pRGCs têm sensibilidade maior à luz azul, mas sua reação é como uma curva de sino e, embora menos sensíveis às luzes verde, laranja e vermelha, ainda conseguem detectar esses comprimentos de onda, havendo brilho suficiente. A maior parte das luzes, sejam elas naturais ou artificiais, é branca, composta de múltiplas cores (todos os comprimentos de onda). A luz azul só adquire importância quando o nível de luminosidade diminui, como ocorre no crepúsculo (ver Figura 3).

4. A iluminação pode afetar o estado de alerta?

Sim, luzes brilhantes, provavelmente detectadas pelas pRGCs, podem alterar seu estado de alerta e humor. Em animais noturnos, como camundongos e ratos, a luz estimula a busca de abrigo e reduz a atividade e até o sono, enquanto nas espécies diurnas, como a nossa, estimula o alerta e a vigilância.[28] Portanto, os padrões circadianos de atividade, e logo nosso ciclo de sono e vigília, não apenas são arrastados pelo amanhecer e anoitecer mas também diretamente orientados pela luz em si. Esse efeito direto da luz sobre a atividade foi chamado de "mascaramento". Junto com o sistema circadiano, ele restringe a atividade ao período do ciclo claro/escuro ideal para a sobrevivência.[29] Discutirei os efeitos da luz sobre o estado de alerta mais detalhadamente no capítulo 6.

5. Nas UTIs neonatais, as luzes ficam quase sempre acesas. Existem evidências de que o ciclo claro/escuro seja importante para bebês sob tratamento intensivo?

Há cada vez mais evidências de que proporcionar um ciclo claro/escuro para bebês prematuros nas UTIs neonatais traga benefícios significativos, entre eles um aumento do ganho de peso e uma internação hospitalar mais curta, se comparados a bebês submetidos a luz constante ou quase escuro constante. O NSQ e as projeções do olho para o NSQ parecem se formar até as 24 semanas. Portanto, é possível que a informação claro/escuro regule o sistema circadiano nos bebês prematuros e influencie seu desenvolvimento. Parece sensato que, se possível, bebês em UTIs neonatais sejam expostos a um ciclo estável de luz e escuro de 24 horas.[30] O mesmo é válido, claro, para adultos em UTIs.

6. Quando morremos, nossas pupilas se dilatam: isso tem algo a ver com as células ganglionares retinais fotossensíveis (as pRGCs)?

As pRGCs regulam mais que apenas nosso ritmo circadiano. Demonstramos que elas são, na verdade, importantes na regulagem do tamanho das pupilas.[31] Elas também detectam a luz para regular o estado de alerta, o humor e uma série de outras funções.[32] Não creio, porém, que tenham algo a ver com a dilatação da pupila no óbito. Uma das primeiras coisas que acontecem quando morremos é que todos os músculos do corpo relaxam, um estado chamado de flacidez primária. As pupilas se dilatam, as pálpebras relaxam e muitas vezes se abrem, os músculos da mandíbula se soltam e a boca pode se abrir, e as outras articulações ficam flexíveis. Duas horas depois, os músculos começam a se enrijecer e vem o rigor mortis, que atinge o auge após doze horas.

7. O que acontece durante um voo espacial? Nosso relógio circadiano se adaptaria à vida em outros planetas, como Marte?

Essa é uma questão importante, que a Nasa vem estudando com atenção. A Estação Espacial Internacional viaja a 27 520 km/h e gira em torno da Terra a cada hora e meia. Isso significa que o sol nasce a cada uma hora e meia e os astronautas vivenciam dezesseis alvoradas e crepúsculos a cada 24 horas. O ciclo de sono e vigília sofre um forte desequilíbrio e relata-se que os remédios para dormir são os mais usados na estação espacial. Nos anos 1990, recebi um financiamento da Nasa e lembro-me de ter conversado com engenheiros, em uma reunião em Houston, que queriam acabar com as janelas da estação espacial e de qualquer nave que viajasse até Marte, substituindo-as por luzes artificiais sincronizadas com o horário da Terra. Compreensivelmente, os astronautas recusaram de imediato a retirada de suas janelas! Viver em outros planetas com um "dia" diferente dos da Terra também representa um grande problema. Marte gira um pouco mais devagar que a Terra, com um "sol" (dia solar) de 24 horas e 39 minutos. Pode até estar dentro da faixa de arrastamento para muitos indivíduos com um cronotipo mais longo, mas aqueles de cronotipo curto devem sofrer com o arrastamento ao "sol" marciano. Quando uma nova sonda Rover chega a Marte, cientistas e engenheiros tentam trabalhar no horário marciano, mas nos primeiros dias o conflito entre tentar ficar no horário de Marte e ao mesmo tempo vivenciar o horário terrestre gera grandes problemas, entre eles sonolência, irritabilidade e uma queda da concentração e da energia. Mais recentemente, deu-se aos cientistas a oportunidade de trabalhar apenas em dias marcianos artificiais, isolando-os do ciclo de claro/escuro terrestre. Entre aqueles que participaram, 87% se adaptaram ao "sol" marciano. Portanto, os ritmos circadianos da maioria de nós provavelmente poderiam adaptar-se a Marte. O "sol" de Mercúrio é de 1408 horas, e o de Vênus, de 5832 horas. Deixando de lado o ambiente físico inabitável desses planetas, outra razão para não viver neles seria a impossibilidade de adaptar nossos ritmos circadianos.

8. Então parece que a luz dos leitores de e-books EL tem pouco efeito sobre nosso arrastamento circadiano — mas e quanto à iluminação ambiente noturna? Ela poderia retardar nosso ritmo circadiano?

Essa é uma pergunta bem difícil de responder, e eu e meu colega de Oxford Stuart Peirson não paramos nunca de discuti-la — ainda mais porque as experiências que poderiam respondê-la ainda estão por ser feitas! A primeira questão a apontar é que, como a luz artificial noturna pode variar muito (de 50 a 300 lux; ver Figura 3), é difícil generalizar. E, além do brilho do cômodo, qualquer efeito sobre o relógio biológico dependerá da duração da exposição à luz; da cor (comprimento de onda) da luz; da idade da pessoa; da hora do dia em que a luz é detectada (começo da noite ou fim de noite); da estação (verão ou inverno); e da intensidade luminosa encontrada na manhã seguinte. Em estudos de laboratório com jovens, a exposição a cerca de 50 a 100 lux à noite, por mais de duas horas, apresentou um efeito pequeno, mas significativo, no relógio biológico. Mais de 1000 lux por duas horas ou mais terão um enorme efeito. Se essas conclusões se transferem para o mundo real, e de que forma se aplicam a diferentes faixas etárias, ainda falta descobrir. O consenso atual é que a luz doméstica, à noite, tem algum efeito sobre nosso arrastamento circadiano, retardando o relógio biológico. A ação da luz nos fará acordar um pouco mais tarde e ir dormir um pouco mais tarde no dia seguinte. Em consequência, faz sentido manter os níveis de luminosidade relativamente baixos (menos de 100 lux) nas horas que antecedem o sono. Baixar as luzes nesse período tem a vantagem extra de reduzir nosso nível de alerta. Um alerta reduzido nos predispõe ao sono.

4. Fora de hora

Os pesadelos do estresse, dos plantões noturnos e do jet lag

A ciência e a vida cotidiana não podem e não devem ser separadas.
Rosalind Franklin

Em 1956, John Foster Dulles, então secretário de Estado dos Estados Unidos, fez um voo de longa duração até o Cairo para discutir se iriam financiar a Barragem de Assuã. Ao chegar lá, ele não conseguia se concentrar durante as negociações. Em seguida, Dulles voltou direto para Washington. Ao desembarcar, ficou sabendo que os egípcios tinham acabado de adquirir uma grande quantidade de armamento soviético. Sem refletir, Dulles cancelou o acordo com o presidente egípcio para construir a barragem. Como resultado, a Barragem de Assuã foi feita pela União Soviética, o que deu aos soviéticos sua primeira base africana durante a Guerra Fria. Dulles atribuiu sua incapacidade de preservar um aliado e fechar um acordo importante com o Egito à fadiga da viagem. O termo "jet lag" ainda não havia sido inventado em 1956. Considerando esse exemplo precoce e famoso da palavra, faz total sentido que o aeroporto internacional de Washington tenha recebido o nome de John Foster Dulles.

Entre 1969 e 1977, Henry Kissinger foi assessor de segurança nacional e secretário de Estado do presidente Richard Nixon, e viajava bastante. Ao contrário de Dulles, porém, ele tinha mais consciência dos perigos do jet lag e, ao recordar suas negociações com os norte-vietnamitas, contou: "Quando fui direto de um voo transatlântico para uma negociação, percebi que estava à beira de perder a cabeça com a insolência norte-vietnamita – quase caí na armadilha deles, representando o papel que me haviam atribuído. Desse dia em diante, nunca mais iniciei uma negociação depois de um voo de longa distância". Os organizadores da turnê do presidente George Bush pela Ásia parecem ter ignorado, ou talvez desconhecessem, as consequências do jet lag. O pobre coitado chegou ao Japão no fim de uma jornada de mais de 40 mil quilômetros e doze dias por quatro países asiáticos. Durante um jantar em sua homenagem, o presidente subitamente sentiu-se mal e vomitou em si mesmo e no anfitrião, o primeiro-ministro do Japão. Foi tudo filmado e transmitido no mundo inteiro. Dizem que esse incidente memorável ajudou o rival de Bush, Bill Clinton, a vencer a eleição no fim daquele ano. Claramente, é por nossa conta e risco que ignoramos os ritmos circadianos.

O jet lag é uma experiência conhecida por muitos tomadores de decisão nos setores da política e dos negócios, e é um exemplo clássico de ruptura do ritmo circadiano e do sono, ou RRCS. Como mencionei na Introdução, é muitas vezes difícil distinguir o impacto da ruptura do ritmo circadiano e do sono – os dois estão inseparavelmente relacionados. Isso levou minha equipe a criar o termo RRCS (SCRD, em inglês), como abreviatura para esses fenômenos. Nos próximos capítulos, RRCS será usado para indicar o impacto, como um todo, de rupturas nesses sistemas biológicos, e, como veremos, os impactos da RRCS vão muito além do inconveniente de sentir-se cansado em horas indesejadas. A RRCS de curto e longo prazo pode causar problemas graves em todas as áreas cruciais da saúde.

Como rápido lembrete antes de nos aprofundarmos: os ritmos circadianos fazem a sintonia fina de nossa fisiologia e comportamento em relação às demandas variadas do dia de 24 horas. O sono é uma extensão desse processo, reequilibrando e aprimorando nossa biologia de modo a propiciar um desempenho ideal nas horas de consciência. Esses dois sistemas, interligados e equilibrados, definem grande parte da nossa capacidade operativa, e ao lutar contra essa "biologia profunda" comprometemos nossa saúde em todos os aspectos. Gostaria de explorar em detalhe as principais consequências da RRCS, e sobretudo como ela e o estresse estão interligados.

ESTRESSE, CORTISOL E ADRENALINA

O cortisol é liberado pelas glândulas suprarrenais, que ficam acima de cada rim. Ele desempenha um papel crucial na regulagem de nosso metabolismo, gerindo nossa utilização de carboidratos, gorduras e proteínas (capítulo 12). Também age na redução das reações inflamatórias e aumenta a pressão arterial e os níveis de alerta. O cortisol costuma ser chamado de "hormônio do estresse", o que é um pouco enganoso, já que não é liberado apenas durante situações estressantes. O sistema circadiano regula a liberação de cortisol (Figura 1), que aumenta depois que acordamos, antecipando uma atividade maior pela manhã, e vai declinando conforme se aproxima a hora de dormir ou a madrugada. Resumindo, os ritmos do cortisol ajudam nosso corpo a antecipar as diversas demandas metabólicas da atividade e do sono.[1] No entanto, se ficamos estressados, a liberação de cortisol suplanta esse padrão diário. Estresses de curto prazo, como ser perseguido por um hipopótamo (todos os anos cerca de 3 mil pessoas são mortas por hipopótamos) ou ameaçado por um assaltante, elevam o cortisol, suplantam o controle circadiano e preparam o corpo para uma reação emergencial de luta ou fuga (corra!). O estresse de longo prazo, ou estresse nocivo, é definido como um "estímulo físico, cognitivo ou emocional que resulta em redução da saúde ou do desempenho". O problema do estresse de longo prazo é que a reação emergencial fica ativada por longos períodos, o que é insustentável. Um estresse assim é como deixar o motor do carro em primeira marcha — permite uma aceleração imediata e útil, mas, se você mantiver o motor engatado na primeira por tempo demais, vai destruí-lo: experiência vivida por muitos que tentaram ensinar um parente a dirigir! E também muito estressante. Vamos explorar os hormônios associados à reação do estresse com mais detalhes.

O cortisol e a RRCS

A RRCS, do tipo acarretado por horário de trabalho noturno, jet lag ou cansaço crônico, é um estressante muito poderoso e nocivo. Uma RRCS prolongada, que leva a uma liberação maior e contínua de cortisol, contribui para:

DESEQUILÍBRIOS DA GLICEMIA E DIABETES

O aumento do cortisol por períodos prolongados aumenta a glicemia.[2] O cortisol provoca isso ao se opor à ação da insulina produzida pelo pâncreas. A insulina atua removendo a glicose da circulação (ver o capítulo 12 e a Figura 9). Em consequência, ocorre um aumento da produção de glicose (glicogênese) pelo fígado e outros órgãos, levando a níveis mais altos de glicose na corrente sanguínea. Em uma emergência, isso seria imensamente útil, já que poderia servir de combustível para os músculos na reação de lutar ou fugir. Mas se a glicose não for queimada como combustível para a atividade, é convertida em gordura estocada nos tecidos adiposos. Com altos níveis de glicose no sangue, o pâncreas tenta produzir mais insulina para removê-la, o que, por sua vez, leva a uma maior produção de cortisol. No fim das contas, o pâncreas não aguenta, o que pode resultar em anomalias metabólicas graves, como diabetes tipo 2 e obesidade.

GANHO DE PESO E OBESIDADE

Níveis elevados de cortisol levam ao ganho de peso, particularmente sob a forma de acúmulo de gordura em torno do intestino (ver capítulo 12 e Figura 9). Isso ocorre porque o cortisol mobiliza o fígado para a produção de mais glicose, mas, se essa glicose não for metabolizada, acaba sendo convertida em gordura acumulada nas células de gordura (os tecidos adiposos) sob os músculos e em volta do abdômen. A segunda relação do cortisol com a obesidade é que ele altera diretamente a sensibilidade do apetite, aumentando a ânsia por alimentos calóricos e ricos em açúcar.[3] O cortisol também parece influenciar dois hormônios do intestino, a leptina e a grelina.[4] A leptina é produzida pelas células adiposas e é um sinal para *não* sentirmos fome (a saciedade). A grelina é produzida pelo estômago e sinaliza a fome, sobretudo de açúcares. Juntos, esses hormônios regulam a fome e o apetite. A RRCS, via cortisol elevado, faz com que os níveis de leptina caiam e os de grelina aumentem, levando a um apetite maior por alimentos gordurosos e açucarados.[5]

IMUNOSSUPRESSÃO

A exposição de longo prazo ao cortisol suprime o sistema imunológico. O resultado pode ser um risco maior de infecções, resfriados e até câncer (ver capítulo 10). Também aumenta o risco de desenvolver alergias alimentares, problemas digestivos e doenças autoimunes. Isso está relacionado ao fato de que um intestino saudável depende de um sistema imunológico saudável.[6]

PROBLEMAS GASTROINTESTINAIS

O cortisol suprime a atividade do intestino e a digestão, levando à indigestão e à irritação e inflamação do revestimento do intestino. Podem ocorrer úlceras. A síndrome do intestino irritável e a colite são mais comuns em pessoas com RRCS.[7] Alguns desses problemas se devem a alterações nas bactérias intestinais, que discutirei no capítulo 13.

DOENÇAS CARDIOVASCULARES

O cortisol também parece desempenhar um papel central na regulagem da pressão arterial, agindo sobretudo em órgãos como os rins e o cólon, ao aumentar a quantidade de sal (sódio) reabsorvida pela corrente sanguínea e de potássio expelida na urina. Isso faz o sangue reabsorver água, o que aumenta o volume sanguíneo e, por consequência, a pressão arterial. O cortisol também comprime os vasos sanguíneos, elevando ainda mais a pressão arterial. Para a reação de luta ou fuga isso seria útil, aumentando o fornecimento de sangue oxigenado e nutrientes para os músculos e o cérebro. Porém, a compressão dos vasos sanguíneos e a elevação da pressão arterial por tempo prolongado danificam os vasos e levam ao acúmulo de placas — depósitos gordurosos que se formam nas paredes das artérias (capítulo 10). Esses depósitos estreitam as artérias e reduzem o fluxo sanguíneo, o que é chamado de aterosclerose ou endurecimento das artérias. A aterosclerose é a causa mais comum de ataques cardíacos e derrames, e está frequentemente associada à RRCS.[8]

Embora o cortisol possa, em situações normais, aumentar nossa capacidade de formar memórias, níveis elevados nos impedem de recuperá-las.[9] É algo que muitos de nós já vivemos durante uma prova ou uma entrevista. Além disso, níveis elevados de cortisol na meia-idade, estimulados pela RRCS, podem até contribuir para o desenvolvimento de demência em idade avançada.[10]

A RRCS aumenta os riscos de saúde relacionados ao cortisol. Mas a variação é enorme entre uma pessoa e outra,[11] e parte dela pode ser atribuída à idade. Por exemplo, os níveis de cortisol aumentam à medida que envelhecemos, e são mais altos em mulheres idosas do que em homens idosos. Esses níveis aumentados de cortisol nos idosos têm sido relacionados a níveis maiores de estresse em situações sociais e pior desempenho cognitivo. Na verdade, aumentos do cortisol relacionados à idade podem contribuir até para a atrofia de estruturas do cérebro que nos ajudam a armazenar lembranças — como o hipocampo (Figura 2).[12] Diante dos problemas associados ao cortisol elevado, em especial à medida que envelhecemos, esse pode ser um fator que aumenta a dificuldade que as pessoas sentem para realizar trabalho noturno em idade avançada — considerando-o mais estressante e mais nocivo à saúde.[13]

Adrenalina e RRCS

O estresse nocivo não causa só um aumento do cortisol. A RRCS também ativa o ramo simpático do sistema nervoso autônomo (a parte do sistema nervoso responsável pelo controle das funções inconscientes do corpo, como a respiração, os batimentos cardíacos, a digestão etc.), que envia conexões à parte interna da glândula suprarrenal, a medula, estimulando a liberação de adrenalina, também conhecida como epinefrina. Assim como o cortisol, a liberação de adrenalina é regulada pelo sistema circadiano. É alta durante o dia e vai caindo mais perto do sono,[14] preparando o corpo para as diferentes demandas de atividade e, posteriormente, para o sono. A RRCS anula esse ritmo e eleva a adrenalina. A adrenalina e o cortisol elevados atuam em conjunto para comandar as reações de luta ou fuga. A liberação constante de adrenalina, resultante do estresse induzido pela RRCS, aumenta a ação do cortisol e os problemas que mencionamos. Além disso, a adrenalina faz com que as passagens de ar nos pulmões se dilatem, levando mais oxigênio a eles para oxigenar o sangue, o que permite sustentar a atividade dos músculos. A adrenalina também provoca uma contração dos vasos sanguíneos, assim como o cortisol, aumentando a pressão arterial, e direciona o sangue para os músculos das pernas e dos braços, o coração e os pulmões. Tudo isso leva a um aumento de força e desempenho. A sensação de dor diminui, permitindo que você continue correndo ou lutando mesmo depois de se ferir. A adrenalina também aumenta a percepção sensorial e o estado de alerta.[15]

As reações de estresse observadas em pessoas com RRCS e já apresentadas[16] podem ser simuladas em laboratório. Em um estudo, por exemplo, jovens com boa saúde foram obrigados a dormir apenas quatro horas durante seis noites consecutivas. Depois de seis dias, seus níveis de cortisol haviam sofrido forte elevação, sobretudo à tarde e no começo da noite, período em que normalmente diminuem (Figura 1).[17] Seria interessante repetir essa experiência, com todo o cuidado, em pessoas idosas, que já possuem níveis mais elevados de cortisol, para constatar se os efeitos serão ainda piores. É previsível que as reações do cortisol sejam maiores em pessoas mais velhas do que em mais jovens.

Níveis elevados de cortisol e adrenalina, resultantes de uma RRCS contínua, também podem levar ao estresse psicossocial,[18] o fenômeno de nos sentirmos incapazes de dar conta das demandas que nos são impostas. Essa percepção de incapacidade de lidar com as exigências do cotidiano atua como um estressante adicional, promovendo ainda mais a liberação de cortisol e adrenalina (outro ciclo que se autoalimenta), o que pode levar a alterações comportamentais, entre elas frustração, baixa autoestima e aumento das preocupações, da ansiedade e da depressão.[19] As consequências da RRCS sobre nossa saúde emocional, cognitiva e psicológica como resultado de uma ativação constante do eixo do estresse estão resumidas na Tabela 1.

IMPACTO AGUDO SOBRE AS REAÇÕES EMOCIONAIS	IMPACTO AGUDO SOBRE AS REAÇÕES COGNITIVAS	IMPACTO CRÔNICO SOBRE A FISIOLOGIA E A SAÚDE
Aumentado	*Prejuízos ao/à*	*Risco maior de*
Flutuações de humor	Desempenho cognitivo	Sonolência durante o dia
Irritabilidade	Habilidade de realizar multitarefas	Microssonos
Ansiedade	Consolidação de memórias	Doenças cardiovasculares
Perda de empatia	Atenção	Alteração da reação de estresse
Frustração	Concentração	Alteração dos limiares sensoriais
Disposição a riscos e impulsividade	Comunicação	Infecções e redução da imunidade
Propensão a negatividade	Tomada de decisões	Câncer
Uso de estimulantes (cafeína)	Criatividade e produtividade	Anomalias metabólicas
Uso de sedativos (álcool)	Desempenho motor	Diabetes tipo 2
Uso de drogas ilegais	Conexão social	Depressão e psicose

Tabela 1. Impacto da RRCS sobre a biologia humana. Apresentamos aqui o impacto da RRCS em nossas reações emocionais e cognitivas agudas e o impacto crônico sobre a fisiologia e a saúde. Esses efeitos, muitas vezes, se devem à ativação do eixo do estresse e ao aumento da liberação de cortisol e adrenalina. Observe que até mesmo uma perda de sono de curto prazo (alguns dias) pode ter um grande impacto sobre o desempenho emocional e o funcionamento do cérebro. Demonstrou-se que a perda de sono de longo prazo (meses e anos), como a vivida por quem trabalha à noite, aumenta o risco de várias doenças graves, entre elas o câncer e complicações cardiovasculares. Associações desse tipo sempre foram um receio dos trabalhadores noturnos, que sofrem das formas extremas de RRCS. *Referências:* flutuações do humor;[20] ansiedade, irritabilidade, perda de empatia, frustração;[21] disposição a riscos e impulsividade;[22] propensão a negatividade;[23] abuso de estimulantes, sedativos e álcool;[24] uso de drogas ilegais;[25] perda de desempenho cognitivo e realização de multitarefas;[26] memória, atenção e concentração;[27] comunicação e tomada de decisões;[28] criatividade e produtividade;[29] desempenho motor;[30] dissociação/distanciamento;[31] sonolência diurna, microssonos e sono involuntário podem ocorrer após RRCS de curto prazo, mas são mais frequentes na RRCS crônica;[32] alteração da reação ao estresse;[33] alteração dos limiares sensoriais;[34] redução da imunidade e infecções;[35] câncer;[36] anomalias metabólicas e diabetes tipo 2;[37] doenças cardiovasculares;[38] depressão e psicose.[39]

A QUEDA NA RRCS

A RRCS é uma característica comum a vários setores da sociedade — de adolescentes[40] a funcionários dos setores público e privado, de trabalhadores noturnos[41] a idosos.[42] O sono inadequado é uma parte importante da RRCS, e nos adultos ele costuma ser definido como menos de sete horas por noite. Há, no entanto, uma considerável variação individual na necessidade de sono, e uma autoavaliação honesta dessa necessidade é a melhor forma de determinar se você está desenvolvendo RRCS. Eu ressalto o "honesta" porque o cérebro cansado é excelente para enganar a si mesmo, dizendo que *não* está cansado e que está perfeitamente apto a funcionar. Muitas pessoas são péssimas em avaliar as próprias capacidades, podendo superestimar bastante suas habilidades.[43] Esse fenômeno veio a ser conhecido como Efeito Dunning-Kruger. Como disse Shakespeare, "O tolo acha que é sábio, mas o sábio sabe que é um tolo". Quanto mais RRCS temos, menos sábios e mais tolos ficamos.

No Apêndice 1, ofereço algumas sugestões sobre como monitorar seu sono. Além disso, é possível que você tenha caído na RRCS caso:

- Esteja dependente de um despertador ou de outra pessoa para tirar você da cama.
- Durma em excesso (acorde tarde) nos dias de folga.
- Note que dorme muito mais nos dias de folga.
- Demore muito para despertar e sentir-se alerta.
- Sinta-se sonolento e irritadiço durante o dia.
- Tenha necessidade de uma sesta no meio da tarde para funcionar melhor.
- Sinta-se incapaz de se concentrar ou exiba comportamentos demasiado impulsivos.
- Sofra ânsia por bebidas cafeinadas e ricas em açúcar.
- Receba de parentes, amigos e colegas dicas de que seu comportamento tem mudado, especificamente de que está mais irritado, menos empático, refletindo menos e/ou mais impulsivo e desinibido.
- Detecte mais preocupação, ansiedade, variações de humor e depressão.

Caso apresente alguns desses sintomas, você pode estar desenvolvendo RRCS. No capítulo 6 apresento algumas estratégias gerais para enfrentar esse problema.

A esta altura, creio que faz sentido abordar com mais detalhes dois grupos particularmente vulneráveis à RRCS. São os trabalhadores noturnos e aqueles que viajam o tempo todo por fusos horários diferentes e sofrem jet lag constante.

Os problemas do plantão noturno

"Pode ter sido quarta, pode ter sido sexta, pode ter sido ontem — já nem sei mais direito." Foi o que me disse um policial depois de uma semana de plantões noturnos. O trabalho à noite por longos períodos está associado às formas mais graves de RRCS porque essas pessoas precisam agir contra a própria biologia circadiana, em combinação com um sono prejudicado e encurtado (capítulo 2). O problema é que os funcionários noturnos trabalham quando deveriam estar dormindo e tentam dormir quando sua biologia está preparada para mantê-los acordados. Não importa quantos anos um trabalhador noturno passe em plantões permanentes, quase todos (97%) continuam sincronizados com a luz do dia.[44] Essa incapacidade de mudar está diretamente relacionada à exposição à luz. Como discutido no capítulo 3, a exposição à luz ao amanhecer e ao anoitecer é essencial para acertar o relógio circadiano com a rotação de 24 horas da Terra. A luz artificial, em um escritório ou uma fábrica, é fraca se comparada à luz natural (Figura 3). Logo depois da alvorada, a luz natural exterior é de cerca de 2000 a 3000 lux, comparada aos 100 a 400 lux em casa ou no trabalho, e ao meio-dia a luz natural pode chegar a até 10 000 lux.[45] Depois de sair do turno da noite, o trabalhador se vê diante de uma brilhante luz natural pela manhã, e o sistema circadiano considera esse sinal luminoso como a luz do dia (o que de fato é), alinhando os ritmos circadianos ao estado diurno. Em um estudo, trabalhadores noturnos foram expostos a 2000 lux no local de trabalho e então completamente protegidos da luz natural durante o dia. Sob tais circunstâncias, processaram a mudança e se tornaram noturnos.[46] No entanto, não se trata de uma solução prática para a maioria das pessoas. Outro estudo, de Josephine Arendt, da Universidade de Surrey, pioneira nessa área, analisou trabalhadores noturnos de uma plataforma de petróleo no mar do Norte. Todos aqueles que trabalhavam noite adentro, entre seis da tarde e seis da manhã, alteraram seus relógios biológicos. Isso foi atribuído às fortes luzes artificiais da plataforma de petróleo à noite, aliado aos alojamentos sem luz natural.[47] São exemplos que reforçam a importância da luz no ajuste do relógio circadiano e mostram por que nosso relógio biológico não se adapta às exigências do trabalho noturno. A ideia sustentada por muito tempo por patrões e gerentes é que *sim*, nosso relógio biológico se adapta ao turno da noite. De fato, essa foi a opinião que um ex-presidente da Confederação Britânica das Indústrias defendeu com firmeza diante dos meus questionamentos. Um sujeito bacana, bem-intencionado, mas completamente equivocado. O que assinalei, com toda a educação.

Os problemas de saúde associados à RRCS, resumidos na Tabela 1, são observados de forma rotineira nos trabalhadores noturnos. Mais recentemente, um estudo mostrou que eles têm maior probabilidade de internação hospitalar ao contrair covid-19.[48] Enfermeiros estão entre os grupos mais bem estudados, e comprovou-se que anos de plantão noturno estão associados a um amplo leque de problemas de saúde, entre eles diabetes tipo 2, transtornos gastrointestinais e até câncer de mama e colorretal. O risco de câncer aumenta de acordo com o número de anos em plantão noturno, a frequência dos rodízios de horário e o número de horas semanais trabalhadas à noite.[49] Também é provável que o aumento do cortisol, que leva à imunossupressão, contribua para esse aumento.[50] As correlações entre o trabalho noturno e o câncer são consideradas tão fortes hoje que o trabalho noturno foi oficialmente classificado como "provavelmente carcinogênico [Grupo 2A]" pela Organização Mundial da Saúde. Outros estudos com trabalhadores noturnos demonstraram um aumento de problemas de coração e derrames, obesidade e depressão (ver Tabela 1). Um estudo com mais de 3 mil pessoas no sul da França concluiu que indivíduos que trabalharam em algum tipo de plantão noturno estendido por dez anos ou mais possuíam níveis gerais de cognição e de memória inferiores aos daqueles que nunca tinham trabalhado à noite.[51] Só para enfiar um pouco mais o dedo na ferida, e como discutido antes, a RRCS prejudica a regulagem da glicose e o metabolismo, aumentando a fome e o risco de diabetes tipo 2 e obesidade.[52] Os funcionários noturnos possuem níveis elevados de cortisol, que também suprime a ação da insulina e eleva a glicemia.[53] Em outro nível, também há uma associação marcante entre a RRCS e o fumo. Independente da origem social e região geográfica, o tabagismo aumenta diante de níveis maiores de RRCS.[54] Além do fumo, o consumo de álcool e cafeína também aumenta com a RRCS.[55] Por fim, a tendência à depressão cresce quando o horário de trabalho não está alinhado com o horário biológico de sono.[56]

A RRCS é um problema concreto para os pilotos de avião. Em 22 de maio de 2010, o voo 812 da Air India Express, de Dubai para Mangalore, sofreu um acidente durante a aterrissagem. A aeronave ultrapassou a pista, caiu colina abaixo e explodiu em chamas. Dos 160 passageiros e seis tripulantes a bordo, apenas oito passageiros sobreviveram. O Ministério da Aviação Civil relatou ter ouvido roncos registrados no gravador da cabine; aparentemente o piloto estava sofrendo de fadiga crônica e adormeceu (teve um microssono) durante o momento crucial da aterrissagem. A perda de sono tem sido associada a uma série de importantes acidentes industriais, entre eles a explosão da usina nuclear de Tchernóbil, o vazamento de óleo do navio-tanque *Exxon Valdez*, a explosão do ônibus espacial *Challenger* e o desastre da indústria química de Bhopal[57] (ver capítulo 9). Tais acidentes, porém, não são novidade. Às 4h02 da manhã de 2 de novembro de 1892, perto da estação ferroviária de Thirsk, na subdivisão de North Riding do condado inglês de Yorkshire, um trem expresso colidiu com um trem de carga. Dez pessoas morreram e 39 ficaram feridas. James Holmes era o sinalizador que acabou provocando o desastre. No dia anterior ao acidente, sua filha bebê, Rosy, adoecera e morrera. Antes de seu turno, Holmes tinha passado 36 horas acordado, cuidando da filha, tentando encontrar um médico e prestando apoio à esposa em sofrimento. James apresentou-se ao chefe de estação à tarde, antes do plantão noturno, para avisar que não conseguiria trabalhar naquela noite. O chefe de estação não foi compreensivo, e James se viu obrigado a trabalhar ou perderia o emprego. Nas primeiras horas da manhã, um trem de carga parou logo antes do posto de sinalização de Holmes. Mais ou menos nessa hora, James caiu no sono. Acordou em seguida, porém sem se lembrar de que o trem de carga estava na linha e incapaz de vê-lo devido à neblina. Ele autorizou um trem expresso de passageiros na mesma linha, que bateu na traseira do trem de carga a 95 km/h. Holmes foi indiciado por homicídio e condenado, mas pôde cumprir a pena em liberdade. A empresa ferroviária, porém, foi fortemente criticada por ter ignorado o receio de James em relação à falta de sono. Isso demonstra um grau de empatia para com o empregado que não costumamos associar a nossos ancestrais vitorianos.

O impacto do jet lag

Quase todo mundo que já viajou para fusos horários diferentes sentiu ao menos alguns dos sintomas do jet lag: cansaço, incapacidade de dormir no novo fuso, confusões cognitivas e perda de memória, dores no corpo, problemas digestivos e desorientação geral, ou até vomitar no colo do seu distinto anfitrião, como o presidente Bush. Em suas recomendações aos viajantes, as linhas aéreas advertem que os efeitos podem ser profundos, com uma redução de até 50% da capacidade de tomada de decisões, 30% das habilidades comunicativas, 20% da memória e 75% da atenção. De forma um tanto inquietante, os problemas cognitivos encontrados nos trabalhadores noturnos também foram constatados em pilotos e tripulantes de voos de longa distância. Um estudo concluiu que os tripulantes que viajam constantemente por fusos horários variados e passam por RRCS prolongada possuem níveis altos de cortisol, associado a falhas cognitivas, entre elas tempos de reação prejudicados. Outro estudo analisou comissárias de bordo que durante cinco anos atuaram em companhias internacionais e cruzavam com frequência vários fusos, com períodos curtos entre expedientes e pouca oportunidade de descansar entre um voo e outro. Elas foram comparadas a comissárias com escalas menos exigentes e níveis menores de RRCS. Ressonâncias cerebrais foram usadas para medir o tamanho dos lobos temporais, regiões do cérebro de importância crucial para a linguagem e a memória (Figura 2). Os lobos temporais das que faziam muitas viagens com tempo curto para recuperação eram significativamente menores. Elas também tinham níveis elevados de cortisol na saliva e, curiosamente, quanto mais cortisol na saliva, menor é o lobo temporal. Além dos lobos menores, as comissárias apresentavam cognição prejudicada e tempos de reação mais lentos.[58] "Seja uma comissária de bordo — conheça o mundo e encolha seu lobo temporal" é, imagino, um slogan com pouca probabilidade de aparecer em cartazes de recrutamento.

Quanto mais rápido você atravessa fusos, pior o efeito sobre a maioria das pessoas. Existem algumas evidências episódicas de que o boat lag afetava os passageiros de transatlânticos na época das grandes linhas de navegação. Entre 1905 e 1955, levava-se de quatro a cinco dias para atravessar o Atlântico. Hoje, em um avião, isso é possível em seis ou sete horas. Nosso sistema circadiano simplesmente não consegue se adaptar a mudanças tão rápidas em velocidade suficiente. Em média, leva cerca de um dia para uma pessoa se ajustar a cada fuso horário atravessado: portanto, cerca de cinco dias quando cruzamos cinco fusos. Existem, porém, diferenças notáveis entre uma pessoa e outra, e faz muita diferença voar no sentido leste ou oeste. Como discutiremos a seguir, a maioria dos que possuem um cronotipo mais tardio acha mais fácil viajar para o oeste.[59]

A MELATONINA FUNCIONA CONTRA O JET LAG?

A melatonina tem sido amplamente usada como tratamento potencial para o jet lag. Na maioria dos estudos, porém não em todos, concluiu-se que ela reduz os sintomas em pessoas que cruzam cinco ou mais fusos horários quando tomada perto da hora de dormir local do destino.[60] Porém, o efeito geral mostrou-se muito moderado, e vale a pena apontar que existem diferenças individuais acentuadas tanto na sensibilidade à melatonina quanto nos efeitos do jet lag.[61] A questão é que, para algumas pessoas, provavelmente a melatonina ajuda, enquanto para outras nem um pouco. Por essa razão, e pelo fato de a melatonina causar sonolência em alguns indivíduos suscetíveis, a recomendação geral é não dirigir ou operar maquinário pesado ou perigoso por quatro ou cinco horas depois de tomá-la. Além disso, aconselham-se pilotos e tripulantes de voos de longa distância (e outras pessoas que atravessam vários fusos constantemente) a não usar a melatonina devido às possíveis dificuldades em escolher o momento da dose. Quem toma melatonina na hora errada e tem sensibilidade a ela pode aumentar ainda mais a confusão do relógio circadiano, tolhendo os efeitos da luz. Além disso, caso você tenha doenças psiquiátricas ou enxaquecas, ou possua histórico dessas condições na família, aconselha-se não usar melatonina.[62] Para uma discussão mais elaborada do papel da melatonina, ver capítulo 14.

BUSCAR (OU EVITAR) A LUZ CURA O JET LAG?

Se eu tomo melatonina para enfrentar o jet lag? Pessoalmente, não — em vez disso, uso luz. Minha experiência depois de muitas viagens na direção leste, do Reino Unido para a Austrália, diz que a melatonina piorou as coisas, mas a exposição à luz natural ajudou. Embora não haja garantia, um jeito eficaz de minimizar os problemas causados pelo jet lag é usar a luz para "alterar" o relógio. A regra de ouro básica é: quando se viaja para oeste, deve-se buscar a luz no novo fuso; quando se viaja para o leste por mais de seis a oito fusos, deve-se evitar a luz da manhã no novo fuso, mas buscar a luz da tarde. Como discutimos no capítulo 3, a luz altera o relógio biológico de maneira diversa em diferentes momentos do dia. A luz por volta do pôr do sol (crepúsculo) retarda o relógio biológico, o que nos faz ir para a cama mais tarde e acordar mais tarde na manhã seguinte. A luz perto do nascer do sol (alvorada) adianta o relógio, o que nos faz ir para a cama mais cedo e acordar mais cedo no dia seguinte. Como a luz, em diferentes horários, pode ou adiantar ou atrasar o relógio, ao cruzar vários fusos horários é essencial que a exposição no novo fuso arraste o relógio na direção correta. Ao viajar para oeste, por exemplo, do Reino Unido a Nova York (cinco horas atrás do Reino Unido), você deve buscar a luz assim que chegar no novo fuso. A luz vai bater no seu relógio biológico quando ele acha que está anoitecendo no Reino Unido, de modo que ele será atrasado para o horário de Nova York. Portanto, saia para dar uma caminhada ao chegar à Big Apple! Ao viajar para o leste — por exemplo, do Reino Unido para Sydney (cerca de onze horas à frente), você precisa adiantar seu relógio, o que é um pouco mais complicado. Para acertar depressa, evite a luz da manhã e nos primeiros dias saia em busca da luz do fim da tarde. Isso porque, ao anoitecer no Reino Unido, será manhã em Sydney, e a exposição à luz desse horário atrasará seu relógio e não o fará avançar rumo ao novo fuso. No final da tarde em Sydney, porém, será manhã no Reino Unido (alvorecer) e a exposição à luz nesse horário adiantará o relógio, ajudando a arrastá-lo para a frente, para o novo fuso horário. Um par de óculos bem escuros é o jeito mais simples de lidar com os problemas de exposição inadequada à luz.

Portanto, para recapitular: se quiser reduzir o jet lag calcule a hora do amanhecer (a luz que adianta o relógio biológico) e do anoitecer (que o atrasa) no novo fuso horário; em seguida, busque evitar a luz no novo fuso, seja para retardar ou adiantar seu relógio biológico nos primeiros dias após a chegada. Existem vários apps disponíveis on-line para auxílio extra; basta dar uma busca por "Aplicativos — luz — jet lag", mas, assim como com qualquer app, alguns serão melhores que outros, e convém checar as recomendações dos usuários antes de fazer uma compra tão importante. Junto com o momento correto da luz, comer nos horários locais das refeições parece ajudar a ajustar os relógios circadianos periféricos para o novo fuso. Isso é particularmente importante para os relógios periféricos do fígado e do pâncreas e sua regulagem do metabolismo[63] (ver capítulos 12 e 13). Exercícios em horários diferentes também podem ajudá-lo a se adaptar, como discutirei no capítulo 13.

O HORÁRIO DE VERÃO, OS RITMOS CIRCADIANOS E O "JET LAG SOCIAL"

O ciclo natural de dia e noite é essencial para acertar nossos ritmos circadianos internos. A Terra gira do oeste para o leste, num movimento chamado "prógrado". Se olharmos para a Terra a partir do polo Norte, ela gira no sentido anti-horário. É por isso que o Sol parece nascer no leste e se pôr a oeste. Além desse dia solar, nossa sociedade criou um "tempo social", que sistematiza em minutos e horas a rotação da Terra. Um motivo importante para a implementação de um tempo cronológico padronizado foi o surgimento do transporte ferroviário e a necessidade de haver uma escala de horários padrão, com base em um relógio mecânico, e não a hora local. "Hora local" é aquela que considera meio-dia quando o Sol está no ápice acima do horizonte. Esse meio-dia local vai ficando mais tardio à medida que se viaja para o oeste dentro do mesmo fuso horário. A Terra foi dividida em linhas longitudinais, e o Sol leva quatro minutos para passar de uma linha para a próxima, sendo que a "linha zero" passa por Greenwich, no sudeste de Londres. Tudo isso foi definido, mais ou menos por consenso, na Conferência Internacional do Meridiano, em 1884. A discussão ficou um tanto acalorada, e a delegação francesa se absteve na votação final, alegando que Paris, e não Greenwich, deveria ter tido a honra. A maioria dos países europeus alinhou seus relógios com Greenwich nos dez anos seguintes, enquanto a França manteve a hora parisiense até 1911.

O Sol leva uma hora para atravessar quinze linhas longitudinais, o que geralmente é definido como um fuso horário. No entanto, é raro as fronteiras de países e estados coincidirem com esses fusos, que, por isso, foram artificialmente modificados. A China é o exemplo mais marcante. Ela abarca cinco fusos horários geográficos, mas existe uma única hora oficial nacional, chamada de Hora de Beijing. Como consequência disso, em Kashgar, no oeste de Xinjiang, o meio-dia solar acontece às 15h10 no relógio. Nosso relógio circadiano, porém, continua acompanhando a hora solar. Evidências disso provêm de vários estudos mostrando que os ciclos circadianos, como o ciclo de sono e vigília, são adiantados em relação à hora do relógio na borda oriental de um fuso horário e vão ficando progressivamente atrasados à medida que se viaja para o oeste dentro do mesmo fuso horário.[64] Assim, na Polônia (leste), as pessoas acordam em média mais cedo que na Espanha (oeste) – em relação a seus despertadores.

O horário de verão é a prática de adiantar o relógio em uma hora (pulando ou "perdendo" uma hora) durante os meses mais quentes da primavera; assim, as seis da manhã no relógio viram sete da manhã e as seis da tarde viram sete da noite (perde-se uma hora). Depois dessa alteração na primavera, seu despertador acorda você às sete, mas seu relógio biológico acha que são seis. Por exemplo, no Reino Unido o período de adiantamento do relógio em uma hora, em relação ao Greenwich Mean Time (GMT), é chamado de British Summer Time (BST). No outono, os relógios são atrasados em uma hora ("ganha-se" uma hora adicional), de modo que as sete da manhã viram seis da manhã e sete da noite viram seis da tarde, retornando-se ao horário padrão. A lógica original era que as pessoas usariam menos luz elétrica nas noites "mais claras" dos meses de primavera e verão, economizando energia. A Alemanha foi pioneira no horário de verão (*Sommerzeit*) em 1916, durante a Primeira Guerra Mundial, para aliviar uma enorme escassez de carvão durante o conflito. Grã-Bretanha, França e Bélgica, junto com outros países, logo fizeram o mesmo. Estudos recentes sugerem que, na verdade, na sociedade contemporânea, o horário de verão não traz economia de energia.[65] Embora no verão ele proporcione uma hora a mais de luz natural depois do trabalho ou da aula para o lazer e a jardinagem, isso tem um custo. O sistema circadiano continua preso ao ciclo solar (assim como acontece com os trabalhadores noturnos) e não se adapta ao novo horário do relógio social.[66] Assim, as pessoas são forçadas a sair da cama e ficar ativas uma hora antes do horário circadiano interno. É o chamado "jet lag social", termo cunhado por Till Roenneberg, da Universidade Ludwig-Maximilian (LMU), de Munique. O jet lag social é um descompasso entre a hora em que nosso sistema circadiano gostaria de nos acordar e a hora em que somos forçados a sair da cama devido a exigências como o trabalho, a escola ou o horário de verão. Antigamente, não se dava importância a isso. Porém, o horário de verão tem sido associado a um aumento da irritabilidade, piora do sono, cansaço diurno, problemas de saúde mental e até queda da função imunológica nos primeiros dias de mudança.[67] Pior ainda: relatou-se um número maior de ataques cardíacos,[68] derrames,[69] acidentes e ferimentos no trabalho nas primeiras semanas após a alteração no relógio.[70] Um estudo bastante recente mostrou que ocorre um aumento de 6% nos acidentes de trânsito fatais na semana que sucede o pulo no relógio.[71] Embora eu não tenha conseguido encontrar nenhum estudo sistemático, cuidadores e organizações que tratam de idosos frequentemente relatam que o horário de verão, a alteração que ele provoca nas horas de luz natural e a mudança nos horários do sono e das refeições contribuem para um aumento nos problemas emocionais, comportamentais e cognitivos. São dificuldades particularmente complicadas para quem sofre de demência e Alzheimer, cujos sintomas de *sundowning* pioram com a ruptura do ritmo circadiano.[72] *Sundowning* (ou síndrome do pôr do sol) é o estado de confusão, ansiedade e agressividade que acomete os pacientes com demência ou Alzheimer ao anoitecer, quando ficam caminhando de um lado para o outro.

O consenso, com base nos dados mais recentes, é que *não* devemos lutar contra nosso ritmo circadiano e o alinhamento do relógio biológico ao ciclo solar.[73] Em vez de provocar jet lag social, deveríamos abandonar o horário de verão e voltar à hora padrão, na qual ocorre o maior alinhamento entre o dia solar, nosso ritmo circadiano e o dia social. Entendo que muitos vão discordar — sobretudo os golfistas da Escócia, que me enviam cartas furiosas dizendo que querem jogar até mais tarde, enquanto ainda há luz. Sob pena de desagradar os sócios do Royal and Ancient Golf Club de St. Andrews, não estou do lado deles.

Se você vive em um país com horário de verão, o que pode fazer? Nesse caso, perde-se uma hora na primavera. Assim, seu despertador tira você da cama às sete, mas seu relógio biológico achaque são seis horas. No outono, ganha-se uma hora, porque as sete viram seis. Fica-se na cama uma hora a mais. Como perdemos uma hora na primavera, o que está associado a um aumento do índice de acidentes de trânsito, tome cuidado especial ao ir para o trabalho pela manhã. Uma boa ideia seria uma xícara bem grande de café, durante a primeira semana após a mudança, para ficar mais alerta; da mesma forma, nos primeiros dias após o início do horário de verão, procure dormir uns dez a quinze minutos mais cedo (na primavera) ou mais tarde (no outono) a cada dia, o que ajudará seu corpo a se adaptar lentamente ao novo horário, reduzindo o baque. A exposição à luz matinal na primavera também adianta seu relógio (capítulo 3) – arrastando o sistema circadiano para trás e ajudando-o a levantar-se mais cedo. Como discutiremos no capítulo 6, é sempre importante manter uma boa prática de sono. Adiante, você encontrará mais dicas para lidar com o horário de verão.

PERGUNTAS E RESPOSTAS

1. Por que, à medida que envelhecemos, fica mais difícil trabalhar à noite?
Vários estudos demonstraram que os jovens, em geral, lidam melhor com os plantões noturnos se comparados a pessoas idosas e de meia-idade. As razões não são claras, mas pode haver um elo com o cortisol. Os níveis de cortisol são mais elevados em pessoas mais velhas, e como consequência disso elas podem estar mais vulneráveis à RRCS, apresentando um aumento do estresse, uma piora do desempenho cognitivo e até mesmo uma redução do tamanho das estruturas cerebrais relacionadas à memória.[74] Outro elo é que os jovens tendem a ter cronotipos mais noturnos (corujas), lidando melhor com plantões noturnos na comparação com os mais velhos, que tendem a ter cronotipos mais diurnos (sabiás).[75]

2. Existe algum suplemento alimentar que podemos acrescentar à dieta para ajudar a lidar com o trabalho noturno?
Costuma-se recomendar multivitamínicos, vitamina D, vitamina B12, melatonina, magnésio e triptofano (um precursor da serotonina e da melatonina), mas não existem evidências sólidas de que esses suplementos de fato ajudam. O consenso é que o mais útil é seguir uma dieta saudável em geral, em vez de usar suplementos específicos. No entanto, um suplemento de vitamina D pode ser importante. São constantes os relatos de que trabalhadores noturnos e pessoas que trabalham em ambientes fechados são os grupos com maior probabilidade de sofrer de deficiência de vitamina D.[76] A maior parte da vitamina D, cerca de 90%, é sintetizada pela exposição da pele à luz do sol (energia UVB) e, embora a deficiência de vitamina D costume ser associada a problemas de saúde óssea, também está relacionada a outras doenças, entre elas problemas imunológicos, anomalias metabólicas, alguns tipos de câncer e até problemas de saúde mental.[77] Portanto, um suplemento de vitamina D, em

nível adequado, é uma boa medida de precaução, sobretudo durante a gravidez.[78] Como com qualquer suplemento, você deve conversar com seu médico a respeito. É importante não tomar uma dose diária acima do recomendado, já que níveis elevados de vitamina D podem ser tóxicos, causando náusea e vômitos e problemas renais, entre eles a formação de cálculos. Outro suplemento alimentar que vem sendo muito discutido para os trabalhadores noturnos é o triptofano. Trata-se de um aminoácido que atua como tijolinho de muitas proteínas, além de ser um precursor do neurotransmissor serotonina, do hormônio pineal melatonina e da vitamina B3. Ainda há bastante controvérsia, porém existem evidências de que tomar suplementos de triptofano ou ingerir alimentos ricos nesse elemento pode melhorar um pouco o sono, reduzindo o tempo que levamos para adormecer e aumentando o tempo total de sono. Os motivos não estão claros — talvez ele aumente a serotonina no cérebro, o que reduz a ansiedade, ou quem sabe aumente os níveis de melatonina. Não sabemos.[79] Como quase sempre, são necessárias mais pesquisas.

3. Por que bocejamos?

Essa é uma questão que detesto responder no final das minhas palestras, já que meu nervosismo a interpreta como uma crítica maldisfarçada! Lembro-me de como me sentia no início da carreira quando, durante uma de minhas primeiras aulas para graduandos, enxerguei um mar de rostos de estudantes e um deles se desfazia em um enorme bocejo! Fiquei arrasado. No entanto, as pessoas bocejam por uma série de razões: quando estão cansadas, entediadas, ansiosas, famintas ou prestes a iniciar uma atividade nova ou complicada. O verdadeiro propósito do bocejo continua a ser um mistério. Até décadas atrás, era explicado como um mecanismo para inalar uma grande quantidade de ar, aumentando assim os níveis de oxigênio do sangue para compensar uma privação de oxigênio. Hoje em dia, a "hipótese da oxigenação" parece altamente improvável. Uma das ideias favoritas é que o ato de bocejar "refresca o cérebro", promovendo excitação e alerta. O ato de bocejar aumenta o fluxo sanguíneo para o cérebro, o que o revitaliza, opondo-se à sensação de sonolência e deixando-nos mais alertas, sobretudo quando estamos com sono. No entanto, até hoje não se demonstrou nenhum efeito psicológico do bocejo, e é possível que bocejar não tenha nenhum papel concreto — embora, intuitivamente, isso me pareça improvável. O que é certo, em todo caso, é que o bocejo é contagioso. Quando uma pessoa boceja, ele se espalha pelo grupo. E não acontece apenas conosco. O bocejo contagioso foi documentado em chimpanzés, lobos, cachorros domésticos, ovelhas, porcos, elefantes e, recentemente, leões. A teoria atual é que o bocejo aumenta o alerta e que o bocejo contagioso foi uma resposta evolutiva para aumentar a vigilância coletiva em animais que vivem de forma cooperativa, acentuando a percepção para detectar ameaças e coordenar a ação.[80]

4. Já li que viver na borda ocidental de um fuso horário pode causar problemas de saúde. É verdade?

Por mais bizarro que pareça, sim. O jet lag social é um descompasso entre a hora em que nosso sistema circadiano gostaria de nos acordar e a hora em que somos obrigados a sair da cama, devido a demandas como o trabalho ou a escola. Na parte oriental de um fuso horário, o sol nasce mais cedo que na parte ocidental da mesma zona. Por isso, o sistema circadiano de quem vive a leste será ajustado para mais cedo que o daqueles que vivem a oeste. Os orientais ficarão mais adaptados ao próprio fuso que os ocidentais, resultando em maior jet lag social para os últimos. O mesmo vale para pessoas que vivem na borda ocidental de um fuso horário em relação às que vivem na borda oriental do fuso horário adjacente. De maneira notável, se compararmos a saúde de pessoas que vivem na borda ocidental de um fuso horário, constataremos evidências de níveis maiores de ruptura do ritmo circadiano, como obesidade, diabetes, doenças cardiovasculares, depressão e até câncer de mama.[81]

5. Caos biológico

Como é gerada a ruptura do ritmo circadiano e do sono

Se não ficamos mais doentes e loucos do que já somos,
isso se deve exclusivamente à mais abençoada e maior
bênção de todas as graças naturais: o sono.
Aldous Huxley

O debate "natureza versus criação" tentou determinar até que ponto as características humanas emergem da criação — fatores ambientais, seja no útero, seja durante a vida da pessoa — ou da natureza — da biologia da pessoa e, mais especificamente, de seus genes. Esse debate pode ficar bastante polarizado e gerar muitos equívocos. Nos anos 1980, a ideia de determinismo genético (também conhecido como determinismo biológico) angariou popularidade em algumas áreas, junto com a crença de que o comportamento humano é controlado diretamente pelos genes do indivíduo, em vez de ser influenciado pelo ambiente. Surgiram tribos, com elementos de direita abraçando o determinismo, enquanto a esquerda rejeitava por completo essa ideia. A discussão passou das questões biológicas, relacionadas ao papel da genética na formação da nossa biologia, para a questão política ou ética de considerar que os genes contribuem para o nosso comportamento. Sempre me espantava, na época, o quanto pessoas brilhantes e bem-intencionadas podiam envenenar o debate, polarizando-o dessa forma. Na realidade, é claro, existe uma interação contínua e natural entre nossos genes e nosso ambiente. Essa interação foi claramente demonstrada pelo estudo de comportamentos como a esquizofrenia. Ao longo da vida, o risco total de desenvolver esquizofrenia, na população em geral, é de cerca de 1% (uma pessoa em cada cem). As estimativas variam um pouco, mas em gêmeos idênticos geneticamente, quando um deles desenvolve esquizofrenia, o outro tem uma chance em duas (50%) de desenvolver a mesma condição. Portanto, tem-se aí uma contribuição genética clara para a esquizofrenia, mas o ambiente também desempenha um papel importante. É provável que haja vários fatores ambientais, muitos deles difíceis de determinar, mas alguns elos foram identificados: desnutrição ou estresse materno, abuso ou lesões na cabeça na infância ou adolescência, uso de drogas ou circunstâncias sociais difíceis.[1]

Hoje em dia, a maioria dos cientistas considera óbvio que tanto a genética quanto o ambiente definem nosso desenvolvimento, ainda mais em razão de uma compreensão maior dos mecanismos da epigenética. Esse termo significa acima ou além da genética, e se refere às modificações externas que regulam a ativação dos genes. São modificações que não alteram a sequência do DNA (o código genético) em si, mas, mudam a forma como as células leem seus genes. O ambiente é capaz de alterar ligeiramente a maneira como o DNA se enrola, ou as proteínas (histonas) que o envolvem. O resultado pode ser um aumento ou decréscimo da ativação de um gene específico e, por conseguinte, dos níveis da proteína que ele codifica. Estudos recentes mostraram que modificações epigenéticas são transmitidas dos pais e mães para os filhos. Isso significa que o padrão epigenético alterado que "liga" ou "desliga" um gene específico no pai ou na mãe pode ser herdado pelos filhos e netos. Portanto, todos nós podemos ficar mais vulneráveis a uma doença por conta do ambiente de um pai ou avô, mesmo sem nunca termos vivido naquele contexto. Notavelmente, vêm surgindo novas evidências de que a ruptura do ritmo circadiano e do sono (RRCS) causa modificações epigenéticas que aumentam as chances de doenças metabólicas, obesidade, doenças cardíacas, derrames e pressão arterial elevada, afetando até nossa capacidade cognitiva.[2] Os detalhes ainda estão sendo estudados, mas as consequências, é claro, são muito importantes.

O que quero ressaltar é que o sono é um comportamento extremamente complexo e, como qualquer outro comportamento, profundamente influenciado por uma intrincada interação entre a genética e o ambiente. Muitos de nós já percebemos que padrões semelhantes de sono ocorrem em diferentes gerações de uma família. Na verdade, já existem estudos ilustrando uma contribuição evidente do histórico familiar para nosso tipo de sono.[3] Mas o papel relativo dos genes em relação à modificação epigenética dos genes, comparado com o impacto direto do ambiente sobre a fisiologia varia enormemente, e o desafio nos próximos anos será destrinchar essa biologia. No entanto, antes de conseguirmos compreender os mecanismos, precisamos saber o que estamos estudando. Resumindo, precisamos ser capazes de classificar os diversos e variados padrões da RRCS.

Alguns dos nomes e classificações usados para descrever a RRCS causam confusão, ainda mais porque os "rótulos" estão associados a certo grau de ambiguidade e carregam uma bagagem histórica que não ajuda. Muitas pessoas me perguntam sobre essas diversas descrições da RRCS. Por isso, incluí aqui um breve panorama. No entanto, faço questão de ressaltar que, embora o autodiagnóstico seja muitas vezes um guia útil e um possível incentivo a uma ação corretiva, ele não deve substituir um diagnóstico clínico formal. O que vem a seguir são classificações que seu médico ou profissional de saúde pode vir a usar. Talvez valha a pena dar uma olhada no Apêndice 1 para criar seu próprio diário de sono e até fazer outros membros da família participarem, para comparar as semelhanças e as diferenças.

Existem hoje, oficialmente, 83 tipos de transtornos do sono e do ritmo circadiano, que foram agrupados em sete categorias distintas.[4] Como ocorre com qualquer sistema de classificação, este não é perfeito, e é frequentemente revisado à medida que nosso conhecimento e nossa compreensão aumentam. Também é importante enfatizar que, na maioria dos casos, essas categorias não definem o mecanismo subjacente ou o problema causador do transtorno. As condições citadas a seguir surgem por uma série de causas diferentes e muitas vezes superpostas, possivelmente relacionadas a alterações internas do cérebro, às demandas do trabalho e/ou do lazer, às exigências familiares, à genética e/ou alterações epigenéticas, à idade, às consequências de doenças físicas ou mentais e a nossas reações emocionais e de estresse a todos esses fatores. As sete principais categorias da RRCS usadas atualmente estão resumidas aqui.[5]

CATEGORIA 1: INSÔNIA

Usa-se o diagnóstico de insônia para descrever dificuldades de adormecer ou de continuar dormindo pelo tempo desejado. A insônia também é razão frequente de sonolência diurna (ilustrada na Figura 4). Aparentemente, Adolf Hitler era um notório insone, que só adormecia nas primeiras horas da manhã. No Dia D, 6 de junho de 1944, em que os Aliados invadiram a França, Hitler estava dormindo no Berghof. Seus generais não enviariam reforços à Normandia sem a permissão de Hitler, e ninguém ousava acordá-lo. Ele dormiu até meio-dia. Acredita-se que essa demora tenha salvado muitas vidas e sido crucial para a invasão aliada.

A insônia é uma das classificações mais usadas entre os transtornos do sono por ser muito disseminada. Também é importante ressaltar que possui várias causas que acarretam o mesmo tipo de problema. Elas vão do estresse às demandas de trabalho ou lazer, passando por maus hábitos de sono, efeitos colaterais de medicamentos, excesso de cafeína, nicotina e álcool, gravidez, idade e doenças mentais. E, evidentemente, a sociedade 24/7. No capítulo 6 vamos ver que, em muitos casos, há maneiras de lidar com a insônia. Observe-se ainda que muitas classificações da RRCS relacionadas abaixo podem causar insônia e sonolência diurna, ressaltando que a insônia é um termo descritivo, que não fornece informação alguma sobre suas causas. Vamos tratar de algumas questões referentes ao tema da insônia.

Sonolência e fadiga

A insônia pode estar associada tanto com a sonolência quanto com a fadiga, e é essencial fazer uma distinção entre elas. Uma das consequências da insônia é a sonolência diurna, mas é incrivelmente importante determinar se se trata de sonolência e não de fadiga. Este último termo descreve uma sensação geral de cansaço e falta de energia, que não é o mesmo que sonolência. Resolve-se a sonolência com o sono reparador. Quando você sofre de fadiga severa, não sente motivação nem energia e, o mais importante, a sensação de cansaço é esmagadora e não é aliviada pelo sono.[6] A fadiga pode ser sintoma de problemas de saúde subjacentes mais graves. Na verdade, um sintoma-chave da covid-19 e de outras infecções virais é a fadiga, que o sono não cura mesmo que se durma muito mais que o normal. Meses após terem covid-19, algumas pessoas continuam a lutar contra a fadiga arrasadora associada à "covid longa".[7] Como a fadiga pode ser um sintoma importante de algum tipo de problema crônico de saúde, deve-se procurar aconselhamento médico caso ela persista.

Despertar noturno — sono bifásico e polifásico

Outra questão importante associada à insônia é acordar muitas ou várias vezes no meio da noite, conforme ilustrado na Figura 4. Como discutimos no capítulo 2, a ideia básica de que há uma "chave liga/desliga" que comanda o ciclo sono/vigília, proveniente da interação entre o relógio circadiano e a pressão do sono, está correta em linhas gerais. No entanto, é mais complicado do que isso, porque, no ser humano e em outros animais, muitas vezes o sono não ocorre em um bloco longo e consolidado (ao contrário do que nos dizem com frequência). O sono pode ocorrer em dois episódios (sono bifásico) ou até múltiplos episódios (sono polifásico), separados por curtos períodos de vigília.[8] Não se sabe ao certo como esses padrões de sono são gerados, mas eles levantam uma questão importante relativa a nossas expectativas de uma boa noite de sono. Um período único, sem despertar (sono monofásico), é considerado "normal" (Figura 4). Mas pode ser que esse não seja, na verdade, o estado normal. Postula-se que, por conta de nossa sociedade 24/7 e uma redução do tempo disponível para dormir à noite, o sono tenha sido comprimido e espremido em um episódio único. Durante a pandemia de covid-19, com a necessidade de autoisolamento, muitas pessoas tiveram a oportunidade de dormir por mais tempo, e o resultado foi ora o sono bifásico, ora o polifásico. Curiosamente, isso costuma ser autodiagnosticado como sono pior. De fato, trata-se com certeza de um padrão diferente, mas não necessariamente pior. Também é importante enfatizar que o sono bifásico ou polifásico é o mais comum na maioria dos animais, e talvez tenha sido o caso do ser humano antes da Revolução Industrial.[9]

Não existe unanimidade em relação ao sono bifásico ou polifásico ser a situação ancestral do sono humano.[10] A ideia original surgiu em parte com base em pesquisas históricas e registros de sono bifásico em diários.[11] O tema foi investigado por Roger Ekirch e detalhado em seu livro *At Day's Close* [No fim do dia]. Ekirch documentou vários relatos de sono bifásico a partir de textos médicos, registros de tribunais e diários, encontrando evidências de que na Europa pré-industrial o sono bifásico era considerado a prática normal. A casa inteira se preparava para dormir quando anoitecia, depois acordava por algumas horas no meio da noite e tinha um segundo sono até o amanhecer. Ekirch encontrou inúmeras referências a um "primeiro" e um "segundo" sonos: ele cita livros de oração do final do século XV, que ofereciam preces especiais para o horário entre os sonos, e um manual médico da França do século XVI aconselhando aos casais que o melhor momento para procriar não era ao fim de um longo dia de trabalho, mas "depois do primeiro sono", quando "se obtém mais satisfação" e se "faz melhor".

Miguel de Cervantes, em seu romance *Dom Quixote*, publicado em 1615, escreveu: "Dom Quixote se rendeu à natureza, dormindo o primeiro sono, sem se entregar ao segundo, bem ao contrário de Sancho, que nunca teve o segundo, porque o sono dele durava da noite até a manhã, no que transparecia sua boa compleição e poucas preocupações". No entanto, referências ao sono bifásico foram ficando menos comuns a partir do final do século XVII e desaparecem completamente pela década de 1920, à medida que a iluminação artificial e as práticas industriais modernas se tornaram a regra. Observações históricas como essas estimularam estudos com base laboratorial. Ofereceu-se aos participantes a oportunidade de dormir por mais tempo, impondo-se horários de 12 horas de luz e 12 horas de escuridão. O resultado foi o sono polifásico e bifásico.[12] Esse é um belo exemplo de como estudos históricos e as ciências sociais podem contribuir para a ciência contemporânea. A moral da história é que muitos de nós, podendo dormir mais tempo, reverteríamos para o sono polifásico.

E isso levanta um ponto importante: se o estado natural do sono humano é polifásico, precisamos repensar nossa interpretação da insônia e da ruptura do sono à noite. Novas pesquisas sugerem que, quando acordamos no meio da madrugada, o mais provável é que o sono volte *se* não for sacrificado às redes sociais e/ou outros comportamentos que geram estado de alerta. A questão central é que acordar à noite não significa necessariamente o fim do sono. Se isso acontecer, o importante é não ativar reações de estresse (capítulo 4). Não fique na cama, sentindo-se cada vez mais frustrado pela incapacidade de dormir. Algumas pessoas acham bom levantar-se, deixando a luz baixa, e fazer alguma atividade relaxante, como ler e ouvir música, só voltando à cama ao sentir sono de novo (capítulo 6). E já que estamos falando disso...

Sono polifásico autoimposto

Outro terreno de constante confusão tem sido a moda do sono polifásico, ou segmentado, autoimposto. Não é uma boa ideia. Como o sono bifásico e/ou polifásico pode ser a norma para muitas pessoas, e como os ciclos REM/NREM são em média de 70 a 90 minutos ao longo da noite,[13] surgiu a ideia de que devemos impor a nós mesmos um padrão de sono polifásico. Na prática, isso significa que o tempo gasto dormindo é propositalmente dividido em vários períodos de sono ao longo do dia de 24 horas, com um período principal durante a noite e outros mais curtos durante o dia. O resultado seria uma importante redução do tempo de sono no total do ciclo dia/noite de 24 horas. Muitas divisões diferentes já foram propostas, mas todas diferem dos padrões de sesta ou cochilo diurno constatados em vários países do mundo, que *não têm* o objetivo de reduzir o tempo total de sono. Um desses programas, batizado de horário de sono polifásico Überman, recomenda períodos de vinte minutos, distribuídos por igual ao longo das 24 horas do dia, somando ao todo duas horas de sono em 24 horas. Já o programa Everyman sugere dormir três horas à noite, com três períodos de sono de vinte minutos durante o dia, totalizando quatro horas de sono em 24 horas. Os defensores desses horários alegam que, ao adotar esse padrão, você consegue melhorar a memória e o humor, lembrar-se dos sonhos e viver mais tempo. Como esperado, tais afirmações não têm respaldo em evidências. Na verdade, horários forçados, com a perda de sono que acarretam, foram associados a piora da saúde física e mental e do desempenho durante o dia. Resumindo, e apesar dos relatos na mídia, a ciência não apoia essa moda, e períodos de sono como esses não são recomendados pela Fundação Nacional do Sono dos Estados Unidos.[14]

CATEGORIA 2: RITMO CIRCADIANO E TRANSTORNOS DO SONO/VIGÍLIA

Existe um importante grupo de condições diversas que pode provocar insônia, sonolência diurna e, é claro, os problemas relacionados na Tabela 1. Esses transtornos surgem por conta do papel central do relógio circadiano na regulagem do sono (capítulo 2). Entre as causas, estão a exposição anormal à luz, que pode ser facilmente corrigida (capítulo 6), anomalias genéticas e alguns dos problemas associados à cegueira ou a transtornos do desenvolvimento neurológico que, hoje, podem ser difíceis ou impossíveis de corrigir (capítulo 14). Os principais transtornos do ritmo circadiano estão ilustrados na Figura 4 e são tratados a seguir.

Síndrome do avanço das fases do sono (ASPD)

A ASPD é caracterizada pela dificuldade de ficar acordado à noite e a dificuldade de continuar dormindo no início da manhã. Em geral, indivíduos com ASPD vão para a cama e se levantam cerca de três horas ou mais antes da norma social. A ASPD tem sido associada a alterações genéticas cruciais que comandam a engrenagem molecular.[15] Também pode ocorrer em algumas pessoas durante o envelhecimento.[16]

Síndrome do atraso das fases do sono (DSPD)

A DSPD é o contrário da ASPD, e se caracteriza por um atraso de quase três horas (ou mais) no início do sono e na vigília. Por conta das demandas do trabalho, é uma condição que costuma levar a uma forte redução da duração do sono nos dias úteis, junto com uma considerável sonolência diurna, seguida por longos períodos de sono nos fins de semana. A ASPD e a DSPD podem ser consideradas extremos dos cronotipos matutino (os sabiás) ou noturno (as corujas). O uso de fototerapia ajuda bastante nessas condições (capítulo 6). A DSPD tem sido associada a alterações cruciais nos genes que contribuem para a engrenagem molecular.[17] E interações entre genes e ambiente podem provocar formas de DSPD em adolescentes,[18] depressão,[19] doenças mentais[20] e transtornos do neurodesenvolvimento.[21]

Livre curso, ou síndrome do sono/vigília não 24 horas

Esse nome descreve uma condição em que o ciclo sono/vigília do indivíduo ocorre em um horário social diferente a cada dia — em geral cada vez mais tarde. O ritmo circadiano não é sincronizado (arrastado) com o dia de 24 horas. Isso costuma ser observado em indivíduos com danos severos aos olhos ou perda da visão[22] ou outras condições, como esquizofrenia,[23] doenças neurodegenerativas ou traumas cerebrais.[24] Estabelecer uma rotina altamente estruturada de sono, exercícios, horários das refeições e, se possível, luminosidade ajuda a sincronizar o sistema circadiano com o dia de 24 horas, mas às vezes essas intervenções podem ser difíceis e, na melhor das hipóteses, apenas parcialmente eficazes (capítulo 14).

Sono fragmentado ou arrítmico

Trata-se de uma condição rara, mas às vezes observada em indivíduos com doenças mentais ou danos cerebrais provocados por traumas, derrames ou tumores.[25] Assim como acontece com a síndrome do sono/vigília não 24 horas, uma rotina bem estruturada de sono, exercícios e horários das refeições ajuda a sincronizar o relógio com o dia de 24 horas. Uma vez mais, porém, essas intervenções podem ser complexas e apenas em parte eficazes (capítulo 14).

CATEGORIA 3: TRANSTORNOS RESPIRATÓRIOS RELACIONADOS AO SONO

Esse termo se refere a um amplo leque de problemas respiratórios que ensejam a insônia, a maioria bem conhecida de quem sofre de ronco ou apneia obstrutiva do sono crônica. São condições que podem virar um verdadeiro problema. Conta-se que o escritor Anthony Burgess teria dito: "Ria e o mundo rirá com você; ronque e você dormirá sozinho".

Apneia obstrutiva do sono (AOS)

A AOS é muito comum, sendo causada por um relaxamento dos músculos na parte de trás da garganta que impede a respiração normal durante o sono. Esses músculos da garganta apoiam a parte de trás do teto da boca (o palato mole), que inclui a úvula, um pedaço de tecido triangular que pende do palato mole (e se mexe na deglutição, ajudando a evitar que alimentos e líquidos subam para a cavidade nasal), as amídalas e a língua. Durante um episódio de AOS, os músculos relaxam, fazendo com que as vias aéreas se estreitem ou fechem ao

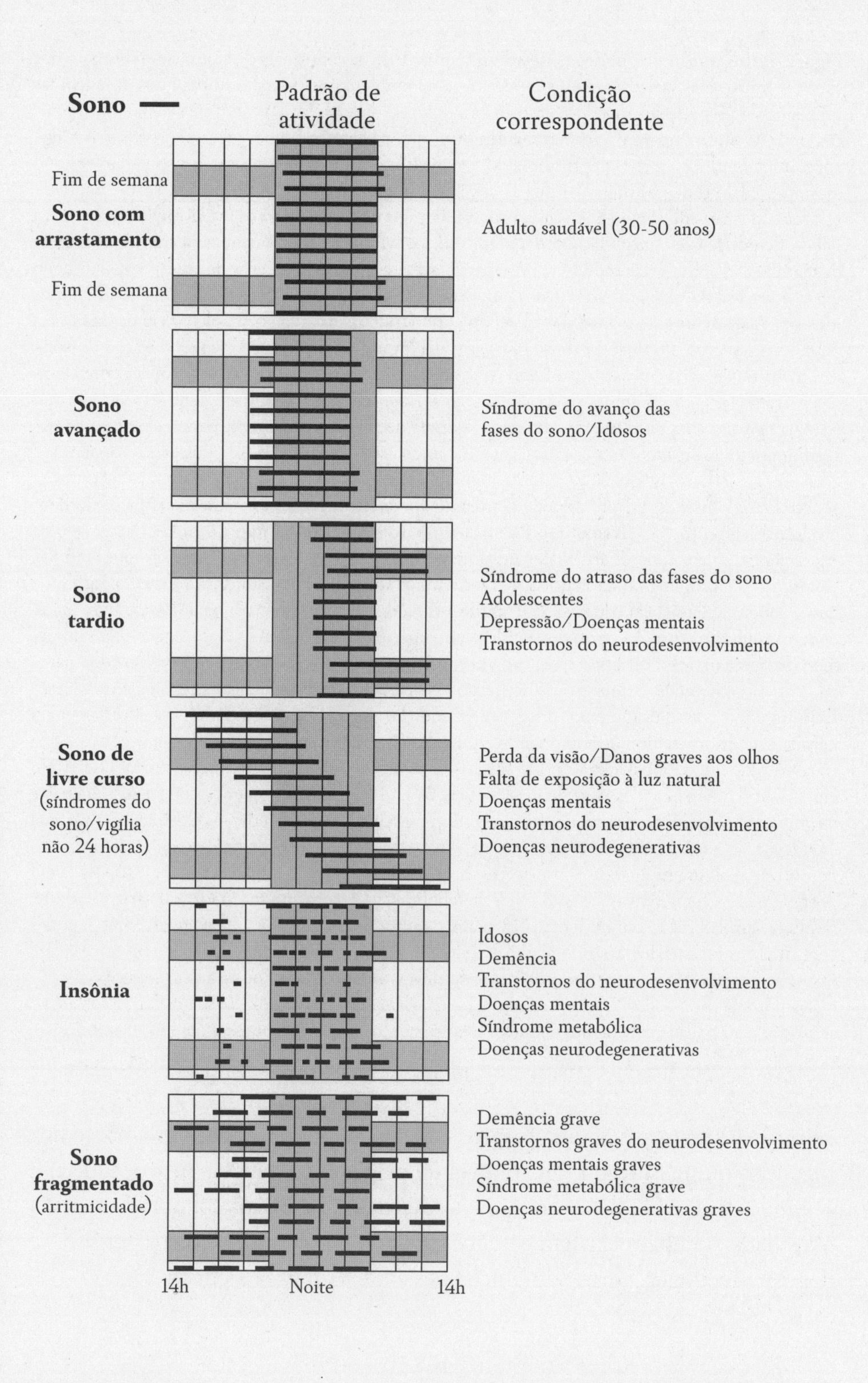
Sono —
Padrão de atividade
Condição correspondente
Fim de semana
Sono com arrastamento
Fim de semana
Adulto saudável (30-50 anos)
Sono avançado
Síndrome do avanço das fases do sono/Idosos
Sono tardio
Síndrome do atraso das fases do sono
Adolescentes
Depressão/Doenças mentais
Transtornos do neurodesenvolvimento
Sono de livre curso (síndromes do sono/vigília não 24 horas)
Perda da visão/Danos graves aos olhos
Falta de exposição à luz natural
Doenças mentais
Transtornos do neurodesenvolvimento
Doenças neurodegenerativas
Insônia
Idosos
Demência
Transtornos do neurodesenvolvimento
Doenças mentais
Síndrome metabólica
Doenças neurodegenerativas
Sono fragmentado (arritmicidade)
Demência grave
Transtornos graves do neurodesenvolvimento
Doenças mentais graves
Síndrome metabólica grave
Doenças neurodegenerativas graves
14h
Noite
14h

Figura 4. Ilustração dos padrões de sono/vigília. Padrões anormais de sono/vigília surgem por causas e influências variadas, tanto genéticas quanto ambientais. As barras horizontais preenchidas representam os períodos de sono em dias da semana consecutivos e no fim de semana (barra horizontal). O **sono "normal" com arrastamento**, que para muitos pode não ser o estado normal, apresenta um único e estável episódio de sono que dura cerca de oito horas, aproximadamente no mesmo horário todos os dias. Por razões sociais, o início e o fim do sono podem sofrer um ligeiro atraso nos fins de semana. A **síndrome do avanço das fases do sono (ASPD)** se caracteriza pela dificuldade em continuar acordado à noite e dificuldade em continuar dormindo no início da manhã. Em geral, esses indivíduos vão para a cama e se levantam cerca de três horas mais cedo que a norma social. Observa-se a ASPD em pessoas com essa condição genética[26] e em indivíduos idosos.[27] A **síndrome do atraso das fases do sono (DSPD)** se caracteriza pelo atraso de três horas ou mais no início e no final do sono. Isso costuma levar a uma forte redução da duração do sono nos dias úteis e a um sono estendido nos fins de semana. A ASPD e a DSPD podem ser consideradas extremos das preferências pela manhã (sabiás) ou pela noite (corujas). Tanto a ASPD quanto a DSPD não são simples descompassos dos padrões de sono/vigília, e sim condições que causam sofrimento ou incapacitação por entrarem em conflito com os horários exigidos pelas pressões sociais ou preferências pessoais. Frequentemente observa-se a DSPD em pessoas com essa condição genética,[28] adolescentes,[29] em caso de depressão[30] e doenças mentais[31] e em transtornos do neurodesenvolvimento.[32] O **livre curso ou síndrome do sono/vigília não 24 horas** descreve uma condição em que o sono ocorre sistematicamente mais cedo ou mais tarde em dias consecutivos. Como o relógio biológico da maioria dos indivíduos dura mais de 24 horas, o padrão comum é que o sono/vigília ocorra cada vez mais tarde a cada dia. Em casos raros, o padrão de livre curso pode caminhar na direção oposta, fazendo o sono ocorrer cada vez mais cedo a cada dia. Um padrão de livre curso foi observado em indivíduos com perda da visão,[33] baixa exposição à luz natural,[34] doenças mentais,[35] transtornos do neurodesenvolvimento[36] e doenças neurodegenerativas.[37] **Insônia** é um termo usado para descrever a condição que leva à dificuldade para adormecer ou permanecer adormecido, mesmo quando a pessoa tem essa oportunidade. Costuma ser associada ao sono reduzido (hipossonia) e pode surgir por diversas causas,[38] entre elas a ruptura do ritmo circadiano. Diz-se que o ex-presidente dos Estados Unidos Bill Clinton era insone e atribuía parte da culpa pelo ataque cardíaco que sofreu à fadiga associada a essa condição. Observa-se a insônia em idosos,[39] pessoas com demência,[40] depressão[41] e doenças mentais,[42] no caso de transtornos do neurodesenvolvimento, como o transtorno do déficit de atenção e hiperatividade (TDAH),[43] em doenças neurodegenerativas[44] e síndromes metabólicas.[45] O **sono fragmentado**, ou **arritmicidade**, costuma ser observado em indivíduos carentes de um relógio circadiano funcional, como aqueles com tumores localizados no hipotálamo.[46] Também é uma característica da demência grave,[47] das doenças mentais,[48] dos transtornos do neurodesenvolvimento,[49] das doenças neurodegenerativas[50] e da síndrome metabólica.[51] Compreender a base dessas diferentes anomalias circadianas fornece o substrato para o desenvolvimento de novos medicamentos que corrijam esses defeitos (capítulo 14).

inspirar. O resultado é uma respiração fraca ou inexistente por cerca de dez segundos ou mais. Isso reduz o nível de oxigênio no sangue, provocando um acúmulo de dióxido de carbono. Nos adultos, a causa mais comum de AOS é a obesidade. Também existem evidências de que, com a idade, mais gordura se deposita na língua, tornando-a mais pesada e propensa a curvar-se para trás, cobrindo as vias aéreas.[52] A ingestão de álcool também pode relaxar os músculos de trás da garganta, aumentando as chances de AOS. Existe uma chance 50% maior de desenvolver AOS quando se é homem. Condições médicas associadas à obesidade, como o hipotireoidismo e, nas mulheres, a síndrome do ovário policístico, estão relacionadas à AOS. Entre seus sintomas comuns estão ronco, interrupção da respiração durante o sono, despertares frequentes durante a noite, despertar com a boca seca ou a garganta dolorida, dores de cabeças matinais e sonolência diurna. Durante um episódio, quando a respiração é interrompida e o dióxido de carbono aumenta no sangue, o cérebro detecta que não está recebendo oxigênio suficiente e provoca o despertar, fazendo o indivíduo acordar com falta de ar. A AOS pode ser muito perigosa, inclusive agravando problemas cardíacos e de pressão arterial. Alguns estudos sugerem que questões oculares, como glaucoma e danos ao nervo óptico, são mais frequentes em indivíduos com AOS.[53] Também é um fator de risco para derrames e condições cardíacas como a *bradicardia*, em que o batimento cardíaco é muito lento; a *taquicardia supraventricular*, em que o coração começa de repente a bater muito mais rápido que o normal; a *taquicardia ventricular*, em que a câmara inferior do coração (ventrículo) bate rápido demais para bombear o sangue com eficiência e o corpo não recebe sangue oxigenado o suficiente; e a *fibrilação atrial*, em que a frequência cardíaca é irregular e muitas vezes acelerada. Todas essas condições são fatores de risco para a demência.[54] Um problema adicional é que alguns comprimidos para dormir com base em benzodiazepina (capítulo 6) e a anestesia geral podem relaxar as vias aéreas superiores, agravando a AOS e aumentando o risco de cirurgias que usam esse tipo de sedação. A boa notícia é que na maioria dos casos a AOS é facilmente tratada com o uso de aparelhos que conduzem o ar, delicada e continuamente, vias aéreas adentro; é a chamada "pressão positiva contínua nas vias aéreas", ou CPAP, na sigla em inglês. Pode levar um tempo para algumas pessoas se acostumarem a esses aparelhos, mas, para a maioria, eles resolvem o problema da insônia induzida por AOS. Portanto, se o seu ronco é alto o suficiente para perturbar seu próprio sono ou o de outras pessoas, se você acorda engasgado, se seu parceiro percebe pausas intermitentes na sua respiração e se você adormece durante o trabalho ou, pior ainda, quando está dirigindo, precisa consultar seu médico em busca de diagnóstico e tratamento apropriados. Existe um questionário on-line simples (em inglês) que pode ajudá-lo a quantificar a sonolência diurna, chamado Escala de Sonolência de Epworth, que vale a pena fazer. Há fortes indícios de que vários acidentes automobilísticos graves poderiam ter sido evitados pelo tratamento da AOS.[55] Existem ainda vários outros transtornos respiratórios relacionados ao sono. Por exemplo:

Apneia central do sono (ACS)

É muito parecida com a AOS. Porém, na ACS, em vez de ocorrer uma obstrução física que bloqueia as vias aéreas, o cérebro para de enviar sinais — ou envia sinais anormais — aos músculos que regulam a respiração. Um derrame ou outras condições, como um trauma cerebral resultante de um acidente automobilístico, que afetem o rombencéfalo (a parte do cérebro importante para a respiração; Figura 2) podem provocar ACS.[56]

Transtornos de hiperventilação relacionados ao sono

São condições que ocorrem quando os pulmões não são ventilados o suficiente, fazendo aumentar os níveis de dióxido de carbono no sangue. Obesidade, anomalias genéticas, medicamentos (como opioides e benzodiazepínicos) e infecções estão ligados aos transtornos de hiperventilação relacionados ao sono.[57] A síndrome de hipoventilação por obesidade (SHO) também é conhecida como Síndrome de Pickwick, em referência ao personagem Joe, do romance *As aventuras do sr. Pickwick*, de Charles Dickens, de 1837. Apelidos inconvenientes para doenças eram uma característica da medicina até tempos relativamente recentes. Por exemplo, o coitado do Joe — e talvez você se interesse em dar uma olhada nas ilustrações originais de *As aventuras do sr. Pickwick* — tinha vários dos sintomas posteriormente descritos como SHO, entre eles a obesidade e a apneia do sono, a sensação de sonolência ou fadiga durante o dia, os dedos das mãos e dos pés e as pernas inchadas ou azuladas (o que é conhecido como cianose) e dores de cabeça matinais causadas pelos altos níveis de dióxido de carbono no sangue. Pessoas com a Síndrome de Pickwick também eram chamadas de *blue bloaters*, ou "inchados azuis", termo para descrever quem tinha pele azulada, sobrepeso, falta de ar e tosse crônica. Muitas vezes se faz um contraste entre os *blue bloaters* e os *pink puffers*, ou "ofegantes rosados", pessoas magras, de respiração rápida e pele rósea. É um termo antigo para o que hoje seria descrito como enfisema grave. A moral da história é que os inchados azuis e os ofegantes rosados são exemplos de indivíduos com doenças pulmonares obstrutivas crônicas (DPOC), as quais prejudicam enormemente o sono.[58]

Transtorno de hipoxemia relacionada ao sono

Trata-se de uma condição em que níveis de oxigenação sanguínea abaixo do normal ocorrem durante o sono, o que pode ser sintoma de condições médicas como a hipertensão pulmonar (aumento da pressão arterial nos vasos sanguíneos que abastecem os pulmões — as artérias pulmonares), doenças neurodegenerativas, derrames e até mesmo epilepsia.[59]

CATEGORIA 4: TRANSTORNOS CENTRAIS DE "HIPERSONOLÊNCIA"

Este é um conjunto curioso de condições que levam a uma forte sonolência diurna, mesmo quando o indivíduo sente que teve uma noite de sono normal e não se queixa de dificuldades para adormecer ou continuar dormindo (insônia). A mais comum é a narcolepsia. Estima-se que a *narcolepsia* afete uma em cada 2 mil pessoas nos Estados Unidos; portanto, cerca de 200 mil americanos e aproximadamente 3 milhões de pessoas no mundo inteiro. Como a narcolepsia apresenta níveis variados de gravidade, estima-se que apenas 25% das pessoas com essa condição tenham recebido um diagnóstico formal; e só então vão em busca de auxílio. A narcolepsia faz a pessoa cair no sono de repente, em momentos inapropriados, por conta da incapacidade do cérebro de regular adequadamente o ciclo de sono e vigília. Resulta, muitas vezes, em excessiva sonolência diurna e sensação de torpor ao longo do dia, além de dificuldade para se concentrar ou ficar acordado. Alguns indivíduos podem adormecer subitamente e sem aviso, o que configura narcolepsia com *cataplexia*, ou perda temporária do controle muscular, provocando o colapso. A cataplexia pode ser desencadeada como reação a emoções como o riso e a raiva. Outro grupo de indivíduos com narcolepsia também pode sofrer de *paralisia do sono*, que é a incapacidade temporária de se mexer ou falar ao acordar ou dormir. A narcolepsia também está associada a sonhos excessivos, sobretudo na hora em que o indivíduo adormece (*alucinações hipnagógicas*) ou logo antes de acordar (*alucinações hipnopômpicas*).

As causas da narcolepsia são complexas.[60] Em alguns casos — enfatizo, em *alguns* casos — ela se deve a uma carência da orexina (também chamada de hipocretina), um neurotransmissor cerebral que atua no comando do estado de vigília.[61] A falta de orexina parece ser causada por uma reação autoimune, na qual o sistema imunológico ataca as células que produzem a orexina no hipotálamo, ou talvez as próprias células que reagem à orexina. A sustentação para a hipótese da origem autoimune de alguns tipos de narcolepsia provém da descoberta de um risco maior de desenvolvê-la depois do uso de Pandemrix, uma vacina contra a influenza H_1N_1 produzida para a pandemia de 2009 e utilizada em vários países europeus.[62] Aparentemente, o adjuvante utilizado para a vacina (adjuvantes são substâncias adicionadas a uma vacina para aumentar a resposta imune do corpo a ela) desencadeou uma reação imune agressiva demais em um reduzido número de pessoas, cerca de 1 em cada 52 mil.[63] Esse tipo de adjuvante deixou de ser usado, e outras vacinas contra a H_1N_1 não apresentaram relação com a narcolepsia. A partir desse evento inesperado e infeliz, lições importantes foram aprendidas para o desenvolvimento de novas vacinas, como as contra a covid-19. Embora não exista cura para a narcolepsia, é uma condição que pode ser administrada com o uso de medicamentos como o Modafinil. Ele só pode ser tomado com receita médica, e é utilizado, com excelente eficácia, para aumentar o alerta durante o dia e reduzir a sonolência diurna. Além da narcolepsia, o Modafinil também é frequentemente tomado por indivíduos que precisam "turbinar" o estado de alerta. Já foi chamado de "primeira droga da inteligência segura do mundo". Ainda não sabemos quais podem ser os efeitos de curto ou longo prazo do uso de Modafinil, e a compra on-line desse medicamento para aumentar o estado de alerta é fortemente desaconselhada.

CATEGORIA 5: PARASSONIAS

As parassonias são um grupo complexo e variado de transtornos do sono, que envolvem experiências indesejáveis ao adormecer, enquanto dormimos ou ao acordar. Entre as parassonias estão movimentos, comportamentos, emoções, percepções ou sonhos anormais. Em muitos casos, a pessoa permanece adormecida durante o evento e, ao ser interrogada, muitas vezes não tem lembrança do que aconteceu. As parassonias ocorrem de uma série de formas diferentes,[64] entre elas:

Despertar confusional

Ocorre quando a pessoa age de forma muito estranha e confusa ao acordar ou logo depois de acordar. Alguns indícios são fala arrastada, raciocínio confuso, falhas de memória e névoa mental. Isso pode ocorrer quando alguém tenta acordar você, sobretudo se estiver em um sono de ondas lentas (SWS).

Sonambulismo

Ocorre quando a pessoa se levanta da cama e começa a caminhar, mesmo ainda adormecida. Ela é capaz de falar, na maioria das vezes com os olhos abertos e um olhar confuso e "vidrado". Os atos, no sonambulismo, podem ser brutos e estranhos, como urinar na cesta de compras da mãe, o que eu (aparentemente) fiz várias vezes na infância! Você pode mudar móveis de lugar ou subir em parapeitos. O sonambulismo ocorre com maior frequência durante o SWS. O melhor conselho, ao encontrar uma pessoa sonâmbula, é conduzi-la cuidadosamente de volta para a cama. Indivíduos com essa condição podem acordar naturalmente do episódio e surpreender-se ao se descobrirem em um local estranho, ou voltar para a cama sem a menor ideia do que aconteceu.

Terrores noturnos

São parassonias que geralmente levam a pessoa a sentar-se na cama gritando ou chorando, às vezes se debatendo, com uma expressão aterrorizada no rosto. Episódios assim costumam ocorrer durante o SWS. O melhor a fazer, caso seu filho ou parceiro sofra um episódio de terror noturno, é manter a calma — pode ser assustador — e esperar que a pessoa serene. Não se deve interagir com ela, a menos que sua segurança esteja em risco, nem tentar acordá-la. Ela pode não reconhecer você e ficar ainda mais agitada se você tentar confortá-la. A pessoa provavelmente não se recordará do ocorrido pela manhã, mas convém conversar sobre isso para descobrir se há alguma coisa a preocupando, já que a ansiedade e o estresse são possíveis causas dos terrores noturnos.

Transtorno alimentar relacionado ao sono (TARS)

O TARS envolve episódios recorrentes de compulsão alimentar e ingestão de álcool ao acordar no meio da noite, e pode durar apenas alguns minutos. Esses episódios ocorrem quase todas as noites e às vezes mais de uma ocasião por noite. A pessoa pode não ter recordação do ocorrido pela manhã, e tentar impedi-la durante um episódio tende a gerar raiva e resistência.

Transtorno comportamental do sono REM (TCR)

O TCR ocorre quando a pessoa encena sonhos vívidos durante o sono REM. Normalmente, durante o REM, o corpo fica paralisado (capítulo 2), mas no TCR essa paralisia se perde, fazendo o sonho ser acompanhado por muita atividade, em alguns casos até violenta. Como dito antes, maridos amorosos já agrediram e até mataram as esposas, confundindo-as com um assaltante durante o estado de sonho (capítulo 2), e um diagnóstico de TCR já foi a base da absolvição de um assassinato ocorrido durante um episódio desses.[65] Não se deve confundir o TCR com o sonambulismo, em que a pessoa adormecida geralmente está no SWS e não encena o próprio sonho. Ao acordar de um episódio de TCR, muitas vezes o indivíduo consegue recordar detalhes do sonho com nitidez. O TCR é um preditor de condições mais graves, sendo que aproximadamente 50% dos indivíduos com essa condição desenvolverão Parkinson ou demência em até dez anos a partir do início dela. A causa provável é uma alteração dos níveis do neurotransmissor dopamina no cérebro, em razão da perda dos neurônios que o produzem.[66]

Paralisia do sono

Ocorre quando você está desperto mas não consegue mover o corpo, seja ao adormecer ou, mais comum, ao acordar. No sono REM o corpo fica paralisado, e nessa condição a paralisia persiste após o despertar. Você pode se ver incapaz de falar ou de mover os braços, as pernas ou o corpo. Tem plena consciência do que está acontecendo, e um episódio dura alguns segundos ou minutos.[67] A paralisia do sono pode ser bastante assustadora, mas é inofensiva, e a maioria das pessoas terá apenas um ou dois episódios na vida inteira. Porém, para reduzir as chances de que isso ocorra, certifique-se de dormir o suficiente e pratique uma boa higiene do sono, como abordarei no capítulo 6.

Bruxismo

É o ranger ou cerrar involuntário dos dentes durante o sono, em geral relacionado ao estresse ou à ansiedade. Algumas pessoas sentem dor de cabeça, no rosto ou na mandíbula. Quando é forte e prolongada, causa danos aos dentes, e uma solução é usar um protetor bucal com supervisão médica.[68]

Entre outras parassonias estão: o simples *falar dormindo*; *alucinações relacionadas ao sono*, que são eventos imaginários que parecem extremamente realistas; *pesadelos* frequentes, que impedem o indivíduo de dormir bem à noite e muitas vezes levam à insônia; e *micção (enurese) noturna*, que é comum em crianças e ocorre quando a pessoa urina por acidente durante o sono.

As causas desse leque diversificado de condições de parassonia são, em grande parte, neurológicas (internas do cérebro), e existem vários fatores de risco que aumentam sua ocorrência. Algumas pessoas têm maior propensão à parassonia em períodos de estresse. O sonambulismo e a micção noturna muitas vezes ocorrem na infância e passam com o crescimento. Pode haver uma contribuição genética quando existe um histórico familiar de condições como o sonambulismo e os terrores noturnos. Cerca de 80% dos pacientes com *transtorno de estresse pós-traumático* (TEPT) têm pesadelos ou sonhos desagradáveis durante os três meses seguintes ao trauma, em que a mesma cena é visualizada. Os pesadelos também são um efeito colateral comum de alguns medicamentos, como antidepressivos e remédios para a pressão arterial. Por isso, sempre verifique a bula. O sonambulismo, os terrores noturnos e outras parassonias também são mais prováveis em quem ingere álcool em excesso ou usa drogas que provocam alterações na mente.

CATEGORIA 6: TRANSTORNOS MOTORES RELACIONADOS AO SONO (TMRS)

Os TMRS são movimentos relativamente simples, em geral estereotipados, que podem perturbar o sono e provocar insônia.[69] O mais comum é a *síndrome das pernas inquietas* (SPI), em que há uma ânsia irresistível de mover as pernas, sensação que piora à noite ou de madrugada. A SPI também está associada a espasmos involuntários das pernas e dos braços, conhecidos como *movimentos periódicos dos membros durante o sono*. Os sintomas vão de moderados a graves, e podem ser diários ou raros. Nos casos graves, a SPI é bastante incômoda, perturbando a pessoa adormecida e quem está ao seu lado na cama. Na maioria das vezes, não há uma causa evidente, embora alguns neurologistas tenham proposto que o neurotransmissor dopamina, que também já foi relacionado ao transtorno comportamental do sono REM, talvez desempenhe um papel. Os movimentos periódicos dos membros podem ser um transtorno comum durante a gravidez, tornando o sono péssimo, mas desaparecem logo após o parto. Vários estudos mostraram que pessoas com Parkinson (condição associada a uma deficiência em dopamina) têm maior probabilidade de ter SPI.[70] Em alguns casos, ela é causada por uma condição de saúde subjacente, como deficiência de ferro. Tomar suplementos de ferro, sob diversas formas, mostrou-se útil para reduzir a gravidade dessa condição em alguns casos.[71] A insuficiência renal também foi relacionada à síndrome.[72]

CATEGORIA 7: OUTROS TRANSTORNOS DO SONO

Para deixar a lista completa, incluí esta última categoria. Ela não é, porém, das mais úteis, já que abarca as condições do sono que não se encaixam verdadeiramente em nenhuma das outras seis classificações: é uma categoria de último recurso! Por exemplo, os *transtornos ambientais do sono* seriam incluídos aqui. Eles dizem respeito a perturbações causadas por questões ambientais, como o ruído de aeronaves ou do tráfego automobilístico, ou até fumaça de cigarro. Esses fatores ambientais perturbam o sono, podendo levar à insônia e a um excesso de sonolência diurna. Essas outras anomalias do sono também podem advir de um problema neurológico não diagnosticado que seja muito raro e/ou insuficientemente estudado.[73]

PERGUNTAS E RESPOSTAS

1. Como posso saber se tenho algum tipo de transtorno do sono?

Os sintomas mais comuns que você pode reconhecer em si mesmo, em um parceiro ou membro da família são: torpor ou cansaço excessivos ao longo do dia; dificuldade de acordar pela manhã; dificuldade em ficar acordado durante o dia, mesmo ao dirigir ou trabalhar, e necessidade de cochilar; alterações do humor ou irritabilidade; dificuldade em adormecer várias vezes por semana; ronco alto, a ponto de acordar você ou seu parceiro; dores de cabeça ou garganta seca frequentes ao acordar. Você pode utilizar as informações acima, junto com seu próprio diário de sono (Apêndice 1), para adquirir uma compreensão melhor do tipo de transtorno do sono ou do ritmo circadiano que possa apresentar. Use essas informações para conversar com seu médico.

2. O que é essa secreção/areia nos meus olhos ao acordar?

No folclore da Europa Setentrional e Ocidental, o Sandman, ou Homem de Areia (Ole Lukøje), é um personagem mitológico que põe as pessoas para dormir e incentiva e inspira sonhos bons, salpicando areia mágica nos olhos delas. É claro que o Sandman não existe, mas, quando acordamos pela manhã frequentemente estamos com uma secreção, ou "areia", no canto dos olhos. Ela é uma mistura de muco, células mortas da superfície do olho e óleos e lágrimas produzidos durante o sono. Durante o dia, esses detritos são enxaguados da superfície do olho, lubrificado pelas piscadas e lágrimas. Enquanto dormimos, não piscamos, por isso a secreção se acumula nos cantos — parecendo areia. Especula-se que os movimentos laterais do olho durante o sono de movimento ocular rápido (REM) tenham o objetivo de manter os olhos lubrificados enquanto estamos dormindo, sem piscar. Quando a secreção é amarelada ou esverdeada, pode ser um sinal de infecção. Caso persista, procure aconselhamento médico.

3. Acho que tenho um transtorno do sono, mas a única ajuda que meu médico me dá são comprimidos para dormir. O que posso fazer?
Esse é um problema comum, e ocorre por conta de três fatores-chave: (1) Seu médico teve pouco treinamento nas áreas do sono e da medicina circadiana, e não sabe como aconselhar você; (2) Sendo justo com seu médico, as opções de tratamento farmacológico são muito limitadas. Em muitos casos, uma receita de remédios para dormir é a única opção atual que pode ser útil no curto prazo (capítulo 6); (3) As opções de tratamento disponíveis além dos comprimidos, como terapia comportamental cognitiva para a insônia (TCCI), exigem profissionais de saúde especializados e sessões individualizadas. Especialistas assim são raros, e muitos sistemas de saúde não possuem os recursos necessários para tais tratamentos. No entanto, é possível adotar algumas atitudes para melhorar seu sono. Da mesma forma que dieta e exercícios melhoram a saúde, boas práticas podem ser adotadas para beneficiar o sono, o que é o tema do próximo capítulo.

4. Muitas pessoas andam falando da kava kava como forma de ajudar com a respiração e o relaxamento. Existe alguma evidência que dê respaldo a isso?
A kava kava vem das ilhas do Pacífico e é consumida em todas as culturas do oceano Pacífico, inclusive na Polinésia, no Havaí, em Vanuatu e na Melanésia. A raiz dessa planta é usada para produzir uma bebida com propriedades sedativas e anestésicas, e seus ingredientes ativos são chamados de kaváctones. Curiosamente, esses kaváctones parecem reforçar as vias do GABA (ácido gama-aminobutírico) no cérebro, que também são alvo tanto da benzodiazepina (como o diazepam, a clordiazepoxida, o alprazolam) e das chamadas "drogas Z" (zopiclona, zaleplona e zolpidem), que serão discutidas no próximo capítulo. Bebidas com kava kava se tornaram populares na Austrália, na Nova Zelândia, nos Estados Unidos e na Europa como forma de ajudar o relaxamento e o sono. Uma revisão importante, embora um tanto antiga, de artigos publicados até 2003 concluiu: "Comparado com o placebo, o extrato de kava parece ser uma opção de tratamento sintomático eficaz para a ansiedade. Os dados disponíveis a partir dos estudos revisados sugerem que a kava é relativamente segura para o tratamento de curto prazo (1 a 24 semanas), embora sejam necessárias mais informações. Outras investigações rigorosas, particularmente em

relação ao perfil de segurança de longo prazo da kava, são exigidas".[74] Estudos com ratos também sugerem que o extrato de kava pode melhorar a condição de animais com distúrbio de sono.[75] Portanto, ainda é cedo para dizer, mas é possível que os kaváctones proporcionem uma ajuda útil para o sono em um futuro não muito distante.

6. De volta ao ritmo

Soluções para a ruptura do ritmo circadiano e do sono

Talvez o resultado mais valioso de toda educação seja a capacidade de obrigá-lo a fazer aquilo que você tem que fazer, querendo ou não.
Thomas Henry Huxley

Muitas pessoas têm a sensação de que não há nada a fazer em relação aos seus problemas de sono, e que o sono é "o que dá". Até um passado relativamente recente, a única resposta à frase "Não tenho dormido bem" era uma receita de comprimidos para dormir. Entre os anos 1920 e meados dos anos 1950, as drogas usadas como sedativos e hipnóticos (remédios para dormir) eram em sua grande maioria barbitúricos, como o pentobarbital. Os barbitúricos provocam a supressão do sistema nervoso ao estimular o sistema neurotransmissor inibitório no cérebro, chamado de sistema ácido gama-aminobutírico (GABA). Essas drogas foram muito utilizadas nos anos 1960 e 1970, embora sejam altamente viciantes e perigosas. Perigosas porque a diferença entre uma dose com o efeito de sedação desejado e uma overdose que pode causar coma ou morte é pequena. Assim, os barbitúricos foram aos poucos substituídos pelas benzodiazepinas.

Em 1955, Leo Sternbach (que fugiu do nazismo para os Estados Unidos em 1941), trabalhando como químico pesquisador para a Hoffmann-La Roche, descobriu a primeira benzodiazepina, o clordiazepóxido, comercializado a partir de 1960 como Librium. A ele seguiu-se uma forma modificada do clordiazepóxido, com atividade reforçada, chamado Valium (diazepam), em 1963. As benzodiazepinas são menos perigosas que os barbitúricos por serem menos viciantes e apresentarem um risco menor de morte por overdose acidental. Porém, assim como os barbitúricos, funcionam principalmente reforçando a liberação do neurotransmissor inibitório GABA, o que acalma a pessoa. Da metade para o fim dos anos 1970, as benzodiazepinas foram o medicamento mais receitado pelos médicos. Podem ser úteis se tomadas no curto prazo e de forma intermitente, mas foram necessários quinze anos para se concluir que *também* podem ser viciantes, se tomadas de forma contínua, e podem causar perda de memória e depressão. Por isso, começaram a sair de moda por volta dos anos 1980.[1] Entre as benzodiazepinas aprovadas para a insônia estão o estazolam, o flurazepam, o temazepam, o quazepam e o triazolam.

Mais recentemente, as benzodiazepinas foram substituídas por outra categoria de drogas, as não benzodiazepinas ou drogas Z, como zolpidem, zaleplon e zopiclone. Elas se baseiam em outro composto químico, mas também reforçam a liberação de GABA. As drogas Z foram de início consideradas mais seguras que as benzodiazepinas, mas hoje sabe-se que possuem os mesmos problemas de longo prazo — vício, depressão e perda de memória. Também há relatos de sonambulismo e até de sono ao volante.[2]

As benzodiazepinas e as drogas Z podem ser usadas no curto prazo para o tratamento eficaz de problemas do sono, como a insônia, mas não devem ser mantidas no longo prazo. No entanto, antes que sejam receitadas, devem-se tentar primeiro abordagens alternativas para melhorar o sono. Hoje em dia, *existem* alternativas baseadas em evidências para as benzodiazepinas e as drogas Z. Essas ações corretivas alternativas receberam o nome genérico de terapias comportamentais cognitivas para a insônia, ou TCCi. O objetivo da TCCi é usar métodos de tratamento para a ruptura do ritmo circadiano e do sono (RRCS) sem o uso de remédios. A TCCi foi criada para mudar hábitos pouco saudáveis, incentivando as pessoas a adotar comportamentos que promovam o adormecimento ou a continuidade do sono e que previnam a sonolência diurna. A TCCi pode ser realizada por conta própria e/ou em visitas regulares, em geral semanais, a um médico especialista, e/ou usando algum tipo de TCCi digital, como aplicativos do tipo Sleepstation ou Sleepio. Uma abordagem útil, caso você decida realizar alguma forma de TCCi, é manter um diário do sono, no qual possa avaliar se alterações de comportamento de fato propiciam um sono melhor. É fácil criar seu próprio diário, e no Apêndice 1 eu dou um exemplo. Vale muito a pena manter um registro do seu sono, já que muitos de nós o subestimamos ou achamos que é pior do que de fato é.[3]

Algumas sugestões para aliviar ou mitigar aspectos da RRCS estão relacionadas a seguir para a sua análise, mas eu gostaria de ressaltar que não existe uma solução perfeita. É um pouco como atividade física: você pode adotar várias abordagens diferentes, o importante é levá-las adiante! E, uma vez mais, assim como com os exercícios, é preciso persistir — infelizmente, não existe solução mágica. São sugestões baseadas nos conhecimentos atuais, abordando as perguntas que eu ouço com mais frequência. Essas perguntas foram agrupadas em quatro seções — O que eu devo fazer durante o dia? O que eu poderia fazer antes de ir para a cama? Como tornar o meu quarto um refúgio para o sono? O que eu devo fazer na cama? — e as informações foram resumidas na Tabela 2. Depois de refletir sobre essas perguntas, a parte final do capítulo trata do que os empregadores podem fazer de imediato para ajudar a mitigar alguns dos problemas vividos pelos funcionários por conta da RRCS induzida pelo local de trabalho. Vamos começar pelas ações que nós mesmos podemos executar.

O QUE EU DEVO FAZER DURANTE O DIA?

Luz matinal

A maioria de nós deve receber o máximo possível de luz natural pela manhã. Como falamos no capítulo 3, demonstrou-se que isso move o relógio circadiano para trás (adianta o relógio).[4] Isso o fará sentir-se sonolento mais cedo, e ir para a cama mais cedo vai ajudá-lo a dormir por mais tempo. Uma pequena parcela da população (cerca de 10%), formada por cronotipos muito matinais (sabiás), que vão para a cama e acordam muito cedo, podem se beneficiar da exposição à luz do final da tarde e da noite (ver Apêndice 1 se quiser avaliar seu cronotipo). Isso atua retardando o relógio (fazendo o indivíduo levantar-se mais tarde e ir dormir mais tarde) e alinhará essas pessoas mais perto do restante de nós. Na falta de luz natural, a exposição à luz da manhã usando uma light box mostrou-se eficaz em problemas de ritmo circadiano.[5] Existem vários tipos de light boxes disponíveis no mercado; o mais importante é procurar uma que produza luz intensa o suficiente, na faixa de 2000 lux ou mais. O ponto crucial é que, se você for uma coruja e quiser se tornar uma pessoa mais matutina, deve buscar a luz da manhã, que adianta o relógio, mas evitar a luz da noite, que o retarda.[6]

Tirar um cochilo ou uma sesta

Uma sesta, ou uma soneca rápida no começo da tarde, é uma prática historicamente comum nos países do Mediterrâneo, no sul da Europa e na China Central. A sesta foi adotada em muitos países nos quais a Espanha teve influência histórica, como as Filipinas e a América espanhola. Uma característica que une todos esses países é o clima quente e o costume de fazer uma grande refeição ao meio-dia. Acomodar a sesta nas rotinas modernas tem se revelado difícil nas cidades da Espanha e de outros países, onde governos e o setor empresarial fazem apelos para que se abandone essa prática. No entanto, se você vive em regiões como a Espanha rural, a sesta ainda faz parte da rotina. Então, adote-a! Infelizmente, a maioria de nós não tem como. De modo geral, os países da América do Norte, da Europa Setentrional e anglófonos adotaram a ideia de que uma sesta de uma ou duas horas à tarde não é apropriada e não pode ser encaixada nas agendas de trabalho atuais. Sinto nisso um cheiro de maldade puritana... Então, se você não mora em um ambiente rural aconchegante, o que fazer se se sentir cansado à tarde, morrendo de vontade de tirar uma soneca? Antes de tudo, se você deseja um cochilo, é porque provavelmente não está dormindo o suficiente à noite, e essa é a primeira coisa a ser tratada. No entanto, caso goste de cochilar, uma soneca ocasional de não mais de vinte minutos não será um problema. Já se demonstrou que cochilos rápidos assim, em pessoas sonolentas, aumentam o estado de alerta e o desempenho ao longo da tarde. Sestas mais longas tendem a ser contraproducentes, já que a recuperação de um cochilo prolongado pode levar a uma sensação de torpor e a uma queda do estado de alerta. É a chamada "inércia do sono".[7] Além disso, cochilos próximos à hora de dormir (até cerca de seis horas antes) reduzem a pressão do sono (capítulo 2), o que provavelmente vai retardar o sono ao ir para a cama. Isso pode ser um grande problema para os adolescentes que vão dormir tarde, acordam cansados e sofrem no horário das aulas. Um estudo recente com adolescentes americanos indicou que a RRCS afeta cerca de 24% dos estudantes,[8] e no Reino Unido encontramos números semelhantes. Depois da aula, à tarde, uma quantidade significativa de alunos chega em casa e dorme por várias horas. Isso reduz a pressão do sono e retarda o sono noturno, gerando um círculo vicioso de sono tardio seguido por sestas mais longas no final da tarde.[9] A moral da história é que, para a maioria de nós, não há problema em tirar um cochilo ocasional, sobretudo nos dias úteis, quando é impossível fazer uma sesta. Nem todos nós precisamos seguir o regime de trabalho e sono convencional da Europa Setentrional. Winston Churchill adotava a tradição espanhola da sesta, começando por volta das 16h30, depois de um bom almoço. Ao longo da Segunda Guerra Mundial, ele vestia o pijama e dormia por até duas horas. Às 18h30, acordava e tomava o segundo banho do dia, aprontando-se para um longo jantar. Por volta das 23 horas, começava a trabalhar por algumas horas antes de enfim ir para a cama. Churchill era assumidamente notívago e, sendo primeiro-ministro naquele período, podia escolher seus próprios horários de trabalho.

Atividade física

A relação entre a atividade física e o sono é complexa. Porém, de modo geral, ela ajuda o sono.[10] Para a maioria de nós, interferem de alguma forma no ritmo sono/vigília, reduzindo a insônia, sobretudo quando é feita ao ar livre, à luz natural da manhã. Pode ser que os exercícios e a luminosidade se combinem para melhorar o sono e o ritmo sono/vigília.[11] Porém, exercitar-se perto da hora de ir para a cama (uma a duas horas antes) pode ser um problema. A transição da vigília para o sono envolve, e chega até a exigir, uma pequena queda da temperatura central do corpo.[12] Exercícios de moderados a vigorosos podem suplantar essa mudança circadiana na temperatura corporal, retardando a chegada do sono em alguns indivíduos, embora não em todos.[13] Além disso, exercícios intensos podem causar o chamado "barato do corredor": uma sensação de felicidade e êxtase puros, de unidade consigo e/ou com a natureza, de serenidade sem fim, harmonia interior, energia sem limites e redução da dor. Falei sobre isso com uma amiga e ela, meio sem entender, respondeu: "É exatamente como eu me sinto depois de comer chocolate". Seja como for, o êxtase e a energia gerados pelos exercícios logo antes de dormir podem não ajudar no sono, mas a serenidade e a harmonia interior são boas para isso. Até um tempo atrás, acreditava-se que esse "barato" fosse provocado pela liberação de endorfinas da glândula pituitária. Mais recentemente, porém, postulou-se que o responsável é outro grupo de compostos naturais, chamados endocanabinoides: moléculas produzidas em todo o corpo com uma estrutura química semelhante à dos canabinoides vegetais e que sofrem aumento no sangue em reação aos exercícios.[14] Curiosamente, o chocolate amargo pode estimular a atividade endocanabinoide. A conclusão é que os exercícios são extremamente positivos para a saúde, mas a regra de ouro indica que, muito próximos da hora de dormir, podem retardar o sono em algumas pessoas. Voltarei a falar desse assunto no capítulo 13, e sobre como exercícios programados podem auxiliar a regulagem do metabolismo.

A hora de comer

Também discutirei a hora de comer em mais detalhes no capítulo 13. Para resumir, demonstrou-se que comer tarde aumenta as chances de ganho de peso[15] e a susceptibilidade a problemas metabólicos, como diabetes tipo 2.[16] Como discutimos no capítulo 5, o ganho de peso pode levar à apneia obstrutiva do sono (AOS) e todos os problemas associados a essa condição.[17] Além disso, os processos digestivos se reduzem perto da hora de dormir. Portanto, se a principal refeição do dia ocorrer nesse momento, isso pode levar a problemas gastrointestinais, como uma produção excessiva de ácidos estomacais e maior risco de úlceras pépticas.[18] Dores no estômago, então, prejudicarão o sono. E, para completar esse ciclo, a RRCS aumenta o risco de úlceras pépticas.[19]

Café e chá

A cafeína no chá (preto ou verde) e no café tem um forte efeito de alerta no cérebro, ao bloquear os receptores que reagem à adenosina, que, como discutimos no capítulo 2, ajuda a impulsionar a pressão do sono. Além disso, a cafeína aumenta a liberação de adrenalina, que promove a reação de luta ou fuga (capítulo 4), aumentando a frequência cardíaca, a respiração e o estado de alerta. Existe uma considerável variabilidade individual nas reações à cafeína, a depender de fatores como peso, gravidez, medicações, saúde hepática e histórico de consumo da substância. Em adultos sadios, porém, níveis significativos de cafeína permanecem em circulação durante cinco a seis horas depois de ingerida. Em consequência, tomar café ou chá forte à tarde pode retardar o sono à noite.[20] Uma boa estratégia é ter consciência de quanta cafeína se está tomando. Comece o dia com as bebidas mais fortes e vá tirando o pé do acelerador depois do almoço, trocando pelo descafeinado no meio e no final da tarde. É surpreendente a quantidade de cafeína nas bebidas que consumimos. Uma xícara média de café (240 ml) contém cerca de 100 mg ou mais de cafeína. Um único expresso chega a ter cerca de 75 mg de cafeína; uma xícara de chá preto (240 ml), 40 a 50 mg; o chá verde (240 ml), 20 a 30 mg; uma latinha de 330 ml de Coca-Cola normal ou zero, 32 mg de cafeína. Portanto, opte por bebidas descafeinadas ou chá de ervas no final da tarde e à noite. Minha família inclui bebedores contumazes de café e chá, mas já há alguns anos passamos às opções descafeinadas à tarde e à noite, e agora todos dormimos mais cedo.

Estresse

Como falamos no capítulo 4, não permita que experiências estressantes se acumulem ao longo dia. Caso sinta que está com níveis de estresse inadministráveis, procure técnicas de gestão do estresse ou meditação mindfulness. Perturbações emocionais de curto prazo, decorrentes de atividades cotidianas, são um poderoso agente de ruptura do sono.[21] É realmente crucial manter sob controle o estresse durante o dia, mas tente evitar sedativos (veja a seguir).

O QUE POSSO FAZER ANTES DE IR DORMIR?

Níveis de luminosidade e telas de computador

Como discutimos no capítulo 3, o sistema circadiano necessita de luzes relativamente brilhantes, na faixa entre 100 e 1000 lux, e por um período de pelo menos trinta minutos, para que o relógio biológico sofra uma alteração mais robusta (capítulo 3, Figura 3). Portanto, sob condições normais, níveis reduzidos de luminosidade doméstica (100 a 200 lux), ou a luz emitida pela maioria das telas, que é inferior a 100 lux, terão pouco ou nenhum efeito na mudança de nossos ritmos circadianos. No entanto, além da alteração do relógio biológico, a luz, sobretudo a azul, tem um efeito direto de alerta sobre o cérebro. Os níveis de luminosidade necessários para alertar o cérebro parecem ser menores que as intensidades necessárias para mexer com o relógio biológico.[22] Um aumento do alerta induzido pela luz antes de dormir retarda o sono, mas os níveis efetivos de luminosidade e o impacto de luzes de diferentes cores sobre o estado de alerta são complexos e ainda não completamente entendidos.[23] Embora faltem dados precisos, creio que faça sentido manter uma exposição menor à luz por cerca de duas horas antes de ir para a cama, tanto em temos de iluminação geral quanto em situações específicas, como a leitura direta em uma tela de computador. Vale notar que uma das últimas coisas que a maioria de nós faz, antes de ir para a cama, é passar um tempo no banheiro, que muitas vezes é o cômodo mais brilhante da casa, olhando diretamente para um espelho iluminado enquanto escovamos os dentes! Além de reduzir o estado de alerta, baixar a iluminação antes de ir para a cama pode integrar a rotina da preparação psicológica para o sono, que, junto com outras atividades (ver adiante), nos predispõe a dormir.

Comprimidos para dormir e sedativos

Como mencionei no início deste capítulo, o uso de sedativos prescritos pode ser útil, no curto prazo, para ajustar os padrões de sono. No entanto, o uso prolongado, especialmente por trabalhadores noturnos, pode levar a problemas por conta dos efeitos colaterais. Por exemplo, os benzodiazepínicos, medicamentos contra a ansiedade que aumentam a sonolência, são potencialmente viciantes quando utilizados de forma crônica, acarretando prejuízos na formação de memórias e menor atenção e alerta durante o dia.[24] Também já foi sugerido que o uso no longo prazo, acima de três anos, pode aumentar o risco de desenvolver demência.[25] Em outro estudo, no entanto, não foram encontradas associações entre o uso de benzodiazepinas e drogas Z e a demência.[26] Sedativos sem necessidade de receita, como bebidas alcoólicas e anti-histamínicos (como difenidramina e doxilamina), devem ser evitados, já que seus efeitos colaterais, sobretudo os do álcool, podem ter um impacto negativo sobre a saúde e nossa funcionalidade durante o dia.[27] Portanto, o ideal é não tomar comprimidos para dormir, mas eles podem ajudar numa correção de curto prazo. O uso prolongado deve ser evitado.

Discussões difíceis

Eu entendo que esse pode ser o único momento do dia para conversar com seu parceiro sobre questões urgentes, mas é muito importante evitar qualquer discussão ou reflexão sobre temas estressantes logo antes de ir para a cama. A elevação aguda do cortisol e da adrenalina vai aumentar o estado de alerta e retardar o sono (capítulo 4). Evite assuntos como finanças ou notícias tristes. Uma ideia é perguntar a seu parceiro qual foi a melhor coisa que aconteceu durante o dia, contar algo engraçado que você leu ou ficou sabendo ou comentar alguma coisa que seu parceiro fez e você gostou. Seja gentil! Recupero aqui um antigo lema de família: "Se não puder dizer nada de bom, não diga nada". A propósito, sempre gostei de uma versão modificada desse ditado: "Se não tem nada de bom a dizer sobre alguém, sente-se aqui a meu lado" — que eu achava ser de Dorothy Parker, mas na verdade foi dita por Alice Roosevelt Longworth, socialite de Washington.

Tomar banho

Atitudes relaxantes, como tomar um banho ou uma ducha, ou esquentar os pés e as mãos,[28] são muito úteis antes de ir para a cama. Mais uma vez, podem ser parte de sua rotina de preparação para o sono. Além disso, aquecer a pele ajuda a dilatar os vasos sanguíneos do rosto (vasodilatação periférica), o que aumenta o fluxo sanguíneo do centro do corpo para a pele, de onde o calor se irradia para o exterior. Por que isso é importante? Alguns estudos muito interessantes mostraram que a vasodilatação da pele, que provoca perda de calor, reduz o tempo que levamos para adormecer.[29] Por isso, mantenha pés e mãos aquecidos — sobretudo se você tiver uma condição como a Síndrome de Raynaud. Alguns anos atrás, uma amiga que sofria de Raynaud reclamou de dificuldade para dormir, mas, depois que eu sugeri que usasse luvas e meias para dormir, ela melhorou muito. Prevejo, nos próximos anos, toda uma linha de luvas e meias de luxo para dormir, grossas o suficiente para manter pés e mãos aquecidos, mas não tanto que impeçam a perda de calor.

COMO POSSO TORNAR O MEU QUARTO UM REFÚGIO PARA O SONO?

O quarto

Preparar o quarto ou espaço onde se dorme é um fator crucial, mas muitas vezes menosprezado, para se obter o sono desejado. Quando é muito quente, afeta nossa capacidade de baixar a temperatura central do corpo, retardando o início do sono. O ideal é que o quarto ajude o sono, minimizando distrações e estímulos que alertem a pessoa. O espaço para dormir deve ser silencioso[30] e escuro, e aparelhos como televisores, computadores e celulares devem ser retirados. Hoje em dia, costuma-se usar o celular como despertador, então tirá-lo do quarto pode ser complicado. Porém, caso ele seja uma distração, deve ser substituído por um despertador tradicional. Mas isso tampouco é simples: muitos de nós ficamos de olho no relógio, ansiosos em relação a quanto tempo ainda resta para dormir, e por isso conferimos constantemente a hora, o que gera mais ansiedade.[31] Em situações assim, pode-se cobrir o mostrador do relógio. As luzes de cabeceira devem ser brilhantes o suficiente para permitir a leitura, mas o mais fracas possível, reduzindo o estado de alerta.

Aplicativos de sono

Essas ferramentas são úteis como um registro aproximado dos horários em que você foi dormir e acordou, do tempo total de sono e de quantas vezes despertou à noite, já que a maioria é razoavelmente precisa. No entanto, medições do sono REM versus não REM, ou até do sono profundo, são mais difíceis de avaliar a partir dos dispositivos atuais, e podem ser profundamente enganosas. Em tese, esses sistemas de monitoramento servem para mostrar quais mudanças de comportamento têm de fato impacto na melhora do seu sono. Porém, como a maioria dos aplicativos comerciais disponíveis não consegue proporcionar uma medição precisa do sono geral,[32] a pessoa pode ficar ansiosa caso seu aparelho indevidamente relate "sono reparador insuficiente" ou "baixos níveis de sono REM".[33] Vale notar que nenhum aplicativo desses, hoje em dia, tem o respaldo das academias nacionais de sono ou dos especialistas no setor.[34] Portanto, seria sensato e prudente não levá-los tão a sério. Muitas pessoas ansiosas vieram me procurar, depois de um seminário, preocupadas com os relatórios de seus aplicativos de sono. Uma delas me disse que, segundo seu aplicativo, estava tendo "muito pouco sono profundo". Sua reação foi ajustar o despertador para as três da manhã, de modo a acordar e checar o app para ver quanto "sono profundo" estava tendo. Gastei um certo tempo explicando por que era uma má ideia.

O QUE DEVO FAZER NA CAMA?

Rotina

Seguir uma boa rotina de sono, levantando-se e deitando-se nos mesmos horários, é muito útil, principalmente se essa rotina for ideal para suas próprias necessidades de sono, em termos de momento e duração.[35] Essa programação reforça a exposição aos sinais ambientais que arrastam o sistema circadiano, sobretudo a luminosidade (capítulo 3), mas também a alimentação e os exercícios (capítulo 13). Dormir por algumas horinhas a mais no sábado ou na manhã de domingo pode ser uma boa ideia para tentar recuperar o sono perdido nos dias úteis, mas infelizmente, de modo geral, isso não ajuda a saldar a dívida de sono acumulada. É bem verdade que naquele dia você se sentirá menos sonolento ou até menos estressado, então pode ser bom no curto prazo, mas dormir mais não vai dissipar o efeito acumulado da perda de sono sobre a sua saúde. Além disso, dormindo mais você não obterá a exposição necessária à luz da manhã para ajustar seus ritmos circadianos. Trata-se de um problema concreto para os "dorminhocos naturais", que precisam de nove ou mais horas de sono por noite. Em razão do deslocamento de ida e volta para o trabalho, das exigências familiares e de uma infinidade de outras pressões, pode ser impossível conseguir nove horas de sono nos dias úteis, e hoje em dia ainda não se sabe se quem dorme mais no fim de semana obtém algum benefício ou não. Alguns especialistas acreditam que compensar o sono é benéfico para os dorminhocos.

Sexo consensual

Muita gente tem vontade de perguntar se sexo ajuda a dormir, mas receia fazer isso em público. Porém, é uma pergunta comum no chat, de forma anônima, quando dou palestras on-line. Curiosamente, foi uma dúvida muito frequente durante o lockdown da covid-19. Existe até uma expressão francesa, adotada em parte do mundo anglófono, para a rapidez com que os homens caem no sono depois do orgasmo: *la petite mort* ("a pequena morte"). Pois bem, quais são as evidências? A resposta imediata parece ser um claro "sim": dormir é bom para o sexo e o sexo é bom para dormir. Um estudo bastante recente analisou mulheres durante um período de duas semanas, mostrando que uma hora a mais de sono correspondia a um aumento de 14% na probabilidade de realizar atividade sexual consensual com um parceiro. Ok, um sono bom parece ajudar no sexo,[36] mas o sexo ajuda a ter um bom sono? À primeira vista, parece haver aí um problema: como pode o sexo, que é excitante, ao menos para a maioria das pessoas, favorecer o sono? Uma extensa pesquisa recente analisou a percepção sobre a relação entre a atividade sexual e o sono subsequente na população adulta: 778 participantes (442 mulheres e 336 homens, em torno dos 35 anos) preencheram um questionário on-line anônimo, e os resultados indicaram que o orgasmo com um parceiro estava associado à percepção de um bom sono. Além disso, o orgasmo atingido através da masturbação também estava associado a um sono melhor e ao adormecimento.[37] Os autores do estudo concluíram: "Promover atividade sexual segura antes de dormir pode se mostrar uma nova estratégia comportamental para promover o sono". Interessante, embora eu não esteja convencido de que essa estratégia seja inteiramente nova — mas sugestão anotada.

A base para a sonolência depois do sexo parece estar relacionada à liberação de um conjunto específico de hormônios que atuam de modo semelhante no homem e na mulher. O sexo aumenta a liberação de ocitocina pelo lobo posterior da glândula pituitária.[38] A ocitocina é responsável por muitas coisas, e sua ação pode depender do que você estiver fazendo, mas no contexto do sexo e do sono ela deixa a pessoa mais conectada a seu parceiro e também reduz o cortisol, baixando o estresse.[39] Além disso, atingir o orgasmo libera um hormônio chamado prolactina, que permanece elevado por pelo menos uma hora depois do orgasmo,[40] causando uma sensação de relaxamento e sono.

Os efeitos combinados da ocitocina e da prolactina, em homens e mulheres, fazem com que fiquemos mais propensos a dormir de conchinha com nossos parceiros.

O colchão

Intuitivamente, pensaríamos que um bom colchão, bons travesseiros e boa roupa de cama garantiriam um sono bom, mas em termos históricos há relativamente poucos estudos científicos controlados em relação ao tipo de colchão e a qualidade do sono.[41] As pesquisas sugerem, porém, que colchões e roupas de cama que conduzem o calor para fora do corpo, baixando assim a temperatura central, podem reduzir o tempo que levamos para dormir e aumentar o tempo do sono de ondas lentas.[42] Há uma enorme variedade de colchões e roupas de cama para escolher. Da mesma forma, há uma grande variação nos tipos de colchão e roupa de cama que as pessoas consideram confortáveis. A parte fácil é decidir se você precisa de um colchão novo. Se responder "sim" a várias das questões a seguir, talvez seja o caso de pensar em uma mudança de colchão, travesseiros e roupa de cama. Seu colchão lhe dá a sensação de ser muito mole ou sem sustentação? Você acorda sentindo dores nas costas ou nos membros? Sente seu parceiro se mexer durante a noite? Comprou seu colchão há mais de sete anos? Sente mais sintomas de asma ou alergia na cama? O colchão é desconfortável na hora do sexo? Sente calor na cama, mesmo quando o quarto está frio? Dorme mal? Também convém discutir essas questões com a pessoa que dorme com você. Como passamos aproximadamente um terço da vida na cama, é muito importante encontrar acessórios que funcionem para nós e nosso parceiro. Peça recomendações aos amigos e visite várias lojas para experimentar, obviamente tomando o cuidado de não ofender os outros clientes.

Lavanda e óleos relaxantes

Costuma-se afirmar que óleos essenciais ajudam o sono. Porém, as evidências disso não são tão claras,[43] e existe a suspeita de que seus efeitos não passem de placebo. Há, porém, algumas evidências de que a lavanda tem um efeito maior que o placebo na melhora do sono.[44] Para ser justo, ausência de evidências não é evidência de ausência. São necessárias mais pesquisas, mas para alguns indivíduos os óleos essenciais parecem melhorar o sono, talvez porque a associação de um cheiro "condicionante" distinto, como a lavanda, a uma rotina de sono prepara a pessoa psicologicamente para dormir. Ao dormir longe de casa, o cheiro do perfume ou da loção de barbear do seu parceiro pode fazer você se lembrar de casa, ajudando-o a adormecer. Quando perguntaram a Marilyn Monroe o que ela usava para dormir, ela deu a famosa resposta: "Chanel Nº 5". Infelizmente, o uso de barbitúricos, e não Chanel Nº 5, parece ter sido maior. Com consequências trágicas.

Tampões de ouvido

Os tampões, inclusive os de cera, podem ajudar se um parceiro ronca ou há ruído externo.[45] Quando o ronco do parceiro se torna incômodo demais, é interessante cogitar dormir em outro quarto.[46] Isso não afeta em nada a solidez do relacionamento, e pode até reforçar os laços da parceria, melhorando o sono e aumentando a empatia, o carinho e a felicidade! Como mencionei antes, certifique-se de que seu parceiro não sofre de apneia obstrutiva do sono (AOS) (capítulo 5) pedindo-lhe que consulte um médico.

Ficar na cama acordado

Comentarei várias vezes ao longo deste livro que acordar no meio da noite pode ocorrer por uma série de razões (ver, por exemplo, o capítulo 8), mas que isso não significa o fim do sono. Em situações assim, é importante não ativar reações de estresse, ficando na cama e deixando a frustração dominar. Uma ideia é levantar, mantendo as luzes baixas, e realizar uma atividade relaxante, como ler ou ouvir música. Pelos motivos já mencionados, sexo consensual também é uma opção.

Remoer os sonhos

Desde que se tem registro, nós, seres humanos, somos fascinados pelos sonhos e seus possíveis significados. Originalmente, acreditava-se que estivessem relacionados ao mundo espiritual, até que Aristóteles, Platão e mais tarde os psicanalistas europeus dos séculos XIX e XX postularam que os sonhos são uma forma de encenar desejos inconscientes, que em outra situação seriam inaceitáveis, em um espaço seguro.[47] Para nossa decepção, contudo, até hoje há muita incerteza sobre o motivo de sonharmos (capítulo 2). Em alguma medida, os sonhos provavelmente nos ajudam a processar informações relacionadas à formação de memórias e/ou à tentativa de resolver nossos problemas ou questões emocionais. Talvez parte desse processamento envolva operações de limpeza e retirada do "lixo", enfraquecendo certas memórias, em vez de reforçá-las, o que leva, então, a associações bizarras.[48] Sabe-se que um aumento da ansiedade pode estar relacionado a sonhos com imagens mais nítidas.[49] Por exemplo, em períodos de ansiedade elevada muitas pessoas relatam ter sonhos mais aterrorizantes, realistas e nítidos. Depois que as Torres Gêmeas foram destruídas no ataque terrorista em Nova York em 11 de setembro de 2001, muitos nova-iorquinos relataram sonhos em que eram arrastados por uma onda gigante ou assaltados e roubados, mas não houve aumento de sonhos com aeronaves ou arranha-céus. Não tivemos um "replay exato", em forma de sonho, dos acontecimentos reais do Onze de Setembro, apesar de sua constante exibição na televisão.[50] Os autores concluíram, a partir dos dados, que é o estado emocional subjacente do indivíduo que gera as imagens do sonho.[51] De fato, alguns sonhos podem simular eventos ameaçadores, o que nos permite, então, encenar diferentes reações possíveis e tomar decisões mais criativas.[52] Procure não se preocupar com seus sonhos. Console-se com o fato de que seu cérebro está cumprindo seu papel — tentando entender um mundo profundamente complexo. Por fim, apesar da crença persistente e difundida de que os sonhos podem prever o futuro, isso nunca foi demonstrado cientificamente.[53] Apenas para enfatizar, o que o sono REM e, talvez, os sonhos conseguem fazer é nos ajudar a esclarecer e resolver algumas das questões emocionais e estressantes que vivenciamos. Estima-se que não conseguimos nos lembrar de mais de 95% dos nossos sonhos. Levando isso em conta, se os sonhos fossem mesmo essenciais e servissem de guia durante nosso estado de vigília... por que não nos lembraríamos mais deles?

Transtorno de estresse pós-traumático (TEPT) e pesadelos

Os pesadelos são sonhos particularmente nítidos, em que, acredita-se, o cérebro processa experiências intensamente emocionais. Alguns pesadelos nos fazem acordar. No entanto, eles são diferentes do TEPT. Em geral, os pesadelos são de natureza abstrata. O TEPT, porém, surge depois de um evento traumático específico, e indivíduos com essa condição passam a ter memórias fortemente perturbadoras, recorrentes e involuntárias do evento em si, seja durante o dia, em forma de flashbacks, ou durante o sono, em forma de pesadelos nos quais se visualiza o evento.[54] Acredita-se que menos de 10% dos indivíduos que passaram por eventos traumáticos desenvolva TEPT. O termo, porém, tem sido cada vez mais usado para descrever qualquer distúrbio emocional na sequência de um evento dramático. Isso leva a minimizar a grave natureza do TEPT nos indivíduos que sofrem dessa condição. Como o sono reforça a consolidação de memórias (capítulo 10), e sobretudo como o sono REM tem sido associado à consolidação de memórias emocionais,[55] hoje em dia discute-se se os pacientes devem ser incentivados a dormir ou a se manter acordados depois de um evento traumático. Existem dados que sugerem que a privação de sono nesses casos pode ser útil para reduzir os flashbacks, mas são necessários mais estudos para determinar se isso deve ser incluído na prática clínica.[56] Indivíduos com TEPT, em geral, recuperam-se com o passar do tempo, sobretudo quando são seguidos os conselhos para um bom sono apresentados neste capítulo. Porém, caso o TEPT persista, deve-se buscar ajuda clínica.

Tratamos aqui de várias maneiras de melhorar seu sono. Contudo, é de suma importância ressaltar que existe enorme variação na duração, no momento e na estrutura do sono, não apenas de uma pessoa para outra, mas também em cada um de nós ao longo da vida (capítulo 8). Ou seja: é preciso identificar o que dá mais certo para você, e a partir daí defender essas práticas.

DURANTE O DIA	ANTES DE DORMIR	O QUARTO	NA CAMA
A maioria das pessoas deve obter o máximo possível de luz natural. O uso matinal de light boxes também pode ajudar a regular o sono	Reduza o nível de luminosidade cerca de duas horas antes de dormir	Não muito quente (18°C a 22°C)	Tente manter uma rotina – deite-se e levante-se nos mesmos horários todos os dias, inclusive fins de semana e folgas
Caso tire sonecas, certifique-se de que não durem mais de vinte minutos, e não as faça menos de seis horas antes de dormir	Pare de usar aparelhos eletrônicos cerca de meia hora antes de dormir	Mantenha-o silencioso, ou use ruído branco ou um som relaxante, como o do mar	Certifique-se de que a cama seja grande o suficiente, com um bom colchão e travesseiros
Exercite-se – porém não muito perto da hora de dormir	De preferência, evite sedativos de uso controlado e comprimidos para dormir	Mantenha-o escuro. Use blecautes caso a luz da rua seja um problema	Mantenha fracas as luzes de cabeceira
Concentre a ingestão de alimentos no começo e no meio do dia	Não ingira álcool, anti-histamínicos ou sedativos alheios	Tire a TV, computadores, tablets e celulares	Cogite o uso de óleos relaxantes (por exemplo, lavanda)
Evite o consumo excessivo de bebidas ricas em cafeína, sobretudo à tarde e à noite	Evite discutir ou refletir sobre assuntos estressantes logo antes de dormir	Não olhe o tempo todo para o relógio – considere retirar relógios luminosos	Use tampões de ouvido, ou mude de quarto, caso o parceiro ronque. Verifique se o ronco não se deve à apneia do sono
Reserve um tempo para se afastar de situações perturbadoras – não deixe o estresse se acumular. Pratique técnicas de relaxamento logo depois do trabalho	Desacelere antes de dormir. Adote comportamentos relaxantes: ouvir música, ler, meditação mindfulness ou um banho podem ser úteis	Não leve tão a sério apps que monitoram os sonos REM e NREM. Nenhum deles, até hoje, teve o respaldo das principais associações que estudam o assunto	Se acordar, mantenha a calma: cogite levantar, deixando as luzes fracas, e fazer algo relaxante. Volte ao se sentir cansado

Tabela 2. Resumo das práticas que podem ser adotadas para aliviar ou reduzir aspectos da RRCS.
Acima de tudo – descubra o que funciona melhor para você e obedeça à sua rotina.

RRCS NO TRABALHO – ALGUMAS SOLUÇÕES SIMPLES

As empresas podem introduzir medidas simples no local de trabalho para lidar com problemas relacionados à RRCS. Só em relação ao trabalho noturno, hoje um em cada oito britânicos trabalha à noite. Esse número aumentou em 250 mil nos últimos cinco anos, atingindo mais de 3 milhões de indivíduos, e tende a aumentar. Então o que pode ser feito desde já para desenvolver melhores práticas que aliviem a RRCS e aumentem a segurança, a saúde e o bem-estar dos empregados? Discuto aqui algumas sugestões fáceis de implementar.

Cuidado com a perda de atenção ao voltar para casa dirigindo

O trabalho noturno e os problemas a ele associados, como o descompasso circadiano e a perda de sono, representam uma ameaça real ao estado de alerta e um aumento da sonolência. Mas não é só o trabalho noturno. Muitas pessoas trabalham em períodos prolongados fora do horário comercial, sem contar as exigências do cotidiano familiar. Assim, a vida pessoal e a profissional são, muitas vezes, acompanhadas de cansaço, perda da vigilância e alta incidência de microssonos (adormecimentos incontroláveis) – perigosos em qualquer ambiente de trabalho, mas sobretudo se dirigir fizer parte desse trabalho. A fadiga do motorista é há muito tempo reconhecida como uma das principais causas de acidentes de trânsito.[57] Um relatório recente da Administração Nacional de Segurança Rodoviária dos Estados Unidos atestou que todos os anos cerca de 100 mil acidentes registrados pela polícia envolvem direção sob torpor. São acidentes que resultaram em mais de 1550 mortos e 71 mil feridos. O número real, no entanto, pode ser muito maior, já que é difícil determinar se o motorista estava sonolento no momento da batida. Na verdade, é o que sugere fortemente outro estudo, encomendado pela American Automobile Association Foundation for Traffic Safety, que estimou que todos os anos ocorrem 328 mil acidentes por sono na direção, o triplo do número registrado pela polícia. Desses, 109 mil resultaram em ferimentos e cerca de 6400 em mortes. É por motivos como esse que na região alemã da Baviera algumas fábricas de automóveis fornecem ônibus para os trabalhadores noturnos voltarem para casa em segurança. Há muitos anos, o setor ferroviário utiliza uma espécie de "alavanca de segurança", ou dispositivo de segurança do condutor, para alertar o maquinista caso ele perca a vigilância ou caia no sono. Até recentemente, porém, não se adotavam medidas preventivas do gênero nos automóveis de uso doméstico ou comercial. Parte do problema é a falta de tecnologias não invasivas para detectar a sonolência do motorista. Porém, uma série de dispositivos com esse objetivo — entre eles de monitoramento de padrões de direção, da posição do veículo na faixa e do rosto e dos olhos do motorista — foram desenvolvidos e disponibilizados e estão sendo progressivamente incorporados aos veículos novos.[58] As empresas poderiam fornecer ou subsidiar a compra desses aparelhos.

Cuidados contra a perda de vigilância no local de trabalho

O aumento do cansaço e a perda da atenção no local de trabalho, à noite ou no plantão da madrugada, têm sido associados a um nível maior de acidentes. Em um estudo, o risco médio de ferimentos foi 36% maior, depois de quatro plantões noturnos consecutivos, na comparação com quatro diurnos. Em outro, ferimentos relacionados ao trabalho aumentaram mais de 15% na segunda noite consecutiva de trabalho noturno, e 30% na terceira, comparado à primeira. O risco de lesões também aumenta quanto menor o número de intervalos.[59] Novamente, algum tipo de dispositivo para detectar a sonolência, por exemplo identificando o movimento da cabeça da pessoa, poderia ser usado para alertá-la de que está adormecendo. Além disso, mostrou-se que o estado de alerta melhora iluminando o ambiente de trabalho com luz intensa o bastante. A maioria das recomendações atesta que um cômodo iluminado com 300 lux é suficiente para as necessidades visuais. Embora esse nível de luminosidade aumente o estado de alerta se comparado a uma luz fraca, não é suficiente para atingirmos o estado máximo de alerta, que exige 1000 lux ou mais. São necessários mais estudos para determinar com precisão quando é necessário mais luz em diferentes situações e em que intensidade,[60] mas as empresas devem estar cientes de que os níveis de luminosidade afetam o estado de alerta e garantir que a luz no local de trabalho esteja mais próxima dos 1000 lux que dos 300 lux. Está claro, portanto, que vários plantões noturnos consecutivos, plantões noturnos com poucos intervalos e um ambiente de trabalho pouco iluminado contribuem para uma piora do desempenho e um risco maior de acidentes.

Cuidados contra doenças

A RRCS foi associada a uma série de questões de saúde física e mental (Tabela 1), e detectar esses problemas de antemão permite intervenções que ajudam a prevenir o desenvolvimento de condições de saúde crônicas. Assim, aqueles que correm maior risco de RRCS devem fazer check-ups médicos com maior frequência. Quando um câncer é detectado no começo, as chances de um tratamento eficaz e de sobrevivência são muito maiores. Da mesma forma, a detecção e o tratamento precoce de condições como o diabetes tipo 2 e a depressão podem evitar que elas fujam do controle.

Por sabermos que as anomalias metabólicas e as doenças cardiovasculares são mais comuns em pessoas com RRCS, deve-se disponibilizar uma nutrição adequada, ajudando a reduzir o estímulo a essas condições no local de trabalho. As máquinas de venda automática e cantinas invariavelmente oferecem alimentos ricos em açúcar e gorduras, o que, como discutiremos no capítulo 12, é muito nocivo. A ingestão de alimentos e bebidas açucarados, no início de um turno noturno, provoca um pico de açúcar seguido por uma queda repentina, à medida que a insulina reduz rapidamente a glicemia (Figura 9). Tudo isso ajuda a aumentar o cansaço. Por isso, evite abusar da cantina ou da lanchonete antes de começar a trabalhar. O ideal é que a cantina o ajude, oferecendo lanches e alimentos fáceis de digerir e com alto conteúdo proteico, como sopas, castanhas e sementes, pasta de amendoim, ovos cozidos, frango e peixe. Sei que é chato, mas é uma escolha drástica — um pouco de comida sem graça ou morrer antes da hora.

Impacto nos relacionamentos

Vários estudos mostraram que o índice de divórcio é maior entre trabalhadores noturnos. Um trabalho de pesquisadores americanos concluiu que, entre os homens que dão plantão noturno e têm filhos, separações e divórcios são seis vezes mais prováveis nos primeiros cinco anos de casamento, em comparação aos trabalhadores diurnos. Um escritório de advocacia americano afirmou que, antes da covid, a proporção de divórcios entre trabalhadores noturnos tinha aumentado 35% nos três anos anteriores, o que dá uma ideia da proporção do problema.[61] Parte dele pode se dever à incapacidade do parceiro de reconhecer alguns dos efeitos danosos da RRCS, especialmente sobre o comportamento. Fornecer materiais informativos e educativos que auxiliem os funcionários e, o que é crucial, as pessoas com quem eles vivem, pode ser imensamente útil.

O cronotipo e a melhor hora de trabalhar

Existe uma variação considerável, na população como um todo, em termos de cronotipo (capítulo 1). Só para lembrar, o cronotipo é a tendência do indivíduo a dormir em um determinado horário dentro das 24 horas do dia, e a população se divide entre pessoas matutinas ou sabiás (10% da população); pessoas noturnas ou corujas (25% da população); e aquelas que ficam no meio, chamadas por alguns de intermediários ou pombos (65% da população). Estudos mostraram que, quanto maior o descompasso entre seu tempo de sono/vigília comandado pelo ritmo circadiano e a hora em que você precisa trabalhar, maior o risco de desenvolver problemas de saúde. Para descrever esse descompasso, e como mencionado no capítulo 4, meu velho amigo Till Roenneberg cunhou a feliz expressão "jet lag social".[62] As empresas poderiam conciliar o cronotipo dos funcionários com horários de trabalho específicos. Os sabiás se adequariam melhor aos horários matutinos; as corujas, aos noturnos. Não é uma solução completa para o trabalho noturno, mas reduziria o jet lag social, assim como alguns dos problemas mais relevantes causados pelo trabalho na contramão do tempo interno.

POR QUE A SOCIEDADE IGNORA A RRCS?

Acho realmente preocupante que, embora nossa percepção acerca da importância do sono e das consequências da RRCS tenha aumentado de modo significativo, pouco vem sendo feito para lidar com essas questões. Socialmente falando, não estamos treinando nossos profissionais de saúde nessa área crucial da medicina. Uma pesquisa recente da empresa de seguros Aviva mostrou que nada menos que 31% da população britânica afirma sofrer de insônia. Dois terços (67%) dos adultos britânicos sofrem de ruptura do sono, e quase um quarto (23%) não consegue ter mais de cinco horas por noite. É evidente que há um problema. Porém, ao longo dos cinco anos de um curso básico de medicina, os estudantes terão sorte se encontrarem uma ou duas aulas sobre o sono, e provavelmente não verão nada sobre os ritmos circadianos. Muitos de nossos profissionais da área médica carecem de treinamento sobre o assunto e não têm ideia da importância dos ritmos circadianos para a nossa biologia. Há pouquíssima gente qualificada na área do sono e da medicina circadiana porque as oportunidades de formação são muito limitadas. Os governos têm uma percepção superficial desses problemas e falham ao não abordar as amplas questões decorrentes da RRCS por meio da legislação ou de orientações claras, baseadas em evidências. Os órgãos de financiamento não parecem dispostos a prover as significativas quantias exigidas para estudos detalhados e de longo prazo que desenvolveriam novos conhecimentos para a compreensão da RRCS, ou até mesmo a aplicar aquilo que já sabemos hoje na melhoria da saúde em favor da prosperidade de todos os setores da sociedade.

Apesar dessa falta de interesse na RRCS e na relevância dos ritmos circadianos em particular, eu continuo otimista. Por analogia, trinta anos atrás, no Reino Unido, dieta e exercícios eram considerados coisas de "fanáticos por saúde" e raramente discutidos pelos profissionais, ou mesmo pelo governo. Hoje em dia, porém, esses assuntos figuram no topo dos conselhos e práticas do Serviço Nacional de Saúde. Creio que haverá uma mudança semelhante nas atitudes em relação ao sono e aos ritmos circadianos, sobretudo por existirem medidas práticas que todos nós podemos adotar para melhorar vários aspectos da nossa vida. Nossa compreensão cada vez maior dessa área da ciência vem propiciando múltiplas oportunidades de fazer uma diferença real em muitas questões de saúde, e lançar uma luz sobre esse conhecimento, incentivando cada um de nós a agir com base em informações, será o tema principal dos próximos capítulos.

PERGUNTAS E RESPOSTAS

1. Li que nosso relógio biológico interno pode ir mudando aos poucos e adaptar-se ao trabalho noturno, assim como é possível nos adaptarmos a voos que cruzam vários fusos horários. É verdade?

Infelizmente, não, exceto por algumas situações excepcionais, como a dos trabalhadores noturnos em plataformas de petróleo do mar do Norte (capítulo 3).

Um estudo com trabalhadores noturnos mostrou que 97% não se adaptam às exigências de trabalhar à noite.[63] A única solução é esconder-se da luz natural durante o dia e aumentar a quantidade de luz durante o trabalho noturno. Isso, porém, não é possível para a maioria de nós.

2. Devo me livrar do meu despertador?

O ideal é todos acordarmos naturalmente do sono REM, sem ficarmos dependentes de despertador. Um pouco como nossos ancestrais, cujos ritmos eram definidos pelo nascer e pelo pôr do sol. No entanto, quando se trabalha, muitas vezes isso é totalmente impraticável. Quando – ou se – eu me aposentar, acho que vou dar meu despertador de presente a um adolescente!

3. Gosto de cuidar dos meus afazeres logo depois do meu plantão de trabalho noturno. É uma boa ideia?

O melhor é tentar dormir imediatamente depois de voltar do plantão noturno. A pressão do sono estará muito alta e o impulso circadiano para ficar acordado é baixo pela manhã, mas vai aumentando ao longo do dia, tornando mais difícil dormir depois. Ao terminar o plantão da madrugada – que nos países de língua inglesa, não à toa, é chamado de *graveyard shift*, o "plantão do cemitério" (Tabela 1) –, as pessoas à sua volta estarão acordando e você pode sentir a tentação de juntar-se a elas e ir cuidar das tarefas, assistir àquele programa na TV ou falar com os amigos no telefone. Tente não fazer isso, já que essas atividades vão deixá-lo alerta e diminuir suas chances de dormir.

4. Como posso manter um relacionamento se trabalho à noite?

Certamente fica mais difícil, como testemunham as taxas de divórcio mais altas, mas vale a pena tentar o seguinte:

- Pense antes de falar – o cansaço estimula a irritabilidade, a impulsividade e a falta de empatia. Tendo isso em mente, pense bastante antes de falar e espere até estar bem descansado para tratar de questões domésticas mais sérias.
- Quando se sentir cansado, fale de experiências positivas, e não de problemas e questões negativas.
- Programe um tempo para vocês passarem juntos. Trabalhar em horário comercial permite passar as noites com seu parceiro, mas não é o caso se

um ou ambos trabalham no período noturno, então encontrem os momentos em que estarão livres e separem um tempo para fazer atividades que os dois vão curtir.

- Programe as tarefas domésticas – esse é outro problema. As compras da semana, a limpeza da casa, o preparo das refeições e até abastecer o carro são tarefas que devem ser agendadas para evitar atritos ou o corre-corre estressante da última hora.
- Mantenha abertos os canais de comunicação – já que talvez vocês não possam se ver muito, mantenham contato regular via alguma rede social que funcione melhor e busquem o bom humor nas conversas.
- Tentem exercitar-se juntos, quando possível. Se não der, agende exercícios para você. Isso também ajuda a relaxar.
- Planejem férias – deem uma escapada e passem tempo juntos em um ambiente relaxante e livre de estresse. Mais uma vez, o planejamento é importante e faz com que ambos tenham uma expectativa em comum.

5. O que são os "sonhos lúcidos"? Devo me preocupar com eles?

Sonhos lúcidos são aqueles em que o indivíduo tem consciência de que está sonhando e às vezes consegue assumir certo controle sobre seu conteúdo, em termos de personagens, forma do sonho ou ambiente onde ele ocorre. Os sonhos lúcidos parecem acontecer com maior frequência no sono REM, e acredita-se que possam representar um estágio intermediário, em que não se está nem totalmente desperto nem adormecido. Algumas pessoas tentam forçar sonhos lúcidos, acordando do sonho REM, concentrando-se na experiência do sonho e tentando voltar a dormir, na esperança de voltar ao sono REM. Não há benefícios comprovados dos sonhos lúcidos, mas há um risco potencial, quando se é suscetível a problemas de saúde mental como a esquizofrenia, de que eles turvem a fronteira entre o real e a experiência onírica, aumentando a confusão. Estudos recentes relacionaram a atividade no córtex pré-frontal do cérebro (Figura 2) à geração de sonhos lúcidos.[64]

7. O ritmo da vida

Os ritmos circadianos e o sexo

A física é como o sexo; pode gerar algum resultado prático, mas não é por isso que a praticamos.
Richard Feynman

Se você acha a sedução algo complexo entre os seres humanos, para os louva-a-deus machos ela exige uma perícia bem maior. Se o louva-a-deus macho quer atrair uma parceira, a dança de acasalamento inclui um bater vigoroso das asas e um amplo requebrar do abdômen. Quando consegue atrair a fêmea, ela responde autorizando-o a copular. Até aí, tudo bem — mas o êxito tem um sabor amargo. A desvantagem é que, ainda durante a cópula, ela arranca a cabeça dele com a boca. O macho continua copulando decapitado, mas em algum momento a fêmea decide que já basta e devora o restante do parceiro em pleno intercurso. A concepção é o ato de gerar uma prole, e em todo o mundo biológico isso é uma coisa complexa e, às vezes, perigosa. Tudo é uma questão de reunir a matéria-prima certa no lugar certo, na quantidade certa, na hora certa. A concepção é um exemplo espetacular de uma orquestração de sintonia muito fina, e pensar em tudo que nossos pais fizeram para que começássemos a viver é uma lição de humildade. Mas... o que exatamente eles fizeram? Suponho que você já conheça bem os fatos básicos da vida. Vou pular, portanto, esses conhecimentos rudimentares e passar direto às glórias do ciclo menstrual e da ovulação – que é a liberação de um óvulo, pelo ovário, para as tubas uterinas, onde ele pode, ou não, ser fertilizado.

A HORA DE FAZER SEXO

A ovulação é a liberação de um óvulo por um dos ovários, e o timing desse evento é verdadeiramente extraordinário, envolvendo ritmos circadianos e uma interação com vários sistemas hormonais que, por sua vez, estimulam a liberação de estrogênio e progesterona pelo ovário. O ciclo menstrual começa no primeiro dia de sangramento, ou menstruação, a soltura do revestimento do útero (o endométrio), que se preparava para nutrir um óvulo fertilizado (zigoto) – que não apareceu (Figura 5).

Os ciclos menstruais podem durar de 21 a 40 dias, sendo que apenas 15% das mulheres têm um ciclo dito "normal" de 28 dias (Figura 5). Esse é um bom exemplo de por que um "valor médio" pode ser muito enganoso, e até causa de preocupação. É, na verdade, *normal* ter ciclos menstruais diferentes de 28 dias. Em cerca de 20% das mulheres, os ciclos são irregulares devido a uma série de fatores, mas, como discutiremos, parte dessa irregularidade pode estar relacionada à ruptura do ritmo circadiano e do sono (RRCS).[1] O sangramento menstrual dura de três a sete dias, com uma média de cinco. O ciclo menstrual (Figura 5) tem três fases: a *fase folicular* (que prepara o ovário e o útero antes da liberação do óvulo); a *fase ovulatória* (a liberação do óvulo maduro); e então a fertilização desse óvulo maduro pelo espermatozoide nas tubas uterinas.[2] Depois da ovulação, o espermatozoide é capaz de fertilizar o óvulo no trato reprodutor feminino humano (tuba uterina) durante cerca de quatro dias, embora a fertilização seja mais provável quando o espermatozoide já está na trompa, sendo que a maior possibilidade de gravidez se dá quando o intercurso ocorre cerca de três dias *antes* da ovulação. A propósito, não existe evidência de que o momento do intercurso sexual, em relação à ovulação, tenha qualquer influência no sexo do bebê.[3] Portanto, a primeira questão importante é que existe uma janela de tempo relativamente estreita, de poucos dias, em que a fertilização tem maior probabilidade de ocorrer, e o ideal é que o espermatozoide esteja no trato reprodutor feminino três dias antes da ovulação.

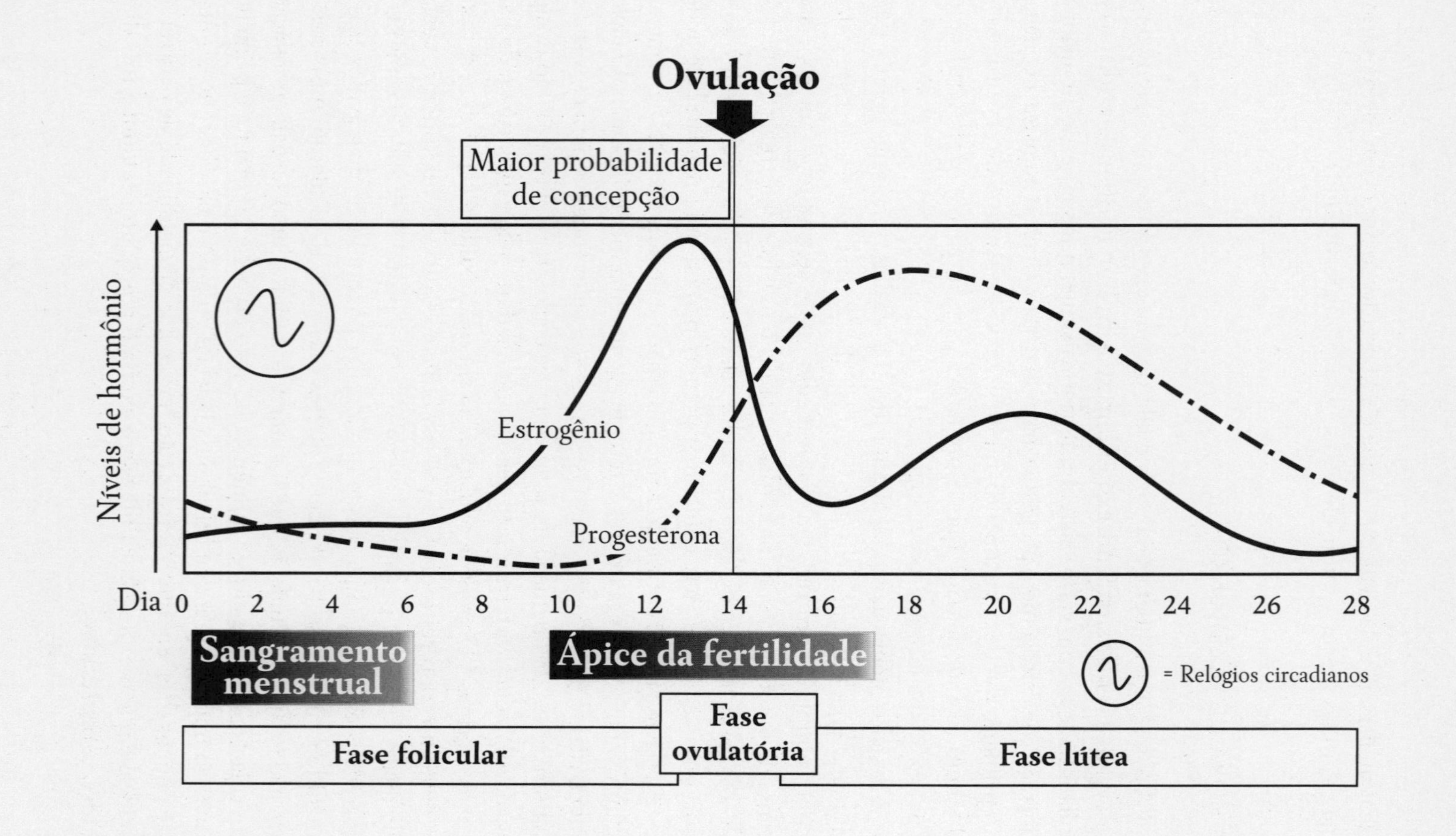
Ovulação
Maior probabilidade de concepção
Níveis de hormônio
Estrogênio
Progesterona
Dia 0 2 4 6 8 10 12 14 16 18 20 22 24 26 28
Sangramento menstrual
Ápice da fertilidade
= Relógios circadianos
Fase folicular
Fase ovulatória
Fase lútea

Figura 5. Alterações no estrogênio e na progesterona ao longo do ciclo menstrual até a ovulação. O momento da ovulação (liberação de um óvulo maduro que pode ser fertilizado) envolve um complexo conjunto de interações entre o hipotálamo, a glândula pituitária, os ovários e relógios circadianos localizados em todos esses tecidos e órgãos. A atividade desses relógios circadianos periféricos é coordenada pelo "relógio-mestre" localizado no núcleo supraquiasmático (NSQ). A sincronização desses sistemas complexos é essencial para uma reprodução bem-sucedida. A probabilidade de concepção (fertilização do óvulo) é maior cerca de três a quatro dias antes da ovulação. A ruptura circadiana em mulheres, assim como no caso de trabalhadoras noturnas, está associada a ciclos menstruais irregulares e mais longos, fertilidade reduzida e maior risco de aborto espontâneo.[4]

A fase seguinte é a *fase lútea*, que prepara o útero para receber o óvulo fertilizado (zigoto) – ou não. Quando o óvulo é fertilizado, o zigoto se implanta na parede uterina (endométrio) e começa a se desenvolver. Quando o óvulo não é fertilizado, o endométrio é descartado e o sangramento menstrual ocorre, iniciando-se um novo ciclo. Quando o zigoto se implanta, as células em torno do embrião em desenvolvimento produzem um hormônio chamado gonadotrofina coriônica humana (hCG, da sigla em inglês). Os testes de gravidez se baseiam na detecção de um aumento dos níveis de hCG.

O sistema circadiano está envolvido em todos os estágios desse processo, a partir do momento da liberação de todos os hormônios cruciais e das respostas a esses hormônios por parte dos diversos tecidos-alvo, como o ovário.[5] Existe uma sincronização circadiana entre o relógio-mestre no NSQ e a liberação de hormônio liberador de gonadotrofina das células GnRH do hipotálamo, que, por sua vez, estimulam a glândula pituitária a liberar o hormônio luteinizante (LH) e o hormônio folículo-estimulante (FSH). O LH e o FSH viajam até o ovário, pelo sangue, e estimulam a liberação de estrogênio e progesterona. De forma crucial, a ruptura ou a falta de sincronia entre os diferentes relógios circadianos no hipotálamo, na glândula pituitária ou nos ovários pode contribuir para problemas reprodutivos. A importância do timing do sistema circadiano na reprodução foi demonstrada em "camundongos de relógio mutante", em que os relógios circadianos ou não funcionavam ou andavam em horários diferentes (capítulo 1). Esses mutantes tinham ovulação e ciclos reprodutivos muito alterados, junto com uma redução da fertilidade e prole menor.[6] Essa descoberta, nos camundongos, pode ajudar a explicar observações de mulheres que sofrem de RRCS, como resultado do trabalho noturno ou do jet lag repetitivo. Rupturas assim foram associadas a um aumento significativo de ciclos menstruais irregulares e prolongados, níveis anormais de hormônios reprodutivos e redução da fertilidade. Por exemplo, ciclos irregulares e longos (mais de 40 dias) foram observados em trabalhadoras noturnas, assim como uma probabilidade menor de gravidez.[7] É importante ressaltar que, embora os efeitos do trabalho noturno sobre a fertilidade variem enormemente de uma mulher para outra, é importante levar em conta o trabalho noturno e o jet lag como fatores potenciais de risco à fertilidade em algumas mulheres. Muitos médicos recomendam *não* assumir serviços noturnos ou fazer voos de longa distância enquanto se tenta a fertilização in vitro (IVF, na sigla em inglês).

Antes de tratar da gravidez, e sendo essa uma das perguntas mais frequentes que recebo, é preciso fazer alguma menção à influência da lua sobre o ciclo menstrual. Na crença popular, o ciclo mensal da mulher sempre foi relacionado ao ciclo lunar. A razão provável disso é que o ciclo menstrual médio dura cerca de 28 dias, e um ciclo lunar tem cerca de 29,53 dias. Porém, como mencionamos, os ciclos menstruais variam entre 21 e 40 dias, com apenas 15% das mulheres tendo ciclos de 28 dias. Sendo pragmático, eu diria que, se houvesse uma influência poderosa da lua, seria razoável esperar que mais mulheres tivessem ciclos próximos dos 29 dias. Além disso, as crenças sugerem que o ciclo menstrual é sincronizado com as fases da lua, mas não é o caso. Os primeiros relatos negando um elo entre as fases da lua e o ciclo menstrual remontam a 1806.[8] Porém, de tempos em tempos continuam a surgir artigos que afirmam ter demonstrado uma conexão. Nos anos 1980, por exemplo, um estudo sugeriu que as mulheres ficariam mais propensas a menstruar durante a lua cheia, enquanto outro afirmou que ficariam mais propensas a ovular durante a lua nova! Pesquisas de longo prazo mais detalhadas não conseguiram encontrar qualquer correspondência. Por exemplo, um artigo publicado em 2013 relatou resultados de um estudo de um ano com 74 mulheres e não encontrou correlação entre seus ciclos menstruais e as fases da lua.[9] Um estudo recente do Clue, um aplicativo de saúde menstrual elaborado pela empresa de tecnologia BioWink, de Berlim, também não encontrou conexão. A equipe do Clue monitorou 7,5 milhões de ciclos de 1,5 milhão de mulheres usuárias do app para rastrear seus períodos e "não encontrou correlação entre as fases da lua e o ciclo menstrual ou a data inicial do ciclo". As datas iniciais do período caíam em dias aleatórios do mês, independente da fase da lua. Infelizmente, os resultados desse enorme estudo só foram disponibilizados em um post on-line, sem revisão de pares. Porém, mesmo com essa ressalva, a conclusão geral é de que não há influência previsível do ciclo lunar sobre o ciclo menstrual. Por fim, e em contradição com os estudos apresentados, um artigo recente sugeriu que mulheres com ciclos menstruais maiores que 27 dias estariam "intermitentemente sincronizadas" com as fases da lua.[10] Pode ser que sim, ou, talvez como outros elos propostos entre a lua e nossa biologia, essa relação não se verifique diante de um exame mais rigoroso e um conjunto diferente de dados.[11] Também não existe elo entre a fase da lua e a frequência dos nascimentos, complicações no parto ou o gênero do bebê.[12] E já que estamos falando de lua, não existe relação clara entre a fase da lua e sua influência sobre o sono do ser humano moderno.[13] Porém, como discutirei mais adiante, o ciclo menstrual tem, sim, influência sobre o sono.

Embora não haja evidência sólida de que a nossa reprodução seja influenciada pela lua, esse não é o caso de outros animais. Talvez o exemplo mais bem documentado seja o do verme palolo (*Eunice viridis*), encontrado em diversas ilhas de coral perto das ilhas Samoa e das ilhas Fiji. Esses vermes vivem em cavidades e reentrâncias dos recifes de coral e programam sua reprodução agrupando-se durante uma fase específica da lua, em outubro e novembro. De forma um tanto dramática, durante o último quarto da lua, os vermes se dividem ao meio; a parte da cauda longa (o epítoco), que contém tanto os óvulos quanto os espermatozoides, nada até a superfície, provavelmente atraída pelo luar. Ali, libera os óvulos e os espermatozoides. Dezenas de milhares de epítocos avançam ao mesmo tempo. A parte frontal do verme (o átoco) continua submersa e nela cresce um novo epítoco para o ano seguinte. Os povos das ilhas Samoa sabem disso há séculos e preveem o dia e a hora do ano em que os vermes emergem, coletando as caudas como alimento. Já se isolaram vermes palolo do ambiente e da lua, e eles continuaram apresentando um comportamento ritmado pelas fases lunares. Isso sugere que possuem um relógio interno capaz de prever o tempo lunar, assim como nós temos um relógio circadiano que prevê a luz do dia. Na verdade, relógios biológicos circalunares foram encontrados em vários animais que vivem à beira-mar mar, em zonas intermarés.[14]

De volta a nós, seres humanos. Para uma gravidez bem-sucedida, o momento é tudo, e, embora a produção perfeitamente sincronizada de um óvulo maduro seja essencial, não é suficiente. Esse óvulo precisa ser fertilizado — o que nos traz de volta à concepção. O melhor momento para a concepção é quando o sexo ocorre logo antes da ovulação (Figura 5), sendo que a maior probabilidade de gravidez é quando o intercurso se dá cerca de três dias antes da ovulação. Há muito esforço biológico envolvido na produção da ovulação no momento certo, o que leva à pergunta: "O sexo também tem que ser no momento certo para maximizar a fertilização?". Dois estudos, um de 1982 com 48 casais recém-casados[15] e outro mais recente, de 2005, com 38 estudantes universitários,[16] analisou quando e por que o ser humano faz sexo. Embora fossem estudos um tanto modestos, os resultados de ambos foram semelhantes. Ocorria sexo a qualquer momento do dia, mas a maior parte dos encontros sexuais acontecia próximo da hora de dormir (entre 23h e 1h), com um pico menor pela manhã, em torno da hora do despertar. No estudo de 2005, perguntou-se também aos participantes: "Por que você faz sexo nesses horários?". As respostas foram as seguintes: 23% disseram que era por conta da disponibilidade do parceiro; 33% responderam que era nas horas vagas em função dos horários de trabalho; 16% disseram que era por já estarem na cama; enquanto apenas 28% responderam que era por "sentirem-se excitados". O estudo de 1982 mostrou que os casais faziam mais sexo no fim de semana, com um aumento na hora de dormir e pela manhã nesse período. Tudo isso indica que o sexo é impulsionado, antes de tudo, por poderosos fatores ambientais, com base em horários de trabalho e disponibilidade dos parceiros, e não por qualquer comando biológico interno.

Constatações como essas levaram à conclusão de que o sexo acontece, basicamente, a qualquer momento, sem elo com a ovulação. Mas essa é uma conclusão simplista demais. Repetindo, a gravidez é mais provável quando o intercurso ocorre cerca de três dias antes da ovulação; e 12 a 24 horas após a ovulação, a fertilização é improvável. Com uma janela tão estreita para uma fertilização bem-sucedida, seria surpreendente se nossa biologia não nos preparasse, de alguma forma, para agir. Na verdade, hoje existem fortes evidências de que o comportamento sexual humano muda, sim, perto do pico de fertilidade. Inconscientemente, tanto a atração heterossexual masculina por mulheres quanto a das mulheres pelos homens varia ao longo do ciclo menstrual, e pesquisadores forneceram as evidências disso. Um estudo mostrou que durante o pico de fertilidade as mulheres heterossexuais sentem mais atração por características fortemente masculinas, como traços faciais másculos, voz mais grave, comportamento dominante e maior estatura. As mulheres também sentem mais desejo sexual e têm maior probabilidade de se aventurar em um caso durante o pico de fertilidade.[17] A base fisiológica dessas alterações ainda não está clara. Os homens heterossexuais, porém, parecem ser influenciados por odorantes liberados pela mulher, chamados de copulinas. A concentração das copulinas aumenta durante a fase folicular (que antecipa a ovulação) e diminui durante a fase lútea (Figura 5). Os homens expostos às copulinas produzem mais testosterona, sentem menos interesse pela atratividade dos rostos femininos (tornando-se, assim, menos exigentes) e se comportam de forma menos cooperativa. Não são efeitos intensos, mas são significativos.[18] Por exemplo, pediu-se a homens heterossexuais que dessem notas à atratividade sexual e à intensidade dos odores "farejados" em camisetas vestidas por mulheres em diferentes estágios do ciclo menstrual. Os odores considerados mais atraentes foram os das camisetas que haviam sido usadas por mulheres no meio do ciclo, quando estariam mais férteis. Nesse estudo, os controles foram mulheres heterossexuais, que também cheiraram as camisetas e não relataram alteração na atração do odor. Esses resultados sugerem que os homens heterossexuais podem usar pistas olfativas para distinguir entre mulheres que estão ovulando ou não, o que tem potencial para alterar o comportamento deles.[19] Essas observações não são inteiramente novas. Já em 1975 um estudo mostrou que a secreção vaginal das fases pré-ovulatória e ovulatória foi considerada de odor mais agradável do que a secreção vaginal das fases lúteas.[20] Portanto, o momento da ovulação influencia, sim, o ritmo do comportamento heterossexual humano. Até agora, não foram realizados estudos sobre a atratividade homossexual, tanto nos homens quanto nas mulheres.

Além de comportamentos alterados, também há mudanças fisiológicas que promovem a fertilização durante o pico de fertilidade. O muco varia muda ao longo do ciclo menstrual. Logo antes da ovulação, ele se assemelha a uma clara de ovo crua. É o melhor momento para ter intercurso e engravidar. Aparentemente, nesse estágio, o muco ajuda os espermatozoides a subir pelo colo do útero e fertilizar o óvulo, além de mantê-los saudáveis durante sua longa jornada — um pouco como um lanche nutritivo durante uma trilha pesada. Outro indicador fisiológico da ovulação é um aumento da temperatura do corpo da mulher em cerca de 0,5°C. Isso é impulsionado pelo aumento do hormônio progesterona, a partir das células do folículo do ovário que liberou o óvulo. Não se sabe se esse aumento de temperatura auxilia, mas ele é usado para monitorar a ovulação no planejamento das relações e na fertilização. Diversos estudos sugerem que é uma técnica pouco confiável para determinar a ovulação, com uma confiabilidade de apenas 22%.[21]

Curiosamente, existe um ritmo circadiano de liberação de testosterona pelos testículos que aumenta a partir da meia-noite, atingindo o pico pela manhã, logo antes do despertar (Figura 1),[22] sendo os níveis nos homens jovens cerca de 25% a 50% maiores nesse horário do que no resto do dia. Como existe um elo entre o impulso sexual masculino e a testosterona,[23] esse pico matinal pode contribuir para o aumento da atividade sexual observado pela manhã. Outro estudo mostrou que sêmen coletado no início da manhã, antes das 7h30, apresentou níveis mais altos de concentração de esperma, se comparado com outros horários do dia.[24] Tais conclusões sugerem que o homem pode aumentar sua chance de fertilizar um óvulo produzindo esperma de maior qualidade em uma hora específica. Portanto, o sexo — ou, para ser mais exato, uma fertilização bem-sucedida — é como tudo o mais: uma questão de juntar a matéria-prima certa no lugar certo, na quantidade certa, na hora certa. Uma grande salva de palmas para nossos pais — cuja biologia claramente acertou em cheio!

A HORA DE NASCER

O risco relativamente alto de uma criança morrer durante o parto levou esse dia a ser chamado de "dia mais perigoso das nossas vidas". Ainda que eu entenda a lógica dessa afirmação, sou obrigado a apontar que estatisticamente o dia mais perigoso de nossas vidas é, na verdade, o dia em que morremos. Seja como for, no mundo inteiro, a hora de maior ocorrência de partos naturais, isto é, que não foram induzidos por medicamentos ou cirurgia, fica entre 1h e 7h da manhã, com um pico em torno das 4h a 5h.[25] Evidentemente, bebês podem nascer a qualquer hora do dia ou da noite, mas essa aglomeração de nascimentos no início da manhã implica algum grau de regulagem circadiana, levantando a questão: por quê? Qual poderia ser a vantagem evolutiva desse horário? Entre as sugestões, há a de que o nascimento na madrugada teria sido útil para as mães em uma sociedade de caçadores e coletores, porque o grupo se reuniria à noite, propiciando proteção e apoio social que não estariam disponíveis durante o dia, quando todos estariam dispersos à procura de comida.

Além disso, haveria menos atividade de predadores e menos calor no meio da noite. Por isso, o pico de partos humanos durante as primeiras horas da manhã pode ser um vestígio de nossa história evolutiva, quando a sobrevivência aumentava se o parto ocorresse nesse horário.[26]

Essas explicações evolutivas foram relacionadas a mudanças cruciais nos níveis hormonais. A melatonina é liberada à noite pela glândula pineal (Figura 1) e poderia servir como um sinal noturno para a produção de hormônios que aumentam as contrações do útero, como a ocitocina. Essa ideia é embasada por estudos que mostram que os níveis de melatonina são mais elevados no final da gravidez e que a melatonina pode aumentar a sensibilidade do útero à ocitocina, que, por sua vez, estimula potentes contrações que empurram o bebê para baixo e para fora do canal de parto.[27] Embora a pressão seletiva evolutiva original para dar à luz nas primeiras horas da manhã tenha desaparecido no ser humano moderno, a fisiologia que leva ao parto programado permanece. Se a melatonina originalmente era cooptada como marcador biológico do período da noite, então talvez o parto moderno ainda esteja preso a esse sinal noturno.

Tudo isso faz sentido, mas o professor Alastair Buchan, de Oxford, que ajudou na checagem de fatos deste livro, não se deixa convencer por esses argumentos. Ele alega que a causa mais comum de morte e incapacitação em bebês humanos é a falta de oxigênio durante o parto, chamada de hipoxia-isquemia neonatal.[28] Por conta disso deveríamos investigar os elos entre o parto noturno e possíveis mecanismos protetores que reduzem as chances de hipoxia em recém-nascidos nesse horário. É uma ideia muito interessante. Será que uma temperatura ligeiramente mais baixa à noite reduz as chances de hipoxia neonatal?

DIMORFISMO SEXUAL CIRCADIANO

Homens e mulheres são biologicamente diferentes — em termos amplos, são "sexualmente dimórficos", o que implica várias diferenças notáveis em nosso sistema circadiano. A próxima seção é toda dedicada aos diferentes padrões circadianos em homens e mulheres heterossexuais. Peço desculpas antecipadas às comunidades LGBTQIA+ pela carência de estudos específicos explorando possíveis padrões diferenciados de comportamento circadiano. A primeira evidência clara, tanto nos estudos com seres humanos quanto com animais, foi de uma diferença de cronotipo e a tendência a ser uma pessoa mais matutina ou noturna (capítulo 1). A conclusão de que o cronotipo difere entre macho e fêmea surgiu de estudos com roedores. Um dos primeiros trabalhos examinou porquinhos-da-índia machos e fêmeas, postos em gaiolas individuais com uma rodinha de correr. As luzes foram desligadas e, na falta de um ciclo de claro/escuro, nenhum arrastamento era possível. Sob essas condições, os ritmos circadianos internos de livre curso, de atividade e repouso, foram registrados. As fêmeas tiveram ritmos de livre curso mais curtos na comparação com os machos. Outras pesquisas em roedores confirmaram essa conclusão.[29] De forma notável, resultados semelhantes foram encontrados em seres humanos. Em um estudo, foram comparados os ritmos circadianos de homens e mulheres em relação à temperatura central do corpo, sono/vigília e estado de alerta. Todos esses ritmos foram mais precoces em mulheres.[30] Dados diários da Pesquisa de Uso do Tempo dos Americanos, entre 2003 e 2014, mostraram que os homens têm cronotipos tipicamente mais tardios, sendo que as maiores diferenças entre homens e mulheres ocorrem entre os 15 e os 25 anos de idade.[31] Depois dos 40 anos, homens e mulheres têm cronotipos mais semelhantes, mas os homens apresentam uma variabilidade bem maior.[32] Essas conclusões também foram confirmadas por um estudo recente, que analisou 53 mil indivíduos. Na média, as mulheres novamente se mostraram muito mais propensas a serem tipos matutinos, enquanto os homens apresentaram um cronotipo mais tardio.[33] Esse dimorfismo sexual no cronotipo foi relacionado, o que não chega a surpreender, aos hormônios sexuais estrogênio (do ovário) e testosterona (dos testículos). Por que ocorre essa diferença de cronotipos ainda não se sabe, mas a moral da história é que as mulheres tendem a querer se levantar mais cedo que os homens.

A influência do estrogênio e da testosterona vai além do simples cronotipo. Por exemplo, o estrogênio foi relacionado a ritmos circadianos mais consolidados nas mulheres, com uma maior amplitude (maior distância entre pico e vale).[34] Resumindo, o estrogênio está associado a ritmos circadianos mais consistentes. Curiosamente, à medida que a mulher envelhece, os níveis de estrogênio declinam, e esse pode ser um fator que contribui para a insônia relacionada à idade relatada por muitas mulheres (capítulo 8).

Em camundongos machos e nos seres humanos, a testosterona foi relacionada a uma redução da sensibilidade à luz para o arrastamento circadiano.

Por exemplo, os camundongos fêmeas se adaptam mais rápido a um jet lag simulado (deslocando em oito horas o ciclo claro/escuro), na comparação com camundongos machos, sendo que as fêmeas se adaptaram depois de seis dias, enquanto os machos levaram dez.[35] E pode haver uma explicação para esse aspecto do dimorfismo sexual circadiano. A distribuição dos receptores de estrogênio e testosterona no cérebro, e sobretudo no núcleo supraquiasmático (NSQ), é diferente entre machos e fêmeas. O NSQ é dividido em duas partes principais, o caroço e a casca. O caroço do NSQ recebe a projeção principal do olho (o trato retino-hipotalâmico), usado para arrastar o NSQ ao ciclo claro/escuro (capítulo 3). Nos machos, o caroço do NSQ tem um grande número de receptores de testosterona, que talvez ajam dessensibilizando o relógio biológico para a luminosidade. Como as fêmeas não possuem esses mecanismos de detecção de testosterona no NSQ e/ou produzem muito menos testosterona, podem responder mais rápido. Além disso, o núcleo dorsomedial do NSQ envia mensagens circadianas de resposta ao restante do corpo. Nas fêmeas, essa região tem muitos receptores de estrogênio. Como esse hormônio está associado ao estímulo de ritmos circadianos mais potentes e com maior amplitude, é possível que os receptores de estrogênio no núcleo dorsomedial do NSQ promovam um casamento melhor entre os neurônios individuais do NSQ, produzindo um ritmo de resposta mais robusto da parte do relógio biológico.[36] Esse mecanismo pode explicar por que o estrogênio está associado à produção de ritmos circadianos mais fortes nas fêmeas.

O IMPACTO DO CICLO MENSTRUAL

Relata-se que a mulher, se comparada ao homem, tem o dobro de risco, ao longo da vida, de desenvolver transtornos de humor (como depressão) e uma chance 25% maior, no geral, de RRCS.[37] A premissa é que as alterações nos hormônios reprodutivos femininos (primordialmente o estrogênio e a progesterona), ao longo do ciclo menstrual (Figura 5) e durante a menopausa, são responsáveis por essas diferenças em transtornos de humor entre os sexos. Essa ideia pode ter se originado da sabedoria popular, ou em posturas patriarcais, mas hoje há cada vez mais evidências de que alterações nos hormônios reprodutores femininos são, de fato, um importante contribuinte para o desenvolvimento de RRCS, alterações do humor e depressão. Vamos começar pelas alterações de humor ao longo do ciclo menstrual.

Alterações do humor

As estimativas variam, mas sugerem que entre 20% e 80% das mulheres vivem alguma forma de alteração emocional, como variações de humor ou irritabilidade, junto com uma piora do sono, durante a fase pré-menstrual do ciclo (a segunda metade da fase lútea, ou logo antes do sangramento menstrual). Essas alterações somem depois do início do sangramento. Alterações emocionais que causam sofrimento ou desconforto foram classificadas como tensão pré-menstrual (TPM). Não compreendemos claramente suas causas. Porém, estruturas cruciais do cérebro associadas às emoções e ao humor, entre elas o hipotálamo, a amígdala e o hipocampo (Figura 2), possuem receptores que detectam estrogênio e progesterona. No geral, o estrogênio está associado a um estado de espírito positivo, sendo uma de suas atividades a promoção dos níveis cerebrais de serotonina, o hormônio mais associado à felicidade. Níveis elevados de progesterona estão ligados a efeitos ansiolíticos e à sonolência.[38] Essa ação do estrogênio e da progesterona se encaixa bem com as alterações dinâmicas constatadas nesses hormônios ao longo do ciclo menstrual e do período da TPM (Figura 5). O estrogênio aumenta durante a fase folicular, antes da ovulação, e está relacionado, como vimos, a um estado de espírito mais vibrante. Depois da ovulação, os níveis de progesterona ficam elevados ao longo da primeira metade da fase lútea, estimulando o sono e reduzindo a ansiedade. Durante a segunda metade, porém, os níveis de progesterona caem. Acredita-se que essa queda, combinada a níveis já reduzidos de estrogênio, seja responsável pela piora do estado de espírito e a redução do sono na fase lútea posterior (pré-menstrual) do ciclo. Daí a TPM.

Alterações circadianas e do sono

Além das mudanças de humor, há fortes evidências de que os ritmos circadianos são diretamente alterados durante a fase pré-menstrual. Como discutimos, o estrogênio está associado à ocorrência de ritmos circadianos mais consolidados. Como o estrogênio fica muito mais baixo durante a fase pré-menstrual do ciclo

(Figura 5), isso pode contribuir para um impulso circadiano mais fraco para o sono e, portanto, um sono pior.[39] Curiosamente, há relatos de que a reação circadiana à luz da manhã, nas mulheres, é mais fraca durante a fase pré-menstrual.[40] Se isso é resultado do aumento da progesterona ou da queda do estrogênio, não se sabe ao certo. Mas o resultado seria um sinal de arrastamento mais fraco e, portanto, uma maior vulnerabilidade à ruptura do ciclo sono/vigília, sobretudo na ausência de exposição natural à luz (capítulo 3). Um fator adicional para a RRCS durante a fase pré-menstrual são os níveis mais baixos de progesterona. Níveis elevados reduzem a ansiedade e promovem o sono, enquanto os níveis reduzidos durante a fase pré-menstrual terão o efeito contrário.[41]

Interações entre humor, ciclo circadiano e sono

Em 3% a 8% das mulheres, a tensão pré-menstrual (TPM) é forte o bastante para levar a um diagnóstico depressivo batizado "transtorno disfórico pré-menstrual" (TDPM), em que a mulher sofre de irritabilidade, raiva, depressão, ansiedade e forte insônia. Na verdade, existe uma potente associação entre a insônia, combinada à sonolência diurna, e as alterações pré-menstruais do humor na TDPM. Quanto mais grave a insônia, piores as alterações de humor.[42] Claramente, a RRCS e o humor estão ligados durante a fase lútea tardia do ciclo. Além disso, a RRCS pode ativar o eixo do estresse e, quanto maiores as reações de estresse, maior o risco de RRCS. Recapitulando, a RRCS está associada a uma piora do humor[43] e à depressão;[44] níveis baixos de progesterona e estrogênio ocorrem durante a fase pré-menstrual e se unem para provocar tanto a RRCS quanto o mau humor; e a RRCS ativa o eixo do estresse, que estimula tanto o mau humor quanto a exacerbação da RRCS. Esse triângulo de interações entre hormônios, RRCS e estresse, durante a fase pré-menstrual, provavelmente explica por que a fase lútea tardia do ciclo menstrual seja tão complicada para muitas mulheres. E quando os ciclos menstruais terminam, a menopausa surge como outro agente potencial de RRCS.

O IMPACTO DA MENOPAUSA

A menopausa representa o fim dos sangramentos e dos ciclos menstruais (Figura 5), mas não é uma mudança abrupta. Existe uma transição, que começa cerca de quatro a seis anos antes do fim da menstruação, em média aos 51 anos. Essa transição está associada a variações nos níveis de estrogênio e progesterona do ovário. Essas e outras alterações hormonais foram associadas a uma série de condições, entre elas perturbação do sono, ondas de calor (também conhecidas como fogachos) e flutuações do humor. Tem sido difícil determinar com precisão elos específicos entre níveis de hormônio e perturbação do sono, mas vários estudos apontam uma forte relação com a redução dos níveis de estrogênio e progesterona.[45] Além disso, um histórico de sono ruim aumentará as chances de RRCS durante a menopausa.[46] As perturbações do sono podem ser graves em muitas mulheres, associadas a sonolência durante o dia e alterações do humor.[47] Relatos de dificuldades para dormir durante a transição da menopausa variam entre 40% e 56%, comparados a 31% das mulheres na pré-menopausa.[48] A forma de insônia relatada com mais frequência são despertares múltiplos durante a noite, dificuldade para pegar no sono e tendência a acordar cedo,[49] uma clássica descrição de insônia (Figura 4).

As ondas de calor são uma característica singular da transição da menopausa, relatadas em até 80% das mulheres. Sensação de calor, sudorese associada a ansiedade e calafrios em seguida podem durar entre três e dez minutos e ocorrer durante o dia ou à noite (suores noturnos).[50] Essas ondas de calor foram relacionadas a um declínio do estrogênio, mas isso não explica tudo. Estudos recentes demonstraram que alterações nos neurotransmissores hipotalâmicos, entre eles a noradrenalina e a serotonina, também podem estar associadas às ondas de calor.[51] A questão fundamental é que as ondas de calor noturnas quase sempre estão associadas à insônia, em particular ao despertar durante a noite.[52] Significativamente, o tratamento das ondas de calor com terapia de reposição hormonal (TRH), em geral uma combinação de estrogênio e progesterona, melhora o sono.[53] Dados como esses sugerem fortemente que há um elo hormonal entre a queda dos níveis de estrogênio e progesterona, o aumento das ondas de calor e a piora do sono. A RRCS também apresenta fortes variações de uma mulher para outra ao longo da transição da menopausa, mas, caso a insônia seja crônica, aumentam a depressão, a ansiedade e os problemas físicos de saúde, com um declínio das habilidades cognitivas.[54]

Infelizmente, as ondas de calor que provocam a insônia são apenas uma parte do problema. A respiração desordenada do sono (RDS), como discutimos no capítulo 5, se torna mais provável durante a transição da menopausa, junto com o transtorno dos movimentos periódicos dos membros e a apneia obstrutiva do sono (capítulo 5).[55] Em um grupo de mulheres com queixas sobre o sono, 53% sofriam de RDS e/ou movimentos periódicos dos membros. Mais uma vez, o declínio do estrogênio e da progesterona mostrou-se associado à RDS, com ambos os hormônios ligados a uma melhora da respiração durante o sono,[56] o que nos faz lembrar que todos esses hormônios realizam não apenas uma, mas várias funções — além da mais conhecida. As causas da insônia durante a transição da menopausa são claramente complexas, mas a TRH é eficaz na redução das ondas de calor para algumas mulheres.[57] Embora a TRH, caso indicada pelo seu médico, possa ser considerada uma opção de tratamento, deve ser usada em paralelo com a terapia comportamental cognitiva para a insônia (TCCi) (capítulo 6). Na verdade, a TCCi, por si só, mostrou-se eficaz como auxílio à melhoria da RRCS durante a transição da menopausa.[58]

Se voltarmos à pergunta levantada no início desta seção — "As taxas mais elevadas de depressão e insônia nas mulheres, ao longo da vida, têm a ver com a mudança dos níveis hormonais durante o ciclo menstrual e a menopausa?" —, as evidências certamente sugeririam que a resposta é "sim". Essa conclusão é reforçada pela descoberta de que taxas mais elevadas de insônia e depressão nas mulheres apareceriam a partir da puberdade,[59] sugerindo que as alterações dinâmicas do estrogênio e da progesterona explicam as taxas mais altas de depressão e problemas de sono em mulheres do que em homens. E apenas para o caso de os leitores do sexo masculino estarem se sentindo excluídos, a queda dos níveis de testosterona, com a idade, foram associados a questões como despertar noturno, piora do sono e sintomas de depressão.[60] Porém, não está clara ainda a causa e efeito.

O estudo da biologia circadiana de homens e mulheres

O tema do dimorfismo sexual circadiano já foi abordado por pesquisadores do sono e do ritmo circadiano, mas até recentemente essa área vinha sendo pouco estudada. Na maioria das experiências circadianas que usam camundongos, estudam-se apenas os machos. O motivo é que o ciclo estral (reprodutivo) de quatro dias do camundongo fêmea altera ligeiramente o tempo circadiano de atividade, em razão da mudança dos níveis de estrogênio e progesterona. Sendo assim, fica mais difícil estudar o impacto de drogas e outros agentes sobre o sistema circadiano — sobretudo quando os efeitos da droga são mínimos. Isso também vale para o ser humano. Às vezes é difícil isolar mudanças sutis no sistema circadiano humano a partir dos efeitos do ciclo menstrual feminino. Porém, cada vez mais se percebe que, ao estudar apenas homens, e em geral apenas estudantes universitários jovens e do sexo masculino, obtém-se uma compreensão altamente restritiva e potencialmente muito enganosa da biologia humana. E embora seja mais complicado projetar experiências que levem em conta a biologia mais complexa da mulher, isso é algo que precisa ser feito. Na verdade, alguns órgãos de financiamento passaram a exigir que os estudos circadianos com seres humanos incluam tanto homens quanto mulheres. Também vale mencionar que, embora hoje estejam sendo exploradas as diferenças na biologia circadiana entre os sexos (macho versus fêmea), a influência da biologia circadiana na identidade de gênero ou na orientação sexual — como os cronotipos — continua inteiramente ignorada pelos estudos no nível comportamental (Apêndice 1). Só foram feitos estudos sobre a anatomia cerebral. Por exemplo, em uma amostra post-mortem de cérebros de homens homossexuais, concluiu-se que o núcleo supraquiasmático (NSQ) continha o dobro de células em relação ao dos heterossexuais.[61] No entanto, há problemas com esses estudos, a começar pelo fato de que os homens foram classificados como homossexuais com base no fato de terem morrido de aids e que o tamanho do NSQ nos "homossexuais" variava enormemente, tendo uma superposição marcante com o dos heterossexuais.[62]

O impacto da gravidez e da maternidade/paternidade precoce

O fato de a chegada de uma nova vida humana estar intimamente associada à RRCS serve como advertência. Quando grave, pode levar a níveis pré-clínicos e clínicos de depressão. Já no primeiro trimestre 40% das grávidas passam por alguma forma de insônia, aumentando para 60% no terceiro trimestre.[63] Depois do parto, qualquer que seja o tipo, o sono deteriora ainda mais, sendo que a maior perda ocorre à noite devido à alimentação e aos padrões de sono do recém-nascido. Sonecas durante o dia podem aumentar o tempo total de sono, mas o sono noturno fragmentado quase sempre leva a uma sonolência diurna maior.[64] Três meses depois do parto, o sono da mãe já apresenta alguma melhora, mas não costuma voltar ao padrão pré-gravidez.

Não disponho de dados que sustentem a afirmação que estou prestes a fazer. Por isso, considere o que se segue mais como um tema para reflexão. Muitas sociedades passaram de um núcleo familiar estendido para um arranjo mais circunscrito, formado apenas por pais e filhos. Essa mudança é consequência de um aumento da riqueza econômica e da liberdade para decidirmos como organizar nossas vidas, mas um de seus efeitos involuntários foi piorar ainda mais o sono das novas mães. Nas gerações anteriores, com mais membros da mesma família compartilhando o espaço doméstico, o cuidado dos filhos podia ser distribuído entre todos, permitindo que as novas mães recuperassem o sono atrasado com maior facilidade. Hoje em dia, muitas mães se sentem culpadas porque "não conseguem dar conta" do sono atrasado. Como espécie, porém, não evoluímos para que apenas um dos genitores tenha que lidar, basicamente, com todo o cuidado da criança. Nos seres humanos, assim como em nossos parentes mais próximos, os macacos, cuidar dos filhos é uma tarefa invariavelmente distribuída entre os demais membros da família. Portanto, uma mãe de forma alguma é um fracasso porque buscou ajuda para lidar com seu bebê. Isso é ainda mais importante quando se tem um histórico pessoal de RRCS e problemas de saúde mental.[65] Já foram relatados depressão, manias, ansiedade, pensamentos suicidas, psicoses e transtorno obsessivo-compulsivo (TOC) em mães de recém-nascidos.[66] Três meses depois do parto, mães com sintomas de depressão relatam elevados níveis de perturbação do sono, dificuldade para adormecer, despertares precoces e sonolência durante o dia.[67] Além das demandas do novo filho, súbitas alterações hormonais logo depois do parto, em especial a queda da progesterona, devem ser levadas em conta. A progesterona ajuda a manter a gravidez e durante esse período tem um efeito levemente relaxante e auxiliar do sono. Sob condições normais, o declínio da progesterona pode ser compensado pela prolactina, liberada durante a amamentação e que ajuda a promover o sono. Estudos indicam que mulheres que amamentam apresentam cerca de 30% a mais de sono noturno, em média, do que as que usam fórmula à noite.[68] Embora a RRCS seja mais grave nas mulheres,[69] os pais não escapam completamente dela. Novos pais relatam níveis maiores de sonolência diurna durante o primeiro mês após o parto.[70] Pode ser positivo pais e mães terem cronotipos diferentes — um sabiá com um parceiro coruja, por exemplo — nesses meses, ou até anos, iniciais.

Apesar da alta taxa de RRCS e depressão nas novas mães, são limitadas as abordagens com base em evidências para tratar dessas condições. Como já foi mencionado, amamentar parece ajudar na melhora do sono,[71] assim como TCCi[72] e sonecas durante o dia enquanto o bebê dorme. Nas mulheres com alto risco de depressão, um relatório mostrou que uma internação hospitalar mais prolongada, de até cinco dias, combinada com aleitamento à noite na mamadeira, pela equipe hospitalar, com leite bombeado durante o dia pela mãe, reduz as chances de depressão pós-parto.[73] Aconselhamento antes do nascimento, para aumentar a conscientização sobre a perda de sono no início da maternidade, também se mostrou útil para as novas mães.[74] Cada vez mais, em sociedades mais conscientes, os casais têm sido capazes de dividir as demandas do cuidado com a criança no pós-parto. Prever quem vai ser responsável pelo quê e com que frequência, como serão distribuídas as tarefas domésticas e quem mais vai ajudar no cuidado com o bebê são medidas que reduzem a ansiedade e o estresse. Mas não há como escapar do fato de que o início da parentalidade, com sua falta de sono e sua relação causal com a vulnerabilidade a doenças mentais, é uma questão relevante para muitos. E hoje há poucas opções reais de tratamento. As jovens mães, em especial, não devem ter medo de buscar ajuda profissional durante esse período crítico.

1. Mulheres grávidas devem dormir viradas para o lado esquerdo?

Recebo essa pergunta com frequência, e os conselhos variam ao longo do tempo. Um estudo recente concluiu que, quanto ao risco de bebês natimortos, a grávida dormir virada para o lado esquerdo *ou* direito oferece o mesmo grau de segurança. No entanto, dormir de barriga para cima mostrou-se um fator contribuinte para a mortalidade de bebês no final da gravidez. Especificamente nas grávidas com mais de 28 semanas de gestação, dormir de lado, e não de costas, levou a uma *redução* de 5,8% nas chances de natimortalidade.[75]

2. O ser humano apresenta reprodução sazonal?

De fato apresentamos ritmos anuais em muitos aspectos da nossa biologia, entre eles suicídios, males cardíacos, certos tipos de câncer e taxas de natalidade.[76] Em relação a esta última, a faixa entre o menor e o maior número de registros de nascimentos, nas sociedades pré-industrializadas, era de 60% ou mais. Hoje em dia, isso é bem menos nítido, sendo ou indetectável ou de muito baixa amplitude (cerca de 5%). Os mecanismos que produziram a sazonalidade dos nascimentos no passado, e a razão de uma queda tão acentuada nos dias de hoje, não são evidentes. Mudanças nos costumes sociais, questões econômicas locais, talvez a falta de exposição a ciclos como a duração do dia e, mais recentemente, um controle de natalidade mais eficiente parecem ter influenciado.[77]

3. Tomar pílula ajuda na tensão pré-menstrual (TPM)?

Seria de esperar que a resposta fosse um claro "sim", já que as pílulas de controle de natalidade de estrogênio e progesterona, ou apenas progesterona, evitam as alterações hormonais relacionadas à ovulação. No entanto, algumas mulheres sofrem um agravamento dos sintomas, enquanto outras relatam alívio.[78] Piora do humor é um dos motivos frequentemente declarados para mulheres pararem de tomar pílula.[79] A explicação não é clara, mas pode ter a ver com o uso de pílulas hormonais com base na *progestina*, que, em vez de ajudar no sono e no relaxamento, na verdade aumentaria a depressão[80] e abalo emocional.[81]

4. As diferenças de cronotipos entre homens e mulheres, com os homens sendo mais tardios, afeta o relacionamento entre parceiros?
Um estudo recente sugeriu que a frequência das relações sexuais, em geral, não tem relação com o cronotipo dos parceiros. No entanto, no mesmo estudo, as mulheres se declararam mais felizes em seu relacionamento quando ela e o parceiro compartilhavam o mesmo cronotipo.[82] Contudo, os elos entre cronotipo, relação sexual e casamento são, na melhor das hipóteses, muito complexos e altamente variáveis, dependendo da interação de fatores sociais, econômicos e de personalidade.[83]

5. Qual a diferença entre o ciclo menstrual da mulher e o ciclo estral de outros mamíferos, como os camundongos?
Os ciclos estrais têm esse nome devido à ocorrência cíclica de atividade sexual (estro) que ocorre em todos os mamíferos, exceto nos primatas superiores. Os ciclos menstruais, que ocorrem apenas nesses primatas, têm esse nome devido à aparição regular do mênstruo (sangramento menstrual), provocado pela soltura do revestimento endometrial do útero. Nos mamíferos com ciclo estral, o revestimento endometrial não se solta — é absorvido. A maioria dos mamíferos apresenta ciclo estral, e as fêmeas só costumam estar preparadas para acasalar próximo à época da ovulação. Às vezes se diz que estão no cio. Em compensação, as fêmeas dos primatas superiores, inclusive nós, podem ser sexualmente ativas em qualquer momento de seu ciclo. O intercurso fora do período ideal para a fertilização foi associado a um fortalecimento da parceria entre macho e fêmea.

6. Homens produzem estrogênio?
A testosterona e o estrogênio são tratados como hormônios masculinos ou femininos, mas isso é incorreto. Uma forma de estrogênio (o estradiol) é produzida a partir da testosterona, e a enzima que converte a testosterona em estradiol é abundante no cérebro do homem, no pênis e nos testículos. No cérebro, a produção de estradiol a partir da testosterona aumenta nas áreas relacionadas à excitação sexual. O estradiol ajuda a regular o impulso sexual (a libido), a ereção do pênis e a produção de espermatozoides.[84] Portanto, e talvez de forma surpreendente, a testosterona produzida nos testículos comanda aspectos cruciais da fisiologia e do comportamento masculinos *depois* de ter sido convertida em

estradiol de forma local no cérebro, no pênis e nos testículos.[85] Em um passado recente, homens gays eram "tratados" com uma forma sintética do hormônio feminino estrogênio, conhecida como estilbestrol, a fim de suprimir sua sexualidade — a chamada castração química. O estrogênio sintético atua sobre a glândula pituitária para suprimir os hormônios (LH e FSH) que normalmente estimulariam a produção de testosterona pelos testículos. Em consequência, a libido masculina, a ereção peniana e a produção de espermatozoides são suprimidas pelo estilbestrol, o que vem acompanhado de uma série de outros efeitos colaterais desagradáveis, entre eles o aumento das mamas.

7. O relógio circadiano é importante para o ritmo da ovulação feminina, mas os ritmos circadianos são importantes na produção de esperma?
Um estudo de grande porte examinou um total de 12 245 amostras de sêmen de 7068 homens. Nessas amostras, analisaram-se a concentração de espermatozoides, sua contagem total, motilidade e morfologia. As amostras coletadas no início da manhã, antes das 7h30, apresentaram os níveis mais elevados de concentração de espermatozoides, embora a motilidade não tenha apresentado um ritmo diurno.[86] Ainda não se sabe por que a produção de espermatozoides atinge o ápice no início da manhã.

8. As sete idades do sono

Como os ritmos circadianos e o sono mudam à medida que envelhecemos

Tudo na vida tem volta – menos o troco na máquina de venda.
Robert C. Gallagher

Mesmo que a esponja-de-vidro da Antártida possuísse algum grau de consciência, e estou certo de que não possui, ela não teria que se preocupar muito com o envelhecimento. Acredita-se que seja o animal vivo mais antigo do mundo, com uma duração de vida estimada em 15 mil anos. Algumas esponjas-de-vidro vivas hoje já estavam por aqui quando o Saara era úmido e fértil. Mas elas não estão imunes a mudanças. Vivem em águas rasas da Antártida, de menos de 300 metros de profundidade, onde até pouco tempo havia uma vasta camada sazonal de gelo que bloqueava a luz do sol. As esponjas se alimentam de pequenas bactérias e plânctons, que filtram a partir da água circundante.

Um estudo recente sugeriu que essa antiga esponja pode ser uma das poucas espécies a se beneficiarem das mudanças climáticas. O colapso de mantos de gelo da Antártida, em razão do aquecimento regional em trechos do continente, expôs imensas áreas do fundo do mar à luz do sol, o que levou a uma explosão do crescimento de algas. As algas são fonte primária de alimento para o ecossistema antártico. Em um estudo que durou quatro anos, descobriu-se que, em áreas onde o gelo desapareceu, ocorreu um aumento de duas a três vezes nas esponjas-de-vidro. Elas vão bem, obrigado, supostamente por causa de todas essas algas a mais.[1] Nossa vida é bem mais curta que a da esponja-de-vidro. Matusalém, personagem do judaísmo, do cristianismo e do islamismo, teria morrido aos 969 anos de idade, sendo, portanto, o ser humano que mais tempo viveu, pelo menos segundo o Livro do Gênesis. Infelizmente, não há como fazer uma verificação desse relato. Segundo a Wikipédia (julho de 2021), e entendo que alguns considerem o Gênesis mais confiável que a Wikipédia, a pessoa mais velha já registrada foi a francesa Jeanne Calment (1875-1997), que viveu até os 122 anos. O homem mais velho foi Jiroemon Kimura (1897-2013), que chegou à idade de 116 anos. A moral da história é que a maioria de nós, que vivemos em economias avançadas, esperamos, e até temos a expectativa, de chegar perto dos cem anos — e uma coisa absolutamente certa é que passaremos por todo tipo de mudança: social, política, ambiental e, é claro, biológica.

Nosso ritmo circadiano e nosso sono mudam profundamente à medida que envelhecemos e, embora essa variação possa ser bastante acentuada de um indivíduo para outro, algumas tendências podem ser consideradas universais. A quantidade de tempo que passamos dormindo (a duração do sono) vai encurtando à medida que envelhecemos; nossos ritmos circadianos se tornam menos robustos, representando um incentivo cada vez menor à nossa biologia de 24 horas, incluindo o sono, que pode se tornar mais fragmentado; ocorre uma mudança em nosso tempo circadiano, com uma tendência a apresentar um cronotipo mais tardio à medida que passamos da adolescência ao início da idade adulta, evoluindo então cada vez mais para um cronotipo matutino dos vinte e poucos anos até a velhice. Ao envelhecer, muitos de nós sentimos que não estamos tendo o sono que queremos ou necessitamos.

Embora as alterações do sono e do ritmo biológico relacionadas à idade sejam inevitáveis, padrões modificados não significam necessariamente padrões piores. É tudo questão de gerir nossas expectativas individuais. Saber o que é mais provável e preparar-se (física e emocionalmente) com antecedência é crucial. O objetivo deste capítulo é trazer essas informações. Para facilitar a apreensão, fiz uma divisão em três "fatias". "O sono nos primeiros anos": algumas das maiores — e certamente as mais rápidas — alterações no sono e nos ritmos circadianos ocorrem do nascimento à adolescência, com importantes consequências para a educação e o bem-estar. "O sono depois da adolescência": após esse período, também ocorrem mudanças visíveis no sono. Elas tendem a se dar mais lentamente e são o resultado complexo da nossa biologia, junto com as exigências variadas do trabalho, do estresse, da parentalidade e de possíveis doenças. E "O sono e o impacto das doenças neurodegenerativas": à medida que envelhecemos, ficamos mais vulneráveis a doenças graves, como o Alzheimer e o Parkinson. Embora essas condições não sejam uma consequência inevitável da velhice, são mais frequentes e têm um forte impacto sobre nosso sono e o das pessoas com quem vivemos.

O SONO NOS PRIMEIROS ANOS (DO NASCIMENTO À ADOLESCÊNCIA)

O sono durante a gestação

Até onde é possível saber, os bebês passam a maior parte do tempo no útero dormindo. Entre as 38 e as 40 semanas de gravidez (o parto ocorre em torno das 40 semanas), acredita-se que os bebês passem 95% do tempo adormecidos.[2] Em compensação, para a mãe o sono pode ser um problema durante toda a gestação, sobretudo no último trimestre. O desconforto físico, combinado com as alterações hormonais, a necessidade de fazer xixi à noite quando o bebê pressiona a bexiga, as câimbras nas pernas, o refluxo gástrico e os chutes levam a níveis crescentes de insônia (capítulo 5). Durante o primeiro trimestre, as grávidas costumam dormir mais. No entanto, isso tem pouco impacto sobre a percepção do sono, com relatos mais constantes de sonolência e cansaço. Os níveis elevados de gonadotrofina coriônica humana (hCG) (capítulo 7) e progesterona necessários para manter a gravidez induzem uma leve sonolência. Porém, a hCG e a progesterona também acarretam um leve aumento da temperatura corporal, o que em geral não ajuda o sono.[3] Do segundo ao terceiro trimestres, quase 50% das mulheres relatam sono ruim.[4] O ronco e a apneia obstrutiva do sono (AOS) (capítulo 5) aumentam nas que têm maior risco de desenvolver essas condições,[5] e devem ser tratados por conta dos riscos em potencial. A síndrome das pernas inquietas (SPI) e o movimento periódico dos membros também aumentam durante a gravidez, sendo encontrados em cerca de 20% das grávidas. Com acompanhamento médico, podem ser tratados com suplementos de ferro (capítulo 5).[6] Durante a gravidez, disseram à minha mãe para tomar uma cerveja preta Guinness todo dia, para obter mais ferro. Acontece que a Guinness quase não contém ferro. Por isso, e mais importante até, por conter álcool, essa bebida não é recomendada na gravidez. Para minha sorte, mamãe disse que a Guinness lhe dava enjoo e por isso ela não tomava.

O sono do bebê (de até 1 ano) e o dos pais

Como discutimos no capítulo 7, antes do advento das famílias nucleares, o cuidado com as crianças era compartilhado pela rede familiar. Agora, toda a responsabilidade costuma ser entregue à mãe, com variados graus de ajuda do pai ou do parceiro. A premissa é que a mãe cronicamente cansada tem que dar conta. Mas não evoluímos para realizar essas tarefas sozinhos,[7] e as mães devem buscar auxílio se necessário. Quando a criança nasce, o sono domina todos os aspectos da vida da nova família. Ao nascer, o bebê não tem um ritmo circadiano estabelecido. Por isso, dorme em intervalos variados ao longo do dia e à noite, em períodos curtos, relacionados à alta necessidade alimentar desse período. Por volta das 10 a 12 semanas de idade, começam a desenvolver-se os primeiros sinais de um ritmo circadiano, com um aumento progressivo do sono durante a noite. Nesse período, a duração do sono vai diminuindo de cerca de 16 a 17 horas nos recém-nascidos para 14 a 15 horas às dezesseis semanas, e 13 a 14 horas aos seis meses.[8] A necessidade de sono diurno diminui, e o sono noturno aumenta ao longo do primeiro ano de vida, até ir se tornando majoritário com 1 ano de idade.[9] No entanto, cerca de 20% a 30% de todas as crianças passam por algum tipo de despertar noturno ao longo dos dois primeiros anos de vida.[10] Embora padrões sólidos de sono/vigília de 24 horas levem de seis a doze meses para se formar totalmente, desde o começo deve-se manter um ambiente apropriado para o sono, o que acaba ajudando a sincronizar o sistema circadiano. Os bebês devem ser expostos a um ciclo de claro/escuro estável e suficientemente brilhante. Com base nas minhas fotos de família, naquele tempo costumava-se deixar os bebês no carrinho, fora de casa, por uma boa parte do dia! À noite, o quarto deve ficar o mais escuro possível, usando blecaute, e o mais silencioso que se conseguir. À medida que o bebê crescer, certifique-se de que os horários das refeições sejam fixos e mantenha um padrão forte de 24 horas, com luz durante o dia e escuro à noite.[11] Embora causa e efeito ainda sejam incertos, estudos apontam a existência de um elo importante entre o bom sono do bebê e melhores cognição e crescimento físico durante essa fase precoce de desenvolvimento.[12] No entanto, também é preciso ressaltar que o ser humano, assim como a maioria dos outros animais, apresenta uma forte plasticidade de desenvolvimento e a capacidade de progredir de várias maneiras.[13] Portanto, um sono ruim nos primeiros anos de vida não necessariamente significa que a pessoa terá problemas na cognição ou no crescimento no futuro. Porém, um sono extremamente conturbado no bebê pode ser uma indicação de problemas neurológicos, e caso esteja preocupado você deve procurar aconselhamento médico.

Pais e mães são bombardeados por conselhos de parentes, amigos e meios de comunicação sobre como ajudar os bebês a dormir e a continuar dormindo. No geral, o melhor conselho é fazer o que funciona. Pode ser necessário experimentar diferentes abordagens. No caso de nossos três filhos, aplicamos o autoninar entre os quatro e seis meses, ou seja, não corríamos de imediato para acudi-los quando começavam a chorar, permitindo que se acalmassem por conta própria por períodos cada vez maiores, alguns minutos no início e mais tempo depois.[14] Alguns amigos nos diziam que isso era estressante demais tanto para os pais quanto para os filhos, e em vez do autoninar praticavam o ninar parental, embalando ou cantando para a criança voltar a dormir. O mais importante é que você sempre faça o que der certo para vocês, promovendo tanto o seu sono quanto o da criança. Claro, existem limites, e a prática do século XVIII de fazer o bebê sorver um paninho embebido em gim é, hoje em dia, considerada má ideia.

Pais e mães de primeira viagem sofrem uma substancial ruptura do ritmo circadiano e do sono (RRCS) e precisam estar cientes disso, no mínimo para levar em conta o risco potencial de acidentes em casa e no trabalho. Se estiver cansado, não dirija. Obrigue parentes e amigos a visitar *vocês*, não o contrário, e na hora mais favorável! A insônia também afeta as reações emocionais, gerando pressão sobre o relacionamento. Além disso, a cognição e a capacidade de tomar decisões ficam prejudicadas (capítulo 9). Dessa forma, estratégias de enfrentamento para os pais podem incluir um horário regular e precoce para dormir. Com certeza, não se deve sentir culpa por ir dormir mais cedo. Tire sonecas junto com as do bebê, e peça que parentes e amigos cuidem dele por algumas horas enquanto vocês dormem. Basicamente, priorizem todo e qualquer sono que puderem conseguir. É válido discutir as diversas estratégias de enfrentamento aos problemas relacionados ao sono antes da chegada do bebê, uma vez que fica mais difícil elaborá-las quando estamos cansados.

A criança (de 1 a 10 anos)

Muitos pais ficam nervosos em relação a quanto tempo de sono a criança deve ter. E a resposta é "quanto precisar". Repetindo, deve-se dar prioridade máxima ao sono. Relata-se que entre 15% e 35% das crianças têm algum tipo de perturbação do sono nos primeiros cinco anos de vida. Isso costuma desaparecer com a idade.[15] Assim como nos adultos, o sono infantil é muito importante para a saúde e a cognição.[16] Por exemplo, problemas de sono em crianças mostraram-se claramente associados a uma piora do desempenho escolar,[17] e há uma forte correlação com a obesidade.[18] As consequências de longo prazo do sono insuficiente na infância são uma questão muito debatida, e até agora não se sabe ao certo que problemas podem aparecer mais adiante. O tempo total de sono vai se reduzindo ao longo da infância, de cerca de 16 horas nas crianças menores para uma média de oito a nove horas na adolescência. O ciclo de movimento ocular não rápido/rápido (NREM/REM) (capítulo 2) vai ficando maior, de cerca de 60 minutos nos recém-nascidos para 75 minutos aos dois anos, parecido com o da maioria dos adultos. O que essa alteração no sono NREM/REM de fato significa não se sabe ao certo. É possível que, à medida que envelhecemos, seja necessário menos tempo para processar informações e consolidar memórias porque há menos experiências novas. Do ponto de vista intuitivo, faz sentido, mas resta provar.

A dificuldade para pegar no sono e a falta de vontade de ir para a cama são problemas tanto para as crianças quanto para quem cuida delas.[19] É fundamental ter boas práticas de sono. Rotinas para a hora de dormir, como banho, leitura, canções de ninar e colo, preparam a criança psicologicamente.[20] As condições luminosas, antes e durante o sono, são, repito, de importância crucial. Luzes brilhantes logo antes da hora de dormir deixam o cérebro alerta,[21] retardando o sistema circadiano.[22] Ambos são moduladores que dificultam o sono da criança. O ritual pré-sono deve ocorrer com luzes fracas, e durante o sono o ideal é não haver luz nenhuma. Se a criança sentir ansiedade e uma luzinha noturna na faixa dos 5 lux ou menos ajudar, dificilmente isso será um problema. As crianças, assim como os adultos, devem evitar cafeína e outras atividades que as deixem agitadas.[23]

Como saber se a criança está dormindo o suficiente? Uma forma confiável de medir é se elas andam desobedientes, recalcitrantes ou caprichosas. E pode haver outros indícios. Taxas crescentes de obesidade e apneia obstrutiva do sono (AOS) em crianças, nos últimos vinte anos, foram associadas à insônia infantil, que, como discutimos, leva à sonolência diurna. Esta última pode causar maior agressividade, ansiedade, depressão, hiperatividade e dificuldades de aprendizado e memorização. Todos esses são sinais importantes, que podem revelar um problema de sono.[24]

Adolescentes (10 aos 18 anos)

A adolescência começa com o surgimento da puberdade e termina com a idade adulta. Isto posto, a idade em que essas transformações acontecem varia de indivíduo para indivíduo, e até o conceito de adolescência varia de uma cultura para outra.[25] Como disse antes, a quantidade de sono à noite vai diminuindo da infância até o final da adolescência; no entanto, não se sabe se a necessidade de dormir declina no mesmo ritmo.[26] Os adolescentes, portanto, dormem menos, mas provavelmente precisam de tanto sono quanto antes da puberdade. Hoje parecem dormir menos que nas gerações anteriores, com um declínio notável nos últimos vinte a trinta anos[27] e nada menos que uma hora por noite, talvez, ao longo dos últimos cem anos.[28] Mas de quanto sono o adolescente realmente precisa? Variações individuais ocorrerão (capítulo 5), mas a Fundação Nacional do Sono dos Estados Unidos recomenda entre oito e dez horas por noite para adolescentes entre os 14 e os 17 anos.[29] A Academia Americana de Medicina do Sono também concluiu que oito a dez horas por noite são o ideal entre os 13 e os 18 anos.[30] No entanto, muitos adolescentes dormem bem menos que isso.[31] Por exemplo, uma importante pesquisa sobre o sono dos adolescentes concluiu que eles vêm dormindo significativamente menos que oito horas nos dias de aula,[32] e em alguns casos até cinco horas ou menos.[33]

A carência de sono na adolescência tem sido apresentada como uma epidemia nos Estados Unidos[34] e uma preocupação de ordem pública no Reino Unido. A razão para levar tão a sério essa questão é que, nos adolescentes, o sono insuficiente acarreta sérias consequências em termos de piora da saúde física e mental.[35] Menos de oito horas de sono nos dias de aula estão associadas a uma série de comportamentos adversos, entre eles consumo de cigarros ou maconha, ingestão de álcool, brigas, sentimento de tristeza e até intensos pensamentos suicidas.[36] A falta de sono também está associada a um aumento do risco de obesidade (capítulos 12 e 13).[37] Uma descoberta consistente é que o sono encurtado também resulta em pior desempenho acadêmico e escolar.[38] Estudos de laboratório compararam o desempenho acadêmico de adolescentes que puderam passar dez horas na cama contra outros que dormiram 6,5 horas ao longo de cinco noites. Estes últimos apresentaram um desempenho acadêmico significativamente pior.[39] Uma questão importante é que os adolescentes, em geral, têm ciência de que o sono insuficiente piora o humor, a concentração e a capacidade de tomar decisões.[40] Em um estudo de revisão recente, mostrou-se que 75% dos adolescentes com diagnóstico de RRCS também apresentam alguma condição de saúde mental.[41] Claramente, uma questão importante para os pais, os cuidadores e a sociedade em geral é convencer os adolescentes de que precisam tomar uma atitude em relação ao sono inadequado (capítulo 14). Antes disso, porém, vamos analisar algumas razões que podem explicar a dificuldade para dormir na adolescência.

OS IMPULSOS BIOLÓGICOS DO SONO NA ADOLESCÊNCIA

Nos adolescentes, ocorrem alterações nos fatores biológicos do sono que resultam em um retardamento do ciclo sono/vigília, ou um cronotipo tardio. O resultado é que a hora de dormir acaba ocorrendo mais tarde, à noite, e a hora do despertar, sobretudo nos dias de folga, é empurrada para o final da manhã ou até para a tarde. O retardamento máximo ocorre em torno dos 19,5 anos nas mulheres e 21 anos nos homens, sendo de aproximadamente duas horas a mais nas pessoas em torno dos 55 a 65 anos.[42] Essas diferenças muitas vezes entram em conflito com as expectativas dos pais e da sociedade, gerando acusações de "preguiça". Como aprendemos nos capítulos 1, 2 e 3, o cronotipo depende de nossos genes, do nosso desenvolvimento e de quando ficamos expostos à luz. Uma maior exposição noturna retarda o relógio biológico e leva a um cronotipo mais tardio. E existem fortes evidências de que adolescentes com um cronotipo tardio recebem uma proporção maior de luz à noite em relação ao dia,[43] o que pode ser corrigido, é claro, buscando mais exposição matutina (capítulo 3). Além disso, o cronotipo progressivamente mais tardio dos adolescentes tem uma fortíssima correlação com as alterações hormonais que ocorrem durante a puberdade. É provável que os hormônios sexuais (estrogênio, progesterona e testosterona) interajam com o relógio-mestre no núcleo supraquiasmático (NSQ) em algum grau, alterando o ritmo do sono. Como discutido no capítulo 7, existem evidências de que o estrogênio e a progesterona podem interagir com o ritmo circadiano ao longo do ciclo menstrual e durante a gravidez. Parece provável, portanto, que esses hormônios influenciem o relógio biológico durante a puberdade feminina. Estudos recentes também proporcionam boas evidências de que nos homens os níveis de testosterona induzem o relógio biológico a um cronotipo mais tardio.[44]

Além das alterações circadianas durante a puberdade, a pressão do sono (capítulo 2) também sofre alterações. Demonstrou-se que no final da adolescência a pressão do sono se acumula mais lentamente do que na pré-adolescência ou no início da puberdade,[45] indicando que no final da adolescência consegue-se ficar acordado por mais tempo sem sentir cansaço. São conclusões sustentadas por um estudo que mediu o tempo levado para adormecer depois de períodos de vigília de 14,5, 16,5 e 18,5 horas. Os adolescentes pré-púberes adormeceram muito mais rápido que os adolescentes "maduros",[46] indicando uma vez mais que a reação à pressão do sono diminui nessa idade. Em consequência, os dados sugerem que no final da adolescência se consegue ficar mais tempo acordado "biologicamente" tarde da noite. No entanto, a pressão do sono e os motivadores circadianos do sono durante a adolescência não atuam de forma isolada, e essa "predisposição biológica" em favor de um cronotipo tardio deve ser levada em conta em meio aos diversos moduladores ambientais do sono, alguns dos quais são abordados a seguir.

REGULADORES AMBIENTAIS DO SONO NOS ADOLESCENTES

Entre as principais formas de alterar o sono do adolescente estão:

O impacto da cafeína. Como discutimos no capítulo 2, a cafeína é frequentemente consumida como "antagonista" do sono. Ela bloqueia os receptores que detectam a substância neuroquímica adenosina, que aumenta no interior do cérebro em razão do estado de vigília. A adenosina é considerada um dos fatores-chave da pressão do sono.[47] A cafeína em bebidas como o café dura no corpo por um tempo considerável depois de ser decomposta. Por isso, ingerir cafeína no final da tarde ou no início da noite retarda o sono.[48] Os adolescentes são alvo de campanhas publicitárias para consumir bebidas "energéticas" que contêm entre 70 mg e 240 mg de cafeína em uma embalagem de tamanho padrão, ou "shot de energia". No Reino Unido, estima-se que mais de 70% dos jovens entre 10 e 17 anos consumam essas bebidas.[49] A premissa é que os adolescentes estão consumindo produtos ricos em cafeína para aumentar o estado de alerta, combatendo a sonolência diurna. Pode ser o caso, mas, como a cafeína dura várias horas no corpo, uma bebida cafeinada para ficar alerta à tarde ou no início da noite atua retardando o sono. Esse retardamento induzido pela cafeína vai reforçar os fatores biológicos que atrasam o sono.

O uso das redes sociais. Uma preocupação importante nos últimos anos é o uso crescente de aparelhos eletrônicos como um fator do retardamento do sono (Figura 4). Acredita-se que esses aparelhos atuem substituindo o tempo disponível para o descanso e como mecanismo de excitação cognitiva e emocional, retardando o adormecer.[50] E os dados corroboram essas preocupações. Por exemplo, uma grande pesquisa nos Estados Unidos investigou se um sono mais curto nos adolescentes estaria relacionado ao uso de aparelhos eletrônicos, redes sociais e tempo de tela. Esse estudo detalhado concluiu que sim.[51] Em outra pesquisa, foi demonstrado que os games e o uso de celulares, computadores e da internet estão ligados a um retardamento significativo na hora de dormir dos adolescentes.[52] O uso do celular, por si só, estimulou comportamentos de piora do sono,[53] entre eles atraso do sono[54] e aumento da excitação emocional.[55]

A hora do início da aula. A maioria das escolas não leva em conta o cronotipo mais tardio dos adolescentes ao planejar a grade de horários. Muitos adolescentes são obrigados a acordar antes do início de seu dia biológico para chegar à escola na hora. Esse desalinhamento entre o dia biológico e as demandas sociais foi batizado de "jet lag social".[56] Em termos práticos, o jet lag social representa a diferença entre o horário em que o adolescente acorda porque quer (como nos dias de folga) e quando é forçado a acordar (como nos dias de aula). A necessidade de sono (sono atrasado) vai crescendo ao longo dos dias, e a reação é recuperar o tempo perdido com um sono estendido no fim de semana, acordando bem mais tarde. O resultado é um retardamento ainda maior do sono, agravado por conta da perda de exposição à luz da manhã, e a semana seguinte já começa com o sono encurtado.[57] O horário das aulas atua contra os cronotipos mais tardios, mas favorece os mais precoces, que, sem surpresa, apresentam níveis mais altos de desempenho acadêmico e atenção em sala.[58]

Uma abordagem para tratar do cronotipo atrasado dos adolescentes e combater o impacto do jet lag social é retardar o horário das aulas. Nos Estados Unidos, é algo que vem sendo adotado com entusiasmo graças à pregação de grupos como o Start School Later [Comece a escola mais tarde], que recomenda às escolas de ensino médio e superior que não iniciem as atividades antes das 8h30. Note que a maioria dessas escolas, nos Estados Unidos, começa bem antes desse horário, mais perto das 7 horas.[59] As descobertas nos Estados Unidos demonstram, de forma consistente, que o atraso do início das aulas aumenta a duração do sono, reduz a sonolência diurna, a depressão e o uso de cafeína, melhora a pontualidade, o absenteísmo e as notas, e resulta em menos acidentes automobilísticos.[60] O início tardio das aulas parece ser altamente benéfico em locais onde as aulas costumam começar antes das 8h30, como nos Estados Unidos, em Singapura e na Alemanha. No entanto, muitos países, como o Reino Unido, as aulas começam bem depois das 7 horas, por volta das 9 horas. Nesses casos, não se sabe ao certo se um início ainda mais tardio seria benéfico ou se a resposta seria uma "educação do sono". Curiosamente, no Reino Unido muitas escolas particulares decidiram iniciar as aulas às 10 horas ou depois.

A educação do sono e a terapia comportamental cognitiva para a insônia. A educação do sono tem o objetivo de lidar com os fatores sociais e de estilo de vida que empurram o sono para mais tarde. A educação do sono, ou a boa higiene do sono, pode ser muito benéfica. Combinar um horário constante, uma rotina na hora de dormir que promova o sono e a exposição à luz matinal ajuda muito quando é possível convencer os adolescentes a adotar essas medidas (capítulo 6).[61] No entanto, os adolescentes, enquanto grupo, são notoriamente resistentes a seguir conselhos,[62] e os programas de educação do sono mostraram que uma melhora no conhecimento sobre o assunto nem sempre é acompanhada de mudanças no comportamento.[63] Porém, priorizar e estimular o sono no ambiente doméstico, incentivando e discutindo boas práticas, pode desempenhar um papel incrivelmente útil na saúde e no bem-estar do adolescente.[64] Práticas simples para melhorar o sono do adolescente, como adotar horários precoces para dormir, se mostraram eficazes.[65] A solução dos problemas do sono deve ser alcançada em uma parceria entre os adolescentes e a educação do sono na escola, junto com um reforço suave no ambiente doméstico, da parte dos pais e/ou responsáveis. Infelizmente, parcerias assim são raras, a começar pelo fato de que as informações necessárias para orientar o comportamento dos adolescentes não são padronizadas ou facilmente disponibilizadas. Voltarei a esse assunto no capítulo 14.

O SONO DEPOIS DA ADOLESCÊNCIA (DA IDADE ADULTA À VELHICE SAUDÁVEL)

Benjamin Franklin disse: "No mundo não há nada garantido, a não ser a morte e os impostos". Outra certeza da vida é que, com a idade, e passada a juventude, nossos padrões de sono e ritmos circadianos mudarão de novo. São alterações que preocupam muitas pessoas, mas mudar nem sempre quer dizer piorar. É tudo uma questão de como reagimos a esses padrões alterados de sono e vigília. A população mundial vem envelhecendo. A Organização Mundial da Saúde (OMS) prevê que, em 2050, a população com sessenta anos ou mais terá duplicado, enquanto aqueles com oitenta anos ou mais serão 400 milhões. O aumento da expectativa de vida levou a uma alteração na classificação daquilo que representa a meia-idade e a idade avançada, e há bem pouco tempo a revista de medicina *Lancet* definiu meia-idade como a faixa entre os 45 e os 65 anos.[66] Portanto, por definição, idoso é quem tem mais de 65 anos. Dentro desse critério, metade da população geral de idosos relata sono alterado ou perturbado.[67] O que quero enfatizar é que haverá *muita* gente no planeta que passará por alterações marcantes no sono e nos ritmos circadianos, e todos nós precisamos saber o que esperar.

As alterações no sono, ao passarmos da juventude para a meia-idade e além, são:

- Noites de sono mais curtas (redução do tempo de sono total, ou TST).
- Menos sono REM.
- Aumento do estágio mais leve do sono (estágios 1 e 2 do NREM).

- Redução proporcional do sono mais profundo (estágios 3 e SWS do NREM).
- Mais tempo para adormecer (maior latência do sono).[68]
- Mais despertares durante a noite, com sonolência diurna excessiva.

Um terço dos idosos relata acordar bem cedo pela manhã ou ter dificuldade em continuar dormindo de forma regular (várias vezes por semana).[69] As alterações do sono são uma importante razão para o uso cada vez maior de remédios para dormir na população idosa.[70] Em 2003, a pesquisa "O Sono na América", da Fundação Nacional do Sono dos Estados Unidos, concluiu que 15% das pessoas acima dos 55 anos afirmaram ter sonolência diurna, várias vezes por semana, intensa a ponto de interferir nas atividades do dia. No mesmo levantamento, e de forma alarmante, 27% dos entrevistados entre os 55 e os 64 anos relataram ter dirigido com sonolência no ano anterior; 8% relataram ter chegado a dormir ao volante; e 1% relataram ter sofrido um acidente de trânsito após dormir ao volante. Isso levanta a importante questão de que o aumento da RRCS relacionado à idade afeta não apenas a saúde e a qualidade de vida do indivíduo, mas também a segurança da comunidade como um todo.

Transformações progressivas no impulso circadiano para dormir, junto com mudanças na pressão do sono, representam os fatores cruciais para a alteração dos padrões de sono à medida que envelhecemos. Entre esses fatores estão:

Tempo circadiano (fase)

A mudança mais evidente no sistema circadiano, ao envelhecer, é um adiantamento do comportamento de sono/vigília, tornando mais precoce o início do sono. O ritmo circadiano da temperatura central do corpo se adianta, tanto na meia-idade quanto na idade avançada, na comparação com os adultos jovens (20 a 30 anos).[71] O ritmo circadiano da melatonina também parece se adiantar com a idade,[72] assim como o ritmo do cortisol[73] (Figura 1). No entanto, nem todos esses ritmos circadianos se adiantam da mesma forma. O ritmo temporal da temperatura central do corpo e da melatonina fica atrasado em relação ao ciclo de sono/vigília.[74] Isso significa que, nas pessoas mais velhas, existe uma tendência maior a uma "dessincronização interna", de modo que juntar matéria-prima certa, na quantidade certa, na hora certa vai se tornando um processo menos preciso. Não surpreende que essas horas mais precoces de acordar e dormir não sejam consideradas uma experiência positiva pela maioria dos idosos.[75]

"Amplitude" circadiana

Também existem fortes evidências de que a amplitude, ou robustez, dos ritmos circadianos diminui com a idade. Por exemplo, o ritmo circadiano dos ciclos de temperatura se achata,[76] junto com os ciclos hormonais.[77] Porém, mais uma vez, há uma significativa variação individual.[78] Como discutimos no capítulo 7, na mulher isso pode ser causado pela redução do estrogênio e, no homem, pela redução da testosterona. Há ainda evidências de que a atividade do NSQ pode mudar com a idade, talvez porque as células individuais do relógio do NSQ não sejam tão fortemente interligadas (casadas), o que leva a um ritmo de atividade circadiana mais regular.[79] Também é possível que o NSQ perca neurônios, tornando-se, assim, menos capaz de manter os níveis apropriados de impulso circadiano.[80]

Há alguns novos e fascinantes estudos que analisaram as propriedades circadianas das células da pele (relógios periféricos), coletadas de voluntários jovens e idosos, e então estudadas em culturas. A duração, a amplitude e a temporização das células-relógio foram idênticas em ambas as faixas etárias, embora o comportamento efetivo de sono/vigília registrado nesses indivíduos tenha sido muito diferente, com os mais idosos apresentando ritmos circadianos mais precoces e achatados. Isso sugere que as propriedades temporais básicas dos relógios biológicos periféricos não se alteram com a idade, pois os ritmos circadianos das células jovens e idosas, quando isoladas, reagiram da mesma forma em cultura. Notavelmente, quando as células "jovens" foram, então, postas em cultura na presença de soro sanguíneo dos indivíduos mais velhos, e não de soro sanguíneo artificial novo, os relógios da pele se comportaram como "velhos" — mais precoces e com menor amplitude de ritmos. Essas conclusões dão a entender que alguma coisa no sangue dos indivíduos mais velhos alterou as propriedades circadianas das células.[81] É algo verdadeiramente extraordinário, que me fez lembrar a condessa Elizabeth Báthory de Ecsed (1560-1614), uma nobre húngara que, diz-se, apreciava beber o sangue de virgens, acreditando que isso preservaria sua beleza e jovialidade. Para deixar bem clara minha posição sobre isso, é uma péssima ideia.

Alterações da reação circadiana à luz

Existem evidências de que adolescentes apresentam uma sensibilidade maior à luz noturna, e que isso ajudaria a retardar o seu relógio biológico.[82] Em compensação, os idosos apresentam uma queda da fotossensibilidade ao entardecer,[83] o que resultaria em um relógio mais adiantado. Sugeriu-se que esse declínio na fotossensibilidade seria devido a problemas oculares, como a catarata, que pode filtrar a luz, sobretudo a luz azul, para o arrastamento circadiano (capítulo 3).[84] Testamos essa ideia analisando os ciclos de sono e vigília antes e depois de cirurgias de catarata, usando ora uma lente substituta clara, que bloqueia apenas os raios ultravioleta potencialmente danosos, ora uma lente substituta que bloqueia a luz azul. Seis meses depois da cirurgia, a qualidade do sono havia melhorado nos dois grupos de pacientes. As conclusões sugerem que uma redução da luminosidade, em razão da catarata, pode de fato contribuir para uma queda da fotossensibilidade circadiana. Mas a redução da transmissão de luz azul olho adentro, por lentes que bloqueiam esse espectro da luz, não é suficiente para afetar o arrastamento circadiano.[85] Portanto, pelo menos em relação ao sistema circadiano, e apesar de algumas reportagens alarmistas nos meios de comunicação, não se preocupe com o tipo de lente que você receberá se fizer cirurgia de catarata.

A regulação circadiana do sono

Como discutimos no capítulo 2, o timing do sono depende de uma interação entre o sistema circadiano e o impulso homeostático para o sono, ou pressão do sono. Esses dois temporizadores biológicos precisam estar devidamente alinhados para que se obtenham padrões estáveis de sono e vigília. Em circunstâncias normais, a pressão do sono vai aumentando durante o dia, enquanto o impulso circadiano para ficar desperto diminui. Isso atinge o ápice à noite, quando a pressão do sono chega ao máximo. Essa interação para nos manter acordados é chamada de "zona de manutenção da vigília". O sistema circadiano não apenas nos mantém acordados até mais tarde, mas nos proporciona um impulso ativo para dormir à noite, que chega ao auge no início da manhã, logo antes de despertarmos, momento em que a pressão do sono está baixa. O ideal é que o sistema circadiano e a pressão do sono interajam, provocando sono e vigília consolidados, mas aparentemente as alterações no sistema circadiano provocadas pelo envelhecimento reduzem a solidez dessa interação. Por exemplo, com o relógio circadiano adiantado por conta da idade, o impulso circadiano para continuar dormindo no início da manhã vai se reduzindo, levando-nos a acordar mais cedo. Da mesma forma, à noite, o impulso circadiano da vigília e do sono ocorre mais cedo, promovendo um sono precoce. Além disso, quando a amplitude dos impulsos circadianos para dormir e acordar ficam mais achatados por conta da idade, a manutenção do sono e da vigília se torna menos eficaz, levando a uma maior sonolência durante o dia (sonecas) e a despertares noturnos. Por fim, acredita-se que o sistema de temporização circadiana influencie o momento e a duração tanto do sono REM quanto do NREM.[86] Isso também ajuda a explicar os padrões alterados de sono NREM/REM à medida que envelhecemos.

Tendo em mente os fatores e mecanismos apresentados, vamos analisar as mudanças pós-adolescência no sono e como se relacionam à RRCS em mais detalhe. No geral, quanto menos RRCS, maiores as chances de ter uma boa saúde mental, cognitiva e física ao envelhecer.[87]

Idade adulta/meia-idade (dos 19 aos 65 anos)

Existem várias causas sociais e biológicas para a RRCS, mas na meia-idade há alguns fatores específicos que é preciso ressaltar. Ao tentar equilibrar vida familiar com ambições de carreira, muitas vezes o sono acaba deixando de ser prioridade. Também ocorre um risco maior de transtornos clínicos do sono, em especial aqueles associados ao ganho de peso (apneia obstrutiva do sono) ou estresse maior e crônico. Ao envelhecermos, também vamos nos tornando mais matutinos, e a duração do sono diminui. Aparentemente, o impulso circadiano para o sono e os processos que dão origem à pressão do sono vão ficando "mais frouxos"[88] e menos capazes de controlar o ciclo sono/vigília com a precisão de antes. Diferenças de gênero também vão ficando mais evidentes à medida que envelhecemos, sem falar da menopausa, que tem um efeito relevante sobre o sono (ver capítulo 7), induzindo suores noturnos, alterações de humor e dificuldade para adormecer. Mulheres pós-menopausa têm aproximadamente o dobro de insônia autorrelatada se comparadas às pré-menopausa.

No entanto, quando mensurado de forma objetiva, o sono parece ser pior nas mulheres pré-menopausa. Isso levou ao postulado de que alterações hormonais podem afetar a percepção do sono. O risco de AOS triplica após a menopausa, em parte devido à redistribuição do tecido adiposo, resultado de alterações hormonais. De maneira expressiva, algumas mulheres relatam uma redução da AOS depois da terapia de reposição hormonal (TRH).[89]

Idosos saudáveis (dos 65 aos 100 anos) e sono perturbado

Muitas pessoas passam a ter padrões visivelmente alterados de sono ao envelhecer, e consideram que têm um sono pior. No entanto, um sono diferente não é necessariamente ruim. Livres das restrições do trabalho e outras pressões, os idosos podem relaxar e simplesmente parar de se preocupar com o próprio sono, desfrutando do que conseguem obter. Conheço vários oitentões que consideram estar dormindo melhor do que nunca, pedindo a amigos e parentes, com veemência, que *não* liguem antes do meio-dia. O meio-dia se tornou a nova hora do café da manhã! Parte-se do pressuposto de que os idosos precisam dormir menos, ou são incapazes de dormir bem, mas nenhuma dessas premissas é necessariamente verdadeira.[90] Os idosos, em geral, demoram mais para adormecer, sofrem mais interrupções do sono e dormem menos à noite. Tudo isso leva a uma probabilidade maior de cochilos durante o dia. Mas isso não é um problema, a menos que afete a funcionalidade diurna.[91] Discute-se muito se os idosos têm mais problemas de sono por produzirem menos melatonina, hormônio da glândula pineal. Embora seja verdade que produzimos menos melatonina ao envelhecer, uma terapia de reposição de melatonina, administrada como auxílio ao sono para os idosos, não melhora o sono.[92] Isso sugere fortemente que a baixa da melatonina não é a causa das alterações do sono observadas ao envelhecer, o que reforça o argumento de que a melatonina não é um "hormônio do sono" (capítulo 2). Outro problema potencial, nos idosos saudáveis, é a regulagem da temperatura. Uma leve queda na temperatura central do corpo ajuda a promover o sono. Quando se tem uma circulação fraca, que deixa pés e mãos gelados, não se perde tanto calor pelas extremidades. Esquentar as mãos e os pés, o que causa vasodilatação e aumenta a perda de calor do corpo,[93] aumenta a sonolência e a propensão a adormecer.[94] Vovó Rose tinha razão: meinhas e luvinhas ajudam a ter uma noite melhor de sono!

A necessidade de fazer xixi à noite

Sem sombra de dúvida, a pergunta que mais me fazem quando dou palestras a idosos é: "Por que eu preciso me levantar à noite pra fazer xixi?", ou, dito de forma mais formal, expelir urina (noctúria ou diurese noturna). Os rins produzem, em geral, 250 ml a 300 ml de urina ao longo da noite, sendo que a bexiga costuma reter até 350 ml de urina. Portanto, no mundo ideal, esvaziar a bexiga antes de dormir prevenirá a necessidade de se levantar à noite para urinar. Infelizmente, essa capacidade declina com a idade. Por muito tempo, acreditou-se que a noctúria fosse um problema masculino, que ocorreria por conta de um aumento da próstata (hipertrofia prostática benigna). No entanto, estudos recentes mostraram que a noctúria é uma questão tanto masculina quanto feminina.[95] Em termos de idade, os autorrelatos de noctúria indicam que menos de 5% dos adultos sofrem dela; esse número aumenta para cerca de 50% na casa dos sessenta anos e cerca de 80% perto dos oitenta.[96] Essa é considerada uma das principais causas de perturbação do sono e de sonolência diurna.[97]

Como o sono fica menos profundo ao envelhecermos, tornam-se mais prováveis as perturbações do sono. Depois de despertar, aumenta a chance de percebermos a situação da bexiga e de ter vontade de ir ao banheiro. O sono leve também deixa o indivíduo mais atento a sinais que vêm dos receptores de expansão da bexiga, o que provoca o despertar. Na verdade, quando os idosos recebem medicamentos para o sono, a noctúria cai.[98] Além do sono leve, várias causas adicionais de noctúria foram sugeridas:

REDUÇÃO DA CAPACIDADE DA BEXIGA

Um estudo mostrou que a capacidade da bexiga, em homens e mulheres idosos, era a metade da dos mais jovens.[99] Pode haver uma série de razões para isso, entre elas obstruções, inflamações e câncer. Porém, conforme mencionado, uma bexiga cheia muitas vezes não é a verdadeira causa do despertar, e a noctúria pode ser uma consequência secundária da perturbação do sono e da decisão de urinar.[100]

HIPERPLASIA PROSTÁTICA BENIGNA (HPB)

Vinte anos atrás, a HPB era considerada *a* causa da noctúria, mas hoje é reconhecida como apenas um fator contribuinte nos homens.[101] O problema surge porque, na maioria dos homens, a próstata cresce ao longo da vida, e em muitos deles esse crescimento contínuo alarga a próstata o suficiente para bloquear o fluxo de urina de forma significativa. A glândula prostática fica embaixo da bexiga, e o tubo que transporta a urina da bexiga (a uretra) passa pela próstata. Quando a próstata aumenta, começa a bloquear o fluxo de urina. Como a uretra está sendo espremida, a bexiga precisa aplicar mais pressão para que a urina saia. Isso leva a um espessamento das paredes da bexiga, o que as torna menos flexíveis e menos capazes de se contrair e esvaziar totalmente a bexiga.[102]

REGULAGEM CIRCADIANA DA VASOPRESSINA

Sob condições de laboratório controladas, constatou-se que adultos mais velhos produzem mais urina à noite na comparação com os adultos jovens, e parece ocorrer um "achatamento" do ritmo circadiano de produção de urina.[103] Essa produção é regulada por dois fatores hormonais cruciais, a vasopressina e o peptídeo natriurético atrial. Vamos começar pela vasopressina, também chamada de arginina-vasopressina, e abreviada como AVP. A AVP é liberada pela glândula pituitária posterior na circulação geral. Uma função-chave é fazer com que os rins reabsorvam água do sangue e a devolvam à circulação. As consequências dessa ação são um aumento da concentração da urina e uma redução de sua produção. Isso protege o corpo de desidratação durante o sono. Um ritmo circadiano de produção de urina, baixo durante a noite (das 22h às 8h) e mais alto durante o dia (das 8h às 22h), se estabelece por volta dos cinco anos de idade. Nos adultos jovens, a AVP apresenta um ritmo diurno, com pico durante a noite, ajudando a reduzir a produção de urina. No entanto, há indicações de que em pessoas idosas o ritmo da AVP ou desaparece ou se achata.[104] Um substituto sintético para a AVP, chamado desmopressina, ou DDAVP, pode ser tomado antes de dormir como tratamento para a noctúria e mostrou-se eficaz na redução da produção de urina à noite e da interrupção do sono.[105] Portanto, é possível que um achatamento do ritmo circadiano da AVP seja mais um fator a contribuir para a noctúria.

A PRODUÇÃO DE URINA E O PEPTÍDEO NATRIURÉTICO ATRIAL (PNA)

O segundo hormônio crucial envolvido na produção de urina é o peptídeo natriurético atrial. O PNA é liberado pelas células musculares cardíacas, que detectam um aumento da expansão da parede cardíaca em razão do aumento da pressão/volume sanguíneo. O PNA atua nos sistemas do corpo que aumentam a excreção de sódio e água dos rins. Isso aumenta a produção de urina (diurese), baixando o volume sanguíneo e, por consequência, a pressão arterial. Durante o dia, e devido à inatividade, fluido corporal se acumula nas pernas e nos tornozelos. À noite, ao deitar-se para dormir, esse fluido acumulado é reabsorvido pelo corpo. A pressão arterial, então, aumenta, e o PNA é liberado como resposta, produzindo urina. Há pessoas que chegam a produzir mais de 1 litro quando vão dormir, e como a bexiga só comporta cerca de 350 ml, isso provoca noctúria. Outro elo entre a pressão arterial e a noctúria é constatado em indivíduos com apneia obstrutiva do sono (AOS), condição que pode levar à pressão alta. O aumento dos eventos de apneia tem uma correlação direta com o aumento da liberação de PNA à noite. Isso acarreta um aumento da produção de urina e noctúria.[106] Demonstrou-se que o tratamento da AOS com CPAP (pressão positiva contínua das vias aéreas) reduz a noctúria[107] (capítulo 5). Por conta disso, a AOS deve ser analisada como parte do diagnóstico e até como alvo para o tratamento da noctúria.

A PRODUÇÃO DE URINA, PNA E ALDOSTERONA

Uma importante atuação do PNA é inibir a liberação de aldosterona do córtex suprarrenal para a glândula suprarrenal. A aldosterona atua nos rins, sobretudo, na reabsorção do sódio no sangue, levando a um aumento da pressão arterial. Em geral, a liberação de aldosterona está intimamente ligada ao ciclo sono/vigília, com níveis altos de aldosterona durante o sono reduzindo a produção de urina. Essa diferença dia/noite parece ser motivada pelo próprio sono, e não pelo sistema circadiano, já que a privação do sono prejudica o ritmo da aldosterona.[108] Portanto, em conjunto, o PNA, a aldosterona, a pressão alta e a ruptura do sono contribuem para provocar a noctúria. Quaisquer que sejam suas causas, ela pode ter um impacto profundo na percepção da própria saúde, na saúde efetiva e na qualidade de vida do indivíduo. A noctúria tem uma forte correlação com a sonolência diurna excessiva e aumenta o risco de lesões provocadas por quedas noturnas,[109] depressão[110] e talvez até morte prematura.[111] Vale a pena observar que existem no mercado várias "garrafinhas de xixi" tanto para homens quanto para mulheres, que podem ser deixadas ao lado da cama e usadas para reduzir o número de idas ao banheiro à noite. Mas, por favor, não jogue fora sua urina se você tiver um jardim. A garrafinha pode ser esvaziada na compostagem e seu conteúdo diluído lançado no solo, proporcionando às plantas nutrientes como o nitrogênio. Na internet você encontrará informações sobre como fazer. Para minha surpresa, descobri que existem até clubes dedicados a isso.

MEDICAMENTOS ANTI-HIPERTENSÃO E PRODUÇÃO DE URINA

No capítulo 10, falarei dos benefícios de tomar remédios para pressão arterial (os chamados anti-hipertensivos) antes de dormir para reduzir o risco de derrame. Mas há uma desvantagem. Alguns anti-hipertensivos aumentam a produção de urina.[112] Os diuréticos, às vezes chamados de "pílulas de água", estimulam os rins a retirar água e sal do corpo, levando-os para a urina. Isso reduz o volume sanguíneo, e portanto a pressão arterial, mas também aumenta a produção de urina quando diuréticos como a furosemida são tomados antes de dormir. Bloqueadores do canal de cálcio (por exemplo, a amlodipina) também aumentam a noctúria.[113] Esses bloqueadores relaxam os vasos sanguíneos, reduzindo a pressão arterial, mas também atuam inibindo a contração da bexiga e reduzindo seu esvaziamento, o que torna necessário urinar com mais frequência e também à noite.[114]

O SONO E O IMPACTO DAS DOENÇAS NEURODEGENERATIVAS

Idosos, demência e Alzheimer (dos 65 aos cem anos)

Demência é um termo genérico para definir um declínio da capacidade mental grave o bastante para interferir na vida cotidiana. A forma mais comum de demência é o Alzheimer. A demência não é uma consequência inevitável do envelhecimento, mas 50% das pessoas com mais de 85 anos serão afetadas por ela em algum grau,[115] e no que diz respeito à RRCS a realidade dos fatos é brutal. Relata-se alguma forma de RRCS em pelo menos 70% dos pacientes com demência em estágio inicial,[116] e a RRCS em pessoas com demência é altamente preditiva de desfechos negativos em termos de sintomas cognitivos e neuropsiquiátricos mais severos, assim como uma piora da qualidade de vida.[117] Estima-se que 70% a 80% das pessoas com demência tenham um transtorno respiratório relacionado ao sono (TRS), como apneia obstrutiva do sono (AOS) (capítulo 5), e quanto pior o TRS maior a gravidade da demência.[118] Isso suscita a possibilidade de que os TRS possam ser um fator no avanço das doenças demenciais e, por sua vez, que a demência possa exacerbar os TRS.[119] Parece provável, já que os TRS foram associados a uma piora da atenção e da velocidade de cognição e reação. Os TRS também aumentam de duas a seis vezes o risco de comprometimento cognitivo leve e de início precoce da demência.[120] Ainda não se sabe ao certo de que forma os TRS, como a AOS, levam à demência, mas é possível que a falta de oxigenação no cérebro (hipoxia) seja um fator contribuinte, ou mesmo impulsionador. Também vale a pena saber que os TRS, e o sono encurtado em geral, estão relacionados a um afinamento do córtex cerebral e a um aumento do ventrículo cerebral; ambos são fatores de declínio cognitivo e demência.[121] Um ponto importante é que muitos TRS são tratáveis; por isso, a detecção e o tratamento de condições como a AOS podem ter um forte impacto sobre o declínio cognitivo e a demência nos idosos. De maneira significativa, indivíduos com demência leve que sofrem de TRS toleram tratamentos de pressão positiva contínua das vias aéreas (CPAP) da mesma forma que pacientes de TRS sem demência. Portanto, esse tratamento deve ser recomendado enfaticamente, embora indivíduos com demência total e sintomas neuropsiquiátricos *não* lidem bem com CPAP.[122]

Alzheimer

Como mencionei, o Alzheimer é, de longe, a forma de demência mais comum, representando cerca de 80% dos casos. Acredita-se que em 2020 havia cerca de 5,5 milhões de cidadãos americanos com Alzheimer, e estima-se que em 2050 esse número atingirá 13,8 milhões. Em termos de cuidados, o custo financeiro para as famílias e o Estado é avaliado em centenas de bilhões de dólares só nos Estados Unidos.[123] Ainda há debate sobre a causa exata da doença, mas ela é caracterizada por "placas" e "emaranhados" no cérebro, causados por duas proteínas chamadas amiloide (placas) e tau (emaranhados).[124] Essas proteínas "entopem" as engrenagens das células cerebrais, causando sua morte. Uma consequência é a morte dos neurônios do prosencéfalo basal, que produzem acetilcolina. Esses neurônios se projetam no hipocampo e no córtex cerebral e estimulam suas estruturas (Figura 2), que participam da geração de memórias e da cognição.[125] Essa observação se liga ao fato de que o Alzheimer se caracteriza pela perda de acetilcolina, gerando os seguintes sintomas progressivos: dificuldade de lembrar-se de eventos recentes, sem perder a memória dos antigos; dificuldade de concentração; dificuldade para reconhecer pessoas ou objetos; piora das habilidades organizacionais; confusão; desorientação; fala lenta, arrastada ou repetitiva; isolamento da família e dos amigos; e dificuldades em tomar decisões, resolver problemas, e planejar e ordenar tarefas. Além disso, a acetilcolina é um dos principais neurotransmissores responsáveis pelo despertar, de modo que sua perda causa sonolência diurna, junto com o declínio cognitivo. Drogas como Donepezil, Rivastigmine e Galantamine atuam impedindo que uma enzima chamada acetilcolinesterase decomponha a acetilcolina no cérebro. Isso resulta em níveis mais elevados de acetilcolina, que podem levar a uma leve, mas significativa, melhora da cognição e do ciclo sono/vigília. Em alguns indivíduos, os inibidores de acetilcolinesterase são capazes de desacelerar o declínio cognitivo por vários meses. No entanto, essas drogas têm um problema importante e muitas vezes menosprezado. Os inibidores de acetilcolinesterase aumentam o sono REM e os pesadelos nos pacientes com Alzheimer. Por conta disso, devem ser tomados pela manhã, e não à noite.[126] Infelizmente, nem sempre isso é levado em conta, e muitos médicos o prescrevem para a hora de dormir, levando a uma grave ruptura do sono e a sonhos muito vívidos. Esses sonhos são a principal razão para os pacientes interromperem o uso da medicação.

Relata-se que cerca de 70% dos indivíduos com Alzheimer sofrem de ritmos circadianos perturbados e fragmentados, com vigília noturna, ritmos tardios, ruptura dos ritmos da temperatura central do corpo e cochilos diurnos frequentes (Figura 4). Muitos também apresentarão *sundowning*, que se caracteriza por agitação e comportamento agressivo no fim da tarde ou à noite (Figura 8). A ruptura circadiana se dá logo no início da doença e progride até a morte.[127] Não surpreende que esse alto grau de RRCS esteja associado a um pior desempenho cognitivo diurno, além de agressividade e agitação.[128] Essa ruptura tem sido relacionada a uma degeneração do NSQ nos pacientes de Alzheimer, sugerindo que seja um fator contribuinte direto para a RRCS.[129]

A RRCS antes da velhice parece ser um bom preditor do aumento do risco de desenvolver Alzheimer.[130] Em um estudo, um sono curto, de cinco horas ou menos, e um sono longo, de nove horas ou mais, mostraram-se associados a um risco maior de demência.[131] Em outro estudo, padrões circadianos claramente fragmentados no comportamento de sono/vigília mostraram-se associados a um risco 50% maior de desenvolver Alzheimer.[132] No entanto, até hoje é difícil estabelecer causa e efeito. A RRCS muitas vezes ocorre antes do diagnóstico clínico. Por isso, determinar se é a RRCS que promove o Alzheimer ou se é consequência de um Alzheimer precoce tem sido difícil. Elos recentes e robustos vêm sendo constatados entre a RRCS e um aumento dos níveis de amiloide (Aβ) no fluido cerebroespinhal e no cérebro.[133] As placas são formadas por agregados dessas proteínas mal dobradas, e se acumulam nos espaços entre as células nervosas. A RRCS está associada a uma ruptura do recém-descoberto sistema glinfático. Trata-se de um tipo de sistema de limpeza de detritos, que retira do fluido cerebrospinal os agentes tóxicos, inclusive o Aβ. É algo importante, porque o sistema glinfático fica mais ativo durante o sono,[134] e isso sugere que o sono ajuda a prevenir o acúmulo de Aβ e, por extensão, o Alzheimer.[135] Um estudo recente, usando métodos de imagem cerebral, mostrou que uma única noite de privação de sono em humanos saudáveis aumentou os depósitos de Aβ no cérebro.[136] E, ainda mais recentemente, outro estudo mostrou que a AOS *está* associada a níveis mais elevados de Aβ no cérebro.[137] Anomalias em alguns dos principais genes que regulam a engrenagem molecular circadiana se mostraram associados a níveis mais elevados de Aβ e comprometimento cognitivo em camundongos usados como modelo para o Alzheimer.[138] Estão se revelando, portanto, os mecanismos que relacionam a RRCS, o sistema glinfático, o relógio molecular e a demência. Caso esses elos se revelem verdadeiros, e as evidências já são fortes, o tratamento da RRCS, assim que detectada, poderia ser usado para desacelerar o avanço do Alzheimer.

Parkinson

O Parkinson é uma doença neurodegenerativa causada por deficiência de dopamina, um neurotransmissor cerebral. Seus principais sintomas são o tremor involuntário de partes do corpo, lentidão motora e músculos enrijecidos e sem flexibilidade. Indivíduos com Parkinson também sofrem de outros sintomas, entre eles: depressão e ansiedade; problemas de equilíbrio; perda do olfato; dificuldades de memória; e, muito frequentemente, RRCS — que afeta de 60% a 95% dos pacientes.[139] A maioria das pessoas com Parkinson começa a desenvolver os sintomas depois dos cinquenta anos, e a condição afeta cerca de 2% dos adultos acima dos 65 anos.[140] O Parkinson pode progredir para uma forma de demência, devido ao acúmulo de uma proteína mal dobrada, chamada alfa-sinucleína, que se agrega e forma os corpos de Lewy, considerados um importante mecanismo de degeneração cerebral. Além disso, o depósito de amiloide (Aβ) que forma placas, como no Alzheimer, está relacionado ao declínio cognitivo no Parkinson.

Entre as características da RRCS que aparecem no Parkinson estão: sonolência diurna, insônia e transtorno comportamental do sono REM (TCR). Assim como ocorre com a demência, a RRCS exacerba os sintomas do Parkinson, e os principais sintomas do Parkinson podem agravar a RRCS. Como a dopamina é um neurotransmissor-chave, desempenhando um papel crucial na manutenção do ciclo sono/vigília, é muito provável que sua queda seja a causa dos vários problemas de sono associados à doença. O TCR (capítulo 5) está fortemente associado ao Parkinson e à demência. A atonia (paralisia) muscular normal durante o sono REM (capítulo 2) é prejudicada ou perdida nos acometidos de Parkinson, resultando em considerável atividade física durante o sono, como a encenação de sonhos violentos durante o REM. O TCR pode servir como um biomarcador precoce, que prevê o surgimento do Parkinson. Isso é muito importante, porque futuras drogas para prevenir a ocorrência dessa condição neurodegenerativa precisam ser ministradas antes do início dos sintomas. O diagnóstico de TCR está associado a um risco de 20% em cinco anos, 40% em dez anos e 52% em doze anos de desenvolver uma doença neurodegenerativa como o Parkinson.[141] Sugeriu-se que a formação dos corpos de Lewy no núcleo supraquiasmático possam reduzir a capacidade do NSQ de propiciar um estímulo circadiano potente para regular diversos aspectos do sono, entre eles o sono REM.[142]

HÁ ALGO QUE EU POSSA FAZER EM RELAÇÃO À RRCS NA DEMÊNCIA E NO PARKINSON?

Por exacerbar os sintomas da demência e do Parkinson, é importante pensar na estabilização da RRCS como alvo terapêutico. Discutimos em termos gerais, no capítulo 6, o que fazer em relação à RRCS, mas vamos revisar algumas das abordagens específicas atuais para lidar com ela nessas doenças neurodegenerativas devastadoras. Assim como ocorre com a população em geral, inclusive os idosos saudáveis, indivíduos com demência podem melhorar os sintomas de RRCS e de sonolência diurna fazendo exercícios ao ar livre, como caminhar.[143] Essa é uma das primeiras atividades perdidas ou reduzidas com a progressão da doença. Talvez valha a pena mencionar que nos lares para idosos a rotina é manter os internados na cama, durante o dia, para facilitar os cuidados. O resultado é a perda de todo tipo de exercício e, com isso, a retirada de uma intervenção que poderia melhorar a RRCS. Além disso, reduzir ou eliminar a ingestão de cafeína, sobretudo perto da hora de dormir, e reduzir o consumo de álcool ajudam.[144] Outras duas áreas merecem uma atenção detalhada.

OS REMÉDIOS PARA DORMIR NA DEMÊNCIA E NO PARKINSON

O ideal é que medicamentos, sob a forma de comprimidos para dormir, não sejam o método inicial para tratar a RRCS na demência. A benzodiazepina não é recomendada para a demência e o Parkinson, porque pode aumentar o declínio cognitivo e do humor, provocar sonolência diurna e aumentar o risco de quedas. Também há os problemas adicionais de vício e interações medicamentosas. Uma revisão recente do uso das drogas Z mais recentes (zopiclona, zaleplon, zolpidem etc.), para tratar a insônia na demência, concluiu que qualquer benefício era consideravelmente superado pelos riscos.[145] Doses baixas de antidepressivos, como os inibidores seletivos da recaptação de serotonina (ISRSs), também têm sido utilizadas com frequência para tratar a insônia em indivíduos com doenças neurodegenerativas, mas há poucos dados que apoiem seu uso, e essas drogas também produzem efeitos colaterais de sonolência diurna, tontura e ganho de peso — levando à apneia obstrutiva do sono (AOS).[146] Os anti-histamínicos são amplamente encontrados em vários medicamentos para dormir nas prateleiras das farmácias (por exemplo, o Benadryl), mas devem ser evitados no Alzheimer, porque reduzem a acetilcolina no cérebro, piorando o comprometimento cognitivo.[147] A melatonina também tem sido usada para melhorar o sono na demência. No entanto, os efeitos são diminutos ou ausentes.[148] Diante das descobertas feitas até agora, o tratamento da RRCS na demência e no Parkinson deve evitar os remédios para dormir atuais, ou ao menos considerá-los um último recurso.

A EXPOSIÇÃO À LUZ NA DEMÊNCIA E NO PARKINSON

A exposição à luz natural brilhante ou o uso de fototerapia (capítulo 6) vem se mostrando uma abordagem particularmente útil, por duas razões: os adultos mais velhos parecem apresentar uma redução da sensibilidade à luz circadiana;[149] e os indivíduos com demência ou Parkinson não têm como sair muito, por isso recebem pouquíssima luz natural, sobretudo nas casas de repouso. Em um estudo pioneiro, verificou-se que indivíduos em um desses lares foram expostos a apenas 54 lux de luminosidade média diária, com apenas 10,5 minutos de exposição acima dos 1000 lux.[150] Dê uma rápida olhada na Figura 3 para ter uma ideia da exposição à luz natural. Em um relatório recente, idosos em uma casa de repouso foram comparados a idosos não internados. Os internados apresentaram um sono geral pior, níveis elevados de sonolência diurna e sintomas depressivos mais acentuados.[151] Em um estudo fundamental, o tratamento diário de longo prazo, com luz intensa (aproximadamente 1000 lux) ou fraca (aproximadamente 300 lux) em uma casa de repouso, por um período de vários anos, mostrou que a fototerapia consolida em parte os ciclos de sono/vigília e reduz a sonolência diurna, o declínio cognitivo e os sintomas depressivos em indivíduos com demência.[152] Portanto, está demonstrado que a fototerapia, de alguma forma, consolida os ciclos de sono/vigília, deixa a pessoa mais desperta durante o dia, reduz a agitação noturna e melhora a cognição.[153] Contrastando com as drogas medicamentosas, a fototerapia representa uma intervenção terapêutica potencialmente muito promissora na melhoria da saúde e do bem-estar dos idosos e daqueles que sofrem de demência. Mais importante, essa informação deve ser incorporada ao design e à construção da próxima geração de lares para idosos.

1. Crianças devem tirar sonecas?

Dormir durante o dia pode reduzir o tempo de sono noturno, como nos adultos, mas na maioria das crianças isso parece improvável, já que elas precisam dormir mais. Impedir uma criança de cochilar pode lhe roubar um sono restaurador altamente necessário, caso sua necessidade de sono à noite não esteja sendo plenamente atendida. Porém, esses cochilos precisam ser adequados à idade, e uma redução das sonecas diurnas será necessária se ocorrer dificuldade para dormir à noite.

2. Qual é a relação entre a exposição à luz à noite e a miopia?

Essa é uma questão um tanto polêmica. A miopia, ou dificuldade para enxergar de longe, é um problema de saúde pública relevante em vários países desenvolvidos e em desenvolvimento. Estima-se que em 2050 aproximadamente 50% da população mundial será afetada pela miopia. Comparações entre crianças com e sem miopia sugerem fortemente que a falta de tempo passado ao ar livre e de exposição à luz natural é um fator de risco potencial para o desenvolvimento da condição. E quanto ao uso de uma luz noturna fraca no quarto, para dar à criança uma sensação extra de segurança? Foi relatado que a exposição à luz artificial à noite, nos dois primeiros anos de vida, estaria associada ao desenvolvimento de miopia. Não há, porém, dados sólidos que sustentem isso. Um grande estudo mostrou não haver diferenças na incidência de miopia em crianças que dormiram do nascimento aos dois anos em um quarto escuro ou com uma luz noturna.[154] Um estudo posterior confirmou isso.[155] O consenso parece ser que a luz noturna não causa miopia, mas deixar de ser exposto à luz natural durante o dia, nos primeiros anos, poderia ser um fator de risco.

3. Os cobertores ponderados (ou pesados) melhoram o sono da criança com autismo?

O autismo é uma condição complexa do neurodesenvolvimento, com características que incluem habilidades atípicas de comunicação, interação social prejudicada, comprometimento do processamento de informações e das habilidades motoras e muitas vezes sono ruim. Estima-se que entre 44% e 83% dos indivíduos (adultos e crianças) com autismo sofram de distúrbios do sono.

Os cobertores ponderados têm sido usados como estratégia de intervenção para melhorar o sono nas crianças com autismo que têm problemas para dormir. No entanto, um estudo recente[156] sustenta conclusões anteriores de que os cobertores ponderados teriam pouca influência no sono das crianças com autismo.

4. Notei que, ao envelhecer, passei a acordar com uma mancha úmida no travesseiro. Devo me preocupar?
A baba (ou sialorreia) ao dormir é bastante comum. A saliva se acumula na boca quando dormimos. Normalmente, é coletada pela parte de trás da garganta, provocando uma reação automática de engolimento. Porém, quando se dorme de lado, a saliva pode respingar do canto da boca para o travesseiro. Um pouco desagradável, talvez, porém inofensivo.

9. O tempo fora da mente

Os efeitos do tempo sobre a cognição, o humor e as doenças mentais

Não estamos interessados no fato de que o cérebro tem a consistência de um mingau gelado.
Alan Turing

Albert Einstein é o garoto-propaganda tanto da genialidade quanto do sono. Ele é o exemplo que costumo usar em minhas palestras sobre como o sono regular e extenso abastece o intelecto. Sua Teoria Geral da Relatividade e seu prêmio Nobel de Física foram produtos de um sono noturno de cerca de dez horas, seguido por um dia altamente estruturado. Em geral, neste ponto da palestra, alguém levanta a mão e pergunta: "Bem, e quanto a Salvador Dalí, que não dormia e ninguém pode dizer que não é um gênio?". "Bom argumento!", eu respondo. Diz a lenda que Dalí se sentava com uma chave ou uma colher na mão e, a certa distância dessa mão, colocava uma placa de metal no chão. Quando ele adormecia a colher caía da mão relaxada, batia na placa e o ruído o acordava. Dalí considerava o sono uma perda de tempo. E para ele, e sobretudo para a arte que criava, provavelmente era. Isso porque a falta de sono constante induz a paranoia, alucinações e um estado de consciência alterado. Essas percepções nítidas são, em geral, imagens ou sons abstratos, embora possam vir na forma de outras sensações, como olfato ou paladar. As alucinações são delírios, e Dalí afirmava que os relógios derretidos em sua famosa pintura *A Persistência da Memória* provinham de alucinações autoinduzidas pela falta de sono. Ao contrário dele, Einstein precisava de um raciocínio crítico e metódico para compreender a natureza do universo, e o sono o ajudava a alcançar essa realidade cristalina. Dalí queria uma visão surrealista do universo, e as lentes distorcidas da privação do sono e da consciência alterada o ajudavam a atingir essa perspectiva sem igual. Portanto, quando o tempo permite, é assim que eu lido com a pergunta sobre "Dalí, o gênio que não dormia". No entanto, quando o tempo está curto, eu só cito George Orwell, que em 1944 afirmou que a arte de Dalí era "doentia e asquerosa" e que o homem era "cruel e repugnante". Na verdade, ler a autobiografia de Dalí pode ser uma experiência um tanto chocante.

A consciência já foi definida de formas variadas como a percepção individual de pensamentos, memórias, sensações e ambientes singulares: essencialmente, nossa percepção de nós mesmos e do mundo à nossa volta. Para a maioria de nós, a consciência fica em algum ponto entre os extremos de Einstein e Dalí, e exatamente onde será profundamente influenciada pela hora do dia e pelo nível de RRCS que somos forçados a aguentar. Eu dividi a discussão a seguir em duas partes, considerando primeiro "A cognição, a hora do dia e a RRCS" e em seguida "Humor, doenças mentais e RRCS". Meu objetivo é proporcionar a você alguns insights sobre sua própria consciência e a dos outros, e como você pode melhorar ambas.

A COGNIÇÃO, A HORA DO DIA E A RRCS

Vamos começar com uma definição do muito usado mas mal compreendido termo "cognição" — como na expressão "habilidades cognitivas", ou, é claro, "a cognição contribui enormemente para nossa percepção". "Cognição" descreve um amplo leque de processos dentro do cérebro necessários para coletar informações e em seguida compreendê-las, armazená-las e reagir a elas de maneira apropriada. Em diversas situações, uma ação vai se basear em lembranças e experiências anteriores. Existem três elementos-chave da cognição: a **atenção**, através da qual percebemos as características cruciais do entorno e filtramos as informações ditas irrelevantes; a **memória**, que descreve nossa capacidade de reter e recuperar informações, inicialmente como memórias passageiras que depois se "assentam" na memória de longo prazo; e a **função executiva**, relacionada à capacidade do cérebro de planejar, monitorar e controlar comportamentos complexos para atingir metas específicas ou nos permitir completar tarefas específicas. Na essência, nossas funções executivas são os processos cerebrais que nos permitem resolver problemas — o $E = mc^2$ de Einstein, ou, para a maioria de nós, como transformar em jantar o que encontramos na geladeira. Coletivamente, nossos processos cognitivos podem ser conscientes, quando nos propomos de modo deliberado a tratar de um assunto ou de um problema, ou inconscientes, quando o cérebro reage a características do ambiente ou recorre a lembranças para resolver um problema sem que nos demos conta dessa atividade até que uma solução de repente surge como um "lampejo de inspiração" ou insight (veja a seguir).

A primeira questão a ser abordada é que nossas habilidades cognitivas gerais, que podem ser avaliadas por uma série de testes diferentes, variam enormemente ao longo das 24 horas do dia. Essa alteração cotidiana é determinada por uma interação entre nosso ritmo circadiano, cronotipo, necessidade de sono e idade. Muitas vezes é difícil desembaraçar a contribuição individual de cada um desses processos, mas o resultado final é que a capacidade cognitiva da maioria dos adultos vai aumentando depressa após o despertar, atingindo o ápice no final da manhã e início da tarde (Figura 6). Um estudo célebre do pesquisador australiano Drew Dawson demonstrou que nossas habilidades cognitivas entre as 4h e as 6h da manhã eram piores que o comprometimento cognitivo produzido por um nível de consumo de álcool que nos deixaria legalmente embriagados.[1] Esse efeito da hora do dia torna qualquer atividade, sobretudo dirigir, particularmente perigosa nas primeiras horas da manhã. Mas essa alteração da cognição ao longo do dia é um pouco diferente para os adolescentes e jovens adultos, que tendem a possuir um cronotipo tardio. As habilidades cognitivas tendem a aumentar, atingindo o pico mais tarde durante o dia. Na média, esse retardamento é de cerca de duas horas, com o ápice no meio da tarde (Figura 6).[2] Essas conclusões foram usadas para argumentar que os adolescentes, sobretudo aqueles com cronotipo muito tardio, devem fazer suas provas à tarde, em vez de no começo da manhã, como é a prática atual.[3] Essas conclusões também levantam um dilema interessante. De modo geral, por conta da idade, os professores de adolescentes estarão cognitivamente mais alertas pela manhã, mas seus alunos, nesse horário, estarão bem menos. No

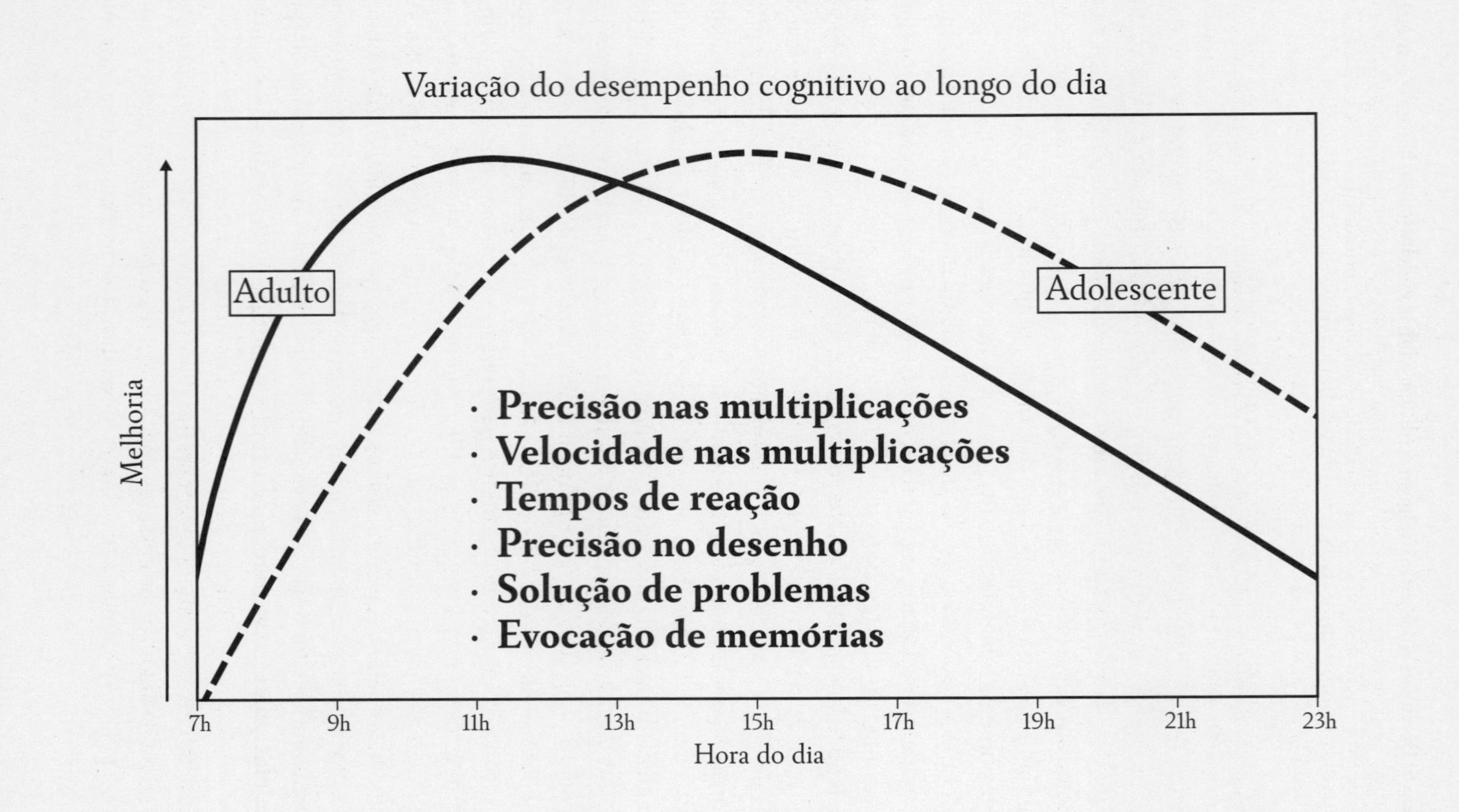
Variação do desempenho cognitivo ao longo do dia
Adulto
Adolescente
Melhoria
· Precisão nas multiplicações
· Velocidade nas multiplicações
· Tempos de reação
· Precisão no desenho
· Solução de problemas
· Evocação de memórias
7h
9h
11h
13h
15h
17h
19h
21h
23h
Hora do dia

Figura 6. Desempenho cognitivo ao longo do dia em adultos e adolescentes. Na média, a cognição aumenta a partir do despertar, atingindo o ápice no final da manhã/início da tarde nos adultos, e no meio da tarde nos adolescentes. A não ser quando cronicamente privados de sono, os adolescentes em geral apresentam habilidades cognitivas superiores ao longo da tarde, na comparação com os adultos. A mensuração de nossas habilidades cognitivas é feita através de uma série de testes diferentes, que analisam a velocidade e a precisão das tarefas de multiplicação, a velocidade das respostas ou reações a um alerta, o tempo que se leva para copiar um desenho, a solução de problemas como o rearranjo de figuras geométricas para formar outras figuras e a capacidade de resgatar memórias.[4] De maneira curiosa, nosso humor apresenta variação semelhante ao longo do dia.

meio da tarde, porém, a cognição dos professores estará em declínio, enquanto a dos alunos estará no auge. Esse descompasso impede uma experiência ideal de ensino para a maioria dos professores e dos alunos, a menos, é claro, que o professor seja particularmente jovem ou tenha um cronotipo tardio. Tudo isso ilustra o fato de que nossas habilidades cognitivas não são fixas, variando ao longo do dia. É importante observar que há momentos na vida em que precisamos lançar mão plenamente dos recursos cognitivos do cérebro. Todos nós temos que tomar decisões e, às vezes, como adultos, seria uma boa ideia fazer isso no final da manhã, e não no final da tarde.

Vamos passar agora das alterações cotidianas das nossas habilidades cognitivas para o impacto da ruptura do ritmo circadiano e do sono (RRCS) em três elementos-chave da cognição que apresentei antes: a atenção, a memória e as funções executivas.

A atenção e a RRCS

A atenção é particularmente vulnerável à perda de sono. A catástrofe de 1986 na usina nuclear de Tchernóbil começou à 1h23 da manhã, inteiramente por falha humana. Foi descoberto mais tarde que os operadores responsáveis vinham trabalhando com sono muito reduzido e não conseguiram reconhecer que a usina caminhava para o desastre. A perda de sono, ao longo do tempo, vai reduzindo enormemente a capacidade de nos mantermos focados, alertas e centrados. Por exemplo, depois de sete dias, indivíduos que tiveram a oportunidade de dormir nove horas por noite não apresentaram lapsos de atenção. No entanto, a oportunidade de dormir sete horas por noite, ao longo de sete dias, levou a cinco episódios de perda de atenção; e três horas de sono por noite produziram dezessete episódios de perda de atenção.[5] Essas conclusões reforçam que mesmo uma diminuta redução do sono ideal pode se acumular ao longo do tempo, gerando problemas de atenção. A explosão do ônibus espacial *Challenger*, em 1986, é um exemplo clássico da incapacidade de prestar atenção total a um problema complexo. A investigação após o desastre concluiu que o acúmulo de falta de sono e de privação do sono devido ao trabalho noturno (resultando em perda de atenção e comprometimento da função executiva) contribuiu para os erros cometidos no lançamento da aeronave. Um conjunto de problemas semelhantes levou ao vazamento de petróleo do *Exxon Valdez*. O relatório final da comissão de investigação, publicado em 1990, concluiu que excesso de trabalho e prolongada privação do sono foram fatores relevantes do naufrágio do navio-tanque em 1989, que resultou em um gigantesco derramamento na enseada do Príncipe Guilherme, no Alasca.

Tarefas simples e repetitivas, que exigem vigilância constante, são fortemente afetadas pela perda de sono. Vários estudos mostraram que indivíduos sofrem mais lapsos de atenção em tarefas monótonas do que em outras mais complexas.[6] Esses lapsos de vigilância podem se dever a breves episódios involuntários de "microssono", quando ocorre um lapso temporário da percepção, que pode durar de três a trinta segundos, durante o qual o indivíduo fica sem reação e inconsciente.[7] Tragicamente, um dos meus melhores professores na universidade, Thomas Thompson, morreu devido a um microssono enquanto voltava para casa de carro. A falta de sono, associada a uma tarefa entediante que leva ao microssono, é causa de grande parte dos acidentes e mortes no trânsito no mundo inteiro.[8] Por exemplo, o acidente de trem de Selby, em 2001, no Reino Unido, é um terrível exemplo dos riscos de um microssono. Gary Hart adormeceu ao volante de sua Land Rover e saiu da estrada, cruzando a ferrovia no vilarejo de Great Heck, perto de Selby, em Yorkshire do Norte. Esse microssono causou uma colisão a 200 km/h entre um trem expresso e outro de carga, de 1800 toneladas, matando seis passageiros e quatro tripulantes, e ferindo mais de oitenta. Hart sofria de privação do sono e tinha dormido pouco na noite anterior ao acidente. Foi considerado culpado pela morte de dez pessoas, por direção perigosa, e condenado a cinco anos de prisão. Os microssonos quase sempre são precedidos por sacudidas da cabeça e queda das pálpebras. Esses movimentos formam a base de alguns aparelhos de detecção ocular, que alertam o motorista de que ele vai sofrer um microssono. A maioria dos carros novos deverá ter essa tecnologia incorporada nos próximos anos.

Os mecanismos do cérebro que comandam nossa atenção estão fortemente relacionados a nossos níveis de alerta, que se originam da liberação de neurotransmissores excitatórios dentro do cérebro. O nível de alerta é uma medida do estado de vigília do cérebro. Em geral, durante o dia, a liberação desses neurotransmissores pelo sistema circadiano aumenta, o que impulsiona cada vez mais a vigília ao longo do dia. Esse impulso circadiano pela vigília opõe-se a um impulso pelo sono e ao acúmulo da pressão do sono ao longo do dia, que, por sua vez, reduz o estado de alerta, promovendo o sono (capítulo 2). Normalmente, esses dois fatores se equilibram, gerando um ciclo sono/vigília. A perda do sono, porém, aumenta a pressão do sono, que pode, assim, subir até exceder o impulso circadiano pela vigília, levando a uma acentuada redução do estado de alerta. A conclusão é que a perda do sono reduz nossa atenção e vigilância, levando a um comprometimento cognitivo.

Além de reduzir a atenção, o estado de alerta e a vigilância em geral, dormir pouco torna nosso desempenho cognitivo mais variável e errático, e, o que é importante, essa variabilidade aumenta à medida que nos aproximamos da noite e do sono normal. Sentimos sonolência e tentamos continuar em alerta, ativando o eixo do estresse e aumentando a liberação de neurotransmissores excitatórios no cérebro. À noite, porém, a pressão do sono é elevada, e isso nos faz passar da vigília para o sono mais rápido.[9] Essa variabilidade pode ser particularmente perigosa. Nossa concentração parece ok em um momento e nos enganamos, achando que damos conta, até que sobrevém uma perda de atenção súbita e potencialmente catastrófica.[10] Esse parece ter sido o maior problema em 1979, na usina nuclear de Three Mile Island, na Pensilvânia. Quase houve uma calamidade quando trabalhadores noturnos não perceberam uma disfunção grave na usina entre as 4h e as 6h da manhã, que por muito pouco não resultou no derretimento do reator nuclear no dia seguinte.

A memória e a RRCS

A memória representa a capacidade tanto de aprender quanto de reter experiências ao longo de dias, meses e anos. O sono é crucial para a consolidação (estabelecimento) de novas memórias, e demonstrou-se que uma região do cérebro chamada hipocampo (Figura 2) é muito importante para a formação inicial e organização de novas memórias. Aparentemente, o padrão e a sequência da atividade neural são gerados a princípio dentro do hipocampo, onde as informações são reunidas (adquiridas) e depois em parte repassadas durante o sono. Esse "replay" permite um fortalecimento das conexões entre as células nervosas, desenvolvendo o primeiro estágio da formação (consolidação) das memórias.[11] A privação do sono reduz a ativação do hipocampo, o que está diretamente associado à incapacidade de recordar eventos recentes no dia seguinte.[12] Em compensação, o sono promove a atividade do hipocampo, assim como a formação de memórias[13] (capítulo 2).

O desenvolvimento da memória se divide em três processos: a **aquisição**, ou codificação, através da qual se forma uma nova memória, suscetível, porém, de ser esquecida; a **consolidação**, quando novas memórias são aos poucos transformadas em memórias estáveis e de longo prazo; e a **evocação**, ou resgate, de uma memória consolidada. As memórias consolidadas, ou de longo prazo, dividem-se em dois tipos: **memórias declarativas**, aquelas sob controle consciente e que recordamos como fatos e conceitos, muitas vezes chamadas de "conhecimento geral" (como a compreensão da diferença entre um cão e um gato ou saber que Richard Wagner compôs *O Anel dos Nibelungos*); e **memórias procedurais**, aquelas relacionadas a como realizamos diferentes atividades e habilidades. Basicamente, são as memórias de como fazemos certas coisas, como andar de bicicleta, amarrar os sapatos ou preparar um filé à Wellington. Embora a diferença entre as memórias declarativas e procedurais possa ser um pouco confusa, não se trata de uma distinção meramente semântica; esses dois tipos de memória parecem ser codificados de maneiras diferentes durante o sono. Vários estudos mostraram que as memórias declarativas estão mais associadas ao sono de ondas lentas (SWS) e são armazenadas a longo prazo nos lobos temporais do cérebro, enquanto as procedurais estão mais associadas com o sono REM e são armazenadas em uma região do cérebro chamada cerebelo (Figura 2).[14] Para deixar claro, o sono REM não está *apenas* associado às memórias procedurais, mas também às memórias emocionais, sobretudo as associadas ao transtorno de estresse pós-traumático (TEPT)[15] (ver capítulo 6).

Depois de uma experiência nova, uma das funções cruciais do sono é adquirir e consolidar novas memórias. Curiosamente, sabemos que a perda de sono e o estado de sono do cérebro podem influenciar o *tipo* de memória declarativa que se retém. Em um estudo clássico, pediu-se a indivíduos que dormiram normalmente ou ficaram privados de sono por 36 horas que relembrassem palavras com associações emocionais diferentes, negativas (por exemplo, "ódio", "guerra", "assassinato"), positivas ("alegria", "felicidade", "amor") ou neutras (por exemplo, "algodão"). Depois de duas noites consecutivas, perguntou-se aos pesquisados de que palavras eles conseguiam se lembrar. O grupo privado de sono apresentou uma redução global de 40% na recordação de todas as palavras, o que mostra o papel da privação do sono no impedimento da aquisição de memórias. Mas a conclusão mais marcante foi que, quando separaram os resultados em três categorias emocionais (positiva, negativa e neutra), houve uma redução importante e altamente significativa na retenção das palavras positivas, mas apenas uma tendência a esquecer as palavras com associações negativas ou neutras.[16] Esses dados mostram que o cérebro cansado fica muito mais propenso a lembrar-se de associações negativas que positivas. Para deixar bem claro, esses e outros dados sustentam a ideia de que a perda de sono promove a aquisição e retenção de memórias negativas em vez das positivas. Essa perda estimula uma "visão negativa" do mundo.

Por que as associações positivas estariam sendo esquecidas e as negativas sendo lembradas? Em geral, nós, seres humanos, parecemos estar programados para esperar que os encontros com outras pessoas, e nossas experiências como um todo, sejam agradáveis, ou ao menos neutros. Em consequência, comportamentos ou experiências negativas são menos esperadas e, portanto, chamam mais a atenção (são mais "salientes"). Por isso, em geral prestamos mais atenção a experiências ou eventos negativos. A questão central é que no cérebro cansado a preferência por lembrar experiências negativas aumenta ainda mais, em detrimento das positivas. Isso faz com que as memórias negativas desempenhem um papel maior no nosso processo de julgamento. Em condições normais, isso poderia ser útil, considerando a maior probabilidade de experiências negativas serem danosas e portanto merecedoras de lembrança. Surge um problema quando tais experiências negativas passam a dominar nossa perspectiva como um todo. E, de fato, a "saliência negativa" é uma característica central de muitos problemas de saúde mental.

Também existem fortes evidências de que o sono não apenas ajuda na retenção das memórias declarativas (a recuperação de fatos e lembranças), mas também está envolvido na retenção das memórias procedurais, como o aprendizado de uma tarefa específica. Isso foi demonstrado por muitíssimos estudos.[17] Em um deles, pediu-se aos participantes que aprendessem uma sequência específica de teclas em um teclado, sendo que cada tecla pressionada estava associada a um som único. Depois do período de aquisição, permitiu-se que os participantes consolidassem essa memória, deixando-os dormir ou mantendo-os acordados. Enquanto ocorria essa consolidação, tocavam-se para os participantes os sons associados à sequência correta de teclar, reativando no cérebro a sequência aprendida. Aqueles que tinham dormido se saíram muito melhor na recordação da sequência aprendida.[18] Outros estudos também demonstraram que a privação do sono inibe a formação de memórias procedurais e o aprendizado de tarefas. Um trabalho recente mostrou que a privação total do sono, depois do aprendizado de uma tarefa, resultou em um desempenho muito pior dessa tarefa. E mais: o desempenho não melhorou com um cochilo à tarde ou um aumento da prática da tarefa.[19] Isso ressalta o fato de que uma noite de sono perdida compromete enormemente o aprendizado de tarefas, a tal ponto que um cochilo ou uma revisão extra não conseguem compensar. E vocês sabem muito bem com quem eu estou falando agora — isso mesmo, vocês, adolescentes!

Função executiva e RRCS

Além da atenção e da memória, o terceiro elemento da cognição é a função executiva, termo que descreve nossa capacidade de resolver problemas. Isso vai muito além da noção de que o sono só existe para nos ajudar a formar memórias, uma vez que também nos ajuda a criar soluções novas para problemas complexos. Com que frequência você ouve "deixe para resolver amanhã"? Ainda consigo ouvir minha avó dizendo isso, com uma sabedoria intuitiva absolutamente correta. Lembre-se — vovó Rose também tinha razão sobre dormir de meia... São muitos os relatos de pessoas que resolveram um problema depois de uma noite de sono, o que às vezes é chamado de "ter um insight", e não faltam exemplos famosos. Otto Loewi, ganhador do prêmio Nobel, contou ter acordado um dia com a ideia de como demonstrar que sua teoria da neurotransmissão química dentro do cérebro estava correta; o homem que criou a tabela periódica dos elementos químicos, Dmitri Mendeleev, contava que o insight veio depois de uma noite de sono; August Kekulé estava tentando descobrir como os átomos da molécula do benzeno se organizavam — incapaz de encontrar uma solução, dormiu e acordou lembrando-se de ter sonhado com uma cobra mordendo a própria cauda, dando-se conta de que a molécula do benzeno é formada por um anel de átomos de carbono. E não é apenas na ciência que os insights vêm depois de dormir. Sir Paul McCartney, a lenda dos Beatles, acordou em 1964, depois de uma noite de sono, com a melodia de "Yesterday" toda na cabeça. "Yesterday" tornou-se uma das músicas mais gravadas de todos os tempos, com mais de 2 mil versões até hoje. Imagine quanto dinheiro esse insight específico gerou...

Mas como experiências anedóticas assim podem ser verificadas em laboratório? Será que o sono realmente nos ajuda a resolver um problema ou nos permite gerar uma nova ideia? Isso foi testado em um estudo que hoje é considerado "clássico" — ou seja, que eu ensino a meus alunos. Apresentou-se aos pesquisados uma tarefa cognitiva complexa, na qual havia um padrão oculto, e a descoberta dessa "regra" (ter o insight) permitia aos participantes completar a tarefa de forma rápida e fácil. Os pesquisados receberam, de início, várias horas de treino pela manhã, e em seguida foram divididos em três grupos. O Grupo 1 realizou a tarefa na mesma tarde e cerca de 20% descobriram o padrão oculto; o Grupo 2 realizou a tarefa na tarde seguinte, mas não foi permitido que dormissem, e novamente 20% descobriram o padrão oculto; o Grupo 3 realizou a tarefa na manhã seguinte, mas foi liberado para dormir normalmente, e mais de 60% descobriram o padrão oculto — tinham vislumbrado o insight durante o sono.[20] Esse maravilhoso estudo demonstrou que o sono propicia a extração de conhecimento e promove o comportamento criativo.

Em conjunto, portanto, nossas habilidades cognitivas nos permitem recolher informações, retê-las e reagir a elas de forma apropriada. Por cognição entendemos atenção seletiva, formação de memórias e ação executiva apropriada. O sono é essencial para que cada um desses processos ocorra no cérebro, e as diversas formas de RRCS comprometem enormemente nossa cognição geral. A esta altura, deve ter ficado claro que o sono é o melhor, e com certeza o mais seguro, estimulante cognitivo disponível para a humanidade.

HUMOR, DOENÇAS MENTAIS E RRCS

A antiga expressão "Acordou com o pé esquerdo hoje?" indica, ao menos para a minha geração, que alguém está de mau humor, referindo-se à nossa experiência cotidiana de que o sono e o humor têm uma conexão íntima. Por humor nos referimos a um estado de espírito ou emoção temporária que pode ser boa, má ou neutra, e que varia ao longo do dia. Em geral, nos indivíduos saudáveis, o humor melhora depois de acordar e ao longo da manhã, chegando ao ápice no início da manhã, declinando lentamente no fim da tarde e piorando à noite.[21] Nesse sentido, o humor tem um perfil semelhante ao do desempenho cognitivo (Figura 6). A observação de que tanto a cognição quanto o humor pioram ao anoitecer e antes de ir dormir proporciona ainda mais um motivo (capítulo 6) para deixar discussões importantes para o dia seguinte!

As oscilações do humor referem-se a alterações de bom para ruim ou vice-versa. Embora todos vivenciem oscilações de humor até certo ponto, oscilações extremas podem ser características de doenças mentais como o transtorno bipolar, e são um sintoma de outras, entre elas a esquizofrenia. Chama a atenção que alguma forma de RRCS (Figura 4) seja uma característica onipresente nas doenças mentais.[22] Essa é uma questão muito ampla, da qual só é possível dar aqui um breve panorama. Considero válido apresentar algumas definições antes de começarmos a fazer a distinção entre os transtornos do humor e os transtornos psicóticos, embora a fronteira entre essas condições esteja ficando cada vez mais difusa, à medida que descobrimos mais a seu respeito. Resumindo:

Transtornos do humor

São os problemas de saúde mental que afetam o estado emocional do indivíduo, fazendo-o vivenciar longos períodos de felicidade extrema ou tristeza extrema, ou alternância entre os dois estados. Existem vários tipos de transtornos do humor: o mais conhecido é a **depressão** (também chamada de depressão clínica ou severa), em que o sofrimento ou a tristeza ocorre em reação a um acontecimento da vida, como a morte de um ente querido, a perda do emprego ou uma doença grave. Em tais circunstâncias, caso o quadro continue por duas semanas ou mais depois de passado o evento traumático, sem que haja causa adicional, é geralmente classificado como depressão clínica. Curiosamente, os ritmos circadianos da temperatura central do corpo, da melatonina e do cortisol se achatam (diminuem de amplitude) nos indivíduos com depressão. No entanto, embora o ritmo circadiano de liberação do cortisol se achate, os níveis gerais ficam mais elevados.[23] Essas conclusões sugerem que os ritmos circadianos achatados são um sintoma e, talvez, um fator que contribui para a depressão. Como as amplitudes circadianas parecem diminuir na depressão, talvez métodos que reforcem o impulso circadiano possam representar um alvo terapêutico útil (capítulo 14). A **depressão pós-parto**, discutida mais adiante, está associada à chegada de um recém-nascido. O **transtorno afetivo sazonal** (TAS) ocorre durante estações específicas do ano, em geral começando no final do outono e durando até a primavera ou o verão. A **depressão psicótica** é um tipo de depressão severa que ocorre com episódios psicóticos, tais como alucinações (ver ou ouvir coisas que os outros não veem ou ouvem) ou delírios (ter crenças profundas, porém falsas). O **transtorno bipolar** (transtorno maníaco-depressivo) é definido por oscilações do humor entre a depressão e a mania. Quando o estado de espírito é negativo, os sintomas são parecidos com os da depressão clínica. Durante os episódios maníacos, a pessoa se sente eufórica, mas também pode ficar irritável e apresentar um aumento dos níveis de atividade.

Transtornos psicóticos

A RRCS também é uma característica dos transtornos psicóticos, condições que tornam difícil para a pessoa raciocinar com clareza, fazer juízos adequados, reagir com emoções e ações apropriadas, comunicar-se com coerência, avaliar a realidade e comportar-se de maneira devida. Quando os sintomas são severos, o indivíduo não consegue lidar com a vida cotidiana. Considera-se um importante elemento no desenvolvimento de um transtorno psicótico a "saliência aberrante", em que padrões anormais de liberação de neurotransmissores cerebrais levam o indivíduo a dar significância indevida (atenção cognitiva) a estímulos do ambiente que normalmente seriam considerados irrelevantes.[24] Um exemplo disso é quando se faz contato visual fugaz com outro passageiro no transporte público. Em geral, ignoramos isso, mas na psicose esse contato visual acidental pode ser interpretado como uma ameaça ou perseguição. Existem diferentes tipos de transtornos psicóticos, entre eles: **esquizofrenia**, em que o indivíduo sofre de delírios e alucinações cujos episódios duram mais de seis meses e cujo impacto no trabalho ou na escola, assim como a manutenção de relacionamentos pessoais, é bastante sério; **transtorno esquizoafetivo**, uma condição em que o indivíduo tem sintomas tanto de esquizofrenia quanto de um transtorno do humor como a depressão ou o transtorno bipolar; o **transtorno psicótico breve**, que são curtos períodos de comportamento psicótico, muitas vezes em reação a eventos estressantes, como a morte de uma pessoa amada, em que a recuperação é rápida, levando em geral menos de um mês; o **transtorno delirante**, estado em que crenças falsas e fixas são consideradas plausíveis, mas não verdadeiras, como estar sendo seguido ou ser vítima de uma conspiração; o **transtorno psicótico induzido por drogas**, que resulta do uso ou da abstinência de drogas como alucinógenos e crack.[25]

Existe uma alta probabilidade de todos nós, em algum momento da vida, vivenciarmos um transtorno do humor ou psicótico, e é quase certo que conheceremos alguém com alguma dessas condições.[26] As estatísticas registradas por várias instituições de saúde mental impressionam. Por exemplo, na Inglaterra, a Mental Health First Aid (MHFA) relata: uma em cada quatro pessoas passa por questões de saúde mental todo ano; 792 milhões de pessoas são afetadas por problemas de saúde mental no mundo inteiro; em qualquer momento, um em cada seis adultos em idade de trabalhar tem sintomas relacionados a problemas de saúde mental; as doenças mentais são a segunda maior fonte de encargos de saúde na Inglaterra, sendo responsáveis por 72 milhões de dias de trabalho perdidos e custando 34,95 bilhões de libras por ano. A depressão autorrelatada vem aumentando, e debate-se se esse aumento é real ou devido a uma maior conscientização da sociedade para as doenças mentais, que teria levado a uma mudança do limiar daquilo que é considerado depressão. Resumindo, nossa percepção de como nos sentimos mudou. Para muitos, a expectativa é que temos que nos sentir felizes e, quando isso não ocorre, estamos, por definição, deprimidos. Não estou menosprezando a falta de felicidade, mas vale a pena lembrar que depressão não é apenas a ausência de felicidade, mas um sentimento constante de tristeza e de perda de interesse, que nos impede de realizar uma ou mais de nossas atividades normais.

Apesar da diversidade de estados nas doenças mentais, *todas* essas condições estão relacionadas a alguma forma de RRCS, em alguns casos muito severa.[27] Os elos entre a RRCS e as doenças mentais são conhecidos há muito tempo. Em relação à esquizofrenia, a RRCS foi descrita pela primeira vez no final do século XIX pelo psiquiatra alemão Emil Kraepelin (1856-1926).[28] Kraepelin costuma ser chamado de Pai da Psiquiatria Moderna por ter acreditado que as doenças psiquiátricas tinham uma base biológica e genética, o que permitiria identificar a causa dos principais transtornos psiquiátricos e um dia encontrar formas de tratar essas condições. Ele também lutou contra os tratamentos cruéis sofridos pelos pacientes psiquiátricos nos hospícios da época. Foi um pioneiro nesses aspectos, porém, como tantos outros cientistas, artistas e formuladores de políticas do final do século XIX e início do século XX, também foi um veemente defensor da eugenia e da "higiene racial". Isso nos leva à pergunta inevitável: como pode alguém ter ao mesmo tempo ideias brilhantes, até humanas, e outras tão repugnantes? A inteligência em uma área claramente não é garantia de decência.

Hoje em dia, reporta-se um nível severo de RRCS em mais de 80% dos pacientes com esquizofrenia, e a RRCS é reconhecida como uma das características do transtorno, embora raramente seja tratada.[29] A natureza da RRCS na psicose e nos transtornos do humor é muito variável, e todos os padrões de sono/vigília ilustrados na Figura 4 foram observados. A notável diversidade desses padrões reflete, é quase certo, a diversidade dos mecanismos que geram as doenças mentais, oriundas de uma interação complexa entre a genética e o ambiente (capítulo 5), incluindo as exigências do trabalho, pressões emocionais e doenças físicas.[30] É muito importante notar que a RRCS associada à doença mental contribui de forma relevante para a piora da saúde e da qualidade de vida e para o isolamento social vividos pela maioria dos indivíduos que sofrem desse tipo de doença. A Organização Mundial da Saúde afirma que ocorre uma *redução* de 10 a 25 anos na expectativa de vida das pessoas com transtornos mentais severos, o que ressalta o custo humano da RRCS.[31] Também é importante observar que os pacientes de esquizofrenia comentam com frequência que a melhora do sono é uma de suas maiores prioridades durante o tratamento.[32] Além disso, vem se tornando claro que a RRCS impacta o desencadeamento da doença mental, sua progressão, as recaídas e as chances de remissão.[33]

O elo entre as doenças mentais e a RRCS está claro, mas os mecanismos que as ligam continuam a ser um mistério. A RRCS era vista, no máximo, como um efeito colateral infeliz das doenças mentais, devido a fatores externos como o isolamento social e a falta de emprego. Na falta de qualquer estrutura social, como um padrão de trabalho fixo, o sono desmoronava em condições como a esquizofrenia. Além disso, alguns psiquiatras achavam que a RRCS decorria exclusivamente do uso de medicações antipsicóticas.[34] Essa era uma explicação particularmente espantosa, considerando que a RRCS tem sido relatada nas doenças mentais, como a esquizofrenia, há quase 150 anos, e muito antes da introdução dos antipsicóticos, nos anos 1970. Esse tipo de explicação é mais fácil de entender quando visto no contexto do debate "mente versus corpo" que dominou durante décadas o pensamento na psiquiatria. "Mente" seria tudo relativo ao raciocínio e à consciência, enquanto consideravam-se como "corpo" os processos físicos por trás do funcionamento do cérebro. Sendo neurocientista, foge à minha compreensão como uma distinção dessas pode ter surgido. Para mim — e, para ser justo, para muitos psiquiatras atuais e remontando a Kraepelin —, a mente é o produto de circuitos neurais e estruturas físicas do cérebro, não existindo um "lugar místico" para a mente fora do cérebro. Na psiquiatria, considerava-se que o sono era uma produção da mente, por isso buscavam-se no ambiente, não dentro do cérebro, as explicações para a RRCS no caso de doenças mentais. Inacreditável!

Era necessário um olhar novo. Embora parecesse provável que a falta de rotina social e/ou o uso de medicações antipsicóticas contribuíssem para a RRCS, não fazia sentido que esses fatores fossem a causa única e direta dela. Nossa equipe em Oxford decidiu investigar a ideia de que a RRCS surgiria de uma falta de restrições sociais, analisando os padrões de sono/vigília de indivíduos com esquizofrenia e comparando os níveis de RRCS nesses indivíduos aos de desempregados, como grupo de controle.[35] As conclusões mostraram que a RRCS severa ocorre em pacientes com esquizofrenia, mas os padrões de sono/vigília nos pesquisados desempregados eram estáveis e, essencialmente, normais. Por conseguinte, a RRCS, ao menos na esquizofrenia, não podia ser explicada com base na falta de ocupação. É importante notar que a RRCS na esquizofrenia também não estava associada à medicação antipsicótica.[36] Essas conclusões, junto com uma maior compreensão de como o sono e os ritmos circadianos são gerados e regulados dentro do cérebro, levou-nos à ideia alternativa de que as doenças mentais e a RRCS compartilham vias superpostas no cérebro.[37] Como discutimos no capítulo 2, o ciclo de sono/vigília ("vai e vem") nasce de uma interação complexa entre vários genes, regiões do cérebro, todos os neurotransmissores-chave do cérebro e múltiplos hormônios. Depreende-se que mudanças em quaisquer dessas vias que deem origem a doenças mentais quase certamente terão um efeito, em algum grau, sobre o ciclo sono/vigília. Na verdade, conseguimos demonstrar que os circuitos cerebrais envolvidos nos transtornos de humor e psicóticos sobrepõem-se aos circuitos associados à geração e regulação de sono e vigília normais.[38] Em consequência, não surpreende que a RRCS seja muito comum nas doenças mentais; as vias no cérebro *estão* ligadas! Além disso, a RRCS exacerba a gravidade da doença mental, a qual por sua vez vai exacerbar o nível da RRCS. As relações sobrepostas entre doenças mentais e RRCS estão ilustradas na Figura 7. Também vale notar que muitas das doenças causadas pela RRCS de curto e longo prazo (Tabela 1) são muito comuns em doenças neuropsiquiátricas. Portanto, grande parte dos problemas de saúde constatados em pessoas com doenças mentais de longo prazo podem ter origem na RRCS ou ser agravados por ela. Infelizmente, é raro que esses problemas sejam relacionados à RRCS, muito menos tratados, sendo descartados como uma espécie de subproduto não identificado da doença mental.[39]

Será que dispomos de boas evidências para o modelo ilustrado na Figura 7? A resposta curta é um sonoro "sim"! Como foi dito, hoje sabemos que os genes associados às doenças mentais *também* desempenham um papel no sono e nos ritmos circadianos,[40] e que genes antes relacionados ao sono e aos ritmos circadianos estão envolvidos em diversas formas de doença mental[41] (Figura 7). E quanto aos outros elos? A suposição sempre foi de que as doenças mentais causam RRCS. Porém, se os circuitos da RRCS e das doenças mentais se sobrepõem, pode-se supor que a RRCS ocorreria antes de um diagnóstico clínico de doença mental. E é o caso.[42] Indivíduos com risco de desenvolver transtorno bipolar apresentam elementos de RRCS *antes* de qualquer diagnóstico clínico do transtorno. E, por fim, o modelo prevê que a redução do nível de RRCS reduzirá a severidade da doença mental. Em um estudo recente da equipe de Oxford, comandada por meu colega Dan Freeman, foram elaboradas experiências para determinar se o tratamento da RRCS reduziria os níveis de paranoia e alucinações em indivíduos com RRCS. A experiência, com controle randomizado, envolveu 26 universidades britânicas. Estudantes com insônia foram escolhidos aleatoriamente para receber terapia comportamental cognitiva digital para a insônia (1891 indivíduos) ou nenhuma intervenção (1864 indivíduos). Como falamos no capítulo 6, a terapia comportamental cognitiva para a insônia (TCCi) ajuda a identificar pensamentos, sentimentos e comportamentos que estejam contribuindo para os sintomas de insônia e sugere formas de corrigi-los. O estudo mediu os níveis de RRCS, paranoia e experiências alucinatórias. Os resultados mostraram que uma redução da RRCS, utilizando TCCi digital, esteve correlacionada a uma redução altamente significativa da paranoia e das alucinações durante o período da pesquisa. O estudo concluiu que a RRCS é um fator causal para a ocorrência de experiências psicóticas e outros problemas de saúde mental.[43] Considero essas conclusões muito relevantes, porque demonstram que os tratamentos para a RRCS representam um alvo terapêutico potencial, inovador e poderoso para a redução dos sintomas nas doenças mentais.

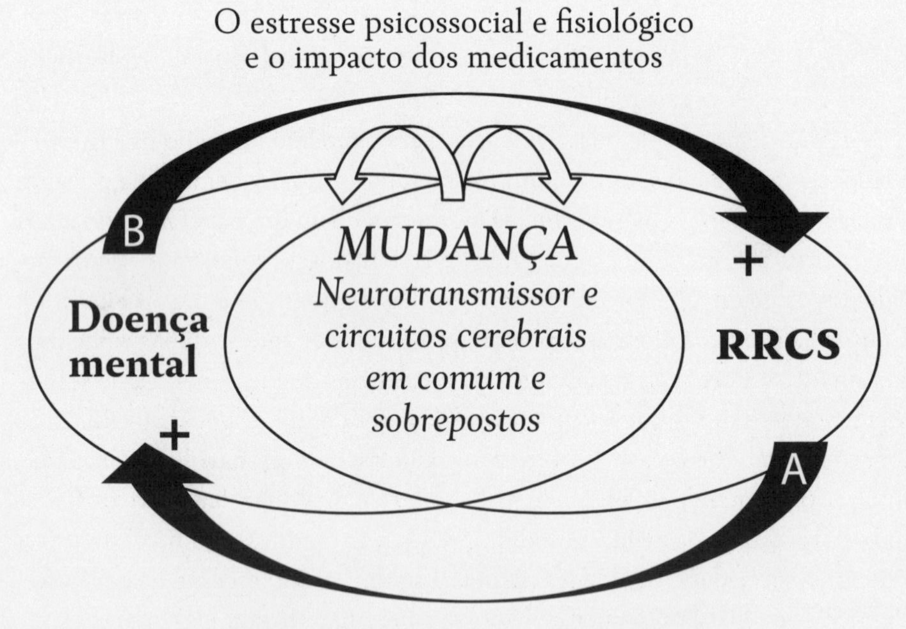

Figura 7. Modelo das relações entre doenças mentais e RRCS. Este modelo ilustra a visão emergente de que as doenças mentais e a RRCS compartilham vias sobrepostas dentro do cérebro. Em consequência, um padrão alterado de liberação de neurotransmissores cerebrais, predispondo o indivíduo a doenças mentais, terá um impacto paralelo sobre o sono e os sistemas circadianos. A ruptura do sono (mostrada em **A**) terá, da mesma forma, um impacto sobre múltiplos aspectos do funcionamento do cérebro, com consequências tanto de curto quanto de longo prazo sobre a saúde emocional, cognitiva e fisiológica (ver Tabela 1), podendo até afetar o desenvolvimento cerebral dos jovens. As consequências das doenças mentais (apresentadas em **B**), que dão origem ao estresse psicossocial (por exemplo, o isolamento social) e psicológico (como alterações na liberação dos hormônios de estresse – ver capítulo 4), em conjunto com o possível impacto de medicamentos, interferem no sono e nos ritmos circadianos. Depois de iniciado, pode surgir logo um ciclo positivo de retroalimentação, de modo que uma pequena mudança na liberação de neurotransmissores se amplia e leva a uma RRCS mais pronunciada e a uma pior saúde mental.

PERGUNTAS E RESPOSTAS

1. Como a ansiedade, a depressão e a perda de sono estão ligadas?

Acredita-se que haja um conjunto importantíssimo de interações. Para resumir, as conexões seriam as seguintes: a ansiedade aumenta a liberação de hormônios do estresse, como o cortisol e a adrenalina. O estresse atua perturbando o sono e os ritmos circadianos, o que impacta duas áreas-chave: a RRCS altera a cognição e provoca uma "saliência negativa" (uma tendência a aumentar o que é ruim), de forma que o mundo fica parecendo pior do que é, predispondo à depressão. A RRCS também perturba várias vias neurotransmissoras no cérebro que regulam a saúde mental, predispondo uma piora das condições.[44]

2. Existem elos entre o suicídio e a RRCS nos adolescentes?

Metade de todas as condições de saúde mental começam até os 14 anos de idade, e o suicídio é a terceira maior causa de morte entre adolescentes de 15 a 19 anos nos Estados Unidos. Uma série de estudos observou níveis notáveis de perturbação do sono nas semanas que antecedem uma tentativa ou um suicídio consumado. São conclusões que indicam que as dificuldades de sono devem ser monitoradas nos adolescentes para a prevenção do suicídio.[45] Curiosamente, existe um "efeito da hora do dia" no suicídio, que tende a ocorrer mais no final da tarde e ao anoitecer[46] (Figura 8).

3. O que acontece com o sono no transtorno bipolar?

A fase maníaca do transtorno bipolar envolve um nível elevado de energia e atividade. É comum que pessoas nessa fase vivenciem pensamentos acelerados e tenham dificuldade em se concentrar. Indivíduos com mania têm dificuldade para dormir ou sentem que necessitam de menos sono. Alguns podem passar até mais de 24 horas acordados, ou dormir apenas três horas por noite, relatando, porém, que dormiram bem. Essa perda de sono contribui para alterações emocionais e cognitivas constatadas durante os episódios maníacos (Tabela 1), entre elas o aumento de comportamentos impulsivos e potencialmente perigosos, como uso de drogas, sexo sem proteção, gastos em excesso ou direção perigosa. Alterações como essas nos padrões de sono são sintomas característicos do transtorno bipolar, mas o sono encurtado também pode desencadear essa condição. Por exemplo, trabalhadores noturnos, indivíduos com longas jornadas de trabalho ou que viajam por vários fusos horários e estudantes que dormem pouco durante períodos de provas correm, todos, risco de recorrência de alterações de humor graves, motivo pelo qual os indivíduos vulneráveis devem fazer um esforço máximo para proteger o próprio sono[47] (capítulo 6). Caso considere-se em risco de desenvolver uma condição de saúde mental como o transtorno bipolar, contate imediatamente seu médico.

4. Como o sono é afetado pelo luto e pela perda de um ente querido?

O luto é complexo e mal compreendido. E, como muitos de nós sabemos, constantemente está associado à RRCS, que pode, por sua vez, gerar problemas de saúde física e mental. Embora sintomas mentais e emocionais como a depressão sejam esperados, também podem ocorrer sintomas físicos. Por exemplo, alguns indivíduos sofrem de dores e fadiga diurna. Boca seca, dificuldade para respirar e ansiedade também acontecem, assim como alteração dos hábitos alimentares e um aumento da sensibilidade a ruídos. Tudo isso pode ser consequência da RRCS — ou agravá-la. Muitas vezes surge um círculo vicioso. A perda de um ente querido é quase inevitável em algum momento da vida, e a reação normal a uma situação como essa é a resiliência e a capacidade tanto de lidar com a perda imediata quanto recuperar-se dela com o tempo. A maioria das pessoas acaba superando esses períodos sem a necessidade de intervenção externa. Porém, como a RRCS tem um enorme impacto sobre a saúde física e mental, prestar atenção aos distúrbios do sono depois de uma perda é importante. Muitas vezes se receitam comprimidos para dormir, que podem ser úteis no curto prazo; porém, particularmente nos idosos, quedas e outros efeitos colaterais, como o comprometimento cognitivo noturno, representam uma possível preocupação. Como alternativa, abordagens comportamentais apropriadas, que apresentamos no capítulo 6, mostraram-se úteis para melhorar tanto o sono noturno quanto a sonolência diurna depois de uma perda.[48] O luto e a RRCS estão associados, e deve-se fazer todo esforço para minimizar a RRCS durante esse período de vulnerabilidade.

5. Como o tratamento com lítio ajuda contra doenças mentais e RRCS?
Esta é uma pergunta muito interessante. O lítio atua como estabilizador do humor, e é usado para tratar transtornos do humor como manias (sensação de alta excitação, hiperatividade ou distração), períodos regulares de depressão e transtorno bipolar, em que o humor varia entre sensações muito positivas (mania) e muito negativas (depressão). Não se sabe ao certo como o lítio melhora essas condições, mas, curiosamente, sabe-se que ele prolonga o período e aumenta a amplitude dos ritmos circadianos nas células[49] ao atuar nas vias sinalizadoras relativas a duas proteínas-chave, chamadas GSK3B e $IMPA_1$. Assim, uma hipótese é que o lítio atue corrigindo a ruptura do ritmo circadiano em condições como o transtorno bipolar. Porém, embora seja um estabilizador de humor eficaz em muitos indivíduos, não funciona com todo mundo. Um estudo recente de nossa equipe sugeriu ser mais provável que o tratamento com lítio fracasse em indivíduos com períodos circadianos variáveis ou longos.[50] A conclusão desse e de outros trabalhos sugere que o cronotipo do indivíduo pode influenciar sua reação ao lítio. Os elos exatos ainda estão sendo estudados.

10. Quando tomar remédios

Derrames, ataques cardíacos, enxaquecas, dores e câncer

Quero morrer serenamente, durante o sono, como meu avô...
E não gritando e berrando como os passageiros no carro dele.
Will Rogers

Até hoje, a Food and Drug Administration (FDA) dos Estados Unidos aprovou mais de 20 mil drogas para venda com receita, e a Agência Europeia de Medicamentos (EMA) permitiu o uso de um número semelhante. Atualmente, cerca de 50 novas drogas são registradas para uso todos os anos, mas em termos das quantidades consumidas e da duração do uso a aspirina bate quase todos os recordes. Cerca de 100 bilhões de comprimidos padrão de aspirina são produzidos todo ano, e estima-se que no último século mais de 1 trilhão de aspirinas tenham sido consumidas. A aspirina, também conhecida como ácido acetilsalicílico (AAS), é a versão sintética do ácido salicílico originalmente extraído da casca do salgueiro (*Salix*) e de outras plantas ricas nesse ácido, como a murta e a ulmária. A aspirina tem uma história notável. Tabuletas de argila dos sumérios, datadas de cerca de 4 mil anos atrás, descrevem como as folhas de salgueiro podem ser usadas para dores nas juntas (doenças reumáticas). Os egípcios também descrevem o uso de folhas de salgueiro ou murta contra as dores nas articulações, e Hipócrates (460-377 a.C.) recomendava um extrato de casca de salgueiro para febres, dores e partos. As civilizações chinesa, romana e ameríndia da Antiguidade há muito reconheceram os benefícios medicinais das plantas contendo ácido salicílico. Dando um salto para a era moderna, em 1758 o reverendo Edward Stone (1702-68), de Chipping Norton, em Oxfordshire, pertinho de onde eu moro, explorou as propriedades da casca de salgueiro em busca de um remédio mais barato que a caríssima casca da cinchona peruana, ou quinquina, para tratar a "maleita", nome que se dava à febre com tremores. Como discutiremos no capítulo 11, a casca da cinchona contém quinina, medicamento usado para tratar a malária, e é diferente do ácido salicílico. Stone ministrou extrato de casca de salgueiro a seus fiéis com febre e demonstrou que isso causava uma redução significativa da temperatura. Após apresentar seus resultados à Royal Society de Londres em 1763, a casca de salgueiro tornou-se o remédio número um contra a febre. O isolamento do ácido salicílico a partir da casca de salgueiro ocorreria em 1828. Anos depois, em 1859, ele foi produzido sinteticamente, e os primeiros ensaios clínicos foram realizados em 1876 por Thomas MacLagan, que o utilizou para tratar inflamações das articulações em pacientes com reumatismo agudo. Uma forma pura e estável de ácido salicílico, sob a forma de AAS, foi produzida pela fabricante de medicamentos Bayer em 1897, e a partir de então a aspirina dominou o mundo, fazendo nascer a indústria farmacêutica moderna.[1] Hoje, o mercado farmacêutico global está estimado em cerca de 1,27 trilhão de dólares. Minha previsão é que esse setor está para entrar em uma nova fase de crescimento e desenvolvimento ao levar em conta a biologia circadiana.

Como nossa fisiologia e bioquímica mudam profundamente ao longo das 24 horas do dia, não surpreende que diversas condições e os sintomas de diferentes doenças sofram alterações durante o dia. Os picos de alguns desses sintomas estão resumidos na Figura 8.

Visto que os sintomas variam ao longo do dia, também não deve causar surpresa o fato de que muitos dos medicamentos que tomamos apresentam níveis de eficácia variados durante o ciclo dia/noite. O ideal é que os medicamentos e tratamentos sejam ministrados na hora dia em que são mais necessários e mais eficazes, antecipando-se à severidade da doença ilustrada na Figura 8. É o conceito da cronofarmacologia. No entanto, a maioria dos medicamentos não é tomada no momento que otimiza seu impacto, e sim no horário em que é mais fácil nos lembrarmos — e que pode não ser o melhor para obter o

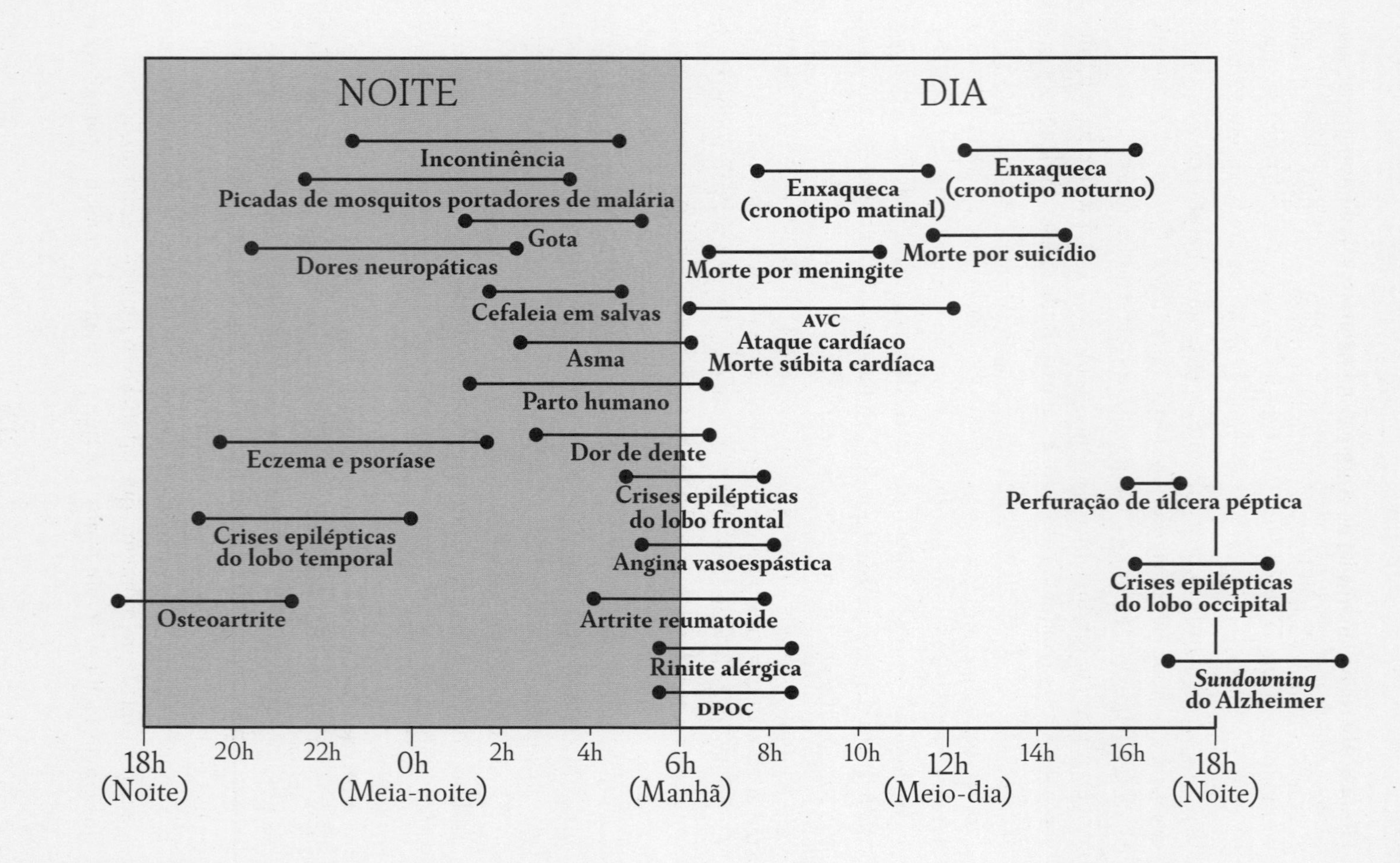

NOITE
DIA
Incontinência
Picadas de mosquitos portadores de malária
Gota
Dores neuropáticas
Cefaleia em salvas
Asma
Parto humano
Eczema e psoríase
Dor de dente
Crises epilépticas do lobo temporal
Osteoartrite
Enxaqueca (cronotipo matinal)
Enxaqueca (cronotipo noturno)
Morte por suicídio
Morte por meningite
AVC
Ataque cardíaco
Morte súbita cardíaca
Crises epilépticas do lobo frontal
Angina vasoespástica
Artrite reumatoide
Rinite alérgica
DPOC
Perfuração de úlcera péptica
Crises epilépticas do lobo occipital
Sundowning do Alzheimer
18h (Noite)
20h
22h
0h (Meia-noite)
2h
4h
6h (Manhã)
8h
10h
12h (Meio-dia)
14h
16h
18h (Noite)

Figura 8. Alterações circadianas na ocorrência e na gravidade de doenças. O timing dos estados mórbidos varia ao longo do dia. Haverá diferenças entre os indivíduos, e nem sempre há concordância entre os estudos científicos, mas, com isso em mente, são mostrados os horários médios de pico em que é mais provável a ocorrência desses eventos e sua gravidade. A dor da **osteoartrite** e a rigidez articular atingem o auge no final do dia, no início da noite.[2] O **eczema** e a **psoríase** induzem uma coceira intensa, que atinge o pico no final da noite e de madrugada, o que pode perturbar o sono. A coceira fica menos intensa ao amanhecer.[3] A **dor neuropática** parece uma queimação ou pontada e é mais dolorosa no final da noite e no início da manhã.[4] A **picada de mosquitos portadores de malária** varia entre as diferentes espécies de mosquito, mas costuma ocorrer à noite e é caracterizada pela procura de vítimas humanas após o anoitecer, atingindo o auge por volta da meia-noite, com 60% das picadas, estima-se, ocorrendo entre as 21h e as 3h.[5] A **dor de dente** atinge o pico entre as 3h e as 7h.[6] As **crises epilépticas** variam em tipo e em pico em diferentes momentos: as crises do **lobo frontal** entre as 5h e as 7h30, as do **lobo occipital** entre as 16h e as 19h, e as do **lobo temporal** das 19h à meia-noite.[7] A **perfuração da úlcera péptica** é a ruptura da parede do estômago e o vazamento de líquidos digestivos para a cavidade abdominal. A ruptura tem um horário de pico principal entre as 16h e as 17h, com menor chance de ruptura entre as 10h e o meio-dia, e depois às 22h.[8] A **incontinência** (enurese noturna) em idosos ocorre durante toda a noite e nas primeiras horas da manhã.[9] A **cefaleia em salvas** começa por volta das 2h.[10] A **dor da gota**, decorrente do acúmulo de cristais de ácido úrico nas articulações, como dedão do pé, tornozelo, joelho e punho, atinge o auge de madrugada, por volta das 3h ou 4h.[11] Os piores sintomas da **asma** ocorrem por volta das 4h, com morte súbita devido à doença também ocorrendo em torno desse horário.[12] Isso também dependerá do grau de exposição aos alérgenos desencadeantes. O **parto humano** ocorre principalmente entre 1h e 7h, com pico por volta das 4h ou 5h. A **angina vasoespástica** é um tipo de angina (dor no peito) que costuma ocorrer no início da manhã, por volta das 6h, e parece uma constrição ou aperto no peito.[13] A **doença pulmonar obstrutiva crônica (DPOC)** inclui a bronquite crônica e o enfisema, que são doenças pulmonares inflamatórias crônicas, muitas vezes resultantes do tabagismo intenso, que causam restrição do fluxo de ar nos pulmões e, com isso, dificuldade respiratória, tosse, produção de muco (catarro) e chiado. Os sintomas são piores durante as primeiras horas da manhã.[14] A dor da **artrite reumatoide** atinge o auge pela manhã.[15] A **rinite alérgica** é uma inflamação interna do nariz causada por alérgenos como pólen, poeira, mofo ou flocos de pele de certos animais. A frequência da tosse e do uso de lenços é maior nas primeiras horas após o despertar.[16] A **meningite** é uma infecção das meninges, as membranas protetoras que envolvem o cérebro e a medula espinhal. A maioria das mortes em decorrência dela se dá entre as 7h e as 11h.[17] O início da **enxaqueca** varia com o cronotipo: os tipos matinais tendem a ter enxaqueca pela manhã, enquanto os tipos noturnos têm enxaqueca à tarde/noite.[18] Os picos de **acidentes vasculares cerebrais** ocorrem entre as 6h e o meio-dia.[19] Os **ataques cardíacos** e as **mortes súbitas cardíacas**, assim como os AVCs, atingem o pico entre a manhã e o meio-dia.[20] O ***sundowning* do Alzheimer**, que apresenta sintomas como agitação, confusão, ansiedade e agressividade, acontece geralmente no final da tarde e início da noite, mas pode ocorrer também à noite.[21] As **mortes por suicídio** acontece, com mais frequência entre o final da manhã e o início da tarde.[22] Para mais detalhes, veja as referências indicadas.[23]

efeito ideal. Diferentes drogas têm diferentes "meias-vidas". A meia-vida de uma droga, como o nome sugere, é o tempo que leva para a sua quantidade no corpo cair pela metade, o que depende de como o corpo a processa e depois a expele. É a chamada farmacocinética da droga, ou seja, basicamente aquilo que o corpo faz com o medicamento. A meia-vida de diferentes drogas pode variar de algumas horas a alguns dias. Ressalto que a meia-vida de uma droga não quer dizer a hora em que ela para de funcionar, e sim o tempo que leva para que o seu nível no corpo atinja metade da concentração original.

Além da hora do dia e da meia-vida, a eficiência das drogas pode variar de forma significativa de pessoa para pessoa. Essas diferenças se devem a mudanças na nossa forma de processar medicamentos. Individual e involuntariamente, alteramos a farmacocinética das drogas. Com a idade, nossas funções renais e hepáticas mudam, alterando o processamento das drogas. Depósitos adiposos podem absorver substâncias lipossolúveis, ampliando a meia-vida delas dentro do corpo. Além disso, nossa sensibilidade às drogas pode variar, sobretudo quando tomamos a mesma medicação por um longo período.[24] Também é importante observar que drogas com meia-vida prolongada podem atingir concentrações elevadas no corpo se tomadas diariamente. E mais nem sempre quer dizer melhor. De modo paradoxal, alguns remédios se tornam menos eficazes em doses maiores. Além disso, concentrações mais altas costumam levar a efeitos colaterais indesejáveis, como náuseas, incômodo estomacal, alergias na forma de erupções cutâneas ou coisas piores.[25] São bem documentados os efeitos colaterais do antialérgico Benadryl (nome químico: difenidramina). Os níveis mais altos ocorrem no sangue depois de duas horas, com uma meia-vida entre 3,5 e aproximadamente nove horas. A difenidramina é usada para aliviar reações alérgicas, mas também reduz a atuação da acetilcolina, substância neuroquímica que promove a vigília (capítulo 2). Isso pode causar torpor. Por esse motivo, o Benadryl não é recomendado para pessoas com demência ou outras doenças neurodegenerativas (capítulo 9). Além disso, a difenidramina produz outros efeitos colaterais, como boca seca, de modo que, se você a tomar antes de dormir, é possível que precise sair da cama à noite para beber um copo de água. Também podem ocorrer efeitos colaterais quando drogas interagem. Essas interações medicamentosas ocorrem com álcool e certos analgésicos (narcóticos como morfina e codeína), podendo causar uma overdose acidental e até levar à morte. Surpreendentemente, o suco de toranja altera as concentrações de certas drogas no sangue ao bloquear uma enzima crucial do fígado e impedir sua decomposição. Assim, em vez de ser metabolizada, mais droga entra no sangue, permanecendo mais tempo no corpo, o que resulta em um excesso na circulação. O suco de toranja pode alterar alguns medicamentos cruciais, entre eles os que regulam a pressão arterial (alguns anti-hipertensivos, como a amlodipina) e os que reduzem o colesterol (algumas estatinas, como a sinvastatina). Por essa razão, *sempre* é crucial ler a bula que vem com seus remédios. Muita gente não faz isso. E mais: alguns suplementos (por exemplo, erva-de-são-joão) podem interagir com drogas controladas. Por isso, antes de tomar qualquer suplemento, converse com seu médico se pode haver interações com os medicamentos que você toma.[26]

Considerando todas essas variadas interações, é realmente notável que as alterações de origem circadiana na farmacocinética dos medicamentos continuem sendo um aspecto importante de sua eficácia, e que seus efeitos não se percam em meio ao "ruído" de tantas outras interações. Isso ilustra a robustez e importância das alterações de origem circadiana na farmacocinética, mostrando que elas devem ser incluídas nos conselhos de saúde dados aos pacientes. Na verdade, já foram identificadas alterações circadianas em mais de cem drogas diferentes, o que levou à elaboração de orientações relativas ao horário de tomar medicamentos para doenças específicas, inclusive câncer ou problemas cardiovasculares.[27] Infelizmente, nem sempre essas recomendações são postas em prática.

Pode ser difícil entender quando devemos tomar nossos remédios. O ideal é que isso seja feito com aconselhamento médico, mas espero que os exemplos abaixo sirvam como um guia. Para ilustrar a importância das alterações de origem circadiana na farmacocinética das drogas, gostaria de analisar a importância do timing dos medicamentos em três áreas cruciais da saúde: derrames e ataques cardíacos; enxaqueca e dores de cabeça; e, por fim, câncer.

DERRAMES E ATAQUES CARDÍACOS

Vamos começar pela cabeça e uma das principais causas de morte e incapacitação. Os acidentes vasculares cerebrais (AVCs) acontecem quando um vaso sanguíneo no cérebro se rompe e sangra (derrame hemorrágico) ou quando há um bloqueio no suprimento de sangue ao cérebro (derrame isquêmico). Vale notar que há ainda o ataque isquêmico transitório (AIT), uma perda breve de fluxo sanguíneo que não progride até um AVC. Grande número de políticos parece morrer de — ou ser atingido por — AVCs ou AITs. Dez dos 46 presidentes dos Estados Unidos sofreram AVCs durante a presidência ou logo depois de encerrado o mandato. Os três líderes aliados da Segunda Guerra Mundial, Roosevelt, Stálin e Churchill, morreram de algum tipo de derrame, em 1945, 1953 e 1965, respectivamente. Em 8 de abril de 2013, a ex-primeira-ministra britânica Margaret Thatcher morreu de um derrame, aos 87 anos. E, como discutirei mais adiante, é provável que a ruptura do ritmo circadiano e do sono (RRCS) tenha influenciado, e continue a influenciar, a elevada frequência de derrames em políticos. O termo em inglês para derrame, *stroke*, tem origem em uma descrição médica do século XVI, quando se tornou uma forma abreviada de "atingido pela mão de Deus" (*struck by God's hand*). Isso me leva ao teórico e revolucionário comunista Liev Trótski. Trótski sofria de pressão alta e temia morrer de derrame. Ele morreu, de fato, de hemorragia cerebral. Porém, a causa de seu "derrame" foi ter sido "atingido", não pela mão de Deus, mas por uma picareta de quebrar gelo introduzida em seu crânio por ordem de Stálin, na Cidade do México, em 1940. E, caso você se pergunte o que uma picareta de quebrar gelo estava fazendo no México, há geleiras nos picos mais altos do país, e o assassino de Trótski, Ramón Mercader, afirmava ser um montanhista calejado.

As doenças cardíacas coronarianas ocorrem quando as artérias coronárias (vasos sanguíneos que abastecem o coração) se estreitam devido ao acúmulo de material gorduroso. Essas doenças são às vezes chamadas de doenças cardíacas isquêmicas, e um ataque cardíaco (infarto do miocárdio) ocorre quando o fornecimento de sangue ao coração é subitamente bloqueado. O bloqueio ou a ruptura de um vaso sanguíneo no cérebro ou no coração impede que a glicose e o oxigênio sustentem esses órgãos de alta atividade metabólica. Eventos graves como esses apresentam uma variação circadiana ao longo do dia. Em uma importante revisão de 31 estudos, com base em 11 816 pacientes de derrames, todos os subtipos da doença apresentaram um efeito significativo da hora do dia. Houve um aumento de 49% na chance de derrame, de todos os tipos, entre as 6h da manhã e o meio-dia, na comparação com o restante do dia. Os três subtipos apresentaram um risco de 55% para os derrames isquêmicos,

34% para os hemorrágicos e 50% para os ataques isquêmicos transitórios.[28] Conclusões semelhantes foram documentadas várias vezes em ataques cardíacos.[29] No conjunto, esses dados mostram de forma cabal que a probabilidade de morrer de derrame ou problema cardíaco isquêmico é maior no começo da manhã (Figura 8). Talvez sirva de certo consolo pensar, às 12h01, que sobrevivemos a um dos períodos mais perigosos do dia!

As razões para essa "janela" de risco e morte entre as 6 e as 12 horas provêm de uma combinação de eventos. Um contribuinte-chave é o aumento, de origem circadiana, da frequência cardíaca e da pressão arterial. Ele antecipa as demandas da atividade — a passagem do sono para a consciência e uma necessidade maior de oxigênio e nutrientes. A elevação da pressão arterial é, em grande medida, regulada pelo sistema nervoso autônomo, o setor do sistema nervoso responsável pelo controle inconsciente de nossas funções corporais. Esse sistema consiste em duas partes — o ramo simpático e o parassimpático. O ramo simpático provoca o aumento da frequência cardíaca, enquanto o parassimpático tem o efeito oposto, reduzindo-a. Ambos são regulados pelo sistema circadiano, sendo que a atividade parassimpática é maior à noite e a simpática atinge o seu ápice pela manhã, levando ao aumento da pressão arterial e da frequência cardíaca. Uma alteração no comportamento, sob a forma de uma mudança drástica de atividade e postura logo após o despertar, também atua no aumento da pressão arterial.[30] O aumento da atividade física é acompanhado por alterações fisiológicas, entre elas um incremento de origem circadiana da liberação de cortisol, testosterona (Figura 1), insulina e glicose, todos fatores que contribuem para uma taxa metabólica maior e um aumento da atividade. O metabolismo aumentado demanda mais oxigênio e glicose, e o aumento da pressão arterial entrega esses gêneros de primeira necessidade. De forma muito significativa, pela manhã também ocorre um aumento dos fatores que favorecem o entupimento no sangue, entre eles a ativação das plaquetas.[31] As plaquetas atuam aglomerando-se para formar coágulos sanguíneos e impedir hemorragias após ferimentos, mas também podem agir contra nós, produzindo coágulos que bloqueiam os vasos sanguíneos e resultam em derrames isquêmicos. A coagulação sanguínea atinge o ápice nas horas matutinas — correspondendo à maior probabilidade de ter um derrame ou ataque cardíaco (entre 6h e 12h, Figura 8).[32] Se você é saudável, essas alterações dinâmicas não constituem um problema, mas problemas de saúde combinados à RRCS podem torná-las letais.

Tudo que impede que nossa fisiologia rítmica obtenha a matéria-prima certa, no lugar certo, na quantidade certa e no momento certo do dia aumenta os riscos à saúde. Trabalho noturno constante, jet lag ou rupturas de sono/vigília (capítulo 4) estão associados a uma probabilidade maior de derrame e ataque cardíaco. A RRCS está ligada a níveis clinicamente elevados de pressão arterial e triglicerídeos. Estes últimos contribuem para o endurecimento e o espessamento das paredes arteriais, o que aumenta o risco de derrame, ataque cardíaco e doenças cardíacas. Reações inflamatórias provocadas pela RRCS e um risco maior de diabetes tipo 2 também são fatores de risco para derrames e doenças cardíacas.[33] E, ressalto, além dos AVCs, há um aumento do número de outros problemas relacionados ao coração no horário da manhã (6h-12h), como arritmias ventriculares e parada cardíaca súbita (Figura 8).[34] É importante notar que indivíduos que tiveram um ataque cardíaco durante a janela matinal de risco sofrem mais danos e têm uma probabilidade menor de recuperação, em comparação com ataques cardíacos em outros horários do dia.[35] Meus colegas na Alemanha chamam essa janela de tempo de *Todesstreifen*, ou "zona da morte" — palavra originalmente usada para descrever a terra de ninguém entre as Alemanhas Ocidental e Oriental, onde havia a forte probabilidade de morrer com um tiro de sniper.

Também parece que a RRCS pode ter um efeito na recuperação de um AVC ou um ataque cardíaco. Permita-me detalhar mais. Transtornos do sono, como a insônia, a apneia obstrutiva do sono (AOS) e a síndrome das pernas inquietas (SPI) (capítulo 5), estão todos associados a uma recuperação pior e à morte depois de um derrame.[36] É importante observar que, em termos de tratamento, a estabilidade do sono e do ciclo sono/vigília depois de um AVC ou ataque cardíaco ajuda na recuperação.[37] Portanto, junto com os medicamentos dos quais falamos, a redução da RRCS deve ser parte tanto dos programas preventivos quanto de gestão da convalescença de derrames e ataques cardíacos.

Essas variações nos riscos de AVCs e problemas cardiovasculares ao longo do dia passaram a ser levadas em conta tanto no desenvolvimento de novos medicamentos quanto na prescrição dos existentes. Um exemplo são as drogas usadas para tratar a pressão arterial alta (hipertensão), os chamados anti-hipertensivos. De modo significativo, quando os anti-hipertensivos são tomados antes de dormir, e não pela manhã, são mais eficientes na regulagem dos níveis de pressão arterial e na redução dos riscos de derrames e ataques cardíacos.[38] Tomar aspirina à noite, em comparação com a manhã, reduz fortemente a ativação das plaquetas pela manhã.[39] Na mais extensa pesquisa realizada até hoje, demonstrou-se que tomar medicamentos anti-hipertensivos na hora de dormir estava associado tanto a uma melhora da regulagem da pressão arterial quanto a uma queda quase pela metade das mortes e problemas cardiovasculares, na comparação com a ingestão pela manhã. Vale analisar esse estudo um pouco mais em detalhe. Foram escolhidos aleatoriamente quase 20 mil hipertensos, com idade média de 60,5 anos, para tomar sua dose diária de um ou mais anti-hipertensivos — na hora de dormir ou ao acordar. Os pacientes tiveram acompanhamento anual, com check-ups detalhados, por mais de seis anos. Aqueles que tomaram os anti-hipertensivos à noite tiveram um risco consideravelmente menor (quase metade) de morte cardiovascular, incluindo insuficiência cardíaca e derrame.[40] O cientista-chefe desse estudo, Ramón Hermida, afirmou:

> As orientações atuais no tratamento da hipertensão não mencionam ou recomendam nenhum horário preferencial de tratamento. A ingestão matinal tem sido a recomendação mais comum dos médicos, com base no objetivo equivocado de reduzir os níveis de pressão arterial pela manhã. Os resultados deste estudo mostram que os pacientes que tomam sua medicação anti-hipertensiva na hora de dormir, e não na hora em que acordam, controlaram melhor a pressão arterial e, o mais importante, tiveram um decréscimo significativo do risco de morte ou doença por problemas cardíacos e circulatórios.[41]

Atualmente, não existem orientações formais em relação à hora de tomar seus comprimidos para a pressão, ou mesmo aspirina. Novos estudos estão em andamento na tentativa de dar respaldo às conclusões de Ramón Hermida e seus colegas. Caso confirmadas, espero que orientações para os clínicos gerais sejam implementadas sem demora. É claro que cada um de nós pode se orientar pelas evidências atuais, e, considerando os dados existentes, minha decisão pessoal seria tomar medicamentos anti-hipertensivos antes de ir para a cama. Meus colegas na Austrália me dizem que esse é o conselho mais comum nas prescrições por lá. O que suscita a pergunta:

Por que tomar os medicamentos anti-hipertensão à noite, se o perigo é maior pela manhã?

Isso tem a ver com a farmacocinética dos medicamentos anti-hipertensivos, em termos de como são absorvidos e distribuídos por todo o corpo, e com o modo como as drogas são metabolizadas e, por fim, decompostas e expelidas. Todos esses processos exigem tempo.[42] Ao tomar medicamentos anti-hipertensivos na hora de dormir, os níveis da droga aumentam e permanecem relativamente altos no corpo (meia-vida longa), atuando na redução da pressão arterial durante a janela de tempo em que costuma ocorrer um aumento agudo da pressão arterial, entre 6h e meio-dia. Se o medicamento anti-hipertensão for tomado pela manhã, a eficácia da droga aumenta e chega ao pico *depois* da alta crítica da pressão arterial.

Como discutimos no capítulo 8, alguns anti-hipertensivos aumentam a produção de urina.[43] Os anti-hipertensivos diuréticos estimulam os rins a remover água e sal do sangue, levando-os para a urina. Isso reduz o volume sanguíneo e, portanto, a pressão arterial, porém aumenta a produção de urina. Bloqueadores do canal de cálcio relaxam os vasos sanguíneos e reduzem a pressão arterial, mas também atuam inibindo a contração da bexiga e reduzindo seu esvaziamento, tornando necessário urinar mais e urinar à noite.[44] Por isso, caso a noctúria seja um problema, pode ser uma boa ideia conversar com seu médico sobre quais seriam os melhores anti-hipertensivos para você.

E quanto à aspirina?

A aspirina inibe os fatores pró-coagulação no sangue, reduzindo a ativação das plaquetas — ou seja, "afina o sangue". Mas os níveis de aspirina no sangue sobem depressa e declinam com bastante rapidez (meia-vida curta), em questão de poucas horas. Como, então, uma aspirina na hora de dormir reduz a "aderência" das plaquetas pela manhã? De forma curiosa, ela previne que as plaquetas se aglomerem para formar coágulos durante o tempo de vida delas, que é de cerca de dez dias. Portanto, as plaquetas ficam permanentemente "desligadas" depois de expostas à aspirina.[45] No entanto, 100 bilhões de plaquetas novas são produzidas a cada dia, e isso ocorre à noite.[46] Tomar uma aspirina à noite garante que as novas plaquetas sejam desativadas de modo eficaz antes da perigosa janela de derrames na manhã seguinte — entre 6h e 12h. A aspirina tomada pela manhã será muito menos eficaz porque as novas plaquetas produzidas na noite anterior já estarão promovendo a coagulação antes que a aspirina possa chegar até elas e desativá-las. Além disso, a aspirina será metabolizada e eliminada do corpo antes que ocorra a onda seguinte de produção de plaquetas à noite. Novamente, há um lado ruim. Tomar aspirina antes de dormir aumenta as chances de danos ao estômago e/ou ao revestimento intestinal, levando ao desenvolvimento de feridas (úlceras) pequenas e grandes, que podem sangrar ou se perfurar. No entanto, o uso de inibidores da bomba de prótons (IBPs) e medicamentos que protegem o sistema gastrointestinal ajudam a resolver esse problema.[47]

Que horas devo tomar minhas estatinas?

Outro fator de risco para ataques cardíacos e AVCs são níveis aumentados de colesterol no sangue. O colesterol é um material de construção essencial para a produção de células saudáveis e hormônios cruciais, mas níveis altos levam ao desenvolvimento de depósitos de gordura nas paredes dos vasos sanguíneos. Esses depósitos podem crescer, dificultando o transporte de sangue suficiente aos órgãos do corpo, entre eles o coração e o cérebro. Isso recebe o nome de estenose. Essa estenose impede sangue rico em oxigênio de chegar ao coração ou ao cérebro, acarretando um ataque cardíaco ou derrame. O colesterol é transportado no sangue sob a forma de uma proteína complexa (lipoproteína), e dois tipos de lipoproteína se combinam ao colesterol e o carregam para dentro e para fora das células. Uma é a lipoproteína de baixa densidade, ou LDL. A outra é a lipoproteína de alta densidade, ou HDL. O colesterol LDL é considerado o colesterol "ruim", porque é um complexo lipoproteína-colesterol que contribui para o acúmulo gorduroso nas artérias (aterosclerose). Isso estreita as artérias, aumentando o risco de ataques cardíacos e derrames. Considera-se que o complexo lipoproteína-colesterol HDL seja "bom" porque transporta o colesterol LDL (ruim) para fora das artérias e de volta ao fígado, onde o complexo LDL-colesterol é decomposto e excretado. Mas o colesterol HDL não elimina completamente o LDL. Apenas cerca de 30% do colesterol LDL é carregado pelo HDL até o fígado. Porém, é aí que drogas ajudam. As chamadas "estatinas" (por exemplo, sinvastatina, lovastatina, pravastatina e atorvastatina) são particularmente boas na redução do colesterol LDL. Elas atuam desacelerando a produção de colesterol LDL no fígado, onde ele é fabricado, o que resulta numa queda dos níveis de colesterol no sangue. As estatinas reduzem a produção de colesterol LDL através do bloqueio de uma enzima chamada HMG-CoA-reductase (inibidores de HMG-CoA reductase). Há, então, um momento ideal para tomar estatinas?

Os níveis de colesterol no sangue seguem um ritmo circadiano. Normalmente, ele é produzido à noite, entre meia-noite e 6h. As estatinas permanecem muitas horas ativas no sangue. Algumas são eficazes por quatro a seis horas, mas outras permanecem por vinte ou até trinta horas. E esse é o ponto crucial: caso a estatina que você toma tenha meia-vida curta, na faixa de quatro a seis horas (por exemplo, a sinvastatina), ela deve ser tomada perto da hora de dormir, para atingir a produção noturna de colesterol. Porém, caso você tome uma estatina eficaz por muito mais tempo (vinte a trinta horas, como a atorvastatina), pode tomá-la em qualquer horário, já que sua eficácia sempre se sobreporá aos níveis noturnos mais altos de produção de colesterol.[48] Se não tiver certeza quanto ao tempo de vida efetivo das estatinas que toma, consulte seu clínico geral e descubra se elas têm meia-vida curta ou longa.

Esses três exemplos (anti-hipertensivos, aspirina e estatinas) ilustram como a variação circadiana na fisiologia e a farmacocinética das drogas devem ser levadas em consideração ao escolher o momento de tomar os medicamentos. Porém, há outro fator crucial que deve ser considerado — a extrapolação dos estudos com animais para a condição humana.

O desenvolvimento de drogas e a extrapolação dos estudos com animais para a condição humana

Por excelentes motivos, os camundongos se tornaram o animal preferencial nas pesquisas médicas. Compreendemos sua genética, eles são relativamente fáceis e baratos de cuidar, e sua biologia básica se assemelha bastante à dos seres humanos. Exceto, é claro, em um aspecto crucial e muitas vezes menosprezado: os camundongos são noturnos (ativos à noite) e nós somos diurnos (ativos de dia). No período diurno, o camundongo costuma estar inativo ou adormecido. Porém, como os laboratórios que trabalham com animais costumam operar entre as 7h e as 17h, os resultados das experiências, como as sobre o efeito das drogas, são coletados nos camundongos quando nós estamos acordados, mas eles estão biologicamente preparados para dormir.[49] Os resultados com os camundongos são, então, extrapolados para a condição humana, mas não para o sono, e sim, incorretamente, para a vigília. O camundongo apresenta grandes alterações de origem circadiana entre a biologia do sono e a da vigília, em relação, por exemplo, à eficácia e toxicidade das drogas.[50] Isso é um fato conhecido há muitas décadas, mas constantemente ignorado nos estágios iniciais dos testes de novos medicamentos que utilizam camundongos. Essa importante questão foi investigada recentemente analisando-se os efeitos de três drogas no tratamento de derrames em camundongos, ministradas em diferentes horários do dia. Simularam-se derrames nos animais reduzindo o suprimento de sangue no cérebro. As três drogas reduziram a morte de tecidos quando ministradas durante o dia (quando o camundongo estava biologicamente preparado para dormir), mas fracassaram ao serem dadas à noite (quando ele estava acordado).[51] Tais conclusões explicam por que tratamentos bem-sucedidos em animais não deram certo posteriormente em experiências com humanos. As drogas foram ministradas durante o dia, assim como com os camundongos, mas esse era o horário biológico errado. Deviam ter sido dadas antes de dormir, para agir à noite, durante o sono! São conclusões que mostram que o horário do dia de fato importa ao tomar medicamentos preventivos de derrames, e que o horário biológico nos camundongos precisa estar alinhado ao horário biológico apropriado nos seres humanos para garantir a comparação de iguais com iguais.[52] Os pesquisadores cogitaram desenvolver um modelo "bom" de roedor diurno, como o rato-do-Nilo (*Arvicanthis niloticus*),[53] mas esse desafio tem se mostrado intransponível.

DORES, ENXAQUECAS E DORES DE CABEÇA

Existe todo um grupo de transtornos geradores de dor que apresentam padrões de intensidade de 24 horas.[54] A artrite reumatoide é uma doença autoimune, ou seja, o corpo ataca a si mesmo, resultando em enrijecimento e dor nas articulações. A dor da artrite reumatoide ocorre pela manhã (Figura 8). Por sua vez, a osteoartrite é um transtorno degenerativo das articulações causado por um desgaste da cartilagem que as acolchoa. A dor nas juntas da osteoartrite ocorre ao anoitecer e durante a noite (Figura 8). Sabe-se disso há muitas décadas, usando-se o enrijecimento e a dor nas juntas para distinguir a artrite reumatoide (matinal) da osteoartrite (noturna).[55] Mais recentemente, uma terapia noturna para a artrite reumatoide, usando glicocorticoides (um tipo de corticosteroide que atua como imunossupressor), resultou em uma redução do enrijecimento e da dor matinais, na comparação com a mesma dose de glicocorticoide tomada pela manhã.[56] Descobertas e abordagens cronofarmacológicas como essas vêm sendo usadas tanto para compreender quanto para tratar outros transtornos dolorosos, como as dores de cabeça e as dores neuropáticas (consequentes de danos aos nervos). Vamos tratar primeiro das dores de cabeça, esses diabinhos terríveis que aparecem sob diversas formas.

Dor de cabeça

Dor de cabeça é um termo genérico para descrever uma dor em qualquer região da cabeça, podendo ocorrer em qualquer dos lados, ter uma localização específica ou estar espalhada de um ponto a outro da cabeça. Pode ser aguda, latejante ou difusa. No passado, acreditava-se que as dores de cabeça estivessem relacionadas ao inchaço de vasos sanguíneos ou ao aumento do fluxo sanguíneo em partes do cérebro. Hoje, acredita-se que a maioria das dores de cabeça se deva a alterações do sistema nervoso. Os dois tipos mais comuns de dor de cabeça, fortemente relacionados ao sistema circadiano, são a cefaleia em salvas e a enxaqueca.

CEFALEIA EM SALVAS

A cefaleia em salvas pode ser extremamente desagradável. Chega a ser chamada de "dor de cabeça do suicídio", já que 50% dos que sofrem dessa forte dor já pensaram em se matar.[57] Atinge aproximadamente uma pessoa em cada mil, homens mais que mulheres, ocorrendo pela primeira vez entre os 20 e os 40 anos de idade.[58] A dor, em geral, ocorre em um dos lados da cabeça e dura entre 15 minutos e 3 horas. A maioria das pessoas (90%) terá o mesmo tipo de dor intensa todos os dias, por semanas ou meses, e depois nada durante vários meses. Não se sabe ao certo qual é o gatilho para a cefaleia em salvas, mas parece vir da ativação de vias cruciais no cérebro e de nervos relacionados no núcleo trigeminal (Figura 2) e no sistema nervoso autônomo, regulado por partes do hipotálamo[59] e possivelmente pelo núcleo supraquiasmático (NSQ) (capítulo 1). Isso foi postulado porque uma característica crucial da cefaleia em salvas é que em muitos indivíduos as dores de cabeça ocorrem exatamente no mesmo horário todos os dias, e às vezes no mesmo período todos os anos. Um grande estudo mostrou que 82% dos que sofrem de cefaleia em salvas têm crises no mesmo horário todo dia,[60] sendo as 2h o mais comum para o início (Figura 8).[61] Curiosamente, vários estudos sugerem que os ritmos circadianos de quem sofre dessa cefaleia são anormais, com uma assincronia entre vários hormônios e neurotransmissores cerebrais, entre eles melatonina, testosterona, prolactina e hormônio do crescimento. Além disso, anomalias genéticas associadas à engrenagem molecular e ao ciclo de feedback de transcrição/tradução (capítulo 1) também se mostraram associadas à cefaleia em salvas.[62] Portanto, vem se formando um quadro que associa a cefaleia em salvas a uma desregulagem do sistema circadiano.

ENXAQUECA

As crises de enxaqueca induzem dores de cabeça pulsantes, moderadas ou intensas, que duram entre 4 e 72 horas e são muitas vezes acompanhadas de náusea, vômitos ou sensibilidade à luz, ao ruído e ao movimento.[63] É uma condição comum, com quase 18% das mulheres e 6% dos homens vivenciando ao menos uma enxaqueca por ano.[64] Friedrich Nietzsche, o filósofo, escritor e crítico cultural alemão, sofria de crises terríveis de enxaqueca desde a infância.[65] A propósito, muitas coisas que Nietzsche escreveu foram atribuídas a outras pessoas depois da sua morte e, para que fique claro, foi ele o primeiro a dizer "O que não nos mata nos fortalece", e não Arnold Schwarzenegger em *Conan, o Bárbaro*. As vias cerebrais que desencadeiam a enxaqueca parecem ser semelhantes às da cefaleia em salvas, envolvendo nervos do núcleo trigeminal (sistema trigeminovascular) e ativação pelo hipotálamo (Figura 2). Também como na cefaleia em salvas, as enxaquecas são eventos rítmicos. Em um estudo recente, mostrou-se que ocorrem de manhã nos tipos matinais (que vão dormir e acordam cedo), enquanto nos tipos noturnos (que vão dormir e acordam tarde) são mais prováveis à tarde (Figura 8).[66] Também está associada ao ciclo menstrual e níveis mais baixos de estrogênio durante a fase lútea

(Figura 5).[67] Entre os gatilhos estão o estresse, a alimentação em horas incomuns, o ciclo menstrual, a exposição anormal à luz e a RRCS.[68] Além disso, um gene circadiano crucial que leva à síndrome do atraso das fases do sono também está relacionado à enxaqueca (Figura 4),[69] assim como outros genes que reconhecidamente afetam a regulagem circadiana.[70] Como a ruptura do ritmo circadiano está associada à enxaqueca, seria de esperar que trabalhadores noturnos tivessem taxas mais elevadas da doença. No entanto, uma revisão recente da literatura sugere a inexistência de elos claros entre a enxaqueca e o trabalho noturno.[71] Talvez isso não seja motivo para tanta surpresa, no fim das contas. Como a enxaqueca é muito debilitante, o que deve ocorrer é que indivíduos vulneráveis quase certamente optem por *não* trabalhar à noite. Uma abordagem mais interessante seria pesquisar pessoas que sofrem de enxaqueca e perguntar se já realizaram trabalho noturno, e se essa experiência resultou numa piora das crises.

A cronoterapia nos transtornos cefaleicos

Foi demonstrado que as estratégias discutidas no capítulo 6 para a estabilização da ruptura do ritmo circadiano e do sono (RRCS) ajudam tanto na cefaleia em salvas quanto na enxaqueca, entre elas a luz matinal e horários regulares de refeições.[72] Curiosamente, várias drogas recentes para o tratamento de dores de cabeça possuem uma conhecida ação sobre o relógio, entre elas o valproato, que altera o relógio circadiano,[73] e o baclofeno.[74] Também se demonstrou que o verapamil, comumente utilizado em enxaquecas e cefaleias em salvas, altera os ritmos circadianos.[75] Não se sabe ao certo como a "ação circadiana" dessas drogas influencia os desfechos terapêuticos. Por isso, embora os dados não sejam abundantes, existe um conjunto de evidências cada vez maior sugerindo que as dores de cabeça são influenciadas pela RRCS, e que a estabilização desta tem um importante papel na redução de sua ocorrência. De fato, novas drogas, projetadas para estabilizar o sistema circadiano, vêm sendo desenvolvidas para aliviar as dores de cabeça.[76] O Serviço Nacional de Saúde do Reino Unido (NHS) acaba de lançar um aparelho chamado gammaCore® para o tratamento de enxaqueca e dores de cabeça. É um instrumento médico portátil que permite ao paciente autoadministrar estimulação do nervo vago (VNS, na sigla em inglês) pondo eletrodos em contato com a nuca.[77] Supostamente, essa estimulação interage com o núcleo trigeminal (Figura 2) e o sistema trigeminovascular. O horário da VNS, combinado à estabilização da RRCS, pode ajudar os indivíduos que sofrem de dores de cabeça e enxaquecas.

Dores neuropáticas

As dores neuropáticas são causadas por danos ou males nos neurônios e vias sensoriais que detectam alterações como toque, pressão, dor, temperatura, vibrações etc., dentro ou fora do corpo. É o chamado "sistema somatossensorial". A dor neuropática dá uma sensação de queimação ou pontada. Os padrões cotidianos de 24 horas das dores nos nervos são bem documentados. Em experimentos, por exemplo, a estimulação elétrica de um nervo na região da panturrilha (nervo sural) mostrou-se mais dolorosa no final da noite e no começo da manhã.[78] O mesmo vale para nervos atingidos por doenças (como a neuropatia diabética), em que a dor vai aumentando ao longo do dia e atinge o ápice à noite[79] (Figura 8). Acredita-se que essas alterações sejam comandadas pela modulação circadiana dos receptores de dor, em diversos níveis.[80] Em um conjunto de importantes experiências, demonstrou-se que o relógio molecular altera diretamente os padrões de 24 horas de um gene que produz uma molécula sinalizadora de dor chamada "substância P", a qual regula a intensidade da dor neuropática.[81] Existe, portanto, um elo claro entre a intensidade da dor neuropática e o sistema circadiano. O ponto crucial é que saber qual é a pior hora da dor neuropática propicia uma oportunidade para administrar analgésicos na dose e no horário que serão mais úteis para reduzir a dor — e, o que é importante, diminuir o impacto da dor sobre a ruptura do sono. No todo, a compreensão dos mecanismos que estimulam os ritmos diários de intensidade da dor nos dá a chance de mirar nessas vias com novos medicamentos que bloqueiem a dor ou reduzam seus limiares. Uma vez mais, trata-se de uma área de muitas pesquisas, e suspeito que nos próximos anos ela fará importantes descobertas.

CÂNCER

Os ritmos circadianos regulam vários processos relacionados tanto à proteção quanto ao desenvolvimento do câncer, inclusive a divisão celular, a morte programada das células (apoptose), a reparação do DNA e a função imune. Na verdade, a imunoterapia é um tratamento de alguns tipos de câncer que reforça a capacidade do sistema imune de localizar e matar células cancerosas.[82] Muitos genes relacionados ao câncer estão sob o controle circadiano e, o que é importante, o surgimento e o crescimento de tumores são muito mais rápidos quando o sistema circadiano está alterado. Isso foi demonstrado várias vezes em laboratório. Um método é alterar o ciclo claro/escuro de camundongos com tumores, a capa poucos dias, simulando um jet lag frequente. Os camundongos com jet lag apresentaram crescimento muito mais rápido de tumores, na comparação com os que foram tratados normalmente.[83] Outras experiências analisaram camundongos cujo relógio molecular foi perturbado. Por exemplo, as proteínas PER são elementos cruciais do relógio molecular (Figura 2D). Os camundongos sem PER_1 e PER_2 apresentam ao mesmo tempo ritmos circadianos muito perturbados e taxas maiores de câncer.[84] Demonstrou-se que mutações na PER_2 no fígado dos camundongos aumentam fortemente o câncer de fígado.[85] No entanto, restaurar essa proteína nas células onde ela está defeituosa reduz o crescimento dos tumores. Outro estudo perturbou a engrenagem molecular das células, na prática "desligando" os relógios celulares ao "ligar" um regulador genético chamado MYC. Pacientes humanos com um tipo de câncer chamado neuroblastoma foram então estudados, já que esse tipo de tumor expressa níveis baixos ou altos de MYC. De forma interessante, aqueles que expressavam níveis altos de MYC no neuroblastoma (relógios parados) morreram muito antes daqueles com níveis baixos de MYC (relógios ainda funcionando). Essas conclusões representam uma forte evidência de que possuir um relógio circadiano em funcionamento nas células tumorais reduziria enormemente a progressão desses tumores, aumentando a sobrevida dos pacientes.[86]

A radioterapia costuma ser usada para tratar tumores sólidos da mama, do pulmão e do esôfago. Infelizmente, muitas vezes o coração é afetado, o que leva a problemas cardíacos e, mais tarde, insuficiência. Em estudos com camundongos cujos ritmos circadianos foram perturbados de forma intencional, a exposição à radiação gerou níveis mais altos de danos ao DNA e aumentou os problemas cardíacos, dando a entender que o relógio circadiano protege o corpo da radiação ionizante.[87]

Impactos semelhantes da RRCS foram demonstrados em nós, humanos. Como discutimos no capítulo 4, indivíduos que trabalharam à noite durante muitos anos, ou que têm escalas de horários em constante alteração, apresentam taxas significativamente mais elevadas de câncer,[88] inclusive de mama[89] e de próstata.[90] Relata-se que enfermeiras em plantão noturno têm incidências mais altas de câncer de mama, endometrial e colorretal,[91] e esse risco aumenta conforme o tempo passado no trabalho noturno[92] (capítulo 4). E não são só as enfermeiras. Mulheres que trabalham mais à noite têm um risco maior de câncer[93] e, de forma significativa, mulheres na pré-menopausa, mas não na pós-menopausa, têm um risco maior de câncer de mama se estão trabalhando ou trabalharam recentemente à noite.[94] Essas e uma série de outras evidências levaram a Agência Internacional de Pesquisa em Câncer (IARC) a classificar o trabalho noturno como um provável cancerígeno.[95] Portanto, uma parcela significativa da população economicamente ativa está sendo exposta a um "cancerígeno humano Categoria 2A". Duvido que isso apareça nas descrições de cargo.

As mesmas conclusões são encontradas em outras profissões nas quais a ruptura do ritmo circadiano é rotina. Comissárias de bordo apresentam um risco aumentado de câncer de mama e melanoma maligno,[96] e um estudo com pilotos canadenses e noruegueses mostrou que eles têm incidências mais altas de câncer de próstata.[97] Um trabalho recente mostrou que o jet lag crônico estimula o carcinoma hepatocelular (CCH). O CCH é o câncer primário de fígado mais comum de em adultos e a causa de morte mais frequente em pessoas com doença hepática gordurosa não alcoólica, ou DHGNA. A ruptura do ritmo circadiano induzida pelo jet lag parece alterar a regulação de múltiplos genes. Isso, por sua vez, altera vias metabólicas, o que leva a uma resistência à insulina (a incapacidade de absorver a glicose do sangue em resposta à insulina), à DHGNA (acúmulo de gordura no fígado) e à esteatose hepática (inflamação do fígado provocada pelo acúmulo de gordura).[98] É preciso ter certa cautela em relação a causas e efeitos nesses casos, já que as viagens aéreas também aumentam a exposição à radiação ionizante, que é um agente cancerígeno. A moral da história é que vários estudos associaram a RRCS a uma maior susceptibilidade ao desenvolvimento de câncer nos principais sistemas orgânicos, entre eles mama, ovário, pulmão, pâncreas, próstata, colorretal e endometrial, o linfoma não Hodgkin (LNH), o osteosarcoma, a leucemia mieloide aguda (LMA), o carcinoma de células escamosas de cabeça e pescoço e o carcinoma hepatocelular. A importância dos mecanismos de reparo do DNA no desenvolvimento do câncer ficou clara após um estudo recente mostrando que os horários de trabalho noturno perturbam as vias de reparação do DNA, aumentando as chances de o câncer se desenvolver.[99] Portanto, vem aparecendo um padrão claro de que a perda de um controle circadiano consistente da fisiologia representa um fator de risco independente para o desenvolvimento de câncer.[100]

Assim como nos estudos com camundongos, os relógios defeituosos nas células do corpo vêm sendo associados a altas incidências de câncer. Por exemplo, alguns tumores ovarianos apresentam níveis reduzidos de genes cruciais do relógio, entre eles PER_1 e PER_2.[101] O mesmo decréscimo foi encontrado na leucemia mieloide crônica[102] e em tumores cancerosos de mama.[103] De fato, a ruptura do relógio molecular parece ser uma característica comum às células cancerosas. Isso levou a algumas abordagens terapêuticas interessantes, elaboradas para restaurar os ritmos circadianos das células cancerosas, na tentativa de parar o câncer. Em um estudo com camundongos, ministraram-se drogas para atuar como impulsionadores circadianos chave da engrenagem molecular. Notavelmente, essas drogas restabeleceram os ritmos circadianos do tumor, reduzindo o crescimento do câncer. Além disso, e de forma muito significativa, essas drogas foram letais às células cancerosas sem ter impacto sobre as células saudáveis.[104] Demonstrou-se que a mesma estratégia funciona com outras drogas que aumentam a "força" do relógio, levando à inibição da disseminação das células cancerosas.[105] De forma inversa, um estudo usando uma droga que suprime o relógio circadiano aumentou o desenvolvimento de tumores.[106] Essas empolgantes descobertas representam uma nova via para os tratamentos contra o câncer — quando se restaura um ritmo circadiano consolidado no interior de uma célula cancerosa, a progressão dos tumores parece ser inibida, ou ao menos refreada.

Além do desenvolvimento de novas drogas projetadas para reiniciar os ritmos circadianos das células cancerosas, uma via paralela é adotar uma abordagem mais holística, buscando estabilizar os ritmos circadianos da pessoa como um todo — o máximo possível. Como seria de prever diante das conclusões em relação às células, a RRCS é frequente em pessoas que sofrem de câncer. Por exemplo, medições em pacientes com câncer pulmonar avançado mostraram ciclos de sono/vigília de 24 horas profundamente perturbados e pior qualidade de sono, na comparação com um grupo de controle saudável.[107] O mesmo foi constatado em jovens com leucemia linfoblástica aguda. A RRCS foi associada a maior fadiga relacionada ao câncer, que se manifesta como uma sensação persistente de cansaço e exaustão física e emocional.[108] Também foi relatada ruptura nos ritmos circadianos no caso de câncer colorretal[109] e, quanto mais severa, menores as chances de sobrevivência.[110] Essas descobertas suscitam a ideia de que abordagens que estabilizem o ritmo circadiano dos pacientes de câncer não apenas melhorarão sua qualidade de vida, mas também suas chances de sobrevivência. Esses métodos estão detalhados no capítulo 6, mas incluem: 1. Os horários das refeições; 2. Exposição apropriada à luz entre o amanhecer e o anoitecer; 3. Luminosidade reduzida à noite; 4. Horários de sono e vigília consistentes; 5. Espaço apropriado ao sono, incluindo escuridão noturna, temperatura apropriada, colchão e travesseiros adequados etc.; 6. Uso mínimo de medicamentos para dormir; 7. Aumento do estado de alerta diurno, desencorajando as sonecas; 8. Evitação de estimulantes como cafeína perto da hora de dormir etc. Tudo isso faz sentido, com certeza, mas ainda precisa ser testado.

A questão é que a ruptura de nossos ritmos circadianos, como ocorre no trabalho noturno, perturba nossa fisiologia, em especial os sistemas imune (capítulo 11) e metabólico (capítulo 12). Essa ruptura nos impede de obter a matéria-prima certa, no lugar certo, na quantidade certa, na hora certa do dia. Isso enfraquece nossa capacidade de enfrentar tumores em estágio precoce. Células com relógio fraco ou sem relógio, como as cancerosas, perdem a atuação protetora do sistema circadiano, que normalmente age como um "freio" à divisão celular descontrolada e ao crescimento de tumores.

Precisamos levar em conta o ritmo circadiano ao usar as atuais drogas anticâncer?

Como comentamos, embora *estejam* sendo desenvolvidas drogas que restauram o ritmo circadiano das células para reduzir o crescimento de tumores, as atuais abordagens não cirúrgicas de ataque ao câncer recorrem a uma série de drogas anticâncer ou utilizam alguma forma de radiação. O maior desafio ao utilizar esses métodos é matar as células cancerosas vilãs sem matar o paciente. As drogas anticâncer usadas em quimioterapia são altamente tóxicas, podendo danificar os principais órgãos do corpo, inclusive os rins e o coração. A radioterapia também produz efeitos colaterais muito nocivos ao corpo. O frustrante é que é muito difícil destruir todas as células cancerosas, e basta que poucas sobrevivam para se multiplicar e semear um novo grupo de tumores. Por isso, os tratamentos precisam ser agressivos, e os efeitos colaterais são em geral terríveis, sendo comuns náuseas, vômito, diarreia, perda de sensibilidade nas mãos e nos pés e queda de cabelo.

Mas vamos voltar um passo e analisar a biologia. Em circunstâncias normais, as células se multiplicam por divisão, o que exige que aumentem, produzindo um conjunto duplicado de DNA enrolado em cromossomos, até que ocorre a separação de uma célula individual em duas células "filhas". Em 2001, o prêmio Nobel foi atribuído a Paul Nurse, Leland Hartwell e Tim Hunt, pela pesquisa sobre como as células se multiplicam passando por estágios definidos em um ciclo celular. O ciclo celular consiste em etapas cruciais. Na primeira fase (G1), a célula cresce. Quando atinge o tamanho apropriado, entra em uma fase de síntese de DNA (S), em que o DNA e os cromossomos são duplicados. Durante a fase seguinte (G2), a célula se prepara para a divisão. Com a divisão celular, chamada de mitose (M), os cromossomos se separam, e a célula se divide em duas novas células filhas, com conjuntos idênticos de cromossomos. Depois da divisão, a célula volta à fase G1 e o ciclo se reinicia.[111] As células se dividem o tempo todo, para construir tecidos e órgãos e para substituir células danificadas. Iniciamos a vida como uma única célula e a maioria de nós tem cerca de 37,2 trilhões de células (1 trilhão é 1 milhão de milhões, ou 1 000 000 000 000). Muitas dessas células, como as hemácias, precisam ser substituídas com frequência. É necessária uma quantidade imensa de divisão celular para nos gerar e nos manter em atividade — e é notável que ocorram tão poucos erros nesse complicado processo. Normalmente, uma vez construídas as partes do corpo e feitos os reparos necessários no momento, a divisão celular cessa. As células cancerosas, porém, continuam se dividindo. Os sistemas que interrompem a divisão celular descontrolada estão danificados, e esse dano em geral se deve a uma pequena mudança, ou mutação, em alguma das proteínas reguladoras chave associadas ao ciclo celular. Uma família de proteínas, chamadas de proteínas RAS, apresenta mutações e defeitos em mais de um terço de todos os cânceres humanos.[112] As proteínas RAS são reguladas pelo relógio circadiano,[113] o que é notável, e atuam, por sua vez, ajudando a regular a engrenagem circadiana.[114] Existe uma relação íntima entre as proteínas-chave do ciclo celular e o relógio molecular. O que se revelou recentemente é que as proteínas do ciclo celular, como as RAS, estão embutidas no cerne da "arquitetura" circadiana das células.

Antes de prosseguir, preciso enfatizar que o desenvolvimento de um câncer envolve mais de uma única mutação em apenas uma proteína do ciclo celular, como as RAS. Dos aproximadamente 21 mil genes de cada célula, existem pelo menos 140 que podem, ao mutar, promover ou "impulsionar" o crescimento de tumores, e um tumor típico contém de duas a oito dessas mutações do gene impulsionador. Esse é um ponto importante, e ilustra por que mutações em qualquer um dos dois genes de susceptibilidade ao câncer de mama, $BRCA_1$ e $BRCA_2$, implicam um risco muito maior de desenvolver câncer de mama ou de ovário, na comparação com alguém que não possui a mutação. *Mas* um resultado positivo não significa que você *vai* desenvolver câncer — também depende das outras mutações que você porta, de fatores ambientais como o tabagismo[115] e da ruptura do ritmo circadiano, como no trabalho noturno.[116] Em média, mulheres com as mutações genéticas $BRCA_1$ ou $BRCA_2$ têm sete chances em dez de vir a ter câncer de mama até os 80 anos[117] — uma chance altíssima, mas não uma certeza automática. A descoberta de que os cânceres surgem de mutações nos genes do ciclo celular e seus sistemas regulatórios, como os genes do relógio, é um triunfo da biologia do século XX, explicando não apenas a origem e o desenvolvimento de muitos cânceres, mas também proporcionando a base para novos tratamentos em potencial nos próximos anos.

O uso temporizado das atuais drogas anticâncer

Tratamentos não cirúrgicos para o câncer, como a quimioterapia e a radioterapia, são projetados para matar as células cancerosas, impedindo-as de crescer, dividir-se e produzir ainda mais células cancerosas. E como essas células costumam crescer e se dividir mais rápido que as células normais, a quimioterapia e a radioterapia têm um efeito mais agressivo sobre elas. Porém, esses tratamentos também afetam células não cancerosas de divisão rápida, como as da medula óssea (onde são produzidos os glóbulos vermelhos), os folículos capilares e o revestimento do estômago. É por isso que a quimioterapia provoca anemia, queda de cabelo e enjoo. Em circunstâncias normais, existe um ritmo circadiano de divisão celular em muitos tecidos humanos,[118] e a questão central é que a temporização circadiana do ciclo celular nas células saudáveis é, muitas vezes, diferente da apresentada pelas células cancerosas. Sendo assim, se a maior parte da quimioterapia ou radioterapia diária fica limitada aos momentos de menor síntese do DNA nas células não cancerosas, é possível reduzir a toxicidade e, com isso, ministrar doses maiores.

William (Bill) Hrushesky é oncologista em Columbia, na Carolina do Sul. Acompanho o trabalho dele desde meus tempos na Universidade da Virgínia, no final dos anos 1980. Há décadas Bill defende abordagens cronofarmacológicas no tratamento do câncer e, nos anos 1980, em uma experiência pioneira, ele comparou os horários de quimioterapia em mulheres com câncer de ovário. Cada grupo recebeu duas drogas padrão para o câncer, a adriamicina e a cisplatina, mas um dos grupos recebeu a adriamicina às 6h e a cisplatina às 18h, enquanto no outro esses horários foram invertidos. Ele concluiu que as mulheres do primeiro grupo tiveram, *grosso modo*, metade dos efeitos colaterais. Houve menos queda de cabelo, menos danos aos nervos e aos rins e menos hemorragias, exigindo menos transfusões de sangue. Nas palavras de Bill: "Toda a toxicidade diminuiu várias vezes de forma notável, simplesmente de acordo com a hora do dia em que as drogas foram administradas".[119] E quanto à sobrevivência? No mesmo ano, ministrou-se a crianças com leucemia linfoblástica aguda a droga anticâncer 6-mercaptopurina pela manhã ou pela noite, como parte do tratamento terapêutico. A sobrevivência sem a doença foi muito melhor nas crianças com quimioterapia noturna. O risco de recaída foi 4,6 vezes maior para as que receberam tratamento diurno, na comparação com o noturno.[120] Conclusões semelhantes foram encontradas no câncer colorretal.[121] Resultados como esses, de redução da toxicidade e melhoria da sobrevida com quimioterapia temporizada, foram demonstrados em vários estudos com diferentes tipos de câncer.[122] Além da quimioterapia temporizada, a radioterapia temporizada também parece propiciar opções de tratamento para tumores cerebrais agressivos.[123]

Em geral, os pacientes recebem drogas anticâncer nos horários mais convenientes para a equipe que as administra. A capacidade das clínicas e o custo são questões cruciais, e existem problemas logísticos na entrega de substâncias tóxicas em hospitais movimentados. Porém, bombeadores ambulatoriais recém-criados podem ministrar drogas anticâncer a pacientes nos horários apropriados, a um custo baixo e possivelmente até em domicílio.[124] Afora as questões práticas, quando discuto o assunto com meus colegas médicos, alguns simplesmente não estão convencidos do valor da cronoterapia. Muitos reconhecem que pode haver benefícios, mas às vezes os menosprezam como pequenos demais para justificar sua adoção. Outro obstáculo importante é o simples desconhecimento. Vou repetir: nos cinco anos de formação, o sono e os ritmos circadianos representam uma mera nota de rodapé na maioria dos cursos de medicina. Também vale a pena notar que muitos médicos, com pouco ou nenhum conhecimento dos ritmos circadianos, atuam como conselheiros da indústria farmacêutica no desenvolvimento de novos medicamentos. Enquanto os ritmos circadianos não forem um tema sério de estudo nas faculdades de medicina, haverá sempre uma barreira entre descobertas experimentais impressionantes, aplicações médicas e descoberta de novas drogas. Isso tem que mudar.

PERGUNTAS E RESPOSTAS

1. Meu cronotipo vai afetar o horário em que devo tomar os remédios?

A menos que você seja do tipo extremamente matinal ou extremamente noturno, é improvável que isso seja muito problemático, porque a maioria das drogas tem uma meia-vida relativamente longa; portanto, a medicação continuará a fazer efeito durante uma janela de tempo de ao menos várias horas. Assim, caso o aconselhem a "tomar esta ou aquela droga na hora de dormir", ficará tudo bem. No entanto, se você for um tipo extremamente matinal ou extremamente noturno, pode ser uma boa ideia discutir com seu médico o momento de tomar os remédios. Mais problemático é tomar drogas ou medicamentos depois de um jet lag crônico, já que seu sistema circadiano pode se encontrar em qualquer horário ou fase. Além disso, por conta da natureza da radioterapia, em que administração e efeito ocorrem ao mesmo tempo, sem a meia-vida extensa da quimioterapia, o momento preciso desse tratamento pode ser mais importante que o da quimio.

2. Li que as cefaleias em salvas são sazonais. É verdade?

Em muitas pessoas que sofrem desse tipo de cefaleia, elas não apenas ocorrem em um momento específico do dia, mas também em uma época específica do ano, por anos a fio. Não se sabe ao certo como são gerados esses ritmos anuais, mas isso reforça a natureza rítmica das cefaleias em salva.[125]

3. Os derrames estão relacionados à demência?

Tanto os ataques isquêmicos transitórios (AIT) como os derrames isquêmicos menores (DI) estão associados a um risco maior de comprometimento cognitivo e demência na idade avançada. Muito recentemente, Philip Barber e seus colegas propuseram uma explicação relacionada à atrofia hipocampal depois de um AIT ou DI. O hipocampo (Figura 2) desempenha um papel central no aprendizado e na memória, mas com o envelhecimento ele começa a se atrofiar (encolher) devagar. Além disso, pacientes que tiveram AIT ou DI apresentaram uma atrofia hipocampal significativamente maior, comparados a um grupo de controle saudável, em um estudo que durou três anos. A incidência maior de atrofia hipocampal mostrou-se correlacionada a uma redução da memória episódica (recordação consciente de experiências passadas) e da função executiva (os processos mentais que nos permitem planejar, concentrar a atenção, lembrar instruções e desempenhar tarefas simultâneas com êxito) ao longo do mesmo período de três anos. Esses dados sugerem um elo direto entre AVC, demência e declínio cognitivo.

4. Devo me preocupar com o horário de uma cirurgia?

A primeira coisa que deve ser dita é que não existe cirurgia totalmente isenta de risco, mas vem aumentando nos últimos anos a preocupação com cirurgias realizadas por profissionais trabalhando em plantões prolongados, sem a oportunidade de dormir por muitas horas. Eles ficariam mais propensos a se equivocar e cometer erros médicos. Há quem defenda que os cirurgiões sejam impedidos de operar caso não tenham dormido o suficiente. Em um estudo recente, a sobrevivência dos pacientes foi avaliada depois de cirurgias cardiovasculares de alto risco, realizadas à tarde ou pela manhã. As mortes foram significativamente reduzidas nas cirurgias vespertinas, na comparação com as matinais.[126] Toda a questão da fadiga do cirurgião e do horário das cirurgias ainda vem sendo debatida e não existe orientação formal definida.[127] Veja também o capítulo 14.

5. É possível automatizar a administração de drogas em horários específicos do dia?

A resposta curta é "sim". Pacientes hospitalizados e não hospitalizados podem receber infusões de quimioterapia usando uma bomba eletrônica cronoprogramável, que pode administrar quatro drogas em horários específicos durante vários dias. Além das bombas, outros sistemas de liberação temporizada estão sendo desenvolvidos.[128] Tais sistemas reduzirão uma das principais barreiras à cronofarmacologia, enraizando, espera-se, essa abordagem em diversas áreas da medicina.

11. A corrida armamentista circadiana

O sistema imunológico e os ataques inimigos

A luta pela existência nunca é fácil. Por melhor que uma espécie se adapte a seu ambiente, nunca pode relaxar, porque seus competidores e seus inimigos também estão se adaptando a seus nichos. A sobrevivência é um jogo de soma zero.

Matt Ridley

Durante a pandemia da gripe espanhola de 1918-9, estima-se que cerca de 500 milhões de pessoas, ou um terço da população mundial, foram infectadas pelo vírus. O número de mortes foi estimado em pelo menos 50 milhões em todo o mundo. Acredita-se que 25% da população britânica tenha sido afetada, resultando em 228 mil mortes. Adultos jovens, entre 20 e 30 anos, eram particularmente vulneráveis, e a manifestação da doença era veloz. Você podia estar bem e saudável no café da manhã e morto no final da tarde. Os primeiros sintomas, fadiga, febre e dor de cabeça, logo progrediam para pneumonia, e as vítimas ficavam azuladas devido à carência de oxigênio. A morte por asfixia sobrevinha depressa. Escrevo isso durante o que, espero, seja a última fase da pandemia de covid-19 no Reino Unido, em janeiro de 2022, sendo que até esta data mais de 150 mil pessoas morreram no Reino Unido e mais de 5,5 milhões no mundo inteiro. Os números continuam, porém, a subir. Até agora, houve relativamente menos mortes que na pandemia de 1918-9, embora a crise ainda não tenha acabado. A introdução rápida e ampla de vacinas, indisponíveis cem anos atrás, fez uma enorme diferença e, embora aplaudida e saudada com uma sensação de alívio, não estou de todo convencido de que compreendemos plenamente o quanto passamos perto de um desastre muito maior — não fosse pelas vacinas. A ciência salvou o mundo, e agora parece existir algum grau de controle sobre essa infecção terrível. O "dano colateral", em termos de isolamento social, também foi imenso em todos os níveis da sociedade, a começar pela redução dos cuidados de saúde para com os mais vulneráveis. Faço, porém, um alerta: só a vacinação de toda a população mundial e a capacidade de lidar com novas variantes nos darão algo parecido com uma vitória. Considerando que muitos de nós passamos a refletir sobre infecções, parece um bom momento para falar sobre a relação entre o sistema circadiano, o sono e nossa capacidade de combater infecções. Os elos são ao mesmo tempo importantes e fascinantes. Novas pesquisas mostraram que nossas reações individuais às infecções variam ao longo do dia e, ainda mais importante, que a ruptura do ritmo circadiano e do sono (RRCS) compromete nosso sistema imunológico. São dados importantes para todos nós, mas sobretudo para o pessoal da linha de frente.

O sistema imunológico é a defesa do corpo contra infecções, proporcionando camadas múltiplas de proteção. É terrivelmente complicado. A propósito, isso me faz lembrar de uma piada:

> Um imunologista e um cardiologista são sequestrados. Os sequestradores ameaçam matar um deles, mas prometem poupar aquele que tenha dado a maior contribuição à humanidade. O cardiologista diz: "Bem, identifiquei drogas que salvaram as vidas de milhões de pessoas". Impressionados, os sequestradores se viram para o imunologista. "E você, fez o quê?", perguntam. O imunologista responde: "Então... O sistema imunológico é muito complicado...". Ao que o cardiologista diz: "Matem-me, por favor!".

É uma piada antiga, mas tem algo de verdadeiro nela! As diferentes partes da reação imunológica são fascinantes, mas enormemente complicadas, e a situação só piora porque os imunologistas não param de mudar a narrativa e os nomes dos personagens. É como aquelas versões diferentes e intrincadas das antigas sagas norueguesas, que vikings, anglo-saxões e islandeses contam cada um de um jeito. Bem quando nós, mortais, começamos a entender a reação imunológica, os imunologistas descobrem alguma coisa nova, mudam a narrativa e nos deixam perplexos. Estou começando a achar que é de propósito, para garantir a sua estabilidade no emprego. Seja como for, a estrutura da história da imunidade, com alguns dos personagens principais, está apresentada no Apêndice 2. Ela servirá de pano de fundo extra para a discussão que segue abaixo.

AS INTERAÇÕES ENTRE OS SISTEMAS IMUNOLÓGICO E CIRCADIANO

Hoje em dia sabemos que cada aspecto da resposta imunológica é regulado pelo sistema circadiano.[1] A pele é uma das partes mais importantes, ainda que quase sempre menosprezada, da nossa defesa imunológica, representando uma barreira incrivelmente eficaz para impedir que entrem em nosso corpo micróbios causadores de doenças, como vírus, bactérias e outros patógenos. O sistema circadiano desempenha um papel importante na porosidade (permeabilidade) da pele. A permeabilidade aumenta ao anoitecer e durante a noite, diminuindo pela manhã e durante o dia.[2] Isso significa que a pele perde menos água à noite, o que explica em parte porque sentimos mais coceira ao anoitecer e à noite, quando a pele seca, o que é agravado por condições como o eczema e a psoríase (Figura 8). Isso também significa que corremos mais risco de entrada de bactérias e vírus através da pele ao anoitecer e à noite. A permeabilidade maior da pele, acompanhada de mais comichão, aumenta a probabilidade de patógenos entrarem no corpo. Curiosamente, o fluxo sanguíneo para a pele aumenta à noite[3] (lembre-se da discussão sobre perda de calor), permitindo que as defesas imunológicas do sangue tenham uma chance melhor de atacar invasores assim que a penetram. Essas não são as únicas alterações constatadas na pele ao longo do dia. A camada superior consiste em células mortas, que formam uma densa camada física resistente a invasões. Também se descobriu que a proliferação da pele possui um ritmo diário, com a taxa mais alta de proliferação e descarte da pele antiga ocorrendo em torno da meia-noite,[4] o que também leva ao descarte de bactérias grudadas nela. Quando você corta ou queima a pele, ela cicatriza mais de duas vezes mais rápido quando o ferimento ocorreu de dia, se comparado à noite.[5] Tudo isso faz sentido. É mais provável danificarmos a pele ou encontrarmos um patógeno invasor quando estamos nos deslocando pelo ambiente e encontrando outras pessoas, ou animais, com patógenos. No meio da noite, estamos mais imóveis e menos propensos a encontrar novos indivíduos portadores de doenças. Reconheço, porém, que pode não ser o caso de muitos estudantes universitários.

Quando os patógenos conseguem entrar no corpo, células e moléculas protetoras estão à espera para nos defender (Apêndice 2). Nossos glóbulos brancos, ou leucócitos, representam apenas cerca de 1% do sangue, mas são as células da resposta imunológica, e cada aspecto de seu comportamento é regulado pelo sistema circadiano. Por exemplo, um tipo de leucócito são os macrófagos, células parecidas com amebas que correm para o local da infecção, reconhecem um invasor, seja diretamente ou por meio de um anticorpo ligado a ele, e são capazes de ingerir e matar o patógeno (por fagocitose). A sensibilidade dos macrófagos aos ataques varia ao longo do dia e é comandada por um relógio circadiano, sendo maior durante o dia, quando em geral estamos despertos.[6]

Um estudo publicado em 2016 expôs camundongos ao vírus do herpes em diferentes horários do dia e da noite e mostrou que, quando o vírus é inoculado no começo do sono, multiplica-se mais rápido que dez horas depois, quando o animal está pronto para a atividade.[7] Isso mostra que o sistema imunológico é reforçado em um momento em que o camundongo normalmente estaria ativo. Isso foi confirmado por outro estudo. Camundongos foram infectados com o vírus da gripe, inoculado nos pulmões, logo antes do sono ou no início da atividade. O sistema imunológico desencadeou uma reação muito maior, com níveis maiores de inflamação protetora, no segundo caso.[8] Esse aumento da reação imunológica e inflamatória faz sentido — antecipa a necessidade de uma proteção maior contra os ataques de vírus quando o camundongo está ativo e mais propenso a encontrar outro animal infectado. As mesmas diferenças de hora do dia foram observadas em nós. Indivíduos idosos foram vacinados contra o vírus da gripe H_1N_1 pela manhã (entre 9h e 11h) ou à tarde (entre 15h e 17h). Aqueles que foram vacinados pela manhã apresentaram uma reação de anticorpos três vezes maior que os vacinados à tarde.[9] Dados de vacinação noturna não foram coletados. É uma pergunta interessante se haverá efeitos similares, conforme a hora do dia, em relação às vacinas contra a covid-19, o que está sendo estudado atualmente. No futuro, a vacinação otimizada de acordo com o horário pode ser uma importante arma extra para prevenir a disseminação de doenças e infecções, sobretudo nos mais velhos.

Como a regulação circadiana do sistema imunológico ajuda a nos proteger em nosso momento mais vulnerável (o período diurno), talvez não cause surpresa que alguns patógenos de fato tentem perturbar o sistema circadiano para enfraquecer nossas respostas imunológicas. Existem evidências de que o vírus da imunodeficiência humana (HIV, na sigla em inglês) faça isso, embora não se saiba ao certo quais são os mecanismos exatos. Sabemos mais a respeito dos vírus das hepatites B e C, que infectam o fígado e são uma importante causa de doenças hepáticas. Tanto o vírus da hepatite B quanto o da C atacam as vias reguladas pelo relógio circadiano que protegem as células hepáticas de infecções.[10] Por exemplo, o vírus da hepatite C interfere diretamente na engrenagem molecular das células hepáticas, o que parece reduzir a sua capacidade de resistir a ataques virais.[11] Estudos mais recentes mostraram que a replicação (produção de mais vírus) dos vírus da influenza em células de camundongos é muito maior quanto estes têm ritmos circadianos defeituosos, na comparação com aqueles capazes de produzir ritmos normais.[12] São exemplos que sugerem que, quando os relógios circadianos do hospedeiro estão enfraquecidos ou defeituosos, a produção de vírus pode aumentar. No entanto, e espantosamente, o vírus do herpes simples, infecção que causa herpes oral e genital, faz o contrário — ele tira proveito do nosso sistema circadiano e sequestra o relógio molecular do hospedeiro, que é necessário, na verdade, para a replicação viral.[13] Uma possível explicação para esse sequestro é que o relógio do hospedeiro é usado para fabricar e liberar milhões de novos vírus, todos ao mesmo tempo. Essa liberação coordenada de novos vírus, na prática, pode aniquilar as defesas do hospedeiro. Voltarei mais adiante a essa questão.

Por que se preocupar em regular a resposta imunológica do sistema circadiano?

Em geral, nosso sistema imunológico é acionado antes do período de atividade, quando estamos mais sujeitos a encontrar patógenos no ambiente (ou em outras pessoas), enquanto à noite não resistimos tão bem às infecções, o que coincide com a hora em que as chances de encontrar novos patógenos é muito menor. Uma questão central é: por que o sistema imunológico não opera na capacidade máxima o tempo todo? Parte da razão é que isso "sairia caro" e não seria eficiente. É melhor modular a reação imunológica nas horas em que é mais provável precisar dela. No entanto, talvez uma razão muito mais importante seja que, embora uma resposta imunológica e um processo inflamatório sejam necessários para combater infecções, deve-se atingir um equilíbrio entre a proteção contra bactérias e vírus e danos a nós mesmos, causados por uma resposta imunológica excessiva, como uma tempestade de citocinas (Apêndice 2). Um sistema imunológico reativo em demasia pode levar a doenças autoimunes, em que elementos do sistema não conseguem reconhecer a diferença entre si próprios e os invasores. Por isso, talvez, a regulagem do relógio adapte a agressividade do sistema imunológico às horas em que é mais provável que ele seja útil, ajudando a reduzir as chances de que esse sistema nos ataque por acidente e provoque uma doença autoimune como a artrite reumatoide, doenças inflamatórias do intestino, esclerose múltipla (EM), psoríase ou tireoidite de Hashimoto.

O impacto da RRCS sobre as reações imunológicas

Conforme dito antes, camundongos expostos ao vírus quando estavam acordados apresentaram níveis reduzidos de infecção quando comparados aos expostos ao mesmo vírus durante o sono. Curiosamente, quando a experiência foi repetida usando camundongos com o relógio biológico perturbado, a reação imunológica foi ruim, com elevados índices de infecção sempre que os camundongos encontravam o vírus.[14] A descoberta de que ritmos circadianos perturbados estão associados a reações imunes mais fracas foi demonstrada várias vezes. Em outro estudo, os camundongos foram imunizados contra o vírus da influenza. Em um grupo, os animais foram privados de sono por sete horas logo após a imunização. Nos camundongos não privados de sono, a imunização impediu as infecções, mas no grupo privado de sono a infecção viral espalhou-se com mais força.[15] O mesmo vale para seres humanos. Dois grupos de pessoas foram imunizados contra o vírus da gripe, mantendo dois horários de sono diferentes; o grupo ao qual foi permitido dormir apenas quatro horas por noite depois da imunização teve menos da metade de anticorpos protetores contra o vírus, na comparação com o grupo que dormiu as costumeiras 7,5 a 8,5 horas por noite após a injeção.[16] Outro estudo mostrou que a insônia é um fator de risco para a redução da resposta à vacina contra a gripe.[17] Resultados semelhantes foram observados para a resposta dos anticorpos às vacinas contra a hepatite B e a hepatite A, menos eficazes naqueles que estavam privados de sono.[18] Portanto, junto com o momento da vacinação, pode-se aumentar sua eficácia assegurando sono suficiente para o imunizado. Não é fácil, eu sei, sobretudo durante uma pandemia.

RRCS e estresse

A ruptura do ritmo circadiano e do sono reduz nossa capacidade de resistir a infecções — mas por quê? Como falamos, a RRCS perturba nossa capacidade de coordenar uma resposta imunológica eficaz a um patógeno. A rede de proteção imunológica, tão lindamente orquestrada, desmorona (Apêndice 2). No entanto, há um motivo a mais para a RRCS estar associada à função imunológica reduzida (capítulo 4). Indivíduos que sofrem de RRCS liberam maiores quantidades dos hormônios do estresse cortisol e adrenalina. Relembrando, o estresse é um pouco como a primeira marcha do motor de um carro — permite uma rápida aceleração, que pode ser muito útil no curto prazo, mas se você deixar o motor em primeira por muito tempo vai destruí-lo. Infelizmente, essa analogia faz muito menos sentido quando você só dirige carros com câmbio automático. Seja como for, a reação ao estresse nos prepara para "lutar ou fugir", deixando o corpo pronto para uma ação rápida e vigorosa. A RRCS mantém essa reação ao estresse "em primeira marcha", e uma das consequências é um sistema imunológico reprimido,[19] com resultados que podem ser devastadores. Já mencionamos um estudo recente que mostrou que trabalhadores noturnos são mais propensos a internação hospitalar ao contrair covid-19.[20] A RRCS claramente pode aumentar nossa probabilidade de infecção, além de acordar vírus "dormentes" à espreita no corpo e levar a reações inflamatórias anormais, que podem causar tanto um enfraquecimento da imunidade quanto uma piora geral da saúde.[21] Em um estudo notável, o efeito da privação parcial do sono no final da noite sobre o sistema imunológico foi investigada em homens saudáveis impedidos de dormir entre as 3h e as 7h. A atividade das células natural killer, ou "exterminadoras naturais" (Apêndice 2), reduziu-se em cerca de 28% no dia seguinte, mostrando que até mesmo uma modesta perturbação, nesse caso a perda de quatro horas de sono em uma única noite, leva a um comprometimento da resposta imunológica.[22]

Existe um elo crucial entre a perda de sono, o estresse e a imunossupressão, sob a forma de um hormônio do estresse, o cortisol. Níveis maiores de cortisol impedem a liberação de uma série de substâncias que causam inflamações e desencadeiam reações imunológicas.[23] Os processos inflamatórios são muito úteis, pois permitem que as armas do sistema imunológico se mobilizem e se dirijam ao local onde são necessárias – o ponto infeccionado. Drogas com base em cortisol são usadas para tratar condições resultantes do excesso de atividade do sistema imunológico. Por exemplo, na artrite reumatoide, as dores matinais nas juntas (Figura 8) são desencadeadas por sinais inflamatórios.[24] O cortisol suprime essa reação inflamatória, e, de maneira curiosa, níveis naturalmente reduzidos de cortisol pela manhã (Figura 1) são uma característica típica da artrite reumatoide.[25]

Então, o que tudo isso significa?

A regulação circadiana do sistema imunológico nos prepara para enfrentar os micróbios quando a probabilidade de encontrá-los é maior, e reduz a agressividade da reação quando é menos provável que seja necessária, reduzindo as chances de que o sistema imunológico ataque a própria pessoa. O sistema circadiano também atua coordenando um conjunto imensamente complexo de respostas que são elaboradas para levar a matéria-prima certa ao lugar certo, na quantidade certa e na hora certa do dia. A RRCS não apenas perturba a regulação do sistema imunológico ao perturbar a temporização circadiana, mas também leva à liberação de hormônios do estresse, como o cortisol, que reduzem a eficácia da resistência do sistema imunológico a infecções. Essas são observações importantes, que levantam a pergunta: como podemos usar essas informações em prol de pessoas vulneráveis e equipes médicas na linha de frente? Olhando para o futuro, as seguintes atitudes devem ser seriamente cogitadas:

VESTIMENTAS PROTETORAS

Como ficamos mais vulneráveis a infecções à noite, o uso de vestimentas protetoras pela equipe noturna na linha de frente é mais importante nesse horário.

LAVAGEM VIGOROSA

Nossa primeira linha de defesa pessoal é a pele; por isso, faz sentido tomar uma última ducha ou fazer uma lavagem vigorosa das mãos e do rosto antes de dormir, para remover micróbios da pele.

VACINAÇÃO NO HORÁRIO IDEAL

Como existem evidências de que a vacinação contra certos vírus é mais eficaz durante a primeira parte do dia, deve-se programar a vacinação para o horário ideal específico de cada vacina. Isso é importante sobretudo para os idosos, que muitas vezes apresentam uma imunidade mais fraca como um todo.

MINIMIZAÇÃO DA RRCS

A RRCS reduz a eficácia das nossas respostas imunológicas. Portanto, reduzi-la e reduzir o estresse resultante dela antes e imediatamente após a vacinação reforçará a reação imunológica. Em consequência, é essencial reconhecermos isso e priorizarmos, sempre que possível, o sono dos trabalhadores da linha de frente. Claro, reduzir a RRCS e o estresse entre eles é mais fácil de falar do que de fazer, mas deve ser tentado, limitando-se o trabalho noturno contínuo quando possível.

OS BICHINHOS "MAIORES"

Até agora, concentrei grande parte da discussão nas bactérias e, em especial, nos vírus. Mas também temos que lutar contra patógenos maiores, muitas vezes chamados de parasitas, como os protozoários, vermes alongados e achatados, e ectoparasitas, caso dos ácaros e das pulgas. As estimativas variam, mas acredita-se que infecções parasíticas causem mais de 1 milhão de mortes por ano no mundo, além de um número muito maior de pessoas que sofrem complicações decorrentes dessas infecções. Diferentes parasitas contribuem para essa chocante estatística, mas a malária é, de longe, a líder.[26] É importante observar que existem cada vez mais evidências de que os parasitas usam um relógio circadiano para tentar superar nosso sistema de defesa imunológica. Ocorre uma "corrida armamentista" entre nós e nossos agressores parasitas para ver quem leva a melhor. É uma área de pesquisa nova e eletrizante, e é na malária que mais temos conhecimentos sobre essa dança circadiana.

A malária é, hoje em dia, uma doença tropical, sendo que 94% dos casos e mortes ocorrem na África. A Organização Mundial da Saúde estima que em 2019 havia 229 milhões de casos de malária no mundo e aproximadamente 409 mil mortes. As crianças até os cinco anos de idade são as mais vulneráveis, representando 67% de todas as mortes por malária no mundo. Embora seja rara em regiões não tropicais, prevê-se que a doença aumentará devido às mudanças climáticas.[27] Historicamente, a malária (do italiano medieval *mala aria*, "ar ruim") já foi até mais disseminada. A região italiana da Campânia, nos arredores de Roma, era um foco notório da doença. Muitos papas morreram de malária, assim como cardeais que se reuniam no Vaticano para eleger novos papas. O extrato de casca de quinquina, também conhecida como casca-do-jesuíta, foi reconhecido como tratamento eficaz para a malária e introduzido na Europa pelos missionários jesuítas espanhóis enviados ao Peru, onde os nativos lhes ensinaram sobre o poder curativo da casca, por volta de 1620 a 1630. Os mangues da costa sul e leste da Inglaterra tinham alta incidência da doença do século XVI ao XIX,[28] e embora o pó-dos-jesuítas pudesse ser encontrado em Londres nos anos 1650, o preconceito anticatólico era tão forte que muitos puritanos se recusavam a usar qualquer remédio recomendado pelo papa — entre eles Oliver Cromwell, que morreu de malária em 1658. Dez anos antes ele havia cancelado a comemoração do Natal; nem todos, portanto, consideraram sua morte uma tragédia. Apesar da reticência inicial, o extrato de quinquina, feito a partir da casca finamente moída misturada com vinho, foi se tornando aos poucos o tratamento preferencial para a doença, até que em 1820 o químico Pierre-Joseph Pelletier e o farmacêutico Joseph-Bienaimé Caventou, ambos franceses, isolaram a quinina a partir do pó da casca da quinquina, permitindo a padronização do tratamento. Era caro, porém, o que levou a investigar-se a casca do salgueiro. Nesse processo, encontrou-se não a quinina, mas outra droga redutora de febre, o ácido salicílico, que veio a se tornar a aspirina (capítulo 10).

A malária é causada por um parasita protozoário unicelular chamado *Plasmodium*. A fêmea do mosquito *Anopheles* contrai o parasita ao picar pessoas infectadas para obter os nutrientes necessários para que seus ovos se desenvolvam. O padrão da picada varia de espécie para espécie, mas em geral ocorre à noite e é caracterizado pela busca de vítimas humanas após o entardecer, atingindo o auge por volta da meia-noite, sendo que se estima que 60% a 80% das picadas ocorrem entre as 21h e as 3h. A atividade do mosquito, e com ela o padrão de picada, parece ser em grande parte comandada por um relógio circadiano. O mosquito tenta nos localizar sentindo nosso calor, odor e o dióxido de carbono que emitimos ao respirar nesse horário específico (21h a 3h)[29] (Figura 8). Dentro do mosquito, os parasitas se reproduzem e se desenvolvem. Quando um mosquito fêmea infectado pica um ser humano, injeta em sua corrente sanguínea os parasitas *Plasmodium* multiplicados. Uma pergunta intrigante é se a evolução levou à mordida noturna porque nosso sistema imunológico é menos eficaz à noite. Os parasitas viajam para as células hepáticas, infectando-as, e podem permanecer dormentes ou dividir-se várias vezes, produzindo milhares de réplicas, que então eclodem das células hepáticas e infectam os eritrócitos (glóbulos vermelhos do sangue). Nestes, ocorre nova divisão celular, produzindo ainda mais parasitas. Os eritrócitos então se rompem, todos ao mesmo tempo, liberando bilhões de parasitas simultaneamente na corrente sanguínea, os quais, por sua vez, invadem novos eritrócitos. É um negócio bem feio.

Alguns *plasmodia* entram em um estágio diferente (gametócito) e são programados para adquirir uma forma que possa ser contraída pelo mosquito *Anopheles* fêmea durante sua refeição. Os gametócitos migram para os vasos capilares logo abaixo da pele, onde o mosquito os suga ao se alimentar. Tudo isso é ajudado pelo aumento do fluxo sanguíneo para a pele à noite. Ao migrar para esses capilares à noite, os gametócitos aumentam suas chances de serem pegos por um mosquito. Acredita-se que esse comportamento seja comandado por um relógio circadiano no gametócito. É uma ideia antiga, e faz todo sentido, mas há surpreendentemente poucos dados que sustentem essa hipótese.[30] Os gametócitos, então, se desenvolvem no intestino do mosquito, produzindo muito mais parasitas, prontos para serem inoculados em uma nova vítima.

A irrupção dos parasitas, a partir dos eritrócitos, desencadeia febre como resultado da ativação da maioria dos elementos do sistema imunológico, sobretudo em razão da liberação do fator de necrose tumoral (TNF, na sigla em inglês) pelos macrófagos e outras células imunes[31] (Apêndice 2). Uma ação crucial do TNF é promover inflamações e aumentar o termostato da temperatura do corpo, dando ao indivíduo infectado uma sensação de frio intenso e induzindo tremores que fazem a temperatura do corpo subir a 39°C ou 40°C, muitas vezes junto com intensa transpiração. Essa inflamação e esse aumento na temperatura costumam estar associados a dores nas articulações, dores de cabeça, vômito frequente e delírio. Quando graves, podem levar a convulsões, coma e até à morte. Quando a febre cai, dá-se a esse ciclo completo o nome de paroxismo.

Os indivíduos infectados apresentam oscilações de febre em períodos que são múltiplos de 24 horas. A febre casa exatamente com o desenvolvimento do parasita plasmódio dentro dos eritrócitos, que é de 24, 48 ou 72 horas, dependendo da espécie. Ela acompanha o ritmo circadiano da temperatura do corpo, chegando ao ápice no início da noite, quando a temperatura do corpo também atinge o pico.[32] É notável que todos os parasitas da malária passem pelo ciclo de desenvolvimento ao mesmo tempo.[33] Tamanha sincronização sugere a participação de um relógio circadiano — mas de quem, do parasita ou nosso? Experiências com parasitas da malária em camundongos mostram que os ritmos circadianos nos parasitas continuam existindo mesmo quando não há ritmo circadiano em camundongos com relógios biológicos defeituosos. Portanto, cada plasmódio deve ter seu próprio relógio molecular. No entanto, os parasitas continuam precisando de sinais nossos (sinais de arrastamento) para permitir que todos os parasitas se sincronizem entre si e gerem uma irrupção coordenada dos glóbulos vermelhos.[34] Ainda não está claro, hoje, que pistas de arrastamento circadiano são usadas pelo relógio biológico do plasmódio. Os ciclos de temperatura do corpo, os ritmos da melatonina e os ritmos dos nutrientes depois da alimentação podem, todos, desempenhar um papel sob condições naturais, mas individualmente nenhum desses ciclos corporais é indispensável para sincronizar a ruptura das hemácias e a liberação do plasmódio.[35] De maneira significativa, quando os ritmos circadianos do hospedeiro são perturbados, o mesmo ocorre com o desenvolvimento e a sincronia dos parasitas.[36]

Conforme discutimos, algumas doenças infecciosas, como as provocadas por vírus, beneficiam-se dos ritmos circadianos do hospedeiro, reprimindo a reação imunológica. Por exemplo, o vírus da gripe parece interferir nos ritmos circadianos do hospedeiro para reforçar a replicação viral.[37] Mas os ataques de malária não perturbam nossos ritmos circadianos.[38] Acredita-se que isso beneficie o parasita, permitindo seu desenvolvimento sincronizado.[39] Portanto, para o parasita da malária, assim como para alguns vírus,[40] a produção sincronizada de novos patógenos, usando um relógio circadiano, parece ser importante. A pergunta é: por quê? Para que produzir milhões de patógenos, todos ao mesmo tempo? A reprodução sincronizada, ou, para ser mais preciso, a produção sincronizada de uma prole em uma curta janela de tempo, é disseminada entre várias e muito diversas formas de vida. Todos nós temos familiaridade com esse fenômeno, sempre abordado nos documentários sobre a vida selvagem, que mostram colônias de aves reunindo-se para gerar filhotes em um período específico do ano. A reprodução sincronizada tem várias vantagens. Uma delas é que, quando todos os membros da população acasalam ao mesmo tempo, a imensa prole resultante esmaga, ou satura, a população de predadores.[41] Esse efeito de saturação faz com que, mesmo que parte da ninhada seja devorada, sejam produzidos descendentes em números tão grandes, e todos ao mesmo tempo, que muitos sobreviverão. Se a descendência fosse gerada ao longo de um período extenso, os predadores poderiam caçá-la com mais facilidade. Do meu ponto de vista, isso explica por que parasitas como o plasmódio da malária e alguns vírus usam um relógio circadiano para proliferar ao mesmo tempo — o objetivo é simplesmente aniquilar o sistema imunológico do hospedeiro. Se for o caso, uma futura estratégia de tratamento seria mirar nos sistemas de temporização circadiana dos parasitas, o que impediria o sistema imunológico do portador de ser suplantado.

PERGUNTAS E RESPOSTAS

1. Existe um elo entre a esclerose múltipla (EM), o sistema imunológico e os ritmos circadianos?

A esclerose múltipla é uma doença na qual a cobertura isolante das células nervosas (a bainha de mielina) no cérebro e na medula espinhal se danifica. Esse dano prejudica a capacidade do sistema nervoso de transmitir sinais, resultando em complicações físicas, mentais e às vezes psiquiátricas. Entre os sintomas comuns estão visão dupla, cegueira (geralmente em um olho), fraqueza nos músculos e dificuldades de coordenação. A doença costuma começar entre os 20 e os 50 anos, é duas vezes mais comum em mulheres do que em homens e resulta de uma condição autoimune crônica em que o sistema imunológico do corpo ataca a cobertura isolante das células nervosas. A RRCS é muito mais frequente em pessoas com EM, e bastante comum naquelas que sofrem de fadiga. Curiosamente, alterações genéticas em alguns dos genes do relógio molecular parecem estar associadas a um risco aumentado de esclerose múltipla[42] e, o que é notável, o trabalho noturno na juventude está associado a um risco aumentado de desenvolver EM.[43] Por fim, o tratamento da RRCS em pacientes com EM tem sido associado à melhoria da saúde e do bem-estar desses indivíduos.

2. Nossa resposta imunológica varia ao longo do ano?

Surtos de doenças sazonais são uma característica comum das sociedades humanas. Por exemplo, a maioria dos vírus respiratórios causa infecções no inverno, e a poliomielite era, e é, sobretudo uma doença do verão.[44] No entanto, não se sabe ao certo as razões para esses padrões anuais. Um estudo recente usando dados do Biobanco do Reino Unido, um repositório de amostras biológicas, examinou a variabilidade sazonal de vários marcadores imunológicos, entre eles proteínas inflamatórias do sangue, linfócitos e anticorpos. Alterações sazonais fundamentais foram identificadas na maioria dos marcadores imunológicos examinados. Isso certamente explicaria por que nossas chances de infecção mudam ao longo do ano, mas ainda não se sabe ao certo o que comanda essas mudanças imunológicas nesse arco de tempo. Se isso se deve à ação de um relógio endógeno anual (circanual) ou a algum conjunto de sinais ambientais é um mistério intrigante.

3. Qual é o elo entre os sistemas circadiano e imunológico e a asma?

A asma é uma condição em que as vias aéreas se estreitam e incham, podendo produzir muco extra. Isso dificulta a respiração, o que desencadeia tosse, chiado ao expirar e falta de ar. Entre os gatilhos da asma estão infecções como resfriados e gripes ou alérgenos como pólen, ácaros, pelos ou penas de animais, cigarro, fumaça e poluição. Uma característica da asma é que esses sintomas pioram significativamente durante a noite e atingem o pico por volta das 4h, hora em que a morte súbita pela doença é mais provável (Figura 8). Esses ataques de asma noturnos podem perturbar o sono de maneira grave.[45] Curiosamente, a função pulmonar mostra um ritmo de 24 horas em indivíduos saudáveis, com pico de fluxo respiratório por volta das 16h e um fluxo mais baixo às 4h. Na asma, esse fluxo respiratório mais baixo às 4h é muito pior. Alguns casos de asma foram associados a um nível anormal de atividade dos eosinófilos. Quando ativados, os eosinófilos desencadeiam reações inflamatórias, atraindo células como macrófagos para o local da infecção (Apêndice 2). Eles também liberam proteínas citotóxicas que normalmente atacam os patógenos, mas em condições de hiperatividade danificam nossas próprias células. Os eosinófilos costumam apresentar um ritmo circadiano de atividade no pulmão, mas nos indivíduos com asma os níveis de eosinófilos e macrófagos são significativamente maiores às 4h. Não se sabe com exatidão o que está acontecendo, mas já se propôs que sejam perturbações circadianas e alterações de origem circadiana da atividade imunológica dentro do pulmão. Uma possibilidade é que os relógios moleculares no pulmão estejam fomentando (superativando) a sensibilidade da resposta imunológica no órgão, o que causa aumento dos processos inflamatórios e estreitamento das vias aéreas, junto com muco extra.[46] Além disso, os alérgenos presentes na roupa de cama ou no quarto à noite podem interagir com a regulação circadiana do sistema imunológico para aumentar as respostas alérgicas. Atualmente, há estudos em andamento para entender esse elo em mais detalhes.

4. Os ritmos circadianos podem ser importantes na defesa contra a covid-19?

Ainda é cedo para afirmar, mas no momento em que escrevo este capítulo existem pelo menos dois estudos no prelo mostrando que a RRCS em trabalhadores noturnos aumenta as chances de infecção e hospitalização pela covid-19. Portanto, nesse aspecto, a covid-19 é como outras infecções, e isso precisa ser levado em conta no manejo do risco de infecção em diferentes grupos, sobretudo nas equipes médicas da linha de frente. Ainda não se sabe se a imunização em diferentes horários do dia altera a eficácia da vacina. No entanto, dado que a regulagem circadiana do sistema imunológico impacta outros vírus respiratórios, como a gripe, existe uma necessidade urgente de estudar as interações circadianas/imunológicas e a covid-19.[47]

5. E quanto à vitamina D, a exposição à luz e a covid-19?

Discuti na seção de Perguntas e Respostas do capítulo 4 o uso potencial de suplementos de vitamina D em indivíduos, como os trabalhadores noturnos, expostos a pouca luz natural. E essa suplementação pareceria uma boa ideia para melhorar a saúde dessas pessoas. Porém, não se provou ainda que suplementos de vitamina D ajudem a prevenir a infecção por covid-19. Estudos observacionais mostram que certos grupos têm ao mesmo tempo mais probabilidade de sofrer deficiência de vitamina D e de contrair covid-19, entre eles os idosos, pessoas com obesidade e indivíduos com pele mais escura (como as populações negras e do sul da Ásia). No entanto, a dra. Aurora Baluja expõe o importante argumento de que "embora a deficiência de vitamina D seja um fator de risco bem conhecido entre pessoas que morrem na UTI, a suplementação em si nunca conseguiu reduzir o risco desses pacientes". De fato, um artigo recente que afirmava que a suplementação de vitamina D melhorava as chances de sobreviver à covid-19 foi retirado do ar devido a inconsistências metodológicas. Resumindo, a vitamina D é importante para a saúde, mas não existem dados científicos mostrando que é possível reduzir o impacto da infecção por covid-19 apenas tomando suplementos. Experiências randomizadas controladas estão sendo feitas em várias partes do mundo para avaliar possíveis efeitos.

12. A hora de comer

Os ritmos circadianos e o metabolismo

Por "vida" entendemos aquilo que é capaz de se nutrir, crescer e perecer.
Aristóteles

Nos países ricos há um aparente excesso de comida, e fazer dieta tornou-se uma preocupação esmagadora para muitos, incentivada por uma avalanche de conselhos nas redes sociais e todo tipo de mídia. A qualquer momento, cerca de metade da população americana está tentando perder peso. Nos países ricos, e em todas as faixas etárias, a obesidade está em alta. É também uma característica dos países que estão fazendo a transição da pobreza para a riqueza, sobretudo nas crianças. Uma pesquisa recente indicou que a China tem o maior número de crianças obesas do mundo, com 15 milhões, enquanto a Índia fica bem perto, em segundo lugar, com 14 milhões.[1] A obesidade onipresente é um fenômeno moderno, de menos de um século. A escassez de comida ao longo da maior parte da história humana levou à ideia de que a corpulência era desejável. Isso refletiu-se, certamente, nas artes. Pense na Vênus de Willendorf, a curvilínea figura feminina em pedra calcária esculpida cerca de 25 mil anos atrás, ou nas pinturas do artista flamengo Peter Paul Rubens (1577-1640) e a representação de homens e mulheres rubenescos. Foi só na segunda metade do século XIX, com a paixão pela arte clássica, que a corpulência começou a ser estigmatizada pelas classes dominantes, por razões estéticas. E embora para os ricos as consequências da obesidade para a saúde estivessem relacionadas à fadiga, à gota e aos problemas respiratórios, foi só depois dos anos 1950 que se começou a atentar para a obesidade, associando-a a problemas de saúde na população como um todo.[2]

Caso você precise de um lembrete, a obesidade aumenta muito os riscos de pressão arterial elevada (hipertensão), diabetes tipo 2, doenças cardíacas coronarianas, derrames, apneia obstrutiva do sono e osteoartrite. Um estudo recente mostrou que indivíduos obesos em torno dos 20 ou 30 anos de idade, ou que têm pressão arterial e/ou glicemia alta, sofrem um declínio cognitivo mais acentuado na idade avançada.[3] E hoje podemos acrescentar a essa triste lista uma chance maior de morrer de covid-19.[4] A obesidade como condição (excesso de gordura corporal, armazenada sobretudo na cintura) e os riscos associados de doenças cardíacas, derrames, diabetes tipo 2, pressão arterial alta e glicemia alta foram agrupados e passaram a ser chamados pelo termo coletivo de *síndrome metabólica*. Estima-se que o custo direto atribuível à síndrome metabólica para o serviço nacional de saúde do Reino Unido atingirá 9,7 bilhões de libras em 2050, com um custo total para a sociedade estimado em 50 bilhões de libras por ano. A Organização Mundial da Saúde estima que o tratamento dos problemas de saúde causados pela síndrome metabólica em todo o planeta atingirá um custo de 1,2 trilhão de dólares por ano já em 2025. Existe um antigo provérbio catalão segundo o qual "a mesa mata mais que a guerra". Não tenho certeza de que tenha sido verdade na primeira metade do século XX, mas inquestionavelmente aplica-se a grande parte do mundo nos dias de hoje.

Neste capítulo e no próximo, iremos analisar as causas e consequências da síndrome metabólica e como ela é influenciada pela biologia circadiana. E meu recado é simples. Ao adquirir uma compreensão melhor do nosso metabolismo, e como nossas vias metabólicas são reguladas pelos sistemas circadiano e do sono, ficaremos mais bem equipados para navegar com maior confiança pelo difícil caminho entre a alimentação saudável e a síndrome metabólica. A relação entre o sistema circadiano e o metabolismo é uma área emergente da ciência, mas já está transformando nosso entendimento do que nos deixa saudáveis e do que nos deixa doentes. Como preparação para esse debate, e antes de passar à história circadiana, vamos dar o pontapé inicial com alguns fatos essenciais sobre o metabolismo que são relevantes para este e para o próximo capítulo.

A primeira questão a ser abordada é que o alimento proporciona a energia que impulsiona nosso metabolismo, que, por sua vez, impulsiona os processos vitais. Em sentido absoluto, a morte pode ser definida como ausência de metabolismo. Mas como o alimento é convertido em energia? A notável molécula adenosina trifosfato (ATP) funciona como a moeda de troca energética para todas as células. Quando um fosfato é retirado do ATP, convertendo-o em adenosina difosfato (ADP), é liberada energia para os processos metabólicos. O abastecimento com mais ATP exige a reconversão do ADP em ATP nas mitocôndrias das células. Essa recriação do ADP em ATP exige energia, que vem do processo de respiração celular. É na respiração celular que a glicose é decomposta dentro das células, usando oxigênio, além de água e dióxido de carbono, para liberar a energia que refaz o ATP. Essa reação é bastante conhecida, podendo ser resumida assim: glicose + oxigênio + ADP = dióxido de carbono + água + ATP. Quando inspiramos, absorvemos oxigênio do ar para impulsionar a respiração celular e produzir ATP. Quando expiramos, estamos nos livrando do excesso de dióxido de carbono e vapor d'água, que são os resíduos da respiração celular.

Portanto, a glicose, assim como o oxigênio, é essencial para quase toda vida animal. As plantas, aliás, produzem sua própria glicose, através da fotossíntese. Quando estamos acordados e ativos, a glicose vem sobretudo da comida que ingerimos. Durante o sono, porém, quando na prática ocorre um jejum, é preciso recorrer à glicose armazenada. O sistema circadiano antecipa esses diferentes estados metabólicos de sono e vigília, ajustando nosso metabolismo de acordo com eles.[5] Os elementos cruciais do metabolismo da glicose estão resumidos na Figura 9 e são incríveis. Nossa compreensão da fisiologia do metabolismo é uma história de sucesso da ciência, infelizmente ofuscada por disciplinas mais glamourosas. Os cientistas que trabalham com o cérebro sempre atraem um batalhão de fãs nas festas, enquanto aqueles que trabalham com o fígado, o intestino ou o estômago costumam ficar no canto bebendo sozinhos. É triste, mas é verdade. Dê uma olhada rápida na Figura 9, que vai ajudar você a se orientar ao longo da próxima parte da nossa discussão.

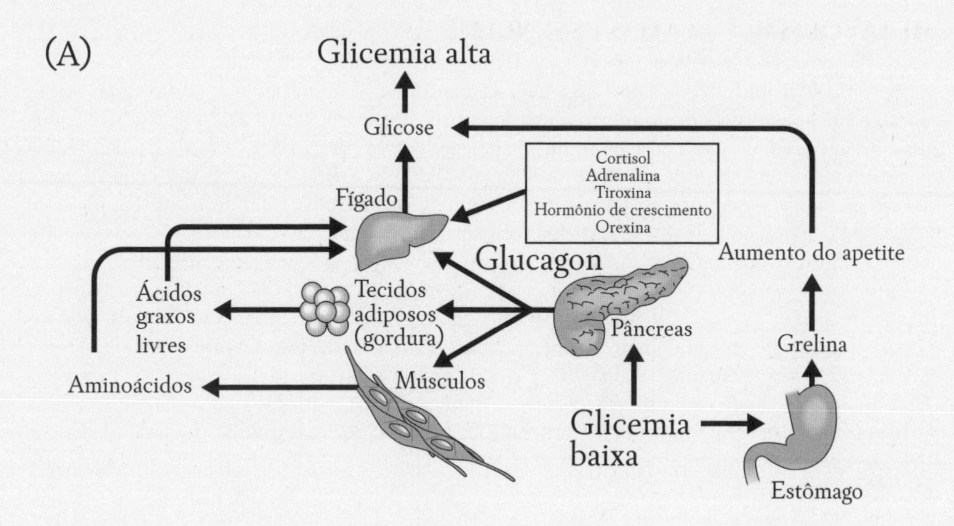

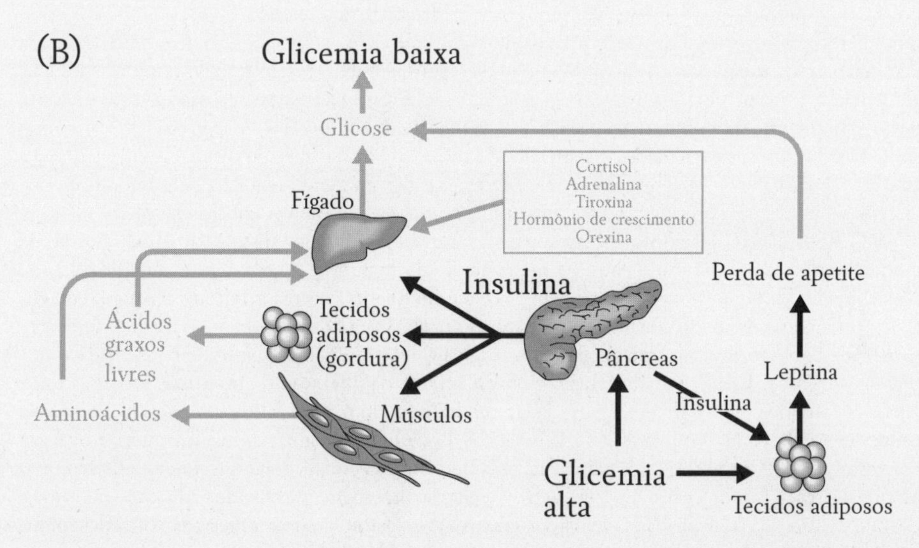

Figura 9. Mecanismos que aumentam e reduzem a glicemia. (A) Aumento da glicemia. Em resposta à antecipação circadiana do sono ou em consequência da glicemia baixa, as células alfa do pâncreas são estimuladas a liberar glucagon. Quando este chega ao fígado, incentiva a conversão de glicose armazenada (glicogênio) em glicose, processo chamado de glicogenólise. A glicose é, então, liberada no sangue. O glucagon também age sobre os tecidos adiposos (a gordura corporal) sob a pele, em torno dos órgãos internos (gordura visceral) e outros lugares, decompondo a gordura armazenada (triglicérides) em ácidos graxos livres, que viajam pela corrente sanguínea até o fígado e são convertidos em glicose. Em condições de jejum, o glucagon atua decompondo tecido muscular para liberar aminoácidos, que são, então, convertidos em glicose no fígado. O resultado é um aumento da glicemia.[6] Além da glicemia baixa, outros processos atuam aumentando a glicose em circulação. Sob condições de estresse, o cortisol e a adrenalina fazem o fígado produzir glicose;

além disso, o cortisol e a adrenalina também são fortemente regulados pelo sistema circadiano. Os níveis de cortisol e adrenalina aumentam a partir do meio da noite, atingindo o pico logo antes do despertar pela manhã, decaindo pouco a pouco ao longo do dia e chegando aos níveis mais baixos durante a primeira parte da noite, em nosso sono mais profundo. Como o cortisol e a adrenalina promovem a produção de glicose no fígado, o aumento desses hormônios no pré-despertar prepara o corpo para a atividade, estimulando a produção de glicose a partir das reservas antes que ela possa ser obtida de maneira direta, pela alimentação; a tiroxina, da glândula tireoide, é outro importante regulador metabólico, que nos permite mobilizar e utilizar a glicose das nossas reservas quando estamos adormecidos. Em geral, os níveis de tiroxina aumentam abruptamente no começo do sono e diminuem após o despertar;[7] o hormônio do crescimento (GH, na sigla em inglês) participa do reparo de tecidos e do crescimento celular, ajudando a produzir glicose quando estamos dormindo, com níveis que atingem o ápice entre as 2h e as 4h (Figura 1). Isso garante que a glicose seja liberada das reservas durante o sono e haja energia disponível para reparo e crescimento de tecidos. Curiosamente, se você não dormir e permanecer ativo, os níveis de liberação de GH sofrem uma forte queda,[8] redirecionando a biologia do crescimento para uma preparação de "luta ou fuga". A orexina é produzida no hipotálamo lateral (Figura 2). Não apenas participa do estímulo ao estado de vigília durante o dia (capítulo 2), mas também desempenha um papel fundamental na ingestão de alimentos e no metabolismo energético, aumentando a produção de glicose no fígado, o que, por sua vez, permite um aumento da frequência cardíaca, da temperatura do corpo e da atividade muscular. A grelina é um hormônio produzido sobretudo pelo estômago. É muitas vezes chamada de hormônio da fome, porque, quando atinge o cérebro, aumenta a sensação de fome e estimula a alimentação para aumentar os níveis de glicose no sangue. Os níveis de grelina são elevados durante o dia para incentivar a alimentação, mas baixos à noite, quando comer não é compatível com o sono. Devo enfatizar: a atividade do pâncreas, do fígado, dos músculos, do tecido adiposo e de seus centros regulatórios no cérebro mostrou-se direta ou indiretamente regulada pelo relógio-mestre circadiano no NSQ, sobretudo através do sistema nervoso autônomo (capítulo 1).

(B) Redução da glicemia. Em resposta a fatores circadianos que antecipam a ingestão de alimentos durante o dia, implicando a necessidade de manter a glicemia sob controle, e como consequência direta de altos níveis de glicemia (como depois de uma refeição), o excesso de glicose no sangue é reduzido e armazenado para uso posterior. O armazenamento de glicose ocorre sobretudo sob a forma tanto de glicogênio e triglicerídeos no fígado quanto de triglicerídeos nos tecidos adiposos. Essa atividade crucial é obtida através da liberação de **insulina**. Em resposta a sinais circadianos e uma glicemia elevada, as células beta do pâncreas liberam insulina. Esta atua reduzindo a glicemia. No fígado, a insulina inibe a produção de glicose, incentivando o fígado a converter glicose em glicogênio, para armazenamento. Em células metabolicamente ativas, como as musculares, a insulina estimula a absorção da glicose do sangue; nos tecidos adiposos, suprime a decomposição dos triglicerídeos em ácidos graxos livres, estimulando a síntese da gordura acumulada (triglicerídeos) a partir desses ácidos graxos. O efeito líquido é uma redução da glicemia e um aumento da glicemia armazenada, seja como glicogênio, seja como triglicerídeos. A **leptina** é um hormônio produzido sobretudo pelas células adiposas e, quando liberada no sangue, atua sobre o cérebro para reduzir a fome. Isso, por sua vez, reduz a ingestão de alimentos e o consumo de glicose. O pico dos níveis de leptina ocorre durante o sono, suprimindo o apetite em um horário em que ele é incompatível com a necessidade de dormir. Esses níveis são reduzidos durante o dia, enquanto os de grelina ficam elevados, encorajando a alimentação. A liberação da leptina é, em parte, regulada pela insulina, mas também envolve outros sinais metabólicos e circadianos.[9] O diabetes tipo 1 é causado por uma produção insuficiente ou inexistente de insulina por parte das células beta do pâncreas, enquanto o tipo 2 se deve sobretudo a uma incapacidade dos músculos, tecido adiposo e fígado de reagir de maneira plena à insulina, a chamada **resistência à insulina**. Os dois tipos de diabetes resultam em um excesso de glicose que permanece no sangue (hiperglicemia).

A REGULAGEM CIRCADIANA DA ALIMENTAÇÃO E DO METABOLISMO DA GLICOSE

O sistema circadiano influencia cada aspecto do metabolismo – da fome e da digestão à regulagem dos hormônios do metabolismo. Por exemplo: em circunstâncias normais, comemos durante o dia. Por isso, não surpreende que a produção de saliva tenha um ritmo circadiano, que aumenta durante o dia e cai à noite. A saliva nos permite falar, degustar, mastigar e engolir adequadamente.[10] O estômago humano esvazia-se mais rápido, depois de refeições idênticas, pela manhã do que à noite. A contração do cólon possui um ritmo circadiano, movimentando-se mais durante o dia e muito menos à noite.[11] Em geral, defecamos durante o dia, com mais de 60% das pessoas relatando movimentos peristálticos pela manhã e menos de 3% tarde da noite. A liberação de ácido gástrico varia conforme a hora em que comemos, mas existe um ritmo diário subjacente, com uma produção maior mais para a tarde e o começo da noite.[12] Curiosamente, isso tem correlação com a incidência mais elevada de perfuração de úlceras estomacais, que segundo relatos ocorre mais entre as 16h e as 17h, quando a liberação de ácido gástrico está em andamento (Figura 8).[13] Comer antes de dormir resulta em um aumento da liberação de ácido gástrico, motivo pelo qual a dor de uma úlcera estomacal ou de um refluxo ácido mal tratados costuma piorar à noite, impedindo o sono. Tomar inibidores da bomba de prótons reduz bastante a produção de ácido no estômago, como veremos na seção Perguntas e Respostas deste capítulo.

O controle circadiano dos hormônios do metabolismo

O metabolismo é regulado por diversos hormônios e enzimas, e o sistema circadiano ajusta os níveis dessas moléculas sinalizadoras e reguladoras ao longo das 24 horas do dia (Figura 9). A primeira evidência de envolvimento do relógio-mestre circadiano, o NSQ, no metabolismo da glicose veio de estudos com ratos nos quais se provocou uma lesão no NSQ. O resultado foi que os ritmos diários de glicose, insulina, glucagon e comportamento alimentar foram completamente abolidos.[14] O fígado é uma fonte crucial de armazenamento de glicose no corpo, sob a forma de glicogênio. Além da ação rítmica da insulina sobre o fígado, antecipando a atividade e o sono, o NSQ regula em parte o fígado e a produção de glicose, através do sistema nervoso autônomo (SNA), para produzir um ritmo diário de glicemia. Porém, quando as conexões neurais com o fígado são rompidas, o ritmo diário da glicemia é comprometido, o que demonstra um papel direto do NSQ — e não apenas da insulina — no metabolismo da glicose. Embora o NSQ atue como o relógio-mestre biológico, não é o único relógio. A maioria, se não todas as células do corpo, têm a capacidade de gerar um ritmo circadiano. Curiosamente, nos camundongos cujo NSQ sofreu danos, as células-relógio individuais do fígado continuam apresentando ritmos circadianos. Contudo, na ausência de estímulos do NSQ e sem a produção rítmica da insulina, os ritmos circadianos das células hepáticas individuais ficam à deriva, e o metabolismo coordenado da glicose se perde.[15]

Anomalias nos genes do relógio também foram relacionadas a alterações do metabolismo da glicose, ao diabetes tipo 2 e à obesidade tanto nos camundongos quanto em nós.[16] Camundongos com ritmos circadianos defeituosos, devido a mutações nos genes do relógio, não apresentam um ritmo alimentar claro entre noite e dia. Passam a comer em excesso, ficam obesos e desenvolvem anomalias metabólicas, entre elas a doença do fígado gorduroso e a resistência à insulina.[17] A questão central é que, na ausência de um regulador circadiano interno, os hormônios do metabolismo, como ilustrado na Figura 9, sucumbem ao caos, e a antecipação dos diferentes estados metabólicos de sono e vigília se perde. O metabolismo desmorona.

Sinais circadianos contraditórios

A perda total da sinalização circadiana leva a uma falência metabólica, mas e quanto aos sinais circadianos mistos ou contraditórios? O ciclo claro/escuro atua como o principal agente de arrastamento no ajuste do NSQ ao mundo exterior, mas para a sincronização das células do relógio com o resto do corpo — os relógios periféricos, como as células hepáticas — sinais metabólicos também podem desempenhar uma função crucial de arrastamento. Isso foi demonstrado em camundongos. Em uma série de experiências, os animais foram expostos a 12 horas de luz e 12 horas de escuridão, tendo acesso a comida por apenas algumas horas, durante o dia. Os camundongos foram, essencialmente, forçados a se alimentar durante o dia, quando em condições normais estariam inativos e adormecidos. De maneira notável, os relógios periféricos do fígado, dos músculos dos intestinos e de outros órgãos "acertaram" seus ritmos circadianos para coincidir com o novo horário de alimentação. No entanto, o relógio do NSQ continuou travado no ciclo claro/escuro, continuando a ditar a maior parte da atividade comportamental à noite. O NSQ e os relógios periféricos não estavam mais alinhados, e as vias metabólicas normais que embasam as diferentes demandas de sono e atividade sofreram forte perturbação.[18] Portanto, sob certas circunstâncias, o fígado e outros órgãos podem se desacoplar do NSQ e reagir a sinais metabólicos (a alimentação). Embora esse desacoplamento de NSQ e fígado possa ser útil no curto prazo, para lidar com uma necessidade aguda e imediata, no longo prazo um desalinhamento desses acaba levando a problemas metabólicos graves, como a obesidade e a resistência à insulina.[19]

Com base nos estudos com camundongos, uma pergunta óbvia se impõe: quais são as consequências de sinais circadianos mistos em nós? E voltamos à ruptura do ritmo circadiano e do sono (RRCS) nos trabalhadores noturnos, obrigados a trabalhar quando sua biologia está no estado de sono. Apresentei o tema no capítulo 4, mas agora quero tratar um pouco mais detalhadamente do metabolismo. Vários estudos demonstraram um elo claro entre o trabalho noturno, a síndrome metabólica e, em especial, o diabetes tipo 2. E quanto mais tempo se passa trabalhando à noite, maiores os riscos.[20] Novamente, constatamos que o metabolismo da glicose e as demandas inconciliáveis do sono e da atividade estão desalinhadas. Isso, por sua vez, aciona o eixo do estresse, o que, se dura muito, ajuda a promover a síndrome metabólica (ver capítulo 4). No entanto, o elo entre a RRCS e a ruptura metabólica envolve mais do que a liberação dos hormônios do estresse cortisol e adrenalina.

Leptina e grelina

Estudos recentes apontaram um ritmo consistente, comandado pelo NSQ, de liberação de leptina dos tecidos adiposos, atingindo o ápice por volta das 2h (durante o sono) e tem seu ponto mais baixo de liberação por volta do meio-dia (durante a atividade). A leptina atua nas células internas do hipotálamo, suprimindo o apetite, de onde vem o apelido "hormônio da saciedade" (Figura 9B). Em geral, níveis noturnos elevados de leptina suprimem o apetite, de modo que a fome não perturbe o sono. À ação da leptina contrapõe-se a grelina, que é liberada principalmente pelo estômago. A grelina estimula a fome, através da ativação de outras vias no cérebro, de onde vem a denominação "hormônio da fome" (Figura 9A). Os níveis de grelina aumentam antes do horário das refeições, e essa antecipação da comida é comandada pelo sistema circadiano, atuando no aumento do apetite antes de começarmos a comer.[21] Toda uma indústria surgiu em torno desse fenômeno, sob a forma de aperitivos e coquetéis — às vezes mais gostosos que a comida que vem depois!

Aqueles que são forçados a lidar com a falta de sono têm níveis inferiores de leptina (o hormônio da saciedade) e níveis aumentados de grelina (o hormônio da fome), sentindo mais fome e comendo mais.[22] Um estudo clássico analisou o impacto de meras quatro horas de sono por duas noites consecutivas sobre os níveis de leptina e grelina, assim como sobre a fome e o apetite. Em homens jovens saudáveis, os níveis de leptina no sangue caíram 18%, e houve um aumento de 24% da grelina, de 24% da fome e de 23% do apetite. Notadamente, o apetite por alimentos ricos em carboidratos aumentou 32% depois da privação do sono.[23] Essas conclusões sugerem que somos metabolicamente programados para consumir mais calorias quando somos privados de sono, sob o comando da leptina menor e da grelina maior, e explicam nossas experiências pessoais com a sensação de fome quando dormimos menos.[24]

Nos trabalhadores noturnos, a RRCS leva a uma assincronia interna, com sinais circadianos misturados e a passagem a um estado metabólico obeso.[25] Seria de esperar que nos obesos a leptina (o hormônio da sociedade) fosse baixa e a grelina (hormônio da fome) fosse alta. Mas é mais complicado que isso. Os obesos continuam a apresentar um ritmo circadiano na liberação da leptina, mas esse ritmo é extremamente nivelado, perdendo alterações claras do tipo alta à noite e baixa de dia.[26] Junto com esse ritmo achatado, a liberação de leptina a partir do tecido adiposo é alta. Em conjunto com a leptina elevada, isso deveria fazer com que o obeso *não* sentisse fome. Porém, não é o caso. Os obesos apresentam a chamada resistência à leptina.[27] O gatilho da glicemia alta gerada pela ingestão de alimentos (Figura 9B) estimula os tecidos adiposos a bombear uma grande quantidade de leptina. No entanto, esse bombardeio constante dessensibiliza o cérebro. O resultado é que, embora os níveis de leptina sejam elevados, no cérebro dos obesos a sinalização de saciedade comandada pela leptina fica muito comprometida. O cérebro deixa de reagir a ela. E embora o sinal de saciedade da leptina praticamente desapareça, os sinais de fome da grelina permanecem e podem até aumentar. O resultado é que a pessoa obesa tende a sentir fome com mais frequência.

A REGULAGEM CIRCADIANA DO METABOLISMO DA GORDURA

O tecido adiposo (gordura) é a sede principal do armazenamento de energia a longo prazo, localizado por todo o corpo, mas sobretudo em torno dos órgãos internos (gordura visceral) — o que é particularmente evidente nos cientistas de certa idade! Quando comemos, o fígado converte em triglicerídeos qualquer excesso de glicose que não seja necessário de imediato, mas a capacidade de armazenamento desses triglicerídeos no fígado é limitada. Níveis elevados causam a doença hepática gordurosa não alcoólica (DHGNA), cuja forma extrema é chamada de esteatose hepática não alcoólica (EHNA). Quando o fígado fica lotado, os triglicerídeos são transportados pelo sangue e armazenados dentro dos tecidos adiposos, o que os torna maiores. O fígado converte o excesso de açúcar em triglicerídeos, o que explica por que comer doces açucarados em excesso nos faz engordar. Não precisamos comer gordura para ficar gordos! Quando o corpo exige ácidos graxos para fabricar glicose, o hormônio glucagon, das células alfa do pâncreas, comanda a decomposição dos triglicerídeos em ácidos graxos livres, tanto no fígado quanto no tecido adiposo.[28] Os triglicerídeos armazenados representam calorias não utilizadas, e para muitos de nós essa conta bancária de energia armazenada fica depositada em torno da cintura, elevando nosso Índice de Massa Corporal (IMC).

A RRCS e o metabolismo da gordura

A mobilização dos triglicerídeos, seu transporte pelas proteínas sob a forma de lipoproteínas e sua decomposição para utilização energética ou para a fisiologia são todos regulados pelo sistema circadiano. Até a absorção de gordura pelo sistema digestivo ocorre sob o controle tanto do NSQ quanto dos relógios circadianos locais no intestino delgado. A RRCS provocada pelo trabalho noturno, pelo jet lag ou pelo jet lag social está associada a graves anomalias metabólicas, a começar pelo metabolismo da gordura, junto com um risco maior de obesidade.[29] Por exemplo, o sono reduzido (seis horas ou menos) está associado a um aumento do IMC e a um risco maior de diabetes tipo 2.[30] Existe uma clara relação entre a obesidade/IMC e o tempo total de sono.[31] Quanto maior a perda de sono, mais alto é o IMC. Além da perturbação do controle metabólico, parece que o indivíduo com sobrepeso tende a ter mais dificuldade para adormecer e continuar dormindo, além de sofrer um risco maior de apneia obstrutiva do sono (AOS)[32] (ver capítulo 5). Também precisamos levar em conta que estar acordado, junto com a resistência à leptina no indivíduo obeso, aumenta tanto a oportunidade quanto o desejo de comer mais, sobretudo no final do dia. Por fim, ingerir uma refeição rica em energia antes de ir para a cama leva a um aumento da temperatura do corpo.[33] Como uma temperatura corporal central ligeiramente mais baixa é importante para conseguirmos dormir, uma refeição pesada antes de ir deitar pode retardar o sono. As evidências que sustentam essa ideia, porém, não são sólidas. Contudo, como veremos no próximo capítulo, uma refeição grande à noite também é uma ideia ruim por uma série de outros motivos.

PERGUNTAS E RESPOSTAS

1. Quando é melhor tomar meu inibidor da bomba de prótons (IBP)?

Muitas vezes me perguntam sobre o uso de drogas para controlar a produção de ácidos no estômago, e este é um tema interessante. Como discutido no capítulo 10, a ação de uma droga depende de sua meia-vida, da duração de sua ação sobre as células-alvo e do horário do dia — sua farmacocinética. A família de drogas chamadas inibidores da bomba de prótons, como o omeprazol, impedem as células que revestem o estômago de produzir ácido estomacal em excesso, desligando suas bombas de prótons. Uma questão-chave é que, assim que essas bombas produtoras de ácido gástrico são desligadas pelos IBPs, elas permanecem inibidas. Não se produz mais ácido gástrico até que novas bombas sejam produzidas pelas células estomacais, o que leva cerca de 36 horas.[34] Essas drogas ajudam a prevenir a formação de úlceras estomacais ou auxiliam o processo de cura quando já se tem uma. Além disso, os IBPs ajudam a prevenir o refluxo gastroesofágico (ácido), sobretudo à noite, quando a pessoa está deitada, podendo assim auxiliar o sono. Depois de ingeridos, os IBPs desaparecem muito rápido do sangue, em questão de poucas horas. Aconselha-se tomar IBPs pela manhã, mas por que a produção de ácido no estômago atinge o pico no final da tarde/início da noite (Figura 8)? Um ponto crucial é que os IBPs só são capazes de desligar de forma eficaz as bombas de prótons quando elas são ativadas pela presença de comida nova no estômago. Sem comida, os IBPs são muito menos eficazes na redução da acidez estomacal.[35] Consumir IBPs pela manhã, meia hora antes de comer, desliga as bombas de próton de maneira eficaz até a produção de novas. Por isso, tomar um IBP pela manhã reduz de forma eficaz a produção circadiana do ácido estomacal pelas 36 horas seguintes. Tomar um IBP antes de dormir, quando já se encerrou a alimentação do dia, faz com que sua ação seja bem menos eficaz. Muitas pessoas ainda tomam IBPs logo antes de dormir, na crença equivocada de que o refluxo ácido noturno será controlado pelo IBP noturno. Não será. Algumas que ingerem seus IBPs pela manhã continuam a sentir refluxo gastrointestinal à noite.[36] A explicação para esse refluxo costuma estar relacionada a não tomar o café da manhã depois de ingerir IBPs pela manhã, o que deixa de ativar as bombas de prótons. Além disso, essa dose única matinal de IBP pode ter desligado pouquíssimas bombas. Quando isso ocorre, é recomendada uma segunda dose diária, sendo a primeira antes do café da manhã e outra antes da refeição noturna, mas não antes de dormir. Esse método de atingir as bombas duas vezes mostrou-se útil na redução do refluxo gastroesofágico severo antes de dormir.[37]

2. Por que glicemia alta é tão ruim?

Sabemos que altos níveis de glicose no sangue causam danos aos vasos sanguíneos. Vasos sanguíneos danificados aumentam o risco de doenças cardíacas e derrames, doenças renais e problemas de visão. Mas o que causa, de fato, esses danos? Aparentemente, a glicemia alta provoca a ativação de uma enzima chamada proteína quinase C (PKC, na sigla em inglês), que, por sua vez, desencadeia uma série de acontecimentos que resultam na constrição dos vasos sanguíneos.[38] Essa constrição aumenta a pressão arterial, que danifica os vasos sanguíneos, e o colesterol LDL (ruim) se acumula nas paredes arteriais danificadas (veja na pergunta 4 a seguir). O resultado é uma sobrecarga do sistema circulatório, com uma concomitante perda de eficiência, levando a uma eventual falência dos órgãos. Devo ainda lembrar que, com o passar do tempo, a glicemia alta pode causar danos aos pequenos vasos sanguíneos que suprem os nervos do corpo, interrompendo o fornecimento de nutrientes essenciais a eles. Em consequência, as fibras nervosas podem ficar danificadas ou morrer (a chamada neuropatia). Neuropatias podem prejudicar ou destruir sensações táteis, de temperatura, dor e outras mensagens da pele, dos ossos e dos músculos para o cérebro. Em geral, afetam os nervos dos pés e das pernas, mas podem ocorrer nos braços e nas mãos. Além desses problemas, a capacidade das células de reação imunológica (capítulo 2 e Apêndice 2), como neutrófilos, de fagocitar bactérias fica reduzida quando os níveis de glicose e frutose aumentam no sangue. Jejuar fortalece a capacidade fagocítica dos neutrófilos de devorar bactérias.[39] Talvez isso explique por que pessoas com glicemia mais alta, como no diabetes tipo 2, fiquem mais vulneráveis a infecções. Veja também a próxima pergunta.

3. Por que as infecções alteram a glicemia?

Existem duas importantes relações entre os níveis de glicemia e as infecções. Primeiro, infecções ativam a reação de estresse, fazendo o corpo produzir mais cortisol e adrenalina. Esses hormônios se contrapõem à ação da insulina, promovendo a geração de glicose (glicogênese) (Figura 9A). Em consequência, a produção de glicose no corpo aumenta, o que resulta em uma glicemia elevada. É por isso que infecções de longo prazo podem aumentar as chances de síndrome metabólica. De maneira significativa, níveis elevados de glicose no sangue (hiperglicemia), como no diabetes tipo 2, parecem prejudicar as reações imunológicas e, sobretudo, a disseminação de patógenos invasores. É por essa razão que indivíduos com diabetes tipo 2 correm maior risco de infecção. Na verdade, um sinal precoce do diabetes tipo 2 são furúnculos e espinhas que não desaparecem.

4. O colesterol tem a ver com o metabolismo energético?

Como discutimos neste capítulo, os triglicerídeos são armazenados nos tecidos adiposos e representam uma reserva de calorias que pode ser convertida em glicose para o metabolismo. A outra forma de gordura armazenada nos tecidos adiposos é o colesterol, que *não está* diretamente envolvido no metabolismo energético, mas é essencial para a construção das células e de hormônios chave, entre eles o cortisol, o estrogênio, a progesterona e a testosterona. E, só para lembrar, o colesterol é transportado no sangue sob a forma de um complexo proteico (lipoproteína), sendo que dois tipos de lipoproteínas carregam o colesterol para dentro e para fora das células. Um deles é a lipoproteína de baixa densidade, ou LDL. A outra é a lipoproteína de alta densidade, ou HDL. O colesterol LDL é considerado o colesterol ruim porque contribui para acúmulos gordurosos nas artérias (aterosclerose), ao transportar colesterol para esses locais. Isso estreita as artérias e aumenta o risco de ataques cardíacos e derrames. O colesterol HDL é considerado bom porque níveis saudáveis dele protegem contra ataques cardíacos e derrames. O HDL leva o colesterol dos depósitos gordurosos nas artérias de volta para o fígado, onde ele é decomposto e eliminado do corpo. Infelizmente, o HDL não remove todo o colesterol dos depósitos gordurosos nas artérias que provocam aterosclerose. Note que, além de reduzir o colesterol LDL, as estatinas (capítulo 10) também baixam os triglicerídeos, o que pode ser útil, já que triglicerídeos elevados foram associados à DHGNA, doenças cardíacas e diabetes, além de todo o espectro de condições constatadas na síndrome metabólica.[40]

13. Como encontrar seu ritmo natural

Ritmos circadianos, dieta e saúde

Se não devemos comer à noite, por que puseram uma luz na geladeira?
Pergunta anônima feita a mim

A humanidade evoluiu com pouquíssimo açúcar em nossa dieta. O açúcar quimicamente refinado foi produzido pela primeira vez na Índia por volta de 3500 anos atrás, e de lá espalhou-se rumo ao leste para a China e ao oeste através da Pérsia e dos primórdios do mundo islâmico, chegando ao Mediterrâneo no século XIII. Até o final da Idade Média (por volta de 1500), era um produto raro e dispendioso. O açúcar refinado era produzido no Chipre, na Sicília e na ilha da Madeira, no oceano Atlântico. Em seguida, os portugueses começaram a plantar açúcar no Brasil, sustentando uma economia agrícola baseada na escravidão. A introdução da cana-de-açúcar no Caribe, vinda do Brasil, nos anos 1640, levou a uma explosão da produção de açúcar, assim como do tráfico de escravizados. Outros países europeus se interessaram em participar da produção de açúcar e também usaram o trabalho escravo para produzir e colher a cana. Estima-se que mais de 12 milhões de seres humanos foram transportados da África para as Américas até o início dos anos 1800, quando o tráfico transatlântico de escravizados foi abolido,[1] embora a escravidão propriamente dita não tenha acabado, de modo geral, até a abolição da escravatura no Brasil em 1888. Esse horrendo comércio de miséria, degradação e morte humana alimentou a "febre do açúcar". Uma desumanidade inominável, apenas por uma substância de que ninguém realmente precisava, mas pela qual todos ansiavam. O comércio do açúcar deixou sua marca no mundo moderno: ao mesmo tempo um legado vergonhoso de crueldade e uma herança de monumentais problemas de saúde.

Cáries são constatadas em cerca de 20% dos esqueletos exumados da Idade Média, ao passo que mais de 90% dos esqueletos do século XX apresentam o mesmo problema. Meu colega e velho amigo Ben Canny me disse que a principal causa de internações hospitalares evitáveis de crianças na Tasmânia é anestesia geral para extração de dentes devido a cáries. Até os anos 1700, o açúcar era um luxo e um símbolo de riqueza. Elizabeth I da Inglaterra (c. 1558-1603) era, parece, viciada em açúcar e, em consequência disso, com pouco mais de 50 anos seus dentes haviam enegrecido ou caído. Como os dentes da rainha ficaram pretos, os nobres e membros da corte passaram a considerar dentes escuros um símbolo de beleza e riqueza, e então as mulheres começaram a escurecer os dentes com fuligem. Aqueles que não tinham condições de comprar açúcar também tingiam os dentes de preto, para enganar os outros, fazendo-os acreditar que eram ricos. Não se sabe se o mau hálito provocado pelas cáries também virou moda. É melhor não criticar muito; talvez um dia os dentes escurecidos voltem à moda. Afinal, quem teria previsto que as calças boca de sino e os saltos plataforma dos anos 1970 sairiam da tumba do esquecimento e voltariam à alta-costura? Mas as cáries são apenas a ponta do iceberg dos problemas de saúde causados pelo açúcar.

Os habitantes da Europa e da América do Norte obtêm cerca de 15% de suas calorias diárias do açúcar, mas esse valor é uma média; muitas pessoas consomem bem mais que isso. O açúcar refinado é sucrose cristalizada, feita a partir de uma molécula de glicose e outra de frutose e obtida através da extração do açúcar de alimentos como a cana-de-açúcar, a beterraba ou o milho. O problema é que costuma ser adicionada a alimentos processados, pobres em nutrientes, que vão dos refrigerantes, cereais de café da manhã e molhos a muitos tipos de pães. A Organização Mundial da Saúde recomenda que o açúcar refinado represente menos de 10% de nossas calorias diárias. No entanto, a maioria de nós ingere muito mais. Um estudo de quinze anos publicado em 2014 concluiu que pessoas que obtêm entre 17% e 21% de suas calorias do açúcar adicionado têm um risco 38% maior de morrer de doenças cardiovasculares do que as que consomem 8%.[2] O excesso de açúcar também está relacionado à síndrome metabólica — pressão arterial alta, processos inflamatórios, ganho de peso, diabetes e doença do fígado gorduroso. Não se sabe ao certo como o açúcar causa esses problemas (ver capítulo 12, seção de Perguntas e Respostas, pergunta 2), mas pode ser em razão da forma como é metabolizado no fígado. O açúcar em excesso, e refiro-me àquele que excede o necessário para satisfazer a demanda energética imediata de glicose no corpo, sobrecarrega o fígado, que o converte em gordura. Isso pode levar à doença do fígado gorduroso, que, por sua vez, contribui para o diabetes e o risco de doenças cardíacas.[3] Portanto, talvez seja prudente refletir por um momento antes de comer aquele pudinzinho na sobremesa! Apenas como curiosidade, a prática de comer uma sobremesa doce e rica em açúcar no final de uma refeição remonta à dinastia Tudor, quando se acreditava que o açúcar ajudava a digestão e era bom para o estômago.

No capítulo anterior tracei um panorama do papel que o sistema circadiano desempenha regendo nosso metabolismo — basicamente, como regulamos a ingestão de alimentos e sua conversão em glicose como fonte de energia, além do papel do sistema circadiano e o impacto da ruptura do ritmo circadiano e do sono (RRCS) nesses processos. Agora, quero falar do que podemos fazer para otimizar nossas chances de manter um nível saudável de glicemia e gordura armazenada no corpo. E o cerne dessa discussão será como o conhecimento dos ritmos circadiano e biológico pode ser usado para nos ajudar a atingir um metabolismo mais consistente e saudável.

COMO SABER SE MEU METABOLISMO É SAUDÁVEL?

Apenas um rápido lembrete do capítulo 12: síndrome metabólica é um termo que descreve um agregado de condições relacionadas, entre elas a obesidade e o excesso de gordura acumulada em torno da cintura, um risco maior de doenças cardíacas, derrames, diabetes tipo 2, aumento da pressão arterial e glicemia alta. A insulina atua na redução da glicemia (Figura 9B), e a resistência à insulina é um estado pré-diabético no qual há uma incapacidade dos músculos, do tecido adiposo e do fígado de reagir plenamente à insulina e reduzir a glicose no sangue. Isso resulta em intolerância à glicose (também chamada de comprometimento da tolerância à glicose), condição em que a glicemia aumenta além da faixa normal, mas não tanto a ponto de resultar em diabetes tipo 2. A questão é que uma boa medida da saúde metabólica é a medida da glicemia. Uma forma de medir sua glicemia é numa consulta médica. Além disso, medições precisas podem ser obtidas com um aparelho de monitoramento doméstico da glicose. Nesse tipo de dispositivo, o valor da glicemia para um indivíduo saudável deve ficar abaixo de 100 mg/dl antes de comer e 140 mg/dl duas horas depois de uma refeição; quem sofre de intolerância à glicose terá valores entre 100 mg/dl e 125 mg/dl antes de uma refeição e entre 140 mg/dl e 200 mg/dl duas horas depois; e quem sofre de diabetes tipo 2 terá valores de glicose acima de 125 mg/dl antes de uma refeição e acima de 200 mg/dl depois. A glicemia de jejum é medida em pessoas que não comeram por pelo menos oito horas antes do teste. À medida que se progride da intolerância à glicose para o diabetes tipo 2, tem-se glicemia alta, resistência avançada à insulina (o corpo não reage ao hormônio) e níveis inferiores de produção a partir das células beta do pâncreas (Figura 9B). Entre os sintomas podem estar: sede, necessidade de urinar com frequência, fome, cansaço e infecções que demoram a passar. A glicemia alta não tratada pode levar a doenças cardíacas, derrame, cegueira, insuficiência renal, gota e problemas circulatórios nos pés e nas pernas, que às vezes resultam em amputação.

Outra forma de medir a glicemia é a chamada hemoglobina glicada, ou HbA1c. Ela ocorre quando a glicose do corpo adere aos glóbulos vermelhos. O exame de HbA1c proporciona uma média da glicemia nos últimos dois ou três meses. O Diabetes UK, instituição de caridade britânica para diabéticos, aconselha uma faixa normal de HbA1c para pessoas sem diabetes abaixo de 6% (abaixo de 125 mg/dl). Os níveis de HbA1c pré-diabetes estão na faixa entre 6% e 6,4% (125-138 mg/dl), e níveis acima de 6,5% (138 mg/dl) indicam diabetes. A hemoglobina glicada é um importante indicador do controle da glicose no longo prazo, fornecendo uma medida da glicose alta crônica e do risco de complicações de longo prazo do diabetes.[4] Medições como essa devem substituir a atual representação das medições estáticas de antes e depois das refeições.

Não se sabe ao certo o que desencadeia a resistência à insulina, e por que algumas pessoas são afetadas enquanto outras escapam. Um amigo chama isso de "desviar das balas". No entanto, um histórico familiar de diabetes tipo 2, sobrepeso (sobretudo acumulado na região da cintura), sedentarismo e RRCS aumentam o risco. Portanto, como é comum em doenças, ocorre uma mistura de fatores genéticos de risco e interações ambientais. Nos estágios iniciais da resistência à insulina, o número de células beta do pâncreas (Figura 9B) aumenta, produzindo mais insulina para compensar a queda na sensibilidade a ela e o aumento da glicemia. Porém, à medida que a doença progride, as células beta morrem. Uma pessoa com diabetes tipo 2 terá perdido cerca de metade de suas células beta. Moral da história: caso você tenha intolerância à glicose ou diabetes tipo 2, precisa agir com urgência para reverter essas condições.

Na tentativa de prevenir a síndrome metabólica, muita gente faz dieta para perder peso. Porém, isso muitas vezes é difícil e causa frustração. Para cerca de 98% de nós, a perda de peso só com a dieta acaba sendo seguida por um ganho de peso.[5] E o problema tem a ver com uma parte fundamental da nossa fisiologia, chamada controle homeostático. A homeostase é o processo pelo qual o corpo mantém um ambiente mais ou menos estável, o que inclui temperatura, níveis hormonais, pressão arterial, frequência cardíaca, glicemia e ingestão de calorias. Nosso corpo monitora o tempo todo esses processos essenciais, de modo a mantê-los em um certo ponto de equilíbrio. Normalmente, uma alteração significativa no ponto de equilíbrio é corrigida (para cima ou para baixo) quando mecanismos homeostáticos são desencadeados sob forma de um ciclo de feedback negativo — em que a reação a uma alteração reverte a direção dessa alteração. Por exemplo, um aumento da temperatura corporal acima de um ponto de equilíbrio desencadeia uma mudança em nossa fisiologia, baixando, então, a temperatura. De modo inverso, uma queda significativa da temperatura é revertida de modo a aumentar a temperatura.

Para deixar bem claro, o termo "ponto de equilíbrio" pode dar a entender que é algo fixo. Isso, porém, é profundamente enganoso, remontando a um tempo em que se acreditava ser assim e que alterações indicariam doenças. Essa ideia teve origem com Claude Bernard (1813-78), o Pai da Fisiologia. Ele escreveu: "Os mecanismos vitais, em toda a sua variedade, têm apenas um propósito, que é a preservação constante das condições de vida no ambiente interno". No entanto, como discutimos ao longo deste livro, o sistema circadiano é o agente de mudança ao longo das 24 horas do dia, e os pontos de equilíbrio homeostáticos são controlados por ele de maneira precisa. Pontos de equilíbrio alterados antecipam demandas alteradas de atividade e repouso.

A temperatura do corpo pode ser de 37°C, em média, mas às 4h está mais próxima dos 36,5°C ou menos e, às 18h, mais próxima dos 37,5°C ou mais. A frequência cardíaca de repouso fica em torno dos 64 por minuto às 5h, mas em torno dos 72 no início da tarde.[6] A leptina, que suprime o apetite, é baixa durante o dia, quando estamos ativos e precisando comer, mas alta à noite (suprimindo a fome), quando estamos adormecidos e incapazes de comer.[7] Até bem pouco tempo, a falta de informação aos estudantes de medicina sobre o controle circadiano dos pontos de equilíbrio homeostáticos resultava tanto em diagnósticos errados quanto em tratamentos inadequados.[8] Claude Bernard também fez observações chocantes sobre suas experiências com animais (vivissecção):

> O fisiologista não é um homem comum. Ele é um homem instruído, um homem possuído e absorvido por uma ideia científica. Ele não ouve os gritos de dor dos animais. É cego ao sangue que escorre. Não enxerga nada a não ser sua ideia, e os organismos que dele ocultam os segredos que está determinado a descobrir.

Profundamente assustador hoje em dia, e até mesmo para muitos no século XIX. Para o horror de sua esposa e filhas, Bernard dissecou o cachorro da família. A esposa o abandonou em 1869 e se tornou militante contra a prática da vivissecção. Com uma experiência dessas, dá para entender por quê!

Voltando à homeostase: os mecanismos de "correção" homeostática nascem de um ciclo de feedback negativo, no qual uma queda é seguida de uma alta corretora e uma alta é seguida de uma perda; a mudança fisiológica altera a direção dessa mudança e as coisas voltam a ficar como estavam. E é esse o problema quando fazemos dieta. Ao tentar "perder peso", perdemos gordura armazenada. Mas nosso cérebro detecta essa perda de calorias armazenadas e começa, então, a corrigi-la. Como mencionamos, a leptina é produzida no tecido adiposo (as células de gordura) e, ao reduzirmos a gordura acumulada através da dieta, produzimos menos leptina (Figura 9). Menos leptina significa que, depois de uma refeição, você continua sentindo fome. Junto com a queda da leptina que indica "estou cheio", o corpo libera mais grelina a partir do estômago, o que aumenta a fome, fazendo-nos comer mais (Figura 9). Além disso, como o corpo detecta que estamos com menos gordura, a glândula tireoide é estimulada a produzir menos tiroxina, para reduzir a taxa metabólica e queimar menos calorias quando dormimos (lembre-se, a tiroxina está sob controle circadiano e apresenta uma liberação maior à noite). Isso permite ao corpo poupar calorias — o que leva a um aumento do armazenamento de gordura. Por isso, para perder mais peso, você acaba tendo que cortar ainda mais calorias, só para manter a perda de peso que obteve. Você sente fome, em especial de açúcares, e passa a ter um metabolismo mais lento, sobretudo à noite. O ponto de equilíbrio dos seus níveis de gordura corporal foi "protegido" e não mudou. Seu disciplinado cérebro "acha" que seu dono está passando fome. Tendo em mente essa informação um tanto desanimadora, o que pode ser feito *além* da dieta para obter um metabolismo mais saudável?

Trabalhar em conjunto com nosso sistema circadiano pode auxiliar a saúde metabólica em quatro áreas importantes: o papel da atividade e o momento do exercício; a prevenção da RRCS; horários de alimentação adequados; e trabalhar os ritmos circadianos das bactérias intestinais.

O PAPEL DA ATIVIDADE FÍSICA E O MOMENTO DO EXERCÍCIO

No Reino Unido, nos anos 1950, as mulheres usavam em média tamanho 38 e tinham 70 cm de cintura. Hoje, o tamanho médio é 42 e a cintura passou para 85 cm. É uma diferença espantosa, relacionada, em parte, aos níveis de atividade física. Um estudo publicado em 2012 indicou que nos anos 1950 uma mulher queimava cerca de 1300 calorias por dia, contra 670 de hoje. A maior parte dessa queima de calorias se devia aos cuidados com o lar. Para que fique bem claro, não estou insinuando que devemos voltar aos tempos em que um só cônjuge fazia os serviços domésticos, e sim argumentar que é possível controlar a queima de calorias ajustando o nível de atividade física. Quanto mais ativos somos, mais glicose e glicose armazenada (gordura) transformamos em energia. Exercícios aeróbicos, como caminhar, correr, pedalar, remar ou usar um elíptico é muito eficaz na queima de calorias, e o recomendado é um mínimo de trinta minutos, cinco vezes por semana. Em paralelo, treinos de força, como levantar pesos, usar elásticos de resistência, subir escadas, fazer flexões, abdominais e agachamentos duas vezes por semana provocam ganho muscular. E os músculos queimam mais calorias que gordura; logo, aumentar a massa muscular vai ajudá-lo a liberar calorias armazenadas nos depósitos de gordura. Não esqueçamos, também, a jardinagem. Três horas cuidando com dedicação do jardim podem ocasionar a mesma queima de calorias que uma hora na academia. O praticante de jardinagem médio passa cerca de cinco horas por semana na atividade, queimando mais de 700 calorias. E o jardim é um ótimo lugar para aquela garrafa de urina que você colheu na noite passada (capítulo 8).

Claramente, a atividade física é importante, e precisamos abordar duas questões: existe um horário ideal para se exercitar? E os exercícios podem trazer benefícios adicionais no auxílio à prevenção da RRCS?

A hora de se exercitar para uma queima máxima de calorias

A capacidade de nos exercitarmos, assim como a de alcançar nosso desempenho máximo, varia ao longo dia. Estudos tanto com seres humanos quanto com camundongos mostram que a potência muscular e a capacidade das células musculares de absorver oxigênio e glicose para a respiração variam ao longo do dia.[9] Em geral, a força muscular e a respiração muscular chegam ao pico no final da tarde e no começo da noite.[10] Isso ajuda a explicar por que o ápice do desempenho atlético ocorre nesses períodos.[11] Em média, a força muscular coincide com o pico da nossa temperatura corporal, que ocorre em média entre as 16h e as 18h (Figura 1). O aumento da temperatura do corpo eleva a taxa metabólica e a potência muscular. Mesmo em repouso, queimamos cerca de 10% a mais de calorias no final da tarde e no início da noite, na comparação com o início da manhã.[12] E, em geral, obtemos um desempenho esportivo melhor de tarde/noite em relação à manhã. Mas isso significa que é o melhor horário para se exercitar e queimar calorias? Aqui há dois complicadores. O primeiro tem a ver com o seu **cronotipo** (Apêndice 1). Um estudo feito com atletas mostrou que o cronotipo tem um impacto importante no desempenho atlético. Os cronotipos matinais, intermediários e noturnos tiveram melhor performance à medida que as horas avançavam, mas os tardios apresentaram um desempenho *muito* melhor no final do dia, com uma diferença de até 26% entre as 19h e as 22h.[13] O segundo complicador tem a ver com o **status metabólico** do corpo. O exercício à tarde ou no início da noite faz sentido, intuitivamente, para a maioria de nós, mas existem boas evidências de que se exercitar logo no começo do dia, com o estômago vazio (você pode beber água), pode ser melhor para alguns indivíduos. Ao exercitar-se cedo, antes do café da manhã, o corpo ainda estará usando a gordura armazenada como combustível, por isso o exercício nesse horário queimará mais calorias.[14] Eis, portanto, o dilema — a probabilidade de queimar gordura guardada é maior assim que acordamos. No entanto, exercitar-se de acordo com o cronotipo, na hora em que seu corpo está mais apto para a atividade física,[15] permitirá exercícios mais vigorosos. A moral da história é que, caso seu cronotipo seja do tipo matutino e os exercícios sejam mais fáceis/atraentes para você pela manhã, exercite-se nesse horário — antes de quebrar o jejum. No entanto, se for do tipo noturno e exercitar-se pela manhã for difícil, desenvolva uma rotina vespertina. Uma vantagem adicional dos exercícios à tarde ou no começo da noite é que eles podem ajudar a prevenir lesões, uma vez que os músculos já estão aquecidos os estiramentos são menos prováveis. Cientes desses efeitos, alguns de meus colegas tentam fazer exercícios matinais diários por cerca de 20 minutos, seguidos de um bloco de 30 a 40 minutos horas mais tarde. Como discutimos no capítulo 6, procure não se exercitar perto demais da hora de dormir, pois isso aumentará a temperatura central do corpo, adiando a chegada do sono. Além disso, exercícios muito vigorosos pouco antes de deitar podem levar a um pico de cortisol e uma ativação do eixo do estresse. Quando o cortisol ainda está alto pouco antes de dormir, atrasa o sono (capítulo 4). Uma dica final é que uma caminhada de 30 a 45 minutos depois da refeição noturna, e não antes, pode ajudar a controlar a glicemia e, portanto, a perder peso.[16]

Os efeitos dos exercícios sobre o relógio biológico e a redução da RRCS

Como mencionamos no capítulo 3, a luminosidade no crepúsculo retarda o relógio circadiano (você acorda e vai dormir mais tarde), enquanto a luminosidade ao amanhecer adianta o relógio (você acorda e vai dormir mais cedo), enquanto a luz no meio do dia tem pouco impacto. Além da luminosidade, porém, os exercícios também desempenham um papel no auxílio do arrastamento dos ritmos circadianos. Isso é conhecido há muito tempo nos roedores, como os porquinhos-da-índia e os camundongos,[17] mas nos seres humanos as evidências têm sido bem menos claras. No entanto, em um relatório recente cerca de cem pessoas foram avaliadas para saber se os exercícios em diferentes horários afetavam os horários de sono e vigília. A atividade, que consistia em uma hora de caminhada ou corrida, foi realizada em diferentes horários

(1h, 4h, 7h, 10h, 13h, 16h, 19h ou 22h) ao longo de três dias. Aqueles que se exercitaram entre a manhã e o meio da tarde (das 7h às 15h, aproximadamente) acordaram mais cedo, enquanto aqueles que se exercitaram mais tarde (19h às 22h) acordaram mais tarde, ocorrendo pouco impacto sobre as horas de sono quando os exercícios foram realizados entre as 16h e as 2h.[18] Portanto, exercícios pela manhã ou no início da tarde vão ajudá-lo a levantar-se mais cedo pela manhã — o que vem a calhar para os adolescentes (capítulo 9). Tudo isso significa que a exposição à luz nos momentos apropriados, combinada a exercícios nos momentos apropriados, ajuda a reforçar o arrastamento, atuando na estabilização do ritmo circadiano e prevenindo a RRCS. E, como já discutimos e será falado mais adiante, reduzir a RRCS leva a uma melhora da saúde metabólica.[19] Tendo isso em mente, a prática de manter as pessoas confinadas ao leito durante o dia nos ambientes hospitalares e casas de repouso, quando na verdade não há necessidade de ficar na cama, pode ser cômoda para os funcionários mas prejudicial ao paciente. A atividade durante o dia (manhã/início da noite) deve ser incentivada sempre que possível, para estimular a saúde circadiana. O que me leva ao próximo tema.

A PREVENÇÃO DA RRCS PROMOVE UMA BOA SAÚDE METABÓLICA

Como discutido no capítulo 12, a perda do sono está associada a um aumento da liberação do "hormônio da fome", a grelina, pelo estômago, e a uma redução da liberação do "hormônio da saciedade", a leptina, pelo tecido adiposo.[20] O resultado é um aumento do apetite, do consumo de alimentos ricos em açúcar e do risco de síndrome metabólica.[21] Um sono ruim também está associado a taxas mais elevadas de cortisol à noite, o que aumentará o nível sanguíneo de glicose (Figura 9A), que, se não for utilizada, será convertida em gordura armazenada,[22] predispondo o indivíduo a ganhar peso e ficar obeso. E, apenas como lembrete, essas condições podem levar à apneia obstrutiva do sono (AOS), piorando ainda mais a situação (capítulo 5). Tudo isso ressalta o fato de que a falta de sono vai muito além da sensação de cansaço em horas inconvenientes, estando associada a problemas graves de saúde (Tabela 1), a começar pela síndrome metabólica. Os elos entre a RRCS e a síndrome metabólica foram demonstrados várias vezes. Por exemplo, camundongos sem relógio circadiano desenvolvem depressa resistência à insulina, intolerância à glicose e obesidade.[23] Também parece provável que a perda de sincronia entre os relógios central e periféricos (assincronia interna) e a perda de amplitude ou solidez dos relógios circadianos possam levar à resistência à insulina,[24] o que ajuda a explicar por que os idosos são mais vulneráveis ao diabetes tipo 2, já que uma redução na amplitude e a assincronia interna são, ambas, características comuns de um sistema circadiano envelhecido. Além disso, como mencionamos, os exercícios ajudam a consolidar a temporização circadiana. O capítulo 6 proporciona conselhos gerais sobre como reduzir a RRCS. No entanto, existe um elo adicional importante entre a RRCS e o metabolismo, relacionado ao consumo de álcool.

A RRCS e o álcool

A RRCS pode transformar bebedores moderados em alcoólatras. Já se mostrou ser o caso com trabalhadores noturnos de longo prazo[25] e com os cronicamente cansados, que usam o álcool para provocar sedação, na crença equivocada de que isso promove um sono normal.[26] Além disso, um sistema circadiano perturbado exagera o impacto tóxico do álcool sobre o metabolismo, como foi demonstrado em camundongos com mutações no relógio biológico. Adicionou-se álcool à água de beber de camundongos com o relógio circadiano defeituoso e eles tiveram uma incidência maior de doença do fígado gorduroso do que camundongos com relógios normais. Também apresentaram mais porosidade do intestino, o que permite a passagem de endotoxinas (fragmentos de bactérias decompostas) para a corrente sanguínea e causa múltiplas doenças, entre elas danos hepáticos.[27] Isso pode significar que indivíduos com RRCS, como os trabalhadores noturnos, tripulantes de voos de longo alcance e empresários que viajam muito, ficam mais vulneráveis aos danos metabólicos do álcool. Bebem mais e o álcool causa mais danos ao fígado. Isso também foi demonstrado em camundongos, nos quais o consumo adiantou o relógio do fígado, deixando, porém, o NSQ inalterado. O resultado foi um desacoplamento entre o relógio do fígado e o NSQ. Além disso, o álcool achata a amplitude do relógio do fígado.[28] Essa assincronia interna entre o NSQ e o fígado, induzida pelo álcool, combinada a uma regulagem circadiana mais fraca do metabolismo do fígado, perturba o metabolismo da glicose e promove a doença do fígado gorduroso e outras anomalias metabólicas associadas à resistência à insulina.[29] Também aumentará a vulnerabilidade a infecções, como discutido no capítulo 11. O álcool também vai alterar os ritmos circadianos de outros órgãos. Por exemplo, o ritmo de origem circadiana da temperatura central do corpo fica adiantado quando se consome álcool à noite,[30] e a amplitude desse ritmo, assim como ocorre com o relógio do fígado, cai quase pela metade.[31] Como foi demonstrado que a amplitude da temperatura circadiana declina nos transtornos de humor[32] e que o sono está relacionado ao ritmo da temperatura central do corpo,[33] sugeriu-se que o achatamento do ritmo da temperatura pelo álcool possa contribuir para a ruptura do sono e, por extensão, do humor.[34] Creio que é uma ideia interessante, mas necessita de mais estudos.

O impacto do álcool sobre o sono e a depressão vai muito além das alterações na temperatura central do corpo. O álcool também perturba a liberação de neurotransmissores e hormônios dentro do cérebro, o que atua diretamente na alteração do humor e da estrutura do sono. Ele desacelera a atividade cerebral, induzindo sensações de relaxamento e sonolência, porém em excesso pode levar a uma piora do sono e a uma insônia intensa: reduz o sono REM durante a primeira parte da noite,[35] altera o sono de ondas lentas, piora a qualidade do sono e resulta em um sono mais curto e fragmentado. Também pode agravar os sintomas de AOS, ao relaxar os músculos da parte de trás da garganta.[36] Como o álcool pode causar insônia, a sonolência diurna muitas vezes é um problema. Isso leva a um ciclo de consumo de bebidas ricas em cafeína durante o dia, para ficar acordado, seguido pelo uso de álcool como sedativo para compensar o efeito desses estimulantes à noite — o chamado ciclo de feedback sedativo-estimulante.[37] A questão é: a maior vulnerabilidade à síndrome metabólica, resultante da RRCS, é agravada pelo consumo de álcool, e a tendência a ingerir mais álcool exacerba a RRCS.

OS HORÁRIOS IDEAIS DAS REFEIÇÕES

A hora das refeições e a crononutrição

Moses ben Maimon (1138-1204), filósofo, astrônomo e físico judeu sefardita, mais conhecido como Maimônides, é até hoje uma figura um tanto polêmica, tendo deixado um legado duradouro para a filosofia e a fé judaicas.

Para os fins da nossa discussão, ele é lembrado pela frase "Coma como um rei pela manhã, um príncipe no almoço e um camponês no jantar". Essa filosofia faz de Maimônides o pai fundador do ramo da pesquisa circadiana chamada crononutrição, segundo a qual o horário da ingestão de alimentos, assim como a quantidade e o tipo de comida, é crucial para nossa saúde metabólica e física como um todo.

Hoje sabemos que a mesma refeição, consumida em diferentes horários, pode produzir níveis de glicemia bastante diferentes, devido às alterações de origem circadiana na ingestão e no metabolismo da glicose.[38] Isso tem consequências muito importantes, a começar por aqueles entre nós que ingerimos a maior parte das calorias diárias à noite. Para deixar claro, estou definindo noite como o período entre as 18h e a hora de dormir. Os comedores noturnos correm um risco muito maior de comprometimento da tolerância à glicose, diabetes tipo 2, ganho de peso e obesidade.[39] Um estudo detalhado comparou indivíduos que seguiam a mesma dieta de redução de calorias durante vinte semanas, consumindo, porém, a maior parte dessas calorias bem cedo ou bem tarde (entre 18h e a hora de dormir). Aqueles que comeram tarde tiveram menos resultado e apresentaram perda de peso mais lenta, na comparação com os que comeram cedo. Ambos os grupos tinham o mesmo nível de atividade e a mesma duração do sono.[40] Um estudo semelhante mostrou que se perdeu mais peso ingerindo calorias de manhã na comparação com a noite, o que também se mostrou associado a menor glicemia, redução da intolerância à glicose e níveis mais baixos de diabetes tipo 2.[41] Além disso, uma ingestão de alimentos altamente energéticos à noite, com jejum pela manhã (como ocorre com os trabalhadores noturnos ou certos empresários) mostrou-se associada ao desenvolvimento de obesidade, enquanto o simples ato de pular o café da manhã foi relacionado a uma piora da intolerância à glicose.[42]

É importante observar que uma refeição à noite resulta em glicemia maior (resposta hiperglicêmica), em comparação com uma refeição idêntica feita pela manhã.[43] Essa intolerância maior à glicose à noite é resultado de uma liberação menor de insulina pelo pâncreas, de origem circadiana, assim como de alterações circadianas na resistência do fígado à insulina.[44] Em estudos de laboratório rigidamente controlados, demonstrou-se que a *intolerância* à glicose aumenta, da manhã para a noite, em pessoas saudáveis, levando a uma glicemia mais alta. Em um estudo recente feito em Harvard, jovens receberam a mesma refeição às 8h e de novo doze horas depois, às 20h. A glicemia ficou significativamente maior (17%) depois da refeição noturna, demonstrando que os indivíduos saudáveis tinham maior intolerância à glicose à noite. Os pesquisadores então simularam um padrão de trabalho noturno, em que só se permitia aos participantes dormir de dia. Depois de apenas três dias de ruptura do ritmo circadiano, a intolerância à glicose ficou ainda pior à noite. Claramente, esse desalinhamento circadiano exacerba a intolerância à glicose e aumenta o risco de diabetes tipo 2 e obesidade.[45] Qual seria a causa? Parece provável que alguns dos problemas de saúde constatados nos trabalhadores noturnos advenham de um desacoplamento entre o NSQ e os relógios periféricos, causado por sinais conflitantes — uma assincronia interna. O NSQ está acertado para o ciclo claro/escuro, promovendo o sono noturno. Comer em um horário em que o NSQ acha que é hora de dormir faz com que a regulagem metabólica da fisiologia fique desalinhada com os relógios periféricos. Os relógios do fígado, do tecido adiposo, do pâncreas e dos músculos são alterados pelos sinais alimentares, adotando um horário totalmente diferente do NSQ. A rede circadiana que abrange o NSQ e os relógios periféricos evoluiu para trabalhar em conjunto, instruindo o eixo metabólico a obter a matéria-prima certa, na quantidade certa, na hora certa do dia. Uma ruptura da rede circadiana resulta em falência metabólica.

Voltando à sabedoria de Maimônides e o horário das refeições: curiosamente, houve uma mudança gradual em nossos hábitos alimentares ao longo dos séculos. Na Inglaterra e na Europa na Idade Média (em torno de 1100 a 1500), a refeição principal do dia, ou *dinner* (do francês arcaico *disner*, que significa "jantar"), passou do início do dia para em torno do meio-dia, e isso tanto entre aristocratas quanto entre camponeses. Porém, à medida que a iluminação artificial chegou, sob a forma de velas, lampiões e depois a eletricidade, primeiro para os riquíssimos e por fim para os pobres, o jantar (principal refeição do dia) foi ficando para mais tarde. Isso ganhou força com a industrialização e mudanças nas práticas do trabalho. A principal refeição do dia passou a ocorrer depois que o provedor da casa chegava do trabalho. No norte da Inglaterra, o *dinner* ainda ocorre na hora do almoço, e a hora do chá é a última refeição do dia, também chamada de ceia. Hoje em dia, com a fragmentação do núcleo familiar, os longos deslocamentos de casa para o trabalho, o aumento do trabalho noturno, as pressões dos trabalhos escolares e a disponibilidade de alimentos altamente processados fáceis de preparar (isto é, feitos para o micro-ondas) empurraram a principal refeição do dia, rica em açúcares, para uma faixa horária irregular, entre o meio e o final da noite. Se você tivesse que escolher um horário particularmente ruim para o metabolismo de regulagem circadiana, seria justo esse.

A MICROBIOTA INTESTINAL – COMO TRABALHAR COM NOSSOS "BICHINHOS"

Nosso corpo não nos pertence. É lar de uma vasta coletânea de micro-organismos (microbiota) que inclui bactérias, fungos, vírus e protozoários. Na verdade, nossas próprias células não representam mais que 43% da contagem total de células do corpo. Se você acha muito, estimativas mais antigas indicavam que para cada célula humana existiam dez colonos microscópicos — o que hoje é considerado uma superestimação, embora ainda se veja esse número ser citado com frequência.[46] Esses micro-organismos são compostos majoritariamente de bactérias localizadas no intestino. E essas bactérias contribuem para a forma como o revestimento do intestino funciona, mantendo substâncias indesejadas fora da corrente sanguínea, mas deixando os nutrientes passarem. Uma descoberta crucial dos últimos anos foi que a RRCS pode alterar nosso microbioma. De maneira notável, esse microbioma alterado pode, então, mudar nosso metabolismo, equilíbrio energético e até as vias imunológicas. Tal perturbação pode levar a problemas associados à síndrome metabólica. Como foi discutido no capítulo 12, vivemos uma alta global da síndrome metabólica, e alega-se que isso se deve em grande parte ao chamado estilo de vida ocidental, caracterizado pelo consumo de uma dieta rica em gordura e açúcar (inclusive álcool), mas pobre em fibras vegetais, junto com a falta de exercícios e, o que é crucial, níveis cada vez maiores de ruptura do ritmo circadiano e do sono.[47] Esse estilo de vida pode até ter surgido no Ocidente, mas se tornou endêmico mundo afora. Qual é, então, o elo entre as bactérias intestinais, os ritmos circadianos e o metabolismo perturbado?

Embora originalmente se acreditasse que a maioria das bactérias não era capaz de gerar ritmos circadianos, hoje sabemos que isso não é verdade. As bactérias apresentam, sim, alterações em sua biologia,[48] e aquelas que vivem em nosso intestino podem sincronizar seus ritmos circadianos aos de *nossas* células intestinais.[49] Como se isso já não fosse espantoso o suficiente, ainda mais notável é que algumas de nossas bactérias intestinais também respondem a nós.[50] Sabemos disso porque a perda delas perturba a biologia circadiana das células que revestem nosso intestino (o epitélio intestinal).[51] Aparentemente essa comunicação resulta de uma série de sinais vindos das bactérias. O contato físico de nossas células epiteliais intestinais com as proteínas das paredes celulares das bactérias emite um sinal importante,[52] junto com os sinais químicos produzidos pelas próprias bactérias.[53] Esse "diálogo" entre nós e algumas de nossas bactérias intestinais parece ser muito importante, a começar pelo fato de que a obesidade e a síndrome metabólica estão associadas a alterações nas bactérias intestinais.[54] Um aumento das bactérias "ruins", como a *Streptococcus* e a *Clostridium*, pode promover a síndrome metabólica. Em compensação, uma melhora da síndrome metabólica, junto com uma redução da obesidade, está associada a menos bactérias "ruins" e a um aumento das bactérias "boas", como a *Akkermansia*. Muitos de nós estamos familiarizados com a *Akkermansia muciniphila*, pois são bactérias usadas em muitos suplementos probióticos disponíveis no mercado. E, ao contrário de muitos outros suplementos, existem hoje boas evidências de que esses são genuinamente eficazes e têm um impacto positivo sobre nosso metabolismo.[55] Como é frequente, os estudos mais detalhados foram feitos em camundongos. Por exemplo, a obesidade nos camundongos pode ser revertida transplantando bactérias intestinais de camundongos não obesos para o intestino de camundongos obesos.[56] O elo entre a síndrome metabólica e as bactérias intestinais parece realmente importante, mas qual a participação do sistema circadiano?

Tanto nos estudos com camundongos quanto com seres humanos, a RRCS altera as bactérias intestinais e promove disfunções metabólicas,[57] e a transferência das bactérias do intestino de camundongos com RRCS para camundongos sem RRCS causa anomalias metabólicas.[58] De maneira notável, demonstrou-se que as bactérias intestinais programam os ritmos circadianos da atividade metabólica nas células intestinais. As células do epitélio intestinal possuem receptores chamados receptores de reconhecimento de padrões, ou RRPs, que identificam a superfície das bactérias amigáveis. A ativação dos RRPs pode sincronizar o relógio molecular das células do epitélio intestinal e regular os genes relacionados ao equilíbrio do metabolismo.[59] Camundongos com RRPs defeituosos apresentam ritmos anormais nas vias metabólicas.[60] Muito recentemente, descobriu-se que sinais químicos das bactérias podem ter uma atuação direta sobre RRPs epiteliais. Por exemplo, demonstrou-se que várias bactérias "amigáveis" liberam metabólitos que aumentam a amplitude e estendem a duração dos relógios circadianos das células intestinais.[61]

Existem hoje fortes evidências de que a RRCS pode alterar as bactérias intestinais, o que, por sua vez, levaria a uma perturbação dos relógios nos epitélios intestinais. E essa ruptura circadiana pode dar origem a transtornos metabólicos. Compreender plenamente essa relação terá um papel importante no desenvolvimento de novas terapias que reduzirão o fardo pessoal e econômico da síndrome metabólica. No entanto, a importância das bactérias intestinais vai muito além do intestino. Existem evidências de que sinais das bactérias intestinais podem influenciar a engrenagem circadiana do fígado e o metabolismo hepático de origem circadiana.[62] Existem até mesmo elos entre as bactérias intestinais e a regulagem circadiana do sistema imunológico. Camundongos desprovidos de bactérias intestinais apresentam reações imunológicas claramente anormais,[63] entre elas populações anormais de células T e células B (capítulo 2 e Apêndice 2).[64] Há indícios de que esse comprometimento imunológico e a perda de precisão circadiana afetam nossa capacidade de combater infecções e podem acarretar o desenvolvimento de doenças autoimunes, como a esclerose múltipla.[65] Por fim, também parece existir um eixo microbioma-intestino-cérebro que ajuda a regular o sono e os estados mentais. Sabemos que a RRCS provoca uma perturbação do microbioma intestinal, mas a hipótese recente é que o microbioma perturbado leva à ruptura do sono, com um risco maior de depressão.[66]

Ainda estamos no começo e em alguns casos é difícil discernir causa e efeito, sobretudo quando se fala dos elos entre as bactérias, o sono e a depressão. No entanto, o que está claro é que os ritmos circadianos influenciam os ritmos das bactérias intestinais, e que a atividade circadiana das bactérias que alojamos no intestino tem um impacto sobre o metabolismo. Tendo em vista o fato de que cerca de 50% das células do corpo são bacterianas, parece muito provável que nos próximos anos descubramos cada vez mais elos entre os ritmos humano e bacteriano, e que esses elos serão reconhecidos como importantíssimos para a nossa saúde. Estamos no limiar de outro eletrizante ramo da medicina — o circa-microbioma.

PERGUNTAS E RESPOSTAS

1. É verdade que não é possível alterar nossas taxas metabólicas?

Não. Embora seja verdade que a genética ajude a determinar nossas taxas metabólicas, é possível aumentar o metabolismo aumentando a massa muscular magra. Os músculos são metabolicamente ativos, o que significa que pessoas com corpos magros e musculosos precisam de mais energia para funcionar do que aquelas com maior percentual de gordura corporal. Por isso, exercitar-se regularmente no horário ideal para seu cronotipo vai ajudar você a queimar gordura e aumentar a massa muscular, o que levará ao aumento da sua taxa metabólica.

2. Por que ganhamos peso ao envelhecer – tem algo a ver com o relógio?

O metabolismo sofre fortes alterações com o envelhecimento, facilitando o ganho de peso. Parte da razão é que a amplitude (robustez) dos ritmos circadianos que regulam o metabolismo diminui, e o alinhamento de todos os vários ritmos circadianos envolvidos no metabolismo não fica tão bem sincronizado. O controle do metabolismo se torna menos rigoroso como um todo, uma desregulagem que prepara o terreno para o ganho de peso e a obesidade. É uma situação semelhante aos problemas vivenciados pelos trabalhadores noturnos. Além disso, meus colegas médicos acreditam que, à medida que envelhecemos, ficamos mais aferrados a rotinas e nunca pulamos refeições. Tendemos a comer porque "está na hora", e não por sentirmos fome.

3. O que podemos fazer para estimular nossas bactérias intestinais "amigáveis"?

A primeira questão a abordar é que a RRCS incentiva o crescimento de bactérias intestinais "não amigáveis", como a *Salmonella*,[67] enquanto a saúde circadiana incentiva as bactérias "amigáveis" do trato digestivo e uma saúde metabólica robusta. Uma população consolidada de bactérias amigáveis suplantará as bactérias patogênicas "não amigáveis" na disputa por alimento e espaço e, em alguns casos, alterará o ambiente intestinal local, dificultando a sobrevivência dos patógenos. Também vale notar que muitos antibióticos, em geral, miram apenas nas bactérias (tanto as boas quanto as ruins, indiscriminadamente), e não matam os fungos, o que pode levar a uma "superpopulação" de fungos, causando infecções.[68] Em consequência, depois de um tratamento com antibióticos ou uma RRCS, a reintrodução de bactérias amigáveis, como os *lactobacilli* encontrados no iogurte não pasteurizado, pode ajudar na recuperação do equilíbrio normal e auxiliar a saúde metabólica.

4. Qual é o impacto do Ramadã, e de só comer depois do anoitecer, sobre os ritmos circadianos e a saúde?

Durante o mês do Ramadã, os muçulmanos não podem comer ou beber à luz do dia. As práticas contemporâneas do costume na Arábia Saudita se mostraram associadas a uma perturbação dos padrões alimentares e de sono, mais sono durante o dia e vigília até o amanhecer para comer e beber água. O Ramadã está associado a níveis elevados de cortisol à noite, quando ele normalmente estaria baixo (Figura 1), e a um aumento da resistência à insulina, devido ao qual as células musculares, adiposas e hepáticas não reagem bem à insulina e não conseguem absorver com facilidade a glicose a partir do sangue. Um estudo sugeriu que essas alterações podem contribuir para os altos níveis de obesidade, hipertensão, síndrome metabólica, diabetes tipo 2 e condições cardiovasculares observados no Reino da Arábia Saudita.[69] Porém, uma revisão recente indicou que, quando os horários das refeições ficam restritos ao começo da noite e logo antes do alvorecer, combinados com uma noite de sono adequada, os problemas metabólicos e cardiovasculares são menos evidentes.[70] É, claramente, uma questão complexa, que exige um estudo de grande escala levando em conta múltiplos fatores, como idade, condição de saúde, pressões do trabalho, horários de alimentação mais precoces ou tardios e o impacto da RRCS.

14. O futuro circadiano

O que vem por aí?

Em algum lugar, algo incrível está à espera de ser descoberto.
Carl Sagan

A mensagem avassaladora deste livro é que os ritmos circadianos estão embutidos em todos os aspectos da nossa biologia, e que ignoramos por nossa conta e risco essa biologia rítmica. Discuti as atitudes — e as razões para essas atitudes — necessárias para reforçar nossa saúde circadiana e do sono, sob o argumento de que essas medidas corretivas atuarão na melhora de nossa cognição, bem-estar geral, metabolismo, forma física e expectativa de vida. Essas atitudes não são particularmente difíceis, sobretudo tendo em vista os benefícios. Deixando de lado por um momento o custo pessoal, em termos econômicos a sociedade precisa levar a sério o impacto do sono e da ruptura do ritmo circadiano e do sono (RRCS). Um estudo detalhado ("Dormindo no Trabalho") da Fundação da Saúde do Sono da Austrália estimou que o sono inadequado custou 26 bilhões de dólares australianos à economia do país em 2016-7. O produto interno bruto (PIB) do país naquele ano foi algo em torno de 1,5 trilhão de dólares australianos. Portanto, a RRCS criou um enorme fardo financeiro para a economia australiana, e é provável que outros países sofram um golpe de percentual semelhante.

Mahatma Gandhi disse que "o futuro depende daquilo que você fizer hoje", e quero usar este capítulo final para discutir o que podemos, devemos e já começamos a fazer para melhorar nossa saúde circadiana. A primeira parte é um chamado para usarmos a educação para transformar as atitudes da sociedade em relação aos ritmos circadianos e o sono. A educação, em todos os níveis da sociedade, possibilitaria uma jornada de responsabilidade pessoal que melhoraria a saúde das futuras gerações. No entanto, embora seja crucial, nem sempre é suficiente. A segunda parte analisa como a nova ciência dos ritmos circadianos está sendo usada para desenvolver novas terapias para corrigir a RRCS. Hoje, existem várias doenças e condições em que a RRCS não pode ser corrigida, resultando em péssima saúde para o paciente e tristeza para seus cuidadores e parentes. Novas drogas circadianas estão em desenvolvimento, e espera-se que transformem áreas essenciais da saúde.

COMO MUDAR O COMPORTAMENTO

Diante dos custos pessoais e econômicos, por que a saúde circadiana e do sono não foi abraçada de forma mais entusiástica pela sociedade como um todo? Essa resposta tem uma forte relação com a educação. E talvez existam algumas coisas a serem aprendidas com as campanhas contra o cigarro. A educação em relação aos efeitos nocivos do tabagismo levou a uma transformação profunda nas atitudes da sociedade. Fumar deixou de ser uma atividade da moda e descolada para ser vista, ao menos pela maioria, como socialmente inaceitável e profundamente irresponsável. O cigarro foi banido dos locais de trabalho e a exposição passiva à fumaça não é mais tolerada. Da mesma forma que o tabagismo, o impacto de curto e longo prazo da RRCS sobre nossa saúde individual pode ser profundo (Tabela 1), enquanto o efeito da RRCS passiva sobre parentes, amigos, colegas e a sociedade como um todo pode ser devastador. No capítulo 10, analisamos alguns exemplos de graves acidentes relacionados à RRCS, entre eles os das usinas nucleares de Three Mile Island e Tchernóbil e o derramamento de petróleo do *Exxon Valdez*. A educação mudou as atitudes em relação ao fumo, e uma estratégia educativa semelhante é necessária para tratar da RRCS. Caso implementada e bem-sucedida, fará com que aqueles que chegam ao trabalho vangloriando-se de estar "virados" sejam vistos com o mesmo desprezo que os fumantes, e oxalá a cultura machista de trabalhar longas horas com pouco sono siga o mesmo rumo dos cinzeiros.

Um lugar fundamental para iniciar essa mudança são nossas escolas. Em todos os níveis educacionais, do fundamental ao superior, passando pelo médio, há pouquíssima informação sobre por que o sono e os ritmos circadianos são importantes; como o sono muda, à medida que envelhecemos; e de que maneiras a biologia do sono pode ser afetada por diferentes circunstâncias ou acontecimentos sociais. Devidamente apresentadas, essas informações devem ser ensinadas e incluídas no currículo das escolas desde os anos iniciais, o que me faz lembrar de uma frase atribuída a vários autores: "Dê-me uma só geração de jovens e eu transformarei o mundo inteiro". Os impactos de curto e longo prazos sobre a saúde e o bem-estar seriam espetaculares.

Atualmente, se ainda se ensina um pouco a respeito do sono, é graças a professores dedicados e motivados que tentam encaixar algumas aulas em um currículo abarrotado. Não é fácil. Materiais didáticos apropriados e padronizados são raros, e o apoio dos diretores das escolas costuma ser fraco, pressionado pelas obrigações de cumprimento das pesadas exigências do currículo nacional, que não inclui a educação do sono. Apesar disso, como eu espero ter explicado neste livro, um bom sono e uma boa saúde circadiana não apenas melhorarão o desempenho cognitivo e educacional, mas também trarão enormes vantagens para a saúde ao longo da vida. Isso é plenamente reconhecido por muitos professores. Um deles, com quem nossa equipe trabalhou, falou: "O sono é a base sobre a qual se sustenta todo o resto que fazemos na escola". Curiosamente, o bem-estar das crianças e dos estudantes costuma ser alardeado como prioridade, mas o sono raramente ou nunca é discutido nesse contexto.

Diante dessa óbvia necessidade e do apoio de muitos professores, tem sido profundamente frustrante que nossas constantes tentativas de desenvolver um conjunto padronizado de ferramentas de ensino para o currículo nacional britânico, abordando as consequências e o tratamento da RRCS, acabem sempre esbarrando em um muro de tijolos. Essas propostas, desenvolvidas em parceria com professores, não têm sido consideradas uma prioridade grande o bastante pelos financiadores. Causa ainda mais perplexidade que uma das metas declaradas de um dos financiadores que procuramos seja "melhorar os resultados e o futuro dos jovens dos 3 aos 18 anos, sobretudo daqueles de origem desfavorecida". Esperemos que nos próximos anos objetivos tão meritórios levem em conta a importância do sono e da saúde circadiana para nossos jovens.

No entanto, a necessidade de educação sobre a RRCS vai muito além da sala de aula. Nossas equipes da linha de frente e os trabalhadores essenciais na assistência social e de saúde, entre eles médicos, enfermeiros, paramédicos e todas as pessoas que trabalham na segurança pública e nacional, incluindo polícia, forças armadas e corpo de bombeiros, precisam conciliar deveres profundamente exigentes com o fardo adicional do trabalho noturno e dos plantões prolongados. O impacto da RRCS é enorme. O relato a seguir é de um policial em serviço no Reino Unido, que me descreveu sua experiência.

Quando comecei minha carreira, tive a sorte de sobreviver a um ataque com arma branca de um indivíduo com problemas mentais. Embora não tenha sido ferido, perdi o sono. A insônia foi só piorando. Então, o plantão noturno simplesmente destruiu meu sono. Antes de ir para o trabalho, eu me esforçava para cuidar dos meus filhos, mas ficava desesperado para tirar um cochilo antes que meu turno começasse. Nunca dava; eu sempre estava ansioso e irritado demais. Caí no hábito de abusar da cafeína e da musculação para aguentar os plantões noturnos. Isso acabou piorando minha saúde física, e fiquei tão desidratado que prejudiquei meus rins e desenvolvi gota. Nessa época eu estava sofrendo muito. Perdi a conta de quantas vezes quase caí no sono voltando para casa.

Por fim, pedi ajuda a meu médico, que me receitou Zopliclone [uma pílula para dormir]. Mas não funcionou. Eu ficava distraído em casa. Letárgico. Meu humor oscilava. Ganhei peso. Não conseguia relaxar. Seguindo os conselhos de um psiquiatra, parei de trabalhar à noite. Pela primeira vez em muitos anos, lembrei-me da sensação de me sentir normal, de não surtar ao primeiro sinal de problema. Parei de perder a cabeça. Nem tudo era um complô contra mim, e à medida que meu sono melhorava minha saúde mental se recuperava. Virei um pai, marido e profissional melhor. Tornei-me mais capaz de fazer as coisas que amo. Comecei a me dedicar a hobbies e concluí capacitações que queria fazer. Passei a cuidar mais de mim.

Eu tive sorte, mas alguns de meus colegas não. Perdi um colega jovem que bateu o carro no caminho de casa depois de um plantão noturno. Prometi a esse jovem policial, à família e aos colegas dele que usaria um pouco da minha capacidade extra para conscientizar as pessoas sobre o impacto do trabalho noturno e alertar meus colegas sobre seus perigos. Hoje, eu digo às pessoas: não se privem de sono no longo prazo, porque isso é contraproducente. Por mais vontade que tenha de fazer as coisas, você está reduzindo sua eficiência. Está pondo sua vida em risco.

O policial que deu esse depoimento, hoje um amigo, acabou resolvendo sua difícil situação ao reconhecer que a falta de sono era um fator contribuinte decisivo, que precisava ser tratado. Hoje ele é um oficial superior da polícia, além de um maravilhoso pai e marido. Mas seu colega não teve a mesma sorte. Aquele jovem policial não foi alertado sobre os perigos de ficar sem dormir, e seus superiores não tomaram nenhuma atitude para ajudá-lo a lidar com a dívida do sono atrasado. Ele dormiu ao volante, voltando para casa depois de um plantão noturno, bateu o carro e morreu. Tragicamente, isso não é raro. Segundo o Departamento de Transportes do Reino Unido, cerca de 300 pessoas morrem por ano em consequência do sono ao volante. Como discuti neste livro, a RRCS, com excessiva frequência, anda de mãos dadas com a morte.

E quanto a nossos trabalhadores da saúde? Um relatório do Instituto de Medicina dos Estados Unidos estimou que nada menos que 98 mil mortes anuais são resultado direto de erros médicos,[1] e que o trabalho noturno e os expedientes prolongados são um fator relevante para esse problema. A morte de uma jovem de 18 anos sob os cuidados de residentes num pronto-socorro nova-iorquino, em 1984, estimulou o movimento pela reforma dos horários desses profissionais.[2] Mas levou muito tempo até que se obtivesse uma mudança significativa para os residentes em medicina — aqueles que terminaram a faculdade e estão recebendo treinamento em uma área especializada, como cirurgia. No primeiro ano de residência, nos Estados Unidos, espera-se que o estudante faça um plantão de 24 horas a cada três noites, o que representa 96 horas por semana. Dois estudos examinaram o impacto desses horários e concluíram que, privados de sono, os residentes em cirurgia apresentaram o dobro do número de erros em procedimentos simulados.[3] Outro estudo mostrou que aqueles que trabalhavam mais de 80 horas por semana tinham uma probabilidade 50% maior de cometer um erro médico significativo, danoso ao paciente, na comparação com aqueles que trabalharam menos de 80 horas.[4] Hoje, o regimento elaborado pelo Conselho de Credenciamento do Ensino Superior de Medicina dos Estados Unidos estabeleceu um limite de 80 horas semanais para os residentes. No entanto, existem fortes evidências de que as horas efetivamente trabalhadas muitas vezes não são declaradas.[5] No resto do mundo, espera-se que os médicos iniciantes deem expedientes bem mais curtos. Por exemplo, a diretiva europeia relativa aos horários de trabalho definiu uma semana máxima de 48 horas para todos os trabalhadores, inclusive os médicos iniciantes.[6] Uma vez mais, porém, pelo menos no Reino Unido, muitos excedem esse teto.[7] Certamente, a redução das horas trabalhadas e a possibilidade de dormir mais melhoram a cognição,[8] mas os problemas do trabalho noturno e das jornadas estendidas, como discutido no capítulo 4, não vão acabar. Mesmo reduzindo as jornadas, um estudo com jovens médicos relatou que 60,5% declararam ter cometido um erro que ficou na cabeça deles e que uma carga pesada de trabalho foi o fator contribuinte identificado com mais frequência.[9] E, de modo preocupante, um estudo recente no Reino Unido mostrou que 57% dos médicos iniciantes tinham sofrido ou quase sofrido um acidente automobilístico depois de trabalhar no plantão noturno.[10]

Embora as jornadas dos médicos iniciantes sejam melhores que vinte anos atrás, as dos trabalhadores do setor bancário, ou seja, aquelas pessoas importantíssimas que cuidam das nossas pensões e do nosso futuro financeiro, podem ter piorado muito. Em março de 2021, a BBC publicou uma pesquisa com operadores iniciantes do banco de investimentos Goldman Sachs, na qual eles alertavam que poderiam pedir demissão a menos que as condições de trabalho melhorassem. Esses investidores primeiranistas trabalhavam, em média, 95 horas semanais, dormindo cerca de cinco horas por noite. Um pesquisado afirmou: "A privação do sono, o tratamento pelos veteranos, o estresse físico e mental... passei por internatos e talvez isso seja pior". Não é um problema apenas do Goldman Sachs. Uma pesquisa recente mostrou que problemas de saúde mental aumentaram muito no setor bancário, ligados ao aumento do estresse e à falta de sono decorrentes da pressão do trabalho.[11] Os problemas começam com pouquíssimo sono, seguido de ansiedade e depressão, e depois comportamentos desadaptativos como consumo excessivo de álcool, culminando com o burnout — sintomas apresentados na Tabela 1. O Comitê de Normas Bancárias (BSB, na sigla em inglês) foi criado pelo governo britânico para melhorar as práticas do setor bancário, depois da crise financeira e do escândalo subsequente de manipulação das taxas de juros. Uma pesquisa com banqueiros, publicada em 2020 pelo BSB, mostrou que quase 40% dos entrevistados relataram dormir seis horas ou menos por noite, e quase 30% disseram sentir-se cansados no trabalho todos ou quase todos os dias. Em resposta a essas conclusões, o BSB afirmou: "Considerando a importância de obtermos sono suficiente não apenas para a saúde física e mental, mas também para a capacidade de tomar decisões éticas e profissionais, pode ser algo que mereça o interesse do setor". Acho que a ficha caiu no BSB, mas não sei se no governo também. Sempre quis avaliar a RRCS em nossos políticos.

Causa perplexidade que, ao mesmo tempo que haja cada vez mais conscientização sobre a importância do sono e as consequências de sua ruptura nos meios de comunicação, os tomadores de decisões, em todos os setores da sociedade, pouco tenham feito a respeito. Vale notar que, no momento que escrevo este livro, a Austrália ainda não fez nada em relação ao relatório "Dormindo no Trabalho" e os 26 bilhões de dólares australianos desperdiçados todos os anos em razão da perda de sono pela força de trabalho. E a crise da covid-19 não serve como desculpa. Os dois últimos anos poderiam ter sido aproveitados para resolver essa questão. O *que*, então, é preciso fazer? Na minha opinião, o primeiro passo seria elaborar conselhos e ferramentas educacionais sobre a RRCS, com base em evidências e específicas para cada setor. Isso deveria fazer parte do currículo escolares, proporcionando conhecimento de longo prazo para explicar por que a RRCS ocorre, por que se trata de um risco no futuro e o que fazer para atenuá-la à medida que envelhecemos e as circunstâncias à nossa volta vão mudando com o tempo. Em paralelo, os empregadores têm o dever de se preocupar e agir de três maneiras importantes: alertando seus funcionários para os perigos da RRCS; não promovendo ou tampouco incentivando a ruptura do sono no local de trabalho; e, sempre que possível, abrandando os efeitos da RRCS relacionada ao trabalho. No curto prazo, não existe bala de prata para nos proteger do impacto do trabalho noturno ou da RRCS relacionada ao trabalho. Empregados e empregadores precisam aceitar que esse tipo de RRCS sempre terá consequências significativas para a saúde, sobretudo no caso do trabalho noturno. Hoje, como explicamos no capítulo 6, o melhor que podemos esperar é uma redução da gravidade dos sintomas — o que, em todo caso, é algo crucial a ser feito — e agir agora: "O futuro depende daquilo que você fizer hoje".

Uma última questão. Como atualmente só podemos atenuar alguns dos problemas da RRCS, a sociedade precisa levar em conta com muita atenção as situações em que as consequências da RRCS são contrabalançadas pelas vantagens. Só porque podemos ter uma economia ativa 24 horas por dia, em todos os setores profissionais, devemos fazer isso? Mesmo ignorando a dimensão moral, tendo em vista o custo econômico discutido no início deste capítulo, será que é algo eficiente para a sociedade, no longo prazo, considerando a perda de produtividade relacionada à piora da saúde? Decisões como essas devem ser tomadas com base em evidências debatidas entre cientistas, governos, setores econômicos e, acima de tudo, a força de trabalho. Esperamos que esse debate ocorra e que dele advenha um consenso, antes que a judicialização polarize e tire dos trilhos qualquer discussão construtiva.

QUANDO A MUDANÇA DE COMPORTAMENTO NÃO BASTA

Grande parte deste livro tratou sobre como nossas atitudes e comportamentos podem criar, minimizar e às vezes resolver os problemas da RRCS. No entanto, existem circunstâncias que levam à RRCS severa sobre as quais não se pode fazer muita coisa. É o caso da cegueira profunda e de distúrbios do neurodesenvolvimento, como o transtorno de déficit de atenção e hiperatividade (TDAH) (Figura 4). Também é o caso da demência profunda, como abordado no capítulo 8. São condições que produzem um nível de RRCS devastador tanto para a vida do indivíduo quanto para a das pessoas de seu convívio. Alguns depoimentos pessoais serão usados mais adiante para ilustrar o quanto essas condições trazem dificuldades. Porém, existe um raio de esperança genuíno e encorajador. Encerrarei este capítulo, e este livro, com um olhar para o futuro próximo e as pesquisas que vêm sendo realizadas com o objetivo de desenvolver novas drogas projetadas para corrigir a RRCS em várias condições de saúde. Vamos começar pelos transtornos do neurodesenvolvimento.

Transtornos do neurodesenvolvimento (TNDs)

Existe um grupo de transtornos, causados por anomalias no desenvolvimento inicial do cérebro, que resultam em alterações comportamentais e cognitivas marcantes. Costumam ser, embora nem sempre, causados por condições genéticas. Os TNDs ocorrem em aproximadamente 1% a 2% da população, e os tipos comuns incluem: deficiência intelectual; demais incapacidades de aprendizagem; paralisia cerebral; transtorno do espectro autista; e transtorno de déficit de atenção e hiperatividade (TDAH). Entre as condições específicas, estão as síndromes de Smith-Magenis, Angelman, Prader-Willi e Rett e um amplo leque de outras condições genéticas. São questões típicas dessas crianças as dificuldades de fala e de linguagem, complicações com movimento, memória e aprendizagem e crises comportamentais.[12] Uma característica marcante dos TNDs é que até 80% das crianças com essas condições possuem alguma forma de RRCS severa.[13] A ruptura do sono noturno é acompanhada de queda do desempenho diurno, incluindo aumento do comportamento disruptivo e piora da cognição, do crescimento e do desenvolvimento geral. A natureza e a evolução da RRCS entre os diversos TNDs são muito variáveis, e o manejo da RRCS nas crianças com TNDs é difícil tanto para a criança quanto para a família. Andrea Nemeth, minha colega em Oxford e professora de neurogenética no Centro de Medicina Genômica de Oxford, nos forneceu muito gentilmente o seguinte relato de como a RRCS pode ser complicada nos TNDs tanto para a criança quanto para a família como um todo:

> Nas crianças com transtornos do neurodesenvolvimento (e posteriormente na vida adulta), as dificuldades costumeiras na adoção de hábitos de sono podem se acumular e amplificar. Os efeitos sobre a criança e a família podem ser catastróficos. Algumas jamais consolidarão uma rotina de sono, por maior que seja o esforço. Em um dia podem adormecer às 19h e, em outro, não antes das 3h. Não existe padrão nem razão clara para as diferenças. A criança sente dificuldade em pegar no sono e permanecer dormindo, efeitos que podem ser específicos à doença ou ao mecanismo. Durante a noite, acordam os pais ou cuidadores constantemente. Nas palavras de um pai, "a privação do sono virou um modo de vida", e gerir o problema domina a vida da família. A criança pode não ter boa percepção do entorno, exigindo supervisão constante, dia e noite. Alguns pais adotam "tendas de dormir" especiais para impedir a criança de vagar pela casa sem supervisão. Pela manhã, tanto a criança quanto seus cuidadores estão exaustos. O cuidador pode ter diante de si um dia inteiro de trabalho ou ter que cuidar de outras crianças. Muitos pais, com mais frequência a mãe, acabam pedindo demissão. A criança afetada fica cansada durante o dia e cochila se deixada desacompanhada, levando a um círculo vicioso de sono tardio e despertar tardio. A exaustão contribui para o comportamento desobediente, reduzindo ainda mais a já limitada capacidade de concentração nas atividades educacionais ou sociais. Quando os métodos de higiene do sono dão errado, podem-se tentar medicações como melatonina, sedativos ou outras drogas que atuam sobre o sistema nervoso central. Porém, elas causam efeitos colaterais como tontura, outros problemas de sono, transtornos

comportamentais e comprometimento cognitivo. Além disso, a base de evidências de sua eficácia não é sólida. No caso de certas famílias com crianças severamente afetadas, não resta outra opção a não ser internar a criança ou adolescente em uma instituição capaz de dedicar atenção 24 horas por dia, isolando o indivíduo afetado da família e gerando graves consequências financeiras tanto para os familiares quanto para a sociedade.

Nesse relato, a professora Nemeth mencionou que têm sido usados medicamentos para tratar a RRCS. Vale, portanto, analisar alguns deles um pouco mais detalhadamente. A **suplementação de ferro** é usada às vezes para transtornos motores relacionados ao sono, como os movimentos periódicos dos membros (capítulo 5), e há evidências de que uma carência de ferro (ferritina sérica) pode ocorrer em crianças com TDAH e transtorno do espectro autista (TEA). No entanto, não existem evidências claras de que a suplementação reduza os movimentos periódicos dos membros durante o sono nessas condições, e ela pode ser contraproducente, devido à possibilidade de complicações gastrointestinais.[14] A **melatonina**, principal hormônio neurológico liberado pela glândula pineal (Figura 2), tem sido usada para o manejo da RRCS em crianças com TNDs. Um estudo mostrou que 5 a 15 mg de melatonina, 20 a 30 minutos antes de dormir, podem levar a uma ligeira melhora no tempo de sono total à noite, de aproximadamente 30 minutos, sobretudo em função da redução do tempo necessário para fazer a criança dormir (redução da chegada do sono).[15] No entanto, de modo geral, relata-se que a melatonina tem um impacto variável na melhoria do sono nos TNDs, e pais e cuidadores costumam descrevê-la como benéfica apenas para iniciar o sono, não para mantê-lo. São conclusões consistentes com nosso debate anterior e com a discussão a seguir, segundo a qual a melatonina atua mais como um modulador suave do sono do que como um hormônio do sono (ver capítulo 2). Conclusões comparáveis foram relatadas com o Ramelteon, droga projetada para possuir propriedades semelhantes às da melatonina.[16] Os **remédios para dormir à base de benzodiazepínicos** podem encurtar o tempo para adormecer, aumentar o tempo total de sono e melhorar sua manutenção, mas estão associados a sonolência diurna e dependência, sendo seu uso, por esse motivo, recomendado apenas por períodos limitados.[17] Os **remédios para dormir não benzodiazepínicos (drogas Z)**, entre eles zolpidem, zaleplon e eszopiclone, não parecem particularmente eficazes no auxílio ao sono de crianças com TNDs. O zolpidem trouxe pouca melhora na comparação com um placebo e produziu eventos adversos como vertigens, dores de cabeça e alucinações em muitas crianças.[18] Resumindo, não existem hoje opções medicamentosas indiscutíveis para a normalização da RRCS nas crianças com TNDs. Parte do problema se deve ao fato de que as TNDs representam um grupo muito variado de condições, com múltiplas causas genéticas e influência de fatores ambientais. Na verdade, é uma situação análoga à das doenças mentais, nas quais os circuitos cerebrais afetados por qualquer transtorno do neurodesenvolvimento sobrepõem-se, até certo ponto, com os circuitos cerebrais que comandam os ritmos circadianos e o sono. Além disso, o TND exacerba a RRCS, e vice-versa (ver Figura 7). E, repetindo, assim como no caso das doenças mentais, novas drogas para melhorar a RRCS podem representar uma importante abordagem terapêutica nos próximos anos.

Cegueira profunda

A cegueira profunda pode ser resultado da perda total do olho, de doenças oculares graves que destroem a retina ou de danos severos ao nervo óptico ou às células ganglionares que dão origem ao nervo óptico. Como mencionamos no capítulo 3, é uma condição que deixa o indivíduo incapaz de recalibrar ou arrastar o NSQ para o ciclo claro/escuro e, na falta dessa recalibragem diária, a pessoa fica à deriva seguindo o ritmo do próprio relógio biológico. Como falamos, isso é chamado de livre curso. Para a maioria de nós, o ciclo sono/vigília é naturalmente um pouco mais longo do que 24 horas, o que nos levaria a viver atrasos diários em nosso ciclo, acordando cada vez mais tarde a cada dia. Haverá dias em que o ciclo de sono/vigília estará mais ou menos bem ajustado, antes de derivar de novo, e o impulso para se alimentar e ficar ativo ocorrerá nas horas erradas do dia. Para dar uma ideia de como isso pode ser desorientador, registro o relato pessoal de um veterano de guerra que perdeu a visão mais de 24 anos atrás, durante o serviço militar, e não tem qualquer percepção luminosa. Agradeço à professora Renata Gomes, diretora científica da Associação de Veteranos Cegos do Reino Unido, por me permitir publicar este relato.

Sou um otimista, e a maioria das pessoas não percebe que sou cego até que eu fale ou quando pego minha bengala, mas, francamente, às vezes não sei o que

> fazer! Meu corpo me engana. Tinha dias em que eu chegava ao trabalho às 4h, achando que eram 9h; por sorte, meu escritório fica aberto 24 horas. Comecei a me guiar pelos sons do relógio falante; ainda assim, depois de tantos anos, meu corpo continua tentando me enganar. Tenho vizinhos ótimos, que não reclamam comigo, só com minha esposa... Às vezes fico desorientado, vou até o galpão do jardim, trabalho um pouco, mas na hora errada. Isso acorda meus vizinhos. Meu corpo me engana muito. Não que eu ache que fiquei maluco, às vezes é como se eu fosse uma criança, sem noção da hora. Eu tomava remédios controlados. Tomei durante sete anos, nunca ajudou, e eu tinha medo dos efeitos colaterais. Resolvi parar, e hoje não tomo nenhuma medicação. Obrigo a mim mesmo a viver de acordo com o relógio falante. Absolutamente nenhum cochilo à tarde. Minha mulher também me ajuda a controlar os horários.

Outro relato de um veterano, que perdeu a visão mais de 22 anos atrás, reforça a desorientação vivenciada pelos profundamente cegos:

> No começo eu não entendia o que estava acontecendo. Quando saí do hospital, fui direto ao centro de reabilitação [dos veteranos cegos]. Acordava, fazia a barba, me vestia e descia para o café da manhã na lanchonete. No começo, tudo em silêncio... Porque não tinha ninguém... A equipe de enfermagem me avisou que era meia-noite! Eu tinha ido dormir três horas antes! Como era possível? Dormi três horas e achava que já era de manhã.

Por mais que se esforcem, esses indivíduos não conseguem arrastar totalmente seus ritmos circadianos. Sofrem a dupla tragédia de ser ao mesmo tempo visualmente e temporalmente cegos. Apresento, adiante, o relato de uma mãe que registrou o impacto da RRCS sobre os filhos e a família. A criança sofre de uma condição chamada aniridia, uma doença congênita rara, que afeta uma pessoa em cada 40-100 mil. É causada por alterações genéticas (mutações) em um gene chamado PAX6, ou por mutações na forma como o PAX6 é regulado, que resultam em uma íris subdesenvolvida ou ausente e em outros problemas graves no interior do olho e às vezes no cérebro, inclusive a ausência da glândula pineal (Figura 2).[19] As mutações do PAX6 podem ocorrer com mutações em outros genes, que, combinadas, agravam ainda mais a condição.[20] A aniridia também está associada à RRCS severa.[21] As razões para a RRCS provavelmente combinam danos ao olho e, como nos TNDs, danos ao cérebro. Não há como saber. Porém, a curta seção de Perguntas e Respostas a seguir, com a mãe de uma criança portadora de aniridia, ilustra o impacto da RRCS tanto sobre a criança quanto sobre a família. O nome da criança foi alterado.

Você poderia descrever o padrão de perturbação do sono/vigília apresentado por seu filho?

Para ser franca, não parece existir um padrão. O que percebo é que muito cansaço, ansiedade ou excesso de estímulos antes de dormir levam a um sono ruim, e ele acorda várias vezes de duas em duas horas.

Que impacto essa perturbação tem sobre seu sono e o dos outros membros da família, e como isso afeta sua capacidade de lidar com a situação?

Em alguns momentos isso nos afeta muito. Quando Johnny tem um episódio de sono ruim, isso significa que acorda o tempo todo ou nem chega a dormir! Isso faz com que todo mundo fique acordado. Eu diria que me causou quase um burnout total às vezes.

Que importância teria para vocês se houvesse uma maneira de corrigir os problemas de sono/vigília do seu filho?

Seria tremendamente importante. Isso tem um impacto tão grande na casa inteira. Além disso, para Johnny, a falta de sono, somada a sua fadiga sensorial, causa enormes problemas. Acredito que, se conseguíssemos corrigir seu sono, ele acharia a vida escolar muito mais fácil.

Gostaria de agradecer à professora Mariya Moosajee, consultora oftalmologista do Moorfields Eye Hospital e do hospital infantil Great Ormond Street, por me colocar em contato com a mãe de Johnny, que teve a gentileza de responder as perguntas que lhe enviei. O que considero particularmente incômodo nesse relato, e nas reflexões trazidas pela professora Nemeth, é que Johnny e as crianças na mesma situação, assim como seus parentes mais próximos, estão todos sofrendo, e não há muito que possa ser feito para ajudar. A melatonina e as drogas que imitam sua atuação são a única opção terapêutica atual, mas infelizmente não fornecem uma solução.

A melatonina nos cegos

A melatonina tem sido usada como tratamento para as síndromes de ciclos de sono/vigília não 24 horas ou dos ritmos circadianos de livre curso, nos profundamente cegos (Figura 4). Em geral, quando é tomada no mesmo horário ao longo de um período de várias semanas ou meses, o ritmo de livre curso de *alguns* cegos acaba se estabilizando em algum momento, arrastado pela administração diária da melatonina. Por exemplo, no estudo mais bem-sucedido já publicado, o arrastamento foi obtido em 12 de 18 pacientes (67%).[22] Quero enfatizar que se trata do melhor estudo já publicado — a maioria apresentou um efeito diminuto ou insignificante. Reconhecendo as limitações do uso da melatonina nos cegos, as recomendações atuais sugerem como método mais eficaz receitar pequenas doses diárias (0,5 a 5 mg), aproximadamente seis horas antes da hora desejada para dormir. Mas nem isso garante eficácia.[23] O **tasimelteon** é vendido no Reino Unido sob a marca Hetlioz, como medicamento para a síndrome do sono/vigília não 24 horas nos cegos. Essa droga lembra a melatonina por ser projetada para ativar os receptores de melatonina, e tem sido usada na tentativa de arrastar os ritmos circadianos de livre curso dos cegos. Em um estudo, o tasimelteon arrastou 20% dos pacientes, ou oito de quarenta, depois de quatro semanas de tratamento. Em um segundo estudo, arrastou 50% dos pacientes, ou 24 de 48, depois de 12 a 18 semanas.[24] Portanto, nesse aspecto, os "melhores" resultados do arrastamento com tasimelteon (cerca de 50% dos pacientes) são piores que os da melatonina (67% dos pacientes), embora uma comparação cuidadosa de ambos ainda precise ser realizada. A moral da história é que a melatonina e drogas parecidas, como o tasimelteon, podem ocasionar o arrastamento em algumas pessoas, mas não em todas, depois de várias semanas ou meses de tratamento. Isso condiz com o papel da melatonina como marcador biológico da escuridão, aumentando a detecção do sinal luminoso de amanhecer/anoitecer pelos olhos.[25] É possível, ainda, que ela apresente um leve efeito indutor do sono em algumas pessoas, e que isso alimente o sistema circadiano, ajudando a arrastar o relógio.[26] Portanto, a ação da melatonina sobre a temporização circadiana talvez ocorra por meio da ação sobre o sono, e não por seus efeitos diretos sobre o relógio.

Como mencionado, algumas formas de aniridia estão associadas a uma glândula pineal reduzida ou ausente (a principal fonte de melatonina no corpo; ver

Figura 2). Como a melatonina tem sido usada nos profundamente cegos para tratar ciclos de repouso/atividade sem padrão de 24 horas, sendo chamada, enganosamente, de "hormônio do sono", ela vem sendo usada clinicamente na tentativa de corrigir a RRCS na aniridia. Nos Estados Unidos, a recomendação é que indivíduos nos quais se constatou uma glândula pineal pequena ou ausente tomem suplementos de melatonina para melhorar a qualidade do sono e regular seus padrões. Uma pineal reduzida ou ausente, de fato, tem correlação com baixos níveis de melatonina sérica.[27] No entanto, até onde sei e até onde sabe a professora Mariya Moosajee, nenhum estudo detalhado foi realizado para analisar se o tratamento com melatonina tem algum efeito sobre o sono nesse grupo.

Um bom ângulo talvez seja analisar por que os efeitos da melatonina não são mais consistentes nas síndromes do sono/vigília não-24 horas. Tocamos nesse assunto em diversos pontos deste livro (por exemplo, no capítulo 2), e a primeira questão a abordar é que tem sido bastante complicado demonstrar qualquer efeito da remoção da glândula pineal sobre os ritmos de repouso/atividade em testes com animais. Os primeiros estudos foram com ratos, que apresentaram ciclos de repouso/atividade normais depois da retirada da pineal,[28] conclusões confirmadas recentemente.[29] De forma um tanto surpreendente, quando os animais são submetidos a um jet lag simulado, o que altera de forma abrupta o ciclo claro/escuro, eles se adaptam mais rápido quando *não possuem* a pineal,[30] o que sugere que a melatonina da pineal atua como um freio para mudanças repentinas. Essa hipótese é sustentada por estudos em seres humanos, nos quais a produção de melatonina pela pineal foi praticamente suprimida usando-se betabloqueadores, que levaram a uma adaptação mais rápida ao jet lag simulado.[31] Ironicamente, portanto, embora a melatonina venha sendo usada para substituir a luz e acelerar a adaptação a um novo ciclo claro/escuro, é possível que uma importante função da melatonina seja fazer justo o contrário.[32]

O que podemos fazer quando mudanças de comportamento não bastam?

O ideal é que a primeira linha de tratamento para a melhora da RRCS seja a implementação de mudanças comportamentais, o que discutimos em detalhes no capítulo 6, com conselhos adicionais em outros capítulos. No entanto, como ilustrado neste aqui com os casos de cegueira profunda e transtornos do neurodesenvolvimento, existem condições traumáticas, genéticas e etárias nas quais abordagens comportamentais contra a RRCS têm pouco ou nenhum efeito. A melatonina vem sendo usada para corrigir síndromes do ritmo circadiano não 24 horas nos cegos. Mas não é um tratamento rápido nem potente, mesmo quando faz efeito, e em muitas pessoas isso simplesmente não acontece. Além disso, afora as condições não 24 horas, a melatonina é praticamente ineficaz no alívio da RRCS em diversas áreas da saúde. Se tivéssemos que julgá-la pelos mesmos critérios com que avaliamos as vacinas, ela seria considerada um enorme fracasso. O problema é que a melatonina e as drogas que agem sobre os receptores de melatonina ainda são nossas únicas armas para tentar corrigir anomalias do ritmo circadiano, e a pergunta que muitos biólogos circadianos vêm fazendo, inclusive nossa equipe em Oxford, é se conseguiremos encontrar algo melhor que elas. A boa notícia é que estão sendo realizadas pesquisas em laboratórios do mundo inteiro para desenvolver novas drogas que tratem a RRCS com base nos conhecimentos recentes sobre a geração e regulagem dos ritmos circadianos no nível molecular.

Neste livro, não entrei em detalhes sobre as vias moleculares do sistema circadiano. Falei de um ciclo de feedback molecular (Figura 2), mas não me aprofundei demais. É uma área extremamente emocionante, e um importante foco do trabalho que estamos realizando em Oxford, mas entrar nos detalhes exigiria uma compreensão mais ampla da biologia, e meu objetivo aqui é despertar o interesse pelo assunto, proporcionar uma base de conhecimento e incentivar o leitor a pesquisar mais usando as referências fornecidas. Na verdade, até alguns de meus colegas acham o conteúdo molecular um tanto amedrontador! Se você quiser aprender mais, um bom passo inicial seriam estas referências.[33] O que eu quero ressaltar é que a análise molecular fundamental avançou mais rápido do que qualquer um de nós poderia ter previsto. Hoje podemos estabelecer um elo direto entre vários genes e ações específicas relacionadas à geração e regulagem do ritmo circadiano. E, o que é crucial, estamos adquirindo uma autêntica compreensão de como as mutações nesses genes e o modo como eles são ligados e desligados podem influenciar a susceptibilidade individual a diferentes tipos de riscos e condições de saúde. São pesquisas motivadas sobretudo pela curiosidade. Hoje, porém, temos a possibilidade de usar essas informações para desenvolver terapias com base em evidências — específicas para cada condição — que corrijam a ruptura do ritmo circadiano dos tipos ilustrados na Figura 4, que apresenta os diferentes padrões de sono/vigília, junto com exemplos de condições ou estados mórbidos associados a esses padrões alterados.

Permita-me ressaltar: a compreensão dos mecanismos moleculares que geram e regulam os ritmos circadianos e o conhecimento de como as anomalias do ritmo circadiano estão associadas a diferentes estados de saúde representam a base do desenvolvimento de medicamentos que corrijam esses defeitos. Por exemplo, nosso grupo em Oxford está desenvolvendo diversas drogas. Por questão de transparência, devo esclarecer que esse esforço é parte de uma divisão comercial independente da Universidade de Oxford chamada Circadian Therapeutics. Uma delas mimetiza os efeitos da luminosidade sobre o relógio biológico, ativando a mesma via que a luz utiliza para provocar o arrastamento. Em certo sentido, estamos tentando enganar o relógio biológico, fazendo-o achar que viu luz. A esperança é que essas drogas sejam usadas para tratar síndromes de sono/vigília não 24 horas de livre curso nos profundamente cegos (Figura 4). Esse trabalho exigirá uma colaboração estreita entre nossa equipe de pesquisadores e a Associação de Veteranos Cegos do Reino Unido. O medicamento que mimetiza a luz é uma droga redirecionada, ou seja, originalmente desenvolvida com outro propósito, para o qual se mostrou ineficaz. No entanto, embora não tenha apresentado eficácia nos ensaios clínicos iniciais, mostrou-se segura.[34] Nosso programa de seleção identificou que causava um forte efeito sobre o sistema circadiano. Conseguimos, por isso, levá-la depressa e com segurança para ensaios com seres humanos, porque a base já tinha sido estabelecida. A mais famosa droga reposicionada até hoje é o Viagra. A Pfizer estava em busca de um medicamento para tratar a angina (dor no peito causada pela redução do fluxo sanguíneo para o músculo cardíaco), mas os ensaios clínicos iniciais mostraram que ela não funcionava, e o projeto estava quase sendo descontinuado. Então, o pesquisador principal ouviu de alguns participantes de sexo masculino que estavam tendo muito mais ereções que o normal. A Pfizer mudou o foco de seus ensaios clínicos para a disfunção erétil, e o medicamento passou de quase cancelado a produto de ponta, vendendo mais de 400 milhões de dólares nos Estados Unidos nos três meses consecutivos ao lançamento.[35]

Outras drogas não reposicionadas que estamos desenvolvendo atuam aumentando a amplitude do relógio, e nos camundongos, pelo menos, demonstrou-se que isso eliminava certos aspectos da síndrome metabólica. Recentemente, cogitamos que essa droga possa atacar os problemas associados ao sono fragmentado e à insônia, e ao mau estado de saúde a eles relacionado, em condições como a demência (Figura 4). Um outro medicamento aumenta a sensibilidade do relógio biológico à luz e deverá ser útil em condições como doenças mentais e na velhice avançada, quando há evidências de que o sistema circadiano é menos sensível à luz e o arrastamento é um problema. Não estamos sozinhos nessa busca pelo desenvolvimento de novas drogas, baseadas em evidências, para corrigir transtornos do ritmo circadiano em prol da melhora da saúde. Outros pesquisadores estão trabalhando mundo afora com financiadores e instituições de caridade para desenvolver medicamentos que corrijam condições como a síndrome do atraso ou do avanço das fases do sono (Figura 4) e que mirem na regulagem circadiana da divisão celular e da progressão do câncer. Todos nós estamos a alguns anos de oferecer um tratamento clínico, e no final pode ser que algumas dessas drogas não funcionem, mas o êxito está se aproximando e isso me deixa imensamente otimista. É minha esperança sincera, e motivação primordial, que dentro de alguns anos as vozes que você ouviu neste capítulo, descrevendo o impacto da RRCS resultante de cegueira e doenças do neurodesenvolvimento, representem um relato histórico, e não uma experiência vivida.

PARA ENCERRAR...

A comunidade de pesquisa circadiana do mundo inteiro passou boa parte dos últimos sessenta anos tentando entender os ritmos de 24 horas apresentados pela maioria das formas de vida do nosso planeta. Os avanços na compreensão da natureza fundamental da biologia circadiana foram espetaculares e aumentaram nosso assombro e nossa admiração pelo mundo biológico. Paralelamente a essa admiração, tem havido uma compreensão da importância fundamental dos ritmos circadianos para nossa saúde e bem-estar. O que fazemos e *quando* fazemos importa de verdade. O horário do dia influencia, em maior ou menor medida, nossa capacidade de tomar decisões, nossa vulnerabilidade a infecções, derrames ou equívocos, como nossa comida será processada, a eficácia de nossos medicamentos e tratamentos e até mesmo o efeito dos exercícios. São informações que causam um enorme impacto na vida e que, como indivíduos e como sociedade, praticamente ignoramos. A saúde circadiana e do sono não é ensinada nas escolas nem aos estudantes de medicina, e em muitos casos está ausente do ambiente de trabalho. A RRCS prejudica o desempenho acadêmico e a saúde dos adolescentes. Trabalhadores essenciais precisam conciliar empregos que fazem enormes exigências deles com as agressões adicionais infligidas pela RRCS. A economia está nas mãos de gente cronicamente cansada e estressada, o que não é um bom começo na busca de soluções para a confusão causada pela pandemia da covid-19. O fato de a sociedade não abraçar a ciência dos ritmos circadianos representa um enorme desperdício de recursos, e uma tremenda oportunidade perdida de melhorar nossa saúde em todos os níveis.

Algumas das doenças mais desafiadoras de nossa época estão associadas à RRCS e são agravadas por ela. Uma redução da ruptura do ritmo circadiano e do sono tem o potencial de atenuar e até eliminar esses estados mórbidos. Através da compreensão dos mecanismos que geram e regulam os ritmos circadianos, foram identificados novos alvos terapêuticos medicamentosos capazes de atacar os impactos destrutivos da RRCS. Essa nova classe de drogas circadianas impulsionará uma revolução na medicina, proporcionando tratamentos com base em evidências e específicos para cada condição, incluindo condições mórbidas que até agora são praticamente intratáveis.

A vida é muitas vezes uma questão de agarrar oportunidades em momentos brevíssimos, seja evitando males como infecções, seja adquirindo uma vantagem ao tomar uma decisão sensata. E são os ritmos circadianos que nos ajudam a aumentar nossas chances de êxito em um mundo dinâmico. Eles são antes de tudo uma questão de momento, e não de tempo propriamente dito. Regulam as ações para que produzam os melhores efeitos. Nosso corpo precisa da matéria-prima certa, no lugar certo, na quantidade certa, na hora certa do dia, e um relógio biológico antecipa e atende a essas diferentes necessidades. A morte chega para todos, sábios e tolos, mas no contexto deste livro os sábios circadianos terão, de forma geral, vidas mais longas, mais felizes e mais gratificantes.

Apêndice 1

Como estudar seus ritmos biológicos

PARTE 1. CRIE UM DIÁRIO DE SONO

Manter um registro de seus padrões de sono/vigília pode ser útil, caso você acredite ter problemas com o sono ou se simplesmente estiver curioso. Você pode elaborar seu próprio **Diário de Sono**, mas o tipo de dado que vale a pena coletar está relacionado a seguir. Reúna informações ao longo de várias semanas e tome nota de qualquer ocorrência relevante em sua vida que, a seu ver, afete seu sono.

Responda a todas as perguntas logo depois de acordar, pela manhã, com base no sono que acabou de ter:

1. *A que horas você foi para a cama?*
2. *A que horas começou a tentar dormir?*
3. *Quanto tempo levou para pegar no sono?*
4. *Quantas vezes acordou antes do despertar final?*
5. *No total, quanto tempo durou cada despertar?*
6. *A que horas você despertou pela última vez?*
7. *A que horas saiu da cama, depois de despertar pela última vez?*
8. *Como avaliaria a qualidade do seu sono?*
    a. *Péssimo*
    b. *Ruim*

c. Normal

d. Bom

e. Muito bom

9. Você sonhou? Que tipo de sonho teve?

10. Anote quaisquer outras observações sobre o seu sono.

11. Anote qualquer acontecimento ocorrido durante o dia que, a seu ver, possa ter afetado seu sono à noite, como problemas no trabalho ou em casa.

PARTE 2. QUESTIONÁRIO DO CRONOTIPO

Você tem um cronotipo diurno (sabiá), noturno (coruja) ou intermediário?

Questionário diurno/noturno

Para cada pergunta, selecione a resposta que descreve seu caso, circulando o valor que melhor indica como você se sentiu nas últimas semanas. Ao final, some os pontos para descobrir seu cronotipo.

1. A que horas, *aproximadamente*, você acordaria se tivesse liberdade total para planejar seu dia?

5h-6h30	5
6h40-7h45	4
7h45-9h45	3
9h45-11h	2
11h-12h	1

2. A que horas, *aproximadamente*, você iria dormir se tivesse liberdade total para planejar sua noite?

20h-21h	5
21h-22h15	4
22h15-0h30	3
0h30-1h45	2
1h45-3h	1

3. Caso tenha que acordar rotineiramente em um horário específico pela manhã, até que ponto você depende de um despertador?

Nunca	4
Raramente	3
Às vezes	2
Quase sempre	1

4. Com que facilidade você acorda de manhã (quando não acordam você inesperadamente)?

Com muita facilidade	4
Com certa facilidade	3
Com certa dificuldade	2
Com muita dificuldade	1

5. O quanto você se sente alerta na primeira meia hora depois de acordar, pela manhã?

Nem um pouco alerta	1
Ligeiramente alerta	2
Razoavelmente alerta	3
Bastante alerta	4

6. Quanta fome você sente na primeira meia hora depois de acordar?

Nenhuma fome	1
Leve fome	2
Bastante fome	3
Muita fome	4

7. O que você sente na primeira meia hora depois de acordar?

Muito cansaço	1
Bastante cansaço	2
Bastante ânimo	3
Muito ânimo	4

8. Quando você não tem compromissos no dia seguinte, a que horas vai dormir, na comparação com seu horário normal?

Praticamente no mesmo horário	4
Até uma hora mais tarde	3
De uma a duas horas mais tarde	2
Mais de duas horas mais tarde	1

9. Você resolveu começar a se exercitar. Um amigo sugere que treine duas vezes por semana, e para ele o melhor horário é entre as 7h e as 8h da manhã. Considerando apenas seu relógio biológico interno, como acha que estaria nesse horário?

Estaria em boa forma	4
Estaria em forma razoável	3
Sentiria dificuldade	2
Sentiria muita dificuldade	1

10. A que horas da noite, *aproximadamente*, você sente cansaço e, por causa disso, precisa dormir?

20h-21h	5
21h-22h15	4
22h15-0h45	3
0h45-2h	2
2h-3h	1

11. Você quer estar no auge do desempenho para uma prova que sabe que será mentalmente cansativa e vai durar duas horas. Tem liberdade total para planejar seu dia. Considerando apenas seu relógio biológico interno, qual destes quatro horários você escolheria para fazer a prova?

8h-10h	6
11h-13h	4
15h-17h	2
19h-21h	0

12. Quando você vai dormir às 23h, até que ponto sente cansaço?

Nem um pouco	0
Um pouco	2
Razoavelmente	3
Muito	5

13. Suponha que você tenha ido dormir várias horas mais tarde que o normal, mas sem necessidade de acordar em um horário específico no dia seguinte. O que é mais provável que aconteça?

Acordo na hora normal, mas não volto a dormir	4
Acordo na hora normal, mas dou umas cochiladas depois	3
Acordo na hora normal, mas caio no sono depois	2
Acordo mais tarde que o normal	1

14. Certa noite, você precisou ficar acordado(a) entre as 4h e as 6h da manhã para dar um plantão noturno. Você não tem compromissos no dia seguinte. Qual destas alternativas corresponde melhor a você?

Não durmo até a hora do plantão	1
Dou uma cochilada antes e durmo depois	2
Durmo bastante antes e dou uma cochilada depois	3
Durmo apenas antes do plantão	4

15. Você tem pela frente duas horas de trabalho braçal pesado. Tem total liberdade para planejar seu dia. Considerando apenas seu relógio biológico interno, qual destes horários você escolheria?

8h-10h	4
11h-13h	3
15h-17h	2
19h-21h	1

16. Você resolveu começar a se exercitar. Uma amiga sugere que você treine durante uma hora, duas vezes por semana. O melhor horário para ela é entre 22h e 23h. Considerando apenas seu relógio biológico interno, como você acha que estaria nesse horário?

Estaria em boa forma	1
Estaria em forma razoável	2
Sentiria dificuldade	3
Sentiria muita dificuldade	4

17. Suponha que você pode escolher seu horário de trabalho. Sua jornada é de cinco horas diárias (incluindo intervalos), seu trabalho é interessante e você é remunerado pela produtividade. A que horas, *aproximadamente*, você escolheria começar?

Entre 4h e 8h	5
Entre 8h e 9h	4
Entre 9h e 14h	3
Entre 14h e 17h	2
Entre 17h e 4h	1

18. Em que horário do dia, *aproximadamente*, você se sente melhor?

5h-8h	5
8h-10h	4
10h-17h	3
17h-22h	2
22h-5h	1

19. Você já ouviu falar em pessoas matutinas e pessoas noturnas. Qual desses tipos você considera ser?

Com certeza do tipo matutino	6
Mais matutino do que noturno	4
Mais noturno do que matutino	2
Com certeza do tipo noturno	1

____ **Total de pontos para as 19 perguntas**

Como interpretar e usar sua pontuação diurna/noturna

Este questionário tem 19 perguntas, cada uma com uma pontuação. Primeiro, some os pontos que você circulou e anote sua pontuação.

Ela pode ir de 16 a 86. Pontuações de 41 ou menos indicam tipos noturnos. Somas de 59 para cima indicam tipos diurnos. Escores entre 42 e 58 indicam tipos intermediários.

16-30	**31-41**	**42-58**	**59-69**	**70-86**
Muito noturno	Moderadamente noturno	Intermediário	Moderadamente diurno	Muito diurno

Este questionário se baseia em um artigo original de J. A. Horne e O. Ostberg, "A self-assessment questionnaire to determine morningness-eveningness in human circadian rhythms", *International Journal of Chronobiology*, vol. 4, pp. 97-110, 1976.

Apêndice 2

Os elementos-chave e um panorama do sistema imunológico

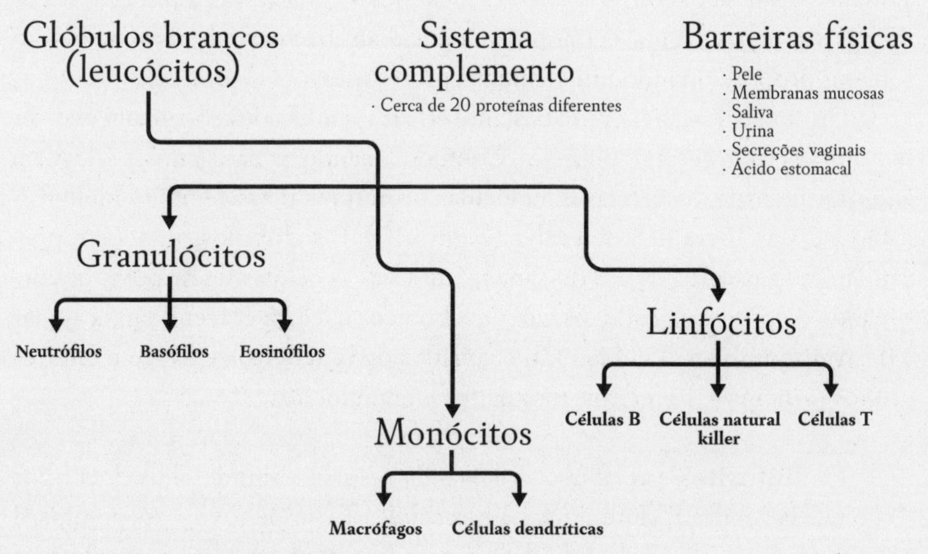

Figura 10. O sistema imunológico.

Como mencionamos no capítulo 11, a primeira barreira física que previne infecções é a pele, composta por células bastante compactadas, que impedem vírus, bactérias e parasitas infecciosos de penetrar no corpo. A camada superior da pele consiste em células mortas, que formam uma densa barreira física resistente a invasões. Além disso, a superfície da pele é coberta de secreções que inibem o crescimento de certos patógenos. Alguns vírus e bactérias, porém, conseguem sobreviver na pele durante algum tempo e ser transferidos para áreas menos protegidas, como os olhos e o nariz, chegando daí aos pulmões, onde podem entrar e gerar o caos. Para ajudar a evitar que isso aconteça, nariz e pulmões são revestidos de membranas mucosas, que produzem muco para agarrar os invasores. Nos pulmões, minúsculas estruturas capilares (os cílios) levam o muco para as vias aéreas superiores, onde esse coquetel de muco e parasitas é engolido e destruído pelos ácidos estomacais — ou então o muco pode ser tossido ou espirrado, junto com os bichinhos apanhados. Uma vigorosa lavagem das mãos remove os invasores da superfície da pele,[1] e conter o espirro em um lenço impede a disseminação de patógenos temporariamente capturados no muco.[2] Além disso, a ação de limpeza e as propriedades antissépticas da urina, acumulada na bexiga,[3] e das lágrimas nos olhos[4] também ajudam a lavar as bactérias e vírus desses locais vulneráveis a infecções. Por fim, as secreções vaginais contêm elementos antibacterianos,[5] assim como o sêmen,[6] proporcionando um elemento protetor extra (Figura 10).

Como a pele é uma barreira bastante eficaz, as infecções costumam ocorrer por outra via, em geral os pulmões. Contudo, quando os patógenos conseguem adentrar o corpo, as células e moléculas protetoras do sistema imunológico estão à espera para nos defender (Figura 10). Os glóbulos brancos representam apenas cerca de 1% do sangue, mas são as células da resposta imune. Quando o corpo é atacado, os glóbulos brancos chegam correndo para ajudar a destruir o invasor. Também são chamados de **leucócitos** e existem em três grupos principais: linfócitos, monócitos e granulócitos.

- Os **linfócitos** são células cruciais da resposta imune. Seus dois tipos são as células B (linfócitos B) e as células T (linfócitos T). As **células B** reconhecem o invasor ao detectar um antígeno específico, geralmente algum tipo de proteína, na superfície do bichinho. Cada célula B tem seu próprio receptor, que adere a um antígeno específico. De maneira notável, esses receptores são produzidos com antecedência, para o caso de algum antígeno em especial aparecer. É um pouco como carregar dezenas de milhares de chaves no bolso, para o caso de encontrar uma porta com aquela fechadura específica. Havendo a ativação, podem ocorrer diversas coisas. As células B podem formar diferentes tipos de células, das quais mencionarei duas. As células B plasmáticas são ativadas para produzir anticorpos, que atuam prendendo-se a diferentes partes (antígenos) do invasor. Porém, os anticorpos são incapazes de matar bactérias e vírus sem ajuda. O sistema complemento (ver adiante) é acionado para esse papel. Além disso, os anticorpos que aderem aos patógenos facilitam para os macrófagos (ver adiante) reconhecer, atacar, absorver e matar o patógeno. Em geral, os anticorpos permanecem no sangue e podem ser produzidos depressa pelas células B de memória, caso o sistema imunológico volte a ser acionado pelo mesmo patógeno. É em parte assim que as vacinas previnem doenças. A imunização pega uma proteína não infecciosa do patógeno (ou, antigamente, um patógeno morto), que é então injetada no corpo. As **células T**, assim como as células B, também possuem seu próprio receptor, que adere a um antígeno específico. Esses receptores são produzidos com antecedência, e estima-se que talvez existam até 1 bilhão de células T diferentes no corpo, cada uma com seu próprio receptor, que adere apenas a um tipo de antígeno, caso ele apareça. Por serem produzidas com antecedência, estão à espera de um ataque e prontas para agir. Quando a célula T é ativada ao aderir a seu antígeno específico, ela prolifera em grande escala, diferenciando-se em muitas células T a mais. Existem dois tipos principais de células T, as células T auxiliares e as células T citotóxicas. As células T auxiliares desempenham um papel crucial na resposta imune. Ao serem ativadas, estimulam as células B a produzir anticorpos para seu antígeno específico – permitindo um ataque dos fagócitos e do complemento do sistema imune inato. Além disso, as células T auxiliares produzem fatores (por exemplo, as citocinas) que ativam praticamente todas as outras reações do sistema imunológico. Elas comandam um ataque generalizado contra o patógeno, recrutando os fagócitos e a cascata enzimática do sistema complemento. As células T auxiliares não precisam encontrar diretamente um patógeno antígeno para serem ativadas. Depois de digerir um patógeno, um macrófago ou célula dendrítica (ver adiante) apresentará em sua própria superfície celular um antígeno do patógeno, que será então detectado pela célula T auxiliar correspondente e desencadeará um ataque. As células T citotóxicas, quando ativadas por seu antígeno, abrem buracos na célula, provocando sua morte. As células T citotóxicas também conseguem reconhecer uma célula que foi infectada por um vírus e matá-la, prevenindo a produção de novos vírus. Também existem células T reguladoras (também conhecidas como células T supressoras), que modulam o sistema imunológico, estimulando a tolerância aos antígenos próprios (aqueles produzidos pelo corpo). As células T reguladoras são muito importantes na prevenção de doenças autoimunes como a artrite reumatoide, a doença inflamatória intestinal e a esclerose múltipla (EM).[7] As **células natural killer** são um tipo de linfócito da mesma família das células T e das células B, sendo, portanto, capazes de identificar um invasor pela detecção de um antígeno específico. Essas células reagem com rapidez a uma ampla variedade de patógenos e são mais conhecidas por exterminar células infectadas com vírus, e por detectar e controlar sinais precoces de câncer. Também podem desencadear inflamações.

- Os **monócitos** representam uma outra classe inteira de glóbulos brancos (leucócitos). Um de seus tipos são os **macrófagos**. Trata-se de células parecidas com amebas, que acorrem ao local da infecção, reconhecem um invasor — ou diretamente ou por conta de um anticorpo conectado — e têm a capacidade de ingerir (fagocitose) e matar o patógeno. Também podem ser estimuladas pelas citocinas (das células T) a atacar. Curiosamente, a sensibilidade dos macrófagos a esses sinais muda ao longo do dia, devido a um relógio circadiano. A sensibilidade é maior durante o dia, quando em geral estamos acordados.[8] Outro tipo de monócito são as **células dendríticas**, menos bem compreendidas. Depois de detectar e fagocitar um patógeno, elas apresentam antígenos desse patógeno na superfície celular. Isso, por sua vez, ativa as células T e outros mecanismos de defesa do sistema imunológico. O **fator de necrose tumoral** (TNF) compreende uma série de proteínas, produzidas sobretudo por macrófagos ativados, células T e células natural killer. O TNF age como uma espécie de proteína sinalizadora das células (citocina), estimulando respostas imunes e inflamações.
- Os **granulócitos** são o terceiro grande tipo de leucócito, e — surpresa, surpresa! — também aparecem sob várias formas. Alguns são chamados de **neutrófilos**, que são o tipo mais abundante de granulócito e compõem 40% a 70% de todos os nossos glóbulos brancos. Os neutrófilos

detectam, fagocitam e digerem bactérias e fungos. Curiosamente, a capacidade dos neutrófilos de absorver bactérias fica reduzida quando açúcares simples, como a glicose e a frutose, estão em grande quantidade no sangue. O jejum fortalece a capacidade fagocítica dos neutrófilos de absorver as bactérias.[9] Talvez isso explique por que pessoas com diabetes tipo 2 ficam mais propensas a infecções. Os **eosinófilos** são capazes de reagir a um amplo leque de antígenos e, quando ativados, liberam uma série de citocinas, que atraem as células B e as células T. Também liberam proteínas citotóxicas, que atacam as células e são uma importante defesa contra infecções parasíticas, mas podem causar um profundo estrago nos tecidos em condições alérgicas como a asma (ver Perguntas e Respostas do capítulo 11). Os **basófilos** promovem reações inflamatórias. Podem liberar o anticoagulante heparina, que impede o sangue de coalhar rápido demais, permitindo que as células e proteínas da defesa imunológica obtenham acesso ao local da infecção. Pela mesma razão, também contêm o vasodilatador histamina, que promove o fluxo sanguíneo para os tecidos. Assim como os eosinófilos, os basófilos estão associados à defesa contra parasitas, e sua superativação também vem sendo relacionada a reações alérgicas.

- O **sistema complemento** consiste em cerca de vinte proteínas diferentes, ativadas por um invasor. Essas incríveis proteínas são capazes de: 1. Detectar e furar a parede celular das bactérias, matando-as diretamente; 2. Aderir aos anticorpos produzidos pelas células B, que já reconheceram os patógenos; em seguida, as proteínas do complemento matam os patógenos, perfurando as paredes celulares ou atraindo macrófagos; 3. Aderir diretamente aos patógenos e atrair macrófagos que, por sua vez, matam os patógenos; 4. Desencadear mais reações inflamatórias, recorrendo à ajuda de outros elementos do sistema imunológico.[10]

Observação: A reação imunológica costuma ser classificada em **imunidade inata**, aquela com a qual nascemos, e **imunidade adaptativa**, que é a que adquirimos depois da exposição a doenças. A imunidade inata envolve as barreiras físicas, o sistema complemento, os granulócitos e os monócitos. A imunidade adaptativa envolve os linfócitos e as células B, as células T e as células natural killer.

Lista de figuras

Lista de tabelas

Agradecimentos

Gostaria de agradecer às seguintes pessoas, gentis e generosas, pela orientação, ajuda e apoio na preparação deste livro: Elizabeth Foster, Victoria Foster, Renata Gomes, Aarti Jagannath, Glenn Leighton, William McMahon, Peter McWilliam, Mariya Moosajee, Andrea Nemeth, Stuart Peirson, David Ray e Sridhar Vasudevan. Por sua expertise médica, numerosos conselhos e olhar crítico, também gostaria de agradecer a Alastair Buchan, Ben Canny, David Howells e Christopher Kennard. Todos os erros são meus e peço desculpas antecipadas por quaisquer equívocos que tenham passado. Também gostaria de agradecer aos muitos amigos e colegas com quem, ao longo dos últimos quarenta anos, tive incontáveis discussões e realizei inúmeras experiências. Um agradecimento especial ao supervisor do meu doutorado, o professor sir Brian Follett, membro da Royal Society, que me ensinou como fazer ciência, e meu mentor na Universidade da Virgínia, o saudoso professor Michael Menaker, que me deu a confiança para confiar no meu julgamento. Todas essas incontáveis interações moldaram meus pontos de vista sobre a ciência do tempo biológico. Essas discussões também geraram, o que é importante, muita alegria e amizades profundas, pelas quais sou imensamente grato. Também gostaria de agradecer a meu editor, Tom Killinbeck, da Penguin Books, por seu incentivo, ajuda, orientação suave e tolerância. E, por fim, à minha agente, Rebecca Carter, da Janklow & Nesbit, pela paciência e convicção de que eu poderia, e até deveria, escrever este livro.

Notas

1. O DIA INTERIOR [pp. 27-40]

1. S. Herculano-Houzel, "The human brain in numbers: a linearly scaled-up primate brain", 2009.

2. I. Ho Mien et al., "Effects of exposure to intermittent versus continuous red light on human circadian rhythms, melatonin suppression, and pupillary constriction", 2014.

3. M. I. Trenell, V. S. Marshall e V. L. Rogers, "Sleep and metabolic control: waking to a problem?", 2007.

4. I. Ho Mien et al., op. cit., 2014; K. Blatter e C. Cajochen, "Circadian rhythms in cognitive performance: methodological constraints, protocols, theoretical underpinnings", 2007.

5. I. Ho Mien et al., op. cit., 2014.

6. C. J. Bagatell, J. R. Heiman, J. E. Rivier e W. J. Bremner, "Effects of endogenous testosterone and estradiol on sexual behavior in normal young men", 1994.

7. K. Blatter e C. Cajochen, op. cit., 2007; V. Kleitman, "Studies on the physiology of sleep: VIII. Diurnal variation in performance", 1933.

8. D. F. Swaab, E. Fliers e T. S. Partiman, "The suprachiasmatic nucleus of the human brain in relation to sex, age and senile dementia", 1985.

9. J. Schulkin, "In honor of a great inquirer: Curt Richter", 1989.

10. R. Y. Moore e V. J. Lenn, "A retinohypothalamic projection in the rat", 1972; F. K. Stephan e I. Zucker, "Circadian rhythms in drinking behavior and locomotor activity of rats are eliminated by hypothalamic lesions", 1972.

11. M. R. Ralph, R. G. Foster, F. C. Davis e M. Menaker, "Transplanted suprachiasmatic nucleus determines circadian period", 1990.

12. D. F. Swaab, E. Fliers e T. S. Partiman, op. cit., 1985.

13. D. K. Welsh, D. E. Logothetis, M. Meister e S. M. Reppert, "Individual neurons dissociated from rat suprachiasmatic nucleus express independently phased circadian firing rhythms", 1995.

14. N. S. Tolwinski, Introduction: "Drosophila — A model system for developmental biology", 2017.

15. J. S. Takahashi, "Transcriptional architecture of the mammalian circadian clock", 2017.

16. P. L. Lowrey et al., "Positional syntenic cloning and functional characterization of the mammalian circadian mutation tau", 2000.

17. S. E. Jones et al., "Genome-wide association analyses of chronotype in 697,828 individuals provides insights into circadian rhythms", 2019.

18. E. Nagoshi et al., "Circadian gene expression in individual fibroblasts: cell-autonomous and self-sustained oscillators pass time to daughter cells", 2004.
19. J. Richards e M. L. Gumz, "Advances in understanding the peripheral circadian clocks", 2012.
20. A. Balsalobre, F. Damiola e U. Schibler, "A serum shock induces circadian gene expression in mammalian tissue culture cells", 1998.
21. U. Albrecht, "Timing to perfection: the biology of central and peripheral circadian clocks", 2012.
22. Ibid.; A. Jagannath et al., "Adenosine integrates light and sleep signalling for the regulation of circadian timing in mice", 2021.
23. F. Rijo-Ferreira e J. S. Takahashi, "Genomics of circadian rhythms in health and disease", 2019.
24. B. Lewczuk et al., "Influence of electric, magnetic, and electromagnetic fields on the circadian system: current stage of knowledge", 2014.
25. T. T. Postolache et al., "Seasonal spring peaks of suicide in victims with and without prior history of hospitalization for mood disorders", 2010.
26. R. G. Foster e T. Roenneberg, "Human responses to the geophysical daily, annual and lunar cycles", 2008.
27. H. Underwood, C. T. Steele e B. Zivkovic, "Circadian organization and the role of the pineal in birds", 2001.
28. L. Kovanen et al., "Circadian clock gene polymorphisms in alcohol use disorders and alcohol consumption", 2010.
29. F. Levi e F. Halberg, "Circaseptan (about-7-day) bioperiodicity — spontaneous and reactive — and the search for pacemakers", 1982.

2. A HERANÇA DO TEMPO DAS CAVERNAS [pp. 41-58]

1. M. P. Walker, "The role of slow wave sleep in memory processing", 2009.
2. Ibid.
3. Z. Clemens, D. Fabo e P. Halasz, "Overnight verbal memory retention correlates with the number of sleep spindles", 2005.
4. S. C. Mednick et al., "The critical role of sleep spindles in hippocampal-dependent memory: a pharmacology study", 2013.
5. D. Forget, C. M. Morin e C. H. Bastien, "The role of the spontaneous and evoked k-complex in good--sleeper controls and in individuals with insomnia", 2011.
6. E. Ben Simon, A. Rossi, A. G. Harvey e M. P. Walker, "Overanxious and underslept", 2020.
7. A. Meaidi, P. Jennum, M. Ptito e R. Kupers, "The sensory construction of dreams and nightmare frequency in congenitally blind and late blind individuals", 2014.
8. I. Lerner, S. M. Lupkin, N. Sinha, A. Tsai e M. A. Gluck, "Baseline levels of rapid eye movement sleep may protect against excessive activity in fear-related neural circuitry", 2017.
9. H. Giedke e F. Schwarzler, "Therapeutic use of sleep deprivation in depression", 2002.
10. K. Mann, J. Pankok, B. Connemann e J. Roschke, "Temporal relationship between nocturnal erections and rapid eye movement episodes in healthy men", 2003.
11. M. H. Schmidt e H. S. Schmidt, "Sleep-related erections: neural mechanisms and clinical significance", 2004.
12. I. Oliveira, P. D. Deps e J. Antunes, "Armadillos and leprosy: from infection to biological model", 2019.
13. C. H. Schenck, "The spectrum of disorders causing violence during sleep", 2019.
14. M. A. Cramer Bornemann, C. H. Schenck e M. W. Mahowald, "A review of sleep-related violence: the demographics of sleep forensics referrals to a single center", 2019.
15. R. E. Mistlberger, "Circadian regulation of sleep in mammals: role of the suprachiasmatic nucleus", 2005.
16. R. W. Greene, T. E. Bjorness e A. Suzuki, "The adenosine-mediated, neuronal-glial, homeostatic sleep response", 2017.

17. C. F. Reichert, M. Maire, C. Schmidt e C. Cajochen, "Sleep-wake regulation and its impact on working memory performance: the role of adenosine", 2016.

18. R. W. Greene, T. E. Bjorness e A. Suzuki, op. cit., 2017.

19. F. O'Callaghan, O. Muurlink e V. Reid, "Effects of caffeine on sleep quality and daytime functioning", 2018.

20. M. Mets, D. Baas, I. van Boven, B. Olivier e J. Verster, "Effects of coffee on driving performance during prolonged simulated highway driving", 2012.

21. G. Charron, J. Souloumiac, M. C. Fournier e R. Canivenc, "Pineal rhythm of N-acetyltransferase activity and melatonin in the male badger, Meles meles L, under natural daylight: relationship with the photoperiod", 1991.

22. R. J. Verheggen et al., "Complete absence of evening melatonin increase in tetraplegics", 2012; A. Whelan, M. Halpine, S. D. Christie e S. A. McVeigh, "Systematic review of melatonin levels in individuals with complete cervical spinal cord injury", 2020.

23. J. Spong, G. A. Kennedy, D. J. Brown, S. M. Armstrong e D. J. Berlowitz, "Melatonin supplementation in patients with complete tetraplegia and poor sleep", 2013.

24. J. B. Kostis e R. C. Rosen, "Central nervous system effects of beta-adrenergic-blocking drugs: the role of ancillary properties", 1987.

25. F. A. Scheer et al., "Repeated melatonin supplementation improves sleep in hypertensive patients treated with beta-blockers: a randomized controlled trial", 2012.

26. E. Ferracioli-Oda, A. Qawasmi e M. H. Bloch, "Meta-analysis: melatonin for the treatment of primary sleep disorders", 2013.

27. S. W. Lockley et al., "Tasimelteon for non-24-hour sleep — wake disorder in totally blind people (SET and RESET): two multicentre, randomised, double-masked, placebo-controlled phase 3 trials", 2015.

28. J. Arendt, "Melatonin in humans: it's about time", 2005; J. Arendt e D. J. Skene, "Melatonin as a chronobiotic", 2005.

29. S. L. S. Medeiros et al., "Cyclic alternation of quiet and active sleep states in the octopus", 2021.

30. H. J. Kanaya et al., "A sleep-like state in Hydra unravels conserved sleep mechanisms during the evolutionary development of the central nervous system", 2020.

31. Z. Eelderink-Chen et al., "A circadian clock in a non-photosynthetic prokaryote", 2021.

32. C. S. Pittendrigh, "Temporal organization: reflections of a Darwinian clock-watcher", 1993.

33. A. D. Laposky, J. Bass, A. Kohsaka e F. W. Turek, "Sleep and circadian rhythms: key components in the regulation of energy metabolism", 2008.

34. E. Shokri-Kojori et al., "β-Amyloid accumulation in the human brain after one night of sleep deprivation", 2018.

35. M. P. Walker e R. Stickgold, "Sleep, memory, and plasticity", 2006.

36. R. G. Foster, "There is no mystery to sleep", 2018.

37. V. V. Vyazovskiy et al., "Local sleep in awake rats", 2011.

38. S. Shannon, N. Lewis, H. Lee e S. Hughes, "Cannabidiol in anxiety and sleep: a large case series", 2019.

39. S. L. Gray et al., "Cumulative use of strong anticholinergics and incident dementia: a prospective cohort study", 2015.

40. J. Axelsson et al., "Beauty sleep: experimental study on the perceived health and attractiveness of sleep deprived people", 2010.

41. G. G. Mascetti, "Unihemispheric sleep and asymmetrical sleep: behavioral, neurophysiological, and functional perspectives", 2016.

42. V. C. Rattenborg et al., "Evidence that birds sleep in mid-flight", 2016.

3. O PODER DO OLHO [pp. 59-76]

1. G. A. Winer, J. E. Cottrell, V. Gregg, J. S. Fournier e L. A. Bica, "Fundamentally misunderstanding visual perception. Adults' belief in visual emissions", 2002.

2. C. A. Czeisler et al., "Stability, precision, and near-24-hour period of the human circadian pacemaker", 1999.

3. S. S. Campbell e P. J. Murphy, "Extraocular circadian phototransduction in humans", 1998.

4. R. G. Foster, "Shedding light on the biological clock", 1998.

5. N. Lindblom et al., "Bright light exposure of a large skin area does not affect melatonin or bilirubin levels in humans", 2000; Id., "No evidence for extraocular light induced phase shifting of human melatonin, cortisol and thyrotropin rhythms", 2000; S. Yamazaki, M. Goto e M. Menaker, "No evidence for extraocular photoreceptors in the circadian system of the Syrian hamster", 1999.

6. K. P. Wright Jr. e C. A. Czeisler, "Absence of circadian phase resetting in response to bright light behind the knees", 2002.

7. R. G. Foster et al., "Circadian photoreception in the retinally degenerate mouse (rd/rd)", 1991; Id., "Photoreceptors regulating circadian behavior: a mouse model", 1993.

8. M. S. Freedman et al., "Regulation of mammalian circadian behavior by non-rod, non-cone, ocular photoreceptors", 1999; R. J. Lucas, M. S. Freedman, M. Munoz, J. M. Garcia-Fernandez e R. G. Foster, "Regulation of the mammalian pineal by non-rod, non-cone, ocular photoreceptors", 1999.

9. Ibid.

10. B. G. Soni, A. R. Philp, B. E. Knox e R. G. Foster, "Novel retinal photoreceptors", 1998.

11. D. M. Berson, F. A. Dunn e M. Takao, "Phototransduction by retinal ganglion cells that set the circadian clock", 2002.

12. S. Sekaran, R. G. Foster, R. J. Lucas e M. W. Hankins, "Calcium imaging reveals a network of intrinsically light-sensitive inner-retinal neurons", 2003.

13. R. J. Lucas, R. H. Douglas e R. G. Foster, "Characterization of an ocular photopigment capable of driving pupillary constriction in mice", 2001; S. Hattar et al., "Melanopsin and rod-cone photoreceptive systems account for all major accessory visual functions in mice", 2003.

14. I. Provencio, G. Jiang, W. J. De Grip, W. P. Hayes e M. D. Rollag, "Melanopsin: an opsin in melanophores, brain, and eye", 1998.

15. R. J. Lucas, R. H. Douglas e R. G. Foster, op. cit.; S. Hattar et al., op. cit.

16. R. G. Foster, S. Hughes e S. N. Peirson, "Circadian photoentrainment in mice and humans", 2020.

17. K. Honma, S. Honma e T. Wada, "Entrainment of human circadian rhythms by artificial bright light cycles", 1987.

18. M. Randall, "Labour in the agriculture industry, UK: February 2018", 2018.

19. K. Porcheret et al., "Chronotype and environmental light exposure in a student population", 2018.

20. K. P. Wright Jr. et al., "Entrainment of the human circadian clock to the natural light-dark cycle", 2013.

21. M. G. Figueiro, B. Wood, B. Plitnick e M. S. Rea, "The impact of light from computer monitors on melatonin levels in college students", 2011; C. Cajochen et al., "Evening exposure to a light-emitting diodes (LED)-backlit computer screen affects circadian physiology and cognitive performance", 2011.

22. A. M. Chang, D. Aeschbach, J. F. Duffy e C. A. Czeisler, "Evening use of light-emitting eReaders negatively affects sleep, circadian timing, and next-morning alertness", 2015.

23. A. Green, M. Cohen-Zion, A. Haim e Y. Dagan, "Evening light exposure to computer screens disrupts human sleep, biological rhythms, and attention abilities", 2017.

24. R. Kazemi, N. Alighanbari e Z. Zamanian, "The effects of screen light filtering software on cognitive performance and sleep among night workers", 2019.

25. E. Harbard, V. B. Allen, J. Trinder e B. Bei, "What's keeping teenagers up? Prebedtime behaviors and actigraphy-assessed sleep over school and vacation", 2016.

26. F. H. Zaidi et al., "Short-wavelength light sensitivity of circadian, pupillary, and visual awareness in humans lacking an outer retina", 2007.

27. R. G. Foster, S. Hughes e S. N. Peirson, op. cit.

28. S. L. Chellappa et al., "Non-visual effects of light on melatonin, alertness and cognitive performance: can blue-enriched light keep us alert?", 2011.

29. N. Mrosovsky, "Masking: history, definitions, and measurement", 1999.

30. E. M. Hazelhoff, J. Dudink, J. H. Meijer e L. Kervezee, "Beginning to see the light: lessons learned from the development of the circadian system for optimizing light conditions in the neonatal intensive care unit", 2021.

31. R. J. Lucas, R. H. Douglas e R. G. Foster, op. cit.; F. H. Zaidi et al., op. cit.

32. R. G. Foster, S. Hughes e S. N. Peirson, op. cit.

4. FORA DE HORA [pp. 77-97]

1. K. Kalafatakis, G. M. Russell e S. L. Lightman, "Mechanisms in endocrinology: does circadian and ultradian glucocorticoid exposure affect the brain?", 2019.

2. R. C. Andrews, O. Herlihy, D. E. Livingstone, R. Andrew e B. R. Walker, "Abnormal cortisol metabolism and tissue sensitivity to cortisol in patients with glucose intolerance", 2002.

3. E. S. van der Valk, M. Savas e E. F. C. van Rossum, "Stress and obesity: are there more susceptible individuals?", 2018.

4. A. Leal-Cerro, A. Soto, M. A. Martinez, C. Dieguez e F. F. Casanueva, "Influence of cortisol status on leptin secretion", 2001.

5. K. Spiegel, R. Leproult e E. van Cauter, "Impact of sleep debt on metabolic and endocrine function", 1999.

6. J. N. Morey, I. A. Boggero, A. B. Scott e S. C. Segerstrom, "Current directions in stress and human immune function", 2015.

7. B. Nojkov, J. H. Rubenstein, W. D. Chey e W. A. Hoogerwerf, "The impact of rotating shift work on the prevalence of irritable bowel syndrome in nurses", 2010.

8. M. V. Vyas et al., "Shift work and vascular events: systematic review and meta-analysis", 2012.

9. S. Ackermann, F. Hartmann, A. Papassotiropoulos, D. J. de Quervain e B. Rasch, "Associations between basal cortisol levels and memory retrieval in healthy young individuals", 2013.

10. A. P. Spira, L. P. Chen-Edinboro, M. N. Wu e K. Yaffe, "Impact of sleep on the risk of cognitive decline and dementia", 2014; S. Ouanes e J. Popp, "High cortisol and the risk of dementia and Alzheimer's disease: a review of the literature", 2019.

11. S. Zankert, S. Bellingrath, S. Wust e B. M. Kudielka, "HPA axis responses to psychological challenge linking stress and disease: what do we know on sources of intraand interindividual variability?", 2019.

12. H. Lavretsky e P. A. Newhouse, "Stress, inflammation, and aging", 2012.

13. G. Costa e L. Di Milia, "Aging and shift work: a complex problem to face", 2008.

14. S. Dimitrov et al., "Cortisol and epinephrine control opposing circadian rhythms in T cell subsets", 2009.

15. T. M. Buckley e A. F. Schatzberg, "On the interactions of the hypothalamic-pituitary-adrenal (HPA) axis and sleep: normal HPA axis activity and circadian rhythm, exemplary sleep disorders", 2005.

16. J. G. Abell, M. J. Shipley, J. E. Ferrie, M. Kivimaki e M. Kumari, "Recurrent short sleep, chronic insomnia symptoms and salivary cortisol: a 10-year follow-up in the Whitehall II study", 2016.

17. E. van Cauter et al., "Impact of sleep and sleep loss on neuroendocrine and metabolic function", 2007; E. van Cauter, K. Spiegel, E. Tasali e R. Leproult, "Metabolic consequences of sleep and sleep loss", 2008.

18. T. Akerstedt, "Psychosocial stress and impaired sleep", 2006.

19. J. Schwarz et al., "Does sleep deprivation increase the vulnerability to acute psychosocial stress in young and older adults?", 2018.

20. S. Banks e D. F. Dinges, "Behavioral and physiological consequences of sleep restriction", 2007; H. Oginska e J. Pokorski, "Fatigue and mood correlates of sleep length in three age-social groups: school children, students, and employees", 2006; J. P. Scott, L. R. McNaughton e R. C. Polman, "Effects of sleep deprivation and exercise on cognitive, motor performance and mood", 2006; Y. Selvi, M. Gulec, M. Y. Agargun e L. Besiroglu, "Mood changes after sleep deprivation in morningness — eveningness chronotypes in healthy individuals", 2007.

21. R. E. Dahl e D. S. Lewin, "Pathways to adolescent health: sleep regulation and behavior", 2002; B. B. Kelman, "The sleep needs of adolescents", 1999; S. Muecke, "Effects of rotating night shifts: literature review", 2005.

22. A. Acheson, J. B. Richards e H. de Wit, "Effects of sleep deprivation on impulsive behaviors in men and women", 2007; B. S. McKenna, D. L. Dickinson, H. J. Orff e S. P. Drummond, "The effects of one night of

sleep deprivation on known-risk and ambiguous-risk decisions", 2007; E. M. O'Brien e J. A. Mindell, "Sleep and risk-taking behavior in adolescents", 2005; V. Venkatraman, Y. M. Chuah, S. A. Huettel e M. W. Chee, "Sleep deprivation elevates expectation of gains and attenuates response to losses following risky decisions", 2007.

23. M. P. Walker e R. Stickgold, "Sleep, memory, and plasticity", 2006.

24. J. V. Baranski e R. A. Pigeau, "Self-monitoring cognitive performance during sleep deprivation: effects of modafinil, d-amphetamine and placebo", 1997; D. B. Boivin, G. M. Tremblay e F. O. James, "Working on atypical schedules", 2007; W. D. Killgore, T. J. Balkin e N. J. Wesensten, "Impaired decision making following 49h of sleep deprivation", 2006; T. Roehrs e T. Roth, "Sleep, sleepiness, sleep disorders and alcohol use and abuse", 2001; T. Roehrs e T. Roth, "Sleep, sleepiness, and alcohol use", 2001.

25. S. C. Mednick, N. A. Christakis e J. H. Fowler, "The spread of sleep loss influences drug use in adolescent social networks", 2010.

26. D. F. Dinges et al., "Cumulative sleepiness, mood disturbance, and psychomotor vigilance performance decrements during a week of sleep restricted to 4-5 hours per night", 1997; N. Lamond et al., "The dynamics of neurobehavioural recovery following sleep loss", 2007; J. J. Pilcher e A. I. Huffcutt, "Effects of sleep deprivation on performance: a meta-analysis", 1996.

27. M. W. Chee e L. Y. Chuah, "Functional neuroimaging insights into how sleep and sleep deprivation affect memory and cognition", 2008; M. Dworak, T. Schierl, T. Bruns e H. K. Struder, "Impact of singular excessive computer game and television exposure on sleep patterns and memory performance of school-aged children", 2007; R. Goder, F. Scharffetter, J. B. Aldenhoff e G. Fritzer, "Visual declarative memory is associated with non-rapid eye movement sleep and sleep cycles in patients with chronic non-restorative sleep", 2007; B. S. Oken, M. C. Salinsky e S. M. Elsas, "Vigilance, alertness, or sustained attention: physiological basis and measurement", 2006.

28. W. D. Killgore, T. J. Balkin e N. J. Wesensten, op. cit.; J. V. Baranski et al., "Effects of sleep loss on team decision making: motivational loss or motivational gain?", 2007; Y. Harrison e J. A. Horne, "The impact of sleep deprivation on decision making: a review", 2000; W. D. Killgore et al., "The effects of 53 hours of sleep deprivation on moral judgment", 2007; F. Lucidi et al., "Sleep-related car crashes: risk perception and decision-making processes in young drivers", 2006.

29. J. A. Horne, "Sleep loss and 'divergent' thinking ability", 1988; K. Jones e Y. Harrison, "Frontal lobe function, sleep loss and fragmented sleep", 2001; W. D. Killgore et al., "Sleep deprivation reduces perceived emotional intelligence and constructive thinking skills", 2008; A. C. Randazzo, M. J. Muehlbach, P. K. Schweitzer e J. K. Walsh, "Cognitive function following acute sleep restriction in children ages 10-14", 1998.

30. J. J. Pilcher e A. I. Huffcutt, op. cit.; K. Kahol et al., "Effect of fatigue on psychomotor and cognitive skills", 2008.

31. A. M. Tucker, P. Whitney, G. Belenky, J. M. Hinson e H. P. van Dongen, "Effects of sleep deprivation on dissociated components of executive functioning", 2010; T. Giesbrecht, T. Smeets, J. Leppink, M. Jelicic e H. Merckelbach, "Acute dissociation after 1 night of sleep loss", 2007.

32. M. Basner, C. Glatz, B. Griefahn, T. Penzel e A. Samel, "Aircraft noise: effects on macro- and microstructure of sleep", 2008; P. Philip e T. Akerstedt, "Transport and industrial safety, how are they affected by sleepiness and sleep restriction?", 2006; J. J. Pilcher, B. J. Lambert e A. I. Huffcutt, "Differential effects of permanent and rotating shifts on self-report sleep length: a meta-analytic review", 2000; L. D. Scott et al., "The relationship between nurse work schedules, sleep duration, and drowsy driving", 2007.

33. P. Meerlo, A. Sgoifo e D. Suchecki, "Restricted and disrupted sleep: effects on autonomic function, neuroendocrine stress systems and stress responsivity", 2008; T. X. Phan e R. G. Malkani, "Sleep and circadian rhythm disruption and stress intersect in Alzheimer's disease", 2019.

34. B. Kundermann, J. C. Krieg, W. Schreiber e S. Lautenbacher, "The effect of sleep deprivation on pain", 2004; C. A. Landis, M. V. Savage, M. J. Lentz e G. L. Brengelmann, "Sleep deprivation alters body temperature dynamics to mild cooling and heating not sweating threshold in women", 1998; T. Roehrs, M. Hyde, B. Blaisdell, M. Greenwald e T. Roth, "Sleep loss and REM sleep loss are hyperalgesic", 2006.

35. M. Irwin, "Effects of sleep and sleep loss on immunity and cytokines", 2002; D. Lorton et al., "Bidirectional communication between the brain and the immune system: implications for physiological sleep and disorders with disrupted sleep", 2006.

36. S. Davis e D. K. Mirick, "Circadian disruption, shift work and the risk of cancer: a summary of the evidence and studies in Seattle", 2006; J. Hansen, "Risk of breast cancer after night and shift work: current evidence and ongoing studies in Denmark", 2006; M. Kakizaki et al., "Sleep duration and the risk of breast cancer: the Ohsaki Cohort Study", 2008.

37. A. D. Laposky, J. Bass, A. Kohsaka e F. W. Turek, "Sleep and circadian rhythms: key components in the regulation of energy metabolism", 2008; E. van Cauter et al., op. cit.; J. E. Gangwisch, D. Malaspina, B. Boden--Albala e S. B. Heymsfield, "Inadequate sleep as a risk factor for obesity: analyses of the NHANES I", 2005; K. L. Knutson, K. Spiegel, P. Penev e E. van Cauter, "The metabolic consequences of sleep deprivation", 2007; F. S. Luyster et al., "Sleep: a health imperative", 2012.

38. F. S. Luyster et al., op. cit.; K. Maemura, V. Takeda e R. Nagai, "Circadian rhythms in the CNS and peripheral clock disorders: role of the biological clock in cardiovascular diseases", 2007; M. E. Young e M. S. Bray, "Potential role for peripheral circadian clock dyssynchrony in the pathogenesis of cardiovascular dysfunction", 2007.

39. E. O. Johnson, T. Roth e N. Breslau, "The association of insomnia with anxiety disorders and depression: exploration of the direction of risk", 2006; E. T. Kahn-Greene, D. B. Killgore, G. H. Kamimori, T. J. Balkin e W. D. Killgore, "The effects of sleep deprivation on symptoms of psychopathology in healthy adults", 2007; D. Riemann e U. Voderholzer, "Primary insomnia: a risk factor to develop depression?", 2003; V. Sharma e D. Mazmanian, "Sleep loss and postpartum psychosis", 2003.

40. M. A. Carskadon, "Sleep in adolescents: the perfect storm", 2011.

41. Sleep Health Foundation, *Asleep on the job: costs of inadequate sleep in Australia*, 2017; C. Hirotsu, S. Tufik e M. L. Andersen, "Interactions between sleep, stress, and metabolism: from physiological to pathological conditions", 2015.

42. S. Ancoli-Israel, L. Ayalon e C. Salzman, Sleep in the elderly: normal variations and common sleep disorders, 2008.

43. J. R. Dalziel e R. F. Job, "Motor vehicle accidents, fatigue and optimism bias in taxi drivers", 1997.

44. S. Folkard, "Do permanent night workers show circadian adjustment? A review based on the endogenous melatonin rhythm", 2008.

45. *The Lighting Handbook: Reference and Application (Illuminating Engineering Society of North America/ Lighting Handbook)*, 2019.

46. C. A. Czeisler e D. J. Dijk, "Use of bright light to treat maladaptation to night shift work and circadian rhythm sleep disorders", 1995.

47. J. Arendt, "Shift work: coping with the biological clock", 2010.

48. R. Maidstone et al., "Shift work is associated with positive COVID-19 status in hospitalised patients", 2021.

49. J. Hansen, "Night shift work and risk of breast cancer", 2017.

50. J. N. Morey, I. A. Boggero, A. B. Scott e S. C. Segerstrom, op. cit.

51. J. C. Marquie, P. Tucker, S. Folkard, C. Gentil e D. Ansiau, "Chronic effects of shift work on cognition: findings from the VISAT longitudinal study", 2015.

52. E. van Cauter et al., op. cit.

53. E. van Cauter, K. Spiegel, E. Tasali e R. Leproult, op. cit.

54. M. Wittmann, J. Dinich, M. Merrow e T. Roenneberg, "Social jetlag: misalignment of biological and social time", 2006.

55. Ibid.

56. R. Levandovski et al., "Depression scores associated with chronotype and social jetlag in a rural population", 2011.

57. M. M. Mitler et al., "Catastrophes, sleep, and public policy: consensus report", 1988.

58. S. Folkard, op. cit.; *The Lighting Handbook: Reference and Application (Illuminating Engineering Society of North America/ /Lighting Handbook)*, op. cit.

59. J. Waterhouse et al., "Further assessments of the relationship between jet lag and some of its symptoms", 2005.

60. A. Herxheimer e K. J. Petrie, "Melatonin for the prevention and treatment of jet lag", 2002.

61. F. Tortorolo, F. Farren e G. Rada, "Is melatonin useful for jet lag?", 2015.
62. Ibid.; J. Arendt, "Does melatonin improve sleep? Efficacy of melatonin", 2006.
63. S. M. T. Wehrens et al., "Meal timing regulates the human circadian system", 2017.
64. T. Roenneberg, C. J. Kumar e M. Merrow, "The human circadian clock entrains to sun time", 2007.
65. T. Roenneberg et al., "Why should we abolish daylight saving time?", 2019.
66. N. C. Hadlow, S. Brown, R. Wardrop e D. Henley, "The effects of season, daylight saving and time of sunrise on serum cortisol in a large population", 2014.
67. T. Roenneberg et al., op. cit.; Y. Harrison, "The impact of daylight saving time on sleep and related behaviours", 2013; H. Zhang, T. Dahlen, A. Khan, G. Edgren e A. Rzhetsky, "Measurable health effects associated with the daylight saving time shift", 2020.
68. R. Manfredini et al., "Daylight saving time and myocardial infarction: should we be worried? A review of the evidence", 2018.
69. J. O. Sipilä, J. O. Ruuskanen, P. Rautava e V. Kytö, "Changes in ischemic stroke occurrence following daylight saving time transitions", 2016.
70. C. M. Barnes e D. T. Wagner, "Changing to daylight saving time cuts into sleep and increases workplace injuries", 2009.
71. J. Fritz, T. VoPham, K. P. Wright Jr. e C. Vetter, "A chronobiological evaluation of the acute effects of daylight saving time on traffic accident risk", 2020.
72. W. D. Todd, "Potential pathways for circadian dysfunction and sundowning-related behavioral aggression in Alzheimer's disease and related dementias", 2020.
73. T. Roenneberg et al., op. cit.
74. H. Lavretsky e P. A. Newhouse, op. cit.
75. F. Fabbian et al., "Chronotype, gender and general health", 2016.
76. L. Coppeta, F. Papa e A. Magrini, "Are shiftwork and indoor work related to D3 vitamin deficiency? A systematic review of current evidences", 2018.
77. Ibid.
78. F. R. Perez-Lopez, S. Pilz e P. Chedraui, "Vitamin D supplementation during pregnancy: an overview", 2020.
79. M. Friedman, "Analysis, nutrition, and health benefits of tryptophan", 2018.
80. G. Casetta, A. P. Nolfo e E. Palagi, "Yawn contagion promotes motor synchrony in wild lions, *Panthera leo*", 2021.
81. O. Giuntella e F. Mazzonna, "Sunset time and the economic effects of social jetlag: evidence from US time zone borders", 2019.

5. CAOS BIOLÓGICO [pp. 98-119]

1. K. Dean e R. M. Murray, "Environmental risk factors for psychosis", 2005.
2. M. E. Gaine, S. Chatterjee e T. Abel, "Sleep deprivation and the epigenome", 2018.
3. E. Lindberg et al., "Sleep time and sleep-related symptoms across two generations — results of the community-based RHINE and RHINESSA studies", 2020.
4. M. J. Thorpy, "Classification of sleep disorders", 2012.
5. Ibid.
6. D. B. Greenberg, "Clinical dimensions of fatigue", 2002.
7. M. Marshall, "The lasting misery of coronavirus long-haulers", 2020.
8. T. A. Wehr, "In short photoperiods, human sleep is biphasic", 1992.
9. A. R. Ekirch, "Segmented sleep in pre-industrial societies", 2016.
10. G. Yetish et al., "Natural sleep and its seasonal variations in three pre-industrial societies", 2015.
11. A. R. Ekirch, *At Day's Close: A History of Nighttime*, 2005; S. Handley, *Sleep in Early Modern England*, 2016.

12. T. A. Wehr, op. cit.; W. C. Duncan, G. Barbato, I. Fagioli, D. Garcia-Borreguero e T. A. Wehr, "A biphasic daily pattern of slow wave activity during a two-day 90-minute sleep-wake schedule", 2009.

13. N. Kleitman, "Basic rest-activity cycle — 22 years later", 1982.

14. M. D. Weaver et al., "Adverse impact of polyphasic sleep patterns in humans: Report of the National Sleep Foundation sleep timing and variability consensus panel", 2021.

15. N. P. Shanware et al., "Casein kinase 1-dependent phosphorylation of familial advanced sleep phase syndrome-associated residues controls PERIOD 2 stability", 2011; K. L. Toh et al., "An hPer2 phosphorylation site mutation in familial advanced sleep phase syndrome", 2001; K. J. Reid et al., "Familial advanced sleep phase syndrome", 2001.

16. C. J. Stepnowsky e S. Ancoli-Israel, "Sleep and its disorders in seniors", 2008.

17. S. Ancoli-Israel, B. Schnierow, J. Kelsoe e R. Fink, "A pedigree of one family with delayed sleep phase syndrome", 2001; A. Patke et al., "Mutation of the human circadian clock gene cry1 in familial delayed sleep phase disorder", 2017.

18. S. J. Crowley, C. Acebo e M. A. Carskadon, "Sleep, circadian rhythms, and delayed phase in adolescence", 2007.

19. J. L. Obeysekare et al., "Delayed sleep timing and circadian rhythms in pregnancy and transdiagnostic symptoms associated with postpartum depression", 2020.

20. J. Turner et al., "A prospective study of delayed sleep phase syndrome in patients with severe resistant obsessive-compulsive disorder", 2007.

21. A. J. Esbensen e A. J. Schwichtenberg, "Sleep in neurodevelopmental disorders", 2016.

22. C. D. Andrews et al., "Sleep-wake disturbance related to ocular disease: a systematic review of phase--shifting pharmaceutical therapies", 2019.

23. K. Wulff, D. J. Dijk, B. Middleton, R. G. Foster e E. M. Joyce, "Sleep and circadian rhythm disruption in schizophrenia", 2012.

24. K. Wulff, S. Gatti, J. G. Wettstein e R. G. Foster, "Sleep and circadian rhythm disruption in psychiatric and neurodegenerative disease", 2010.

25. Ibid.

26. K. C. Brennan et al., "Casein kinase Iδ mutations in familial migraine and advanced sleep phase", 2013.

27. C. J. Stepnowsky e S. Ancoli-Israel, op. cit.

28. K. C. Brennan et al., op. cit.

29. S. J. Crowley, C. Acebo e M. A. Carskadon, op. cit.

30. J. L. Obeysekare et al., op. cit.

31. J. Turner et al., op. cit.

32. A. J. Esbensen e A. J. Schwichtenberg, op. cit.

33. J. Arendt, "Melatonin: countering chaotic time cues", 2019.

34. M. A. Brown, S. F. Quan e P. S. Eichling, "Circadian rhythm sleep disorder, free-running type in a sighted male with severe depression, anxiety, and agoraphobia", 2011.

35. K. Wulff, D. J. Dijk, B. Middleton, R. G. Foster e E. M. Joyce, op. cit.

36. A. J. Esbensen e A. J. Schwichtenberg, op. cit.

37. Y. Leng, E. S. Musiek, K. Hu, F. P. Cappuccio e K. Yaffe, "Association between circadian rhythms and neurodegenerative diseases", 2019.

38. American Academy of Sleep Medicine *International Classification of Sleep Disorders*, 2014.

39. D. Patel, J. Steinberg e P. Patel, "Insomnia in the elderly: a review", 2018.

40. A. M. V. Wennberg, M. N. Wu, P. B. Rosenberg e A. P. Spira, "Sleep disturbance, cognitive decline, and dementia: a review", 2017.

41. D. Nutt, S. Wilson e L. Paterson, "Sleep disorders as core symptoms of depression", 2008.

42. K. Wulff, D. J. Dijk, B. Middleton, R. G. Foster e E. M. Joyce, op. cit.

43. A. J. Esbensen e A. J. Schwichtenberg, op. cit.

44. Y. Dauvilliers, "Insomnia in patients with neurodegenerative conditions", 2007.

45. W. M. Troxel et al., "Sleep symptoms predict the development of the metabolic syndrome", 2010.

46. R. G. Foster, S. Hughes e S. N. Peirson, "Circadian photoentrainment in mice and humans", 2020.
47. K. Kaneshwaran et al., "Sleep fragmentation, microglial aging, and cognitive impairment in adults with and without Alzheimer's dementia", 2019.
48. K. Wulff, D. J. Dijk, B. Middleton, R. G. Foster e E. M. Joyce, op. cit.
49. A. J. Esbensen e A. J. Schwichtenberg, op. cit.
50. S. M. Abbott e A. Videnovic, "Chronic sleep disturbance and neural injury: links to neurodegenerative disease", 2016.
51. K. A. Stamatakis e N. M. Punjabi, "Effects of sleep fragmentation on glucose metabolism in normal subjects", 2010.
52. A. M. Kim et al., "Tongue fat and its relationship to obstructive sleep apnea", 2014.
53. M. Santos e R. J. Hofmann, "Ocular manifestations of obstructive sleep apnea", 2017.
54. A. M. V. Wennberg, M. N. Wu, P. B. Rosenberg e A. P. Spira, op. cit.
55. L. J. Findley e P. M. Suratt, "Serious motor vehicle crashes: the cost of untreated sleep apnoea", 2001.
56. D. J. Eckert e A. Sweetman, "Impaired central control of sleep depth propensity as a common mechanism for excessive overnight wake time: implications for sleep apnea, insomnia and beyond", 2020.
57. S. Boing e W. J. Randerath, "Chronic hypoventilation syndromes and sleep-related hypoventilation", 2015.
58. R. Jen, Y. Li, R. L. Owens e A. Malhotra, "Sleep in chronic obstructive pulmonary disease: evidence gaps and challenges", 2016.
59. P. Levy et al., "Intermittent hypoxia and sleep-disordered breathing: current concepts and perspectives", 2008.
60. C. E. Mahoney, A. Cogswell, I. J. Koralnik e T. E. Scammell, "The neurobiological basis of narcolepsy", 2019.
61. M. K. Kaushik et al., "Continuous intrathecal orexin delivery inhibits cataplexy in a murine model of narcolepsy", 2018.
62. A. Nellore e T. D. Randall, "Narcolepsy and influenza vaccination — the inappropriate awakening of immunity", 2016.
63. M. Bonvalet, H. M. Ollila, A. Ambati e E. Mignot, "Autoimmunity in narcolepsy", 2017; G. Luo et al., "Autoimmunity to hypocretin and molecular mimicry to flu in type 1 narcolepsy", 2018.
64. S. Singh, H. Kaur, S. Singh e I. Khawaja, "Parasomnias: a comprehensive review", 2018.
65. C. H. Schenck, "The spectrum of disorders causing violence during sleep", 2019.
66. A. Tekriwal et al., "REM sleep behaviour disorder: prodromal and mechanistic insights for Parkinson's disease", 2017.
67. S. Singh, H. Kaur, S. Singh e I. Khawaja, op. cit.
68. S. V. Reddy, M. P. Kumar, D. Sravanthi, A. H. Mohsin e V. Anuhya, "Bruxism: a literature review", 2014.
69. A. S. Walters, "Clinical identification of the simple sleep-related movement disorders", 2007.
70. L. Ferini-Strambi, G. Carli, F. Casoni e A. Galbiati, "Restless legs syndrome and Parkinson disease: a causal relationship between the two disorders?", 2018.
71. L. R. Patrick, "Restless legs syndrome: pathophysiology and the role of iron and folate", 2007.
72. M. Novak, J. W. Winkelman e M. Unruh, "Restless legs syndrome in patients with chronic kidney disease", 2015.
73. M. J. Sateia, "International classification of sleep disorders — third edition: highlights and modifications", 2014.
74. M. H. Pittler e E. Ernst, "Kava extract for treating anxiety", 2003.
75. K. Shinomiya et al., "Effects of kava-kava extract on the sleep-wake cycle in sleep-disturbed rats", 2005.

6. DE VOLTA AO RITMO [pp. 120-43]

1. J. Y. Wick, "The history of benzodiazepines", 2013.
2. P. Ferentinos e T. Paparrigopoulos, "Zopiclone and sleepwalking", 2009.

3. J. Fernandez-Mendoza et al., "Sleep misperception and chronic insomnia in the general population: role of objective sleep duration and psychological profiles", 2011.

4. K. P. Wright Jr. et al., "Entrainment of the human circadian clock to the natural light-dark cycle", 2013.

5. A. van Maanen, A. M. Meijer, K. B. van der Heijden e F. J. Oort, "The effects of light therapy on sleep problems: A systematic review and meta-analysis", 2016.

6. K. Porcheret et al., "Chronotype and environmental light exposure in a student population", 2018.

7. C. E. Milner e K. A. Cote, "Benefits of napping in healthy adults: impact of nap length, time of day, age, and experience with napping", 2009.

8. I. Donskoy e D. Loghmanee, "Insomnia in adolescence", 2018.

9. K. Fukuda e K. Ishihara, "Routine evening naps and night-time sleep patterns in junior high and high school students", 2002.

10. B. A. Dolezal, E. V. Neufeld, D. M. Boland, J. L. Martin e C. B. Cooper, "Interrelationship between sleep and exercise: a systematic review", 2017.

11. K. Murray et al., "The relations between sleep, time of physical activity, and time outdoors among adult women", 2017.

12. E. C. Harding, V. P. Franks e W. Wisden, "The temperature dependence of sleep", 2019.

13. J. Stutz, R. Eiholzer e C. M. Spengler, "Effects of evening exercise on sleep in healthy participants: a systematic review and metaanalysis", 2019; C. Thomas, H. Jones, C. Whitworth-Turner e J. Louis, "High--intensity exercise in the evening does not disrupt sleep in endurance runners", 2020.

14. A. Dietrich e W. F. McDaniel, "Endocannabinoids and exercise", 2004.

15. A. W. McHill et al., "Later circadian timing of food intake is associated with increased body fat", 2017.

16. G. Beccuti et al., "Timing of food intake: Sounding the alarm about metabolic impairments? A systematic review", 2017.

17. S. Jehan et al., "Obesity, obstructive sleep apnea and type 2 diabetes mellitus: epidemiology and pathophysiologic insights", 2018.

18. L. C. Ruddick-Collins, J. D. Johnston, P. J. Morgan e A. M. Johnstone, "The big breakfast study: chrono--nutrition influence on energy expenditure and bodyweight", 2018.

19. B. Fang, H. Liu, S. Yang, R. Xu e G. Chen, "Effect of subjective and objective sleep quality on subsequent peptic ulcer recurrence in older adults", 2019.

20. F. O'Callaghan, O. Muurlink e V. Reid, "Effects of caffeine on sleep quality and daytime functioning", 2018.

21. L. A. Verlander, J. O. Benedict e D. P. Hanson, "Stress and sleep patterns of college students", 1999.

22. C. Cajochen et al., "High sensitivity of human melatonin, alertness, thermoregulation, and heart rate to short wavelength light", 2005.

23. R. Mehta e R. J. Zhu, "Blue or red? Exploring the effect of color on cognitive task performances", 2009.

24. B. Lemmer, "The sleep-wake cycle and sleeping pills", 2007.

25. Q. He, X. Chen, T. Wu, L. Li e X. Fei, "Risk of dementia in long-term benzodiazepine users: evidence from a meta-analysis of observational studies", 2019.

26. M. Osler e M. B. Jorgensen, "Associations of benzodiazepines, z-drugs, and other anxiolytics with subsequent dementia in patients with affective disorders: a nationwide cohort and nested case-control study", 2020.

27. R. A. Singleton Jr. e A. R. Wolfson, "Alcohol consumption, sleep, and academic performance among college students", 2009.

28. R. J. Raymann, D. F. Swaab e E. J. van Someren, "Skin temperature and sleep-onset latency: changes with age and insomnia", 2007.

29. K. Krauchi, C. Cajochen, E. Werth e A. Wirz-Justice, "Functional link between distal vasodilation and sleep-onset latency?", 2000.

30. I. Fietze et al., "The effect of room acoustics on the sleep quality of healthy sleepers", 2016.

31. M. Berk, "Sleep and depression — theory and practice", 2009.

32. J. D. Cook, S. C. Eftekari, E. Dallmann, M. Sippy e D. T. Plante, "Ability of the Fitbit Alta HR to quantify and classify sleep in patients with suspected central disorders of hypersomnolence: a comparison against polysomnography", 2019.

33. D. Gavriloff et al., "Sham sleep feedback delivered via actigraphy biases daytime symptom reports in people with insomnia: Implications for insomnia disorder and wearable devices", 2018; E. Fino et al., "(Not so) Smart sleep tracking through the phone: findings from a polysomnography study testing the reliability of four sleep applications", 2020.

34. P. R. Ko et al., "Consumer sleep technologies: a review of the landscape", 2015.

35. M. K. LeBourgeois, F. Giannotti, F. Cortesi, A. R. Wolfson e J. Harsh, "The relationship between reported sleep quality and sleep hygiene in Italian and American adolescents", 2005.

36. D. A. Kalmbach, J. T. Arendt, V. Pillai e J. A. Ciesla, "The impact of sleep on female sexual response and behavior: a pilot study", 2015.

37. M. Lastella, C. O'Mullan, J. L. Paterson e A. C. Reynolds, "Sex and sleep: perceptions of sex as a sleep promoting behavior in the general adult population", 2019.

38. M. Kroeger, "Oxytocin: key hormone in sexual intercourse, parturition, and lactation", 1996.

39. J. Alley, L. M. Diamond, D. L. Lipschitz e K. Grewen, "Associations between oxytocin and cortisol reactivity and recovery in response to psychological stress and sexual arousal", 2019.

40. T. H. Kruger, P. Haake, U. Hartmann, M. Schedlowski e M. S. Exton, "Orgasm-induced prolactin secretion: feedback control of sexual drive?", 2002; M. S. Exton et al., "Coitus-induced orgasm stimulates prolactin secretion in healthy subjects", 2001.

41. G. G. Bader e S. Engdal, "The influence of bed firmness on sleep quality", 2000; B. H. Jacobson, A. Boolani e D. B. Smith, "Changes in back pain, sleep quality, and perceived stress after introduction of new bedding systems", 2009.

42. K. Krauchi et al., "Sleep on a high heat capacity mattress increases conductive body heat loss and slow wave sleep", 2018; S. Chiba et al., "High rebound mattress toppers facilitate core body temperature drop and enhance deep sleep in the initial phase of nocturnal sleep", 2018.

43. J. Lytle, C. Mwatha e K. K. Davis, "Effect of lavender aromatherapy on vital signs and perceived quality of sleep in the intermediate care unit: a pilot study", 2014.

44. S. Guadagna, D. F. Barattini, S. Rosu e L. Ferini-Strambi, "Plant extracts for sleep disturbances: a systematic review", 2020.

45. S. Robertson, S. Loughran e K. MacKenzie, "Ear protection as a treatment for disruptive snoring: do ear plugs really work?", 2006.

46. M. Blumen et al., "Effect of sleeping alone on sleep quality in female bed partners of snorers", 2009.

47. L. Palagini e N. Rosenlicht, "Sleep, dreaming, and mental health: a review of historical and neurobiological perspectives", 2011.

48. S. Paulson, D. Barrett, K. Bulkeley e R. Naiman, "Dreaming: a gateway to the unconscious?", 2017.

49. S. Komasi, A. Soroush, H. Khazaie, A. Zakiei e M. Saeidi, "Dreams content and emotional load in cardiac rehabilitation patients and their relation to anxiety and depression", 2018.

50. E. Hartmann e T. Brezler, "A systematic change in dreams after 9/11/01", 2008.

51. Ibid.

52. A. Revonsuo, "The reinterpretation of dreams: an evolutionary hypothesis of the function of dreaming", 2000.

53. J. N. Rouder e R. D. Morey, "A Bayes factor meta-analysis of Bem's ESP claim", 2011.

54. N. Breslau, "The epidemiology of trauma, PTSD, and other post-trauma disorders", 2009.

55. P. J. Colvonen, L. D. Straus, D. Acheson e P. Gehrman, "A review of the relationship between emotional learning and memory, sleep, and PTSD", 2019.

56. K. Porcheret, E. A. Holmes, G. M. Goodwin, R. G. Foster e K. Wulff, "Psychological effect of an analogue traumatic event reduced by sleep deprivation", 2015; K. Porcheret et al., "Investigation of the impact of total sleep deprivation at home on the number of intrusive memories to an analogue trauma", 2019.

57. S. K. Lal e A. Craig, "A critical review of the psychophysiology of driver fatigue", 2001.

58. Q. Cai, Z. K. Gao, Y. X. Yang, W. D. Dang e C. Grebogi, "Multiplex limited penetrable horizontal visibility graph from EEG signals for driver fatigue detection", 2019.

59. M. M. Mitler et al., "Catastrophes, sleep, and public policy: consensus report", 1988.

60. R. Lok, K. Smolders, D. G. M. Beersma e Y. A. W. de Kort, "Light, alertness, and alerting effects of white light: a literature overview", 2018.

61. M. Perry-Jenkins, A. E. Goldberg, C. P. Pierce e A. G. Sayer, "Shift work, role overload, and the transition to parenthood", 2007.

62. T. Roenneberg, K. V. Allebrandt, M. Merrow e C. Vetter, "Social jetlag and obesity", 2012.

63. S. Folkard, "Do permanent night workers show circadian adjustment? A review based on the endogenous melatonin rhythm", 2008.

64. B. Baird, A. Castelnovo, O. Gosseries e G. Tononi, "Frequent lucid dreaming associated with increased functional connectivity between frontopolar cortex and temporoparietal association areas", 2018.

7. O RITMO DA VIDA [pp. 144-65]

1. C. C. Lawson et al., "Rotating shift work and menstrual cycle characteristics", 2011; W. Kang, K. H. Jang, H. M. Lim, J. S. Ahn e W. J. Park, "The menstrual cycle associated with insomnia in newly employed nurses performing shift work: a 12-month follow-up study", 2019.

2. J. E. Garcia, G. S. Jones e G. L. Wright Jr., "Prediction of the time of ovulation", 1981.

3. A. J. Wilcox, C. R. Weinberg e D. D. Baird, "Timing of sexual intercourse in relation to ovulation. Effects on the probability of conception, survival of the pregnancy, and sex of the baby", 1995.

4. C. C. Lawson et al., op. cit.; W. Kang, K. H. Jang, H. M. Lim, J. S. Ahn e W. J. Park, op. cit.

5. B. Kerdelhue et al., "Timing of initiation of the preovulatory luteinizing hormone surge and its relationship with the circadian cortisol rhythm in the human", 2002; M. T. Sellix e M. Menaker, "Circadian clocks in the ovary", 2010.

6. B. H. Miller e J. S. Takahashi, "Central circadian control of female reproductive function", 2013.

7. C. C. Lawson et al., op. cit.; F. C. Baker e H. S. Driver, "Circadian rhythms, sleep, and the menstrual cycle", 2007; T. Nurminen, "Shift work and reproductive health", 1998.

8. B. Lemmer, "No correlation between lunar and menstrual cycle — an early report by the French physician J. A. Murat in 1806", 2019.

9. I. Ilias, F. Spanoudi, E. Koukkou, D. A. Adamopoulos e S. C. Nikopoulou, "Do lunar phases influence menstruation? A year-long retrospective study", 2013.

10. C. Helfrich-Forster et al., "Women temporarily synchronize their menstrual cycles with the luminance and gravimetric cycles of the Moon", 2021.

11. R. G. Foster e T. Roenneberg, "Human responses to the geophysical daily, annual and lunar cycles", 2008; V. V. Vyazovskiy e R. G. Foster, "Sleep: a biological stimulus from our nearest celestial neighbor?", 2014.

12. I. Staboulidou, P. Soergel, B. Vaske e P. Hillemanns, "The influence of lunar cycle on frequency of birth, birth complications, neonatal outcome and the gender: a retrospective analysis", 2008.

13. V. V. Vyazovskiy e R. G. Foster, op. cit.

14. E. Naylor, "Tidally rhythmic behaviour of marine animals", 1985; M. Bulla, T. Oudman, A. I. Bijleveld, T. Piersma e C. P. Kyriacou, "Marine biorhythms: bridging chronobiology and ecology", 2017.

15. J. D. Palmer, J. R. Udry e N. M. Morris, "Diurnal and weekly, but no lunar rhythms in human copulation", 1982.

16. R. Refinetti, "Time for sex: nycthemeral distribution of human sexual behavior", 2005.

17. J. Junger et al., "Do women's preferences for masculine voices shift across the ovulatory cycle?", 2018; A. C. Little, B. C. Jones e R. P. Burriss, "Preferences for masculinity in male bodies change across the menstrual cycle", 2007; L. DeBruine et al., "Evidence for menstrual cycle shifts in women's preferences for masculinity: a response to Harris (in press), 'Menstrual cycle and facial preferences reconsidered'", 2010; K. Gildersleeve, M. G. Haselton e M. R. Fales, "Do women's mate preferences change across the ovulatory cycle? A meta-analytic review", 2014.

18. M. N. Williams e A. Jacobson, "Effect of copulins on rating of female attractiveness, mate-guarding, and self-perceived sexual desirability", 2016.

19. S. Kuukasjärvi et al., "Attractiveness of women's body odors over the menstrual cycle: the role of oral contraceptives and receiver sex", 2004.

20. R. L. Doty, M. Ford, G. Preti e G. R. Huggins, "Changes in the intensity and pleasantness of human vaginal odors during the menstrual cycle", 1975.

21. H. W. Su, Y. C. Yi, T. Y. Wei, T. C. Chang e C. M. Cheng, "Detection of ovulation, a review of currently available methods", 2017.

22. S. J. Winters, "Diurnal rhythm of testosterone and luteinizing hormone in hypogonadal men", 1991.

23. C. J. Bagatell, J. R. Heiman, J. E. Rivier e W. J. Bremner, "Effects of endogenous testosterone and estradiol on sexual behavior in normal young men", 1994.

24. M. Xie, K. S. Utzinger, K. Blickenstorfer e B. Leeners, "Diurnal and seasonal changes in semen quality of men in subfertile partnerships", 2018.

25. I. H. Kaiser e F. Halberg, "Circadian periodic aspects of birth", 1962; C. Chaney, T. G. Goetz e C. Valeggia, "A time to be born: variation in the hour of birth in a rural population of Northern Argentina", 2018.

26. C. Chaney, T. G. Goetz e C. Valeggia, op. cit.

27. J. T. Sharkey, C. Cable e J. Olcese, "Melatonin sensitizes human myometrial cells to oxytocin in a protein kinase C alpha/extracellular-signal regulated kinase-dependent manner", 2010.

28. L. J. Millar, L. Shi, A. Hoerder-Suabedissen e Z. Molnar, "Neonatal hypoxia ischaemia: mechanisms, models, and therapeutic challenges", 2017.

29. S. T. Anderson e G. A. FitzGerald, "Sexual dimorphism in body clocks", 2020.

30. D. B. Boivin, A. Shechter, P. Boudreau, E. A. Begum e N. M. Ng Ying-Kin, "Diurnal and circadian variation of sleep and alertness in men vs. naturally cycling women", 2016.

31. T. Roenneberg et al., "A marker for the end of adolescence", 2004.

32. D. Fischer, D. A. Lombardi, H. Marucci-Wellman e T. Roenneberg, "Chronotypes in the US – influence of age and sex", 2017.

33. S. T. Anderson e G. A. FitzGerald, op. cit.

34. Ibid.

35. C. Feillet et al., "Sexual dimorphism in circadian physiology is altered in LXRalpha deficient mice", 2016.

36. S. T. Anderson e G. A. FitzGerald, op. cit.

37. J. M. Meers e S. Nowakowski, "Sleep, premenstrual mood disorder, and women's health", 2020.

38. K. A. Yonkers, P. M. O'Brien e E. Eriksson, "Premenstrual syndrome", 2008.

39. F. P. Kruijver e D. F. Swaab, "Sex hormone receptors are present in the human suprachiasmatic nucleus", 2002; F. Wollnik e F. W. Turek, "Estrous correlated modulations of circadian and ultradian wheel-running activity rhythms in LEW/Ztm rats", 1988.

40. B. L. Parry et al., "Reduced phase-advance of plasma melatonin after bright morning light in the luteal, but not follicular, menstrual cycle phase in premenstrual dysphoric disorder: an extended study", 2011.

41. K. A. Yonkers, P. M. O'Brien e E. Eriksson, op. cit.

42. F. C. Baker e H. S. Driver, op. cit.; E. van Reen e J. Kiesner, "Individual differences in self-reported difficulty sleeping across the menstrual cycle", 2016.

43. D. Tempesta et al., "Lack of sleep affects the evaluation of emotional stimuli", 2010; J. F. Schwarz et al., "Shortened night sleep impairs facial responsiveness to emotional stimuli", 2013.

44. J. M. Meers, J. L. Bower e C. A. Alfano, "Poor sleep and emotion dysregulation mediate the association between depressive and premenstrual symptoms in young adult women", 2020.

45. L. E. Hollander et al., "Sleep quality, estradiol levels, and behavioral factors in late reproductive age women", 2001; R. Manber e R. Armitage, "Sex, steroids, and sleep: a review", 1999.

46. P. Proserpio et al., "Insomnia and menopause: a narrative review on mechanisms and treatments", 2020.

47. J. L. Shaver e N. F. Woods, "Sleep and menopause: a narrative review", 2015.

48. H. M. Kravitz et al., "Sleep difficulty in women at midlife: a community survey of sleep and the menopausal transition", 2003.

49. J. F. Walters, S. M. Hampton, G. A. Ferns e D. J. Skene, "Effect of menopause on melatonin and alertness rhythms investigated in constant routine conditions", 2005.

50. R. R. Freedman, "Hot flashes: behavioral treatments, mechanisms, and relation to sleep", 2005.

51. F. C. Baker, M. de Zambotti, I. M. Colrain e B. Bei, "Sleep problems during the menopausal transition: prevalence, impact, and management challenges", 2018.

52. H. M. Kravitz e H. Joffe, "Sleep during the perimenopause: a SWAN story, 2011.

53. K. E. Moe, "Hot flashes and sleep in women", 2004.

54. F. C. Baker, M. de Zambotti, I. M. Colrain e B. Bei, op. cit.

55. K. A. Franklin, C. Sahlin, H. Stenlund e E. Lindberg, "Sleep apnoea is a common occurrence in females", 2013.

56. F. Kapsimalis e M. H. Kryger, "Gender and obstructive sleep apnea syndrome, part 2: mechanisms", 2002.

57. D. Cintron et al., "Efficacy of menopausal hormone therapy on sleep quality: systematic review and meta-analysis", 2017.

58. S. M. McCurry et al., "Telephone-based cognitive behavioral therapy for insomnia in perimenopausal and postmenopausal women with vasomotor symptoms: a MsFLASH randomized clinical trial", 2016.

59. R. H. Salk, J. S. Hyde e L. Y. Abramson, "Gender differences in depression in representative national samples: meta-analyses of diagnoses and symptoms", 2017.

60. E. Barrett-Connor et al., "The association of testosterone levels with overall sleep quality, sleep architecture, and sleep-disordered breathing", 2008.

61. D. F. Swaab, L. J. Gooren e M. A. Hofman, "Brain research, gender and sexual orientation", 1995.

62. D. F. Swaab e M. A. Hofman, "An enlarged suprachiasmatic nucleus in homosexual men", 1990.

63. R. M. Román-Gálvez et al., "Factors associated with insomnia in pregnancy: a prospective Cohort Study", 2018.

64. J. L. Obeysekare et al., "Delayed sleep timing and circadian rhythms in pregnancy and transdiagnostic symptoms associated with postpartum depression", 2020.

65. L. Kivela, M. R. Papadopoulos e N. Antypa, "Chronotype and psychiatric disorders", 2018.

66. J. L. Obeysekare et al., op. cit.

67. D. Goyal, C. L. Gay e K. A. Lee, "Patterns of sleep disruption and depressive symptoms in new mothers", 2007.

68. T. Doan, C. L. Gay, H. P. Kennedy, J. Newman e K. A. Lee, "Nighttime breastfeeding behavior is associated with more nocturnal sleep among first-time mothers at one month postpartum", 2014.

69. K. Wulff e R. Siegmund, "Emergence of circadian rhythms in infants before and after birth: evidence for variations by parental influence", 2002; C. L. Gay, K. A. Lee e S. Y. Lee, "Sleep patterns and fatigue in new mothers and fathers", 2004.

70. C. L. Gay, K. A. Lee e S. Y. Lee, op. cit.

71. T. Doan, C. L. Gay, H. P. Kennedy, J. Newman e K. A. Lee, op. cit.

72. R. Stremler et al., "A behavioral-educational intervention to promote maternal and infant sleep: a pilot randomized, controlled trial", 2006.

73. L. P. Hunter, J. D. Rychnovsky e S. M. Yount, "A selective review of maternal sleep characteristics in the postpartum period", 2009.

74. H. P. Kennedy, A. Gardiner, C. Gay e K. A. Lee, "Negotiating sleep: a qualitative study of new mothers", 2007.

75. R. S. Cronin et al., "An individual participant data meta-analysis of maternal going-to-sleep position, interactions with fetal vulnerability, and the risk of late stillbirth", 2019.

76. R. G. Foster e T. Roenneberg, op. cit.

77. Ibid.; R. G. Condon e R. Scaglion, "The ecology of human birth seasonality", 1982.

78. C. Lundin et al., "Combined oral contraceptive use is associated with both improvement and worsening of mood in the different phases of the treatment cycle — a double-blind, placebo-controlled randomized trial", 2017; K. A. Yonkers, B. Cameron, R. Gueorguieva, M. Altemus e S. G. Kornstein, "The influence of cyclic hormonal contraception on expression of premenstrual syndrome", 2017.

79. R. G. Simmons et al., "Predictors of contraceptive switching and discontinuation within the first 6 months of use among Highly Effective Reversible Contraceptive Initiative Salt Lake study participants", 2019.

80. K. Smith et al., "Do progestin-only contraceptives contribute to the risk of developing depression as implied by Beta-Arrestin 1 levels in leukocytes? A pilot study", 2018.

81. C. A. Lewis et al., "Effects of hormonal contraceptives on mood: a focus on emotion recognition and reactivity, reward processing, and stress response", 2019.

82. P. Jocz, M. Stolarski e K. S. Jankowski, "Similarity in chronotype and preferred time for sex and its role in relationship quality and sexual satisfaction", 2018.

83. K. Richter, S. Adam, L. Geiss, L. Peter e G. Niklewski, "Two in a bed: the influence of couple sleeping and chronotypes on relationship and sleep. An overview", 2016.

84. P. S. Cooke, M. K. Nanjappa, C. Ko, G. S. Prins e R. A. Hess, "Estrogens in Male Physiology", 2017.

85. Ibid.

86. M. Xie, K. S. Utzinger, K. Blickenstorfer e B. Leeners, op. cit.

8. AS SETE IDADES DO SONO [pp. 166-94]

1. L. Fillinger, D. Janussen, T. Lundalv e C. Richter, "Rapid glass sponge expansion after climate-induced Antarctic ice shelf collapse", 2013.

2. A. Poblano, R. Haro e C. Arteaga, "Neurophysiologic measurement of continuity in the sleep of fetuses during the last week of pregnancy and in newborns", 2007.

3. M. Lancel, J. Faulhaber, F. Holsboer e R. Rupprecht, "Progesterone induces changes in sleep comparable to those of agonistic GABA receptor modulators", 1996.

4. R. Silvestri e I. Arico, "Sleep disorders in pregnancy", 2019.

5. Ibid.

6. L. R. Patrick, "Restless legs syndrome: pathophysiology and the role of iron and folate", 2007.

7. A. V. Bell, K. Hinde e L. Newson, "Who was helping? The scope for female cooperative breeding in early Homo", 2013.

8. K. Wulff e R. Siegmund, "Emergence of circadian rhythms in infants before and after birth: evidence for variations by parental influence", 2002; O. Bruni et al., "Longitudinal study of sleep behavior in normal infants during the first year of life", 2014.

9. E. K. Tham, N. Schneider e B. F. Broekman, "Infant sleep and its relation with cognition and growth: a narrative review", 2017.

10. J. A. Mindell et al., "Behavioral treatment of bedtime problems and night wakings in infants and young children", 2006.

11. S. A. Rivkees, "Developing circadian rhythmicity in infants", 2003.

12. J. A. Mindell et al., op. cit.

13. P. Bateson et al., "Developmental plasticity and human health", 2004.

14. M. M. Burnham, B. L. Goodlin-Jones, E. E. Gaylor e T. F. Anders, "Nighttime sleep-wake patterns and self-soothing from birth to one year of age: a longitudinal intervention study", 2002.

15. E. E. Gaylor, M. M. Burnham, B. L. Goodlin-Jones e T. F. Anders, "A longitudinal follow-up study of young children's sleep patterns using a developmental classification system", 2005.

16. L. Matricciani, C. Paquet, B. Galland, M. Short e T. Olds, "Children's sleep and health: A meta-review", 2019.

17. K. M. Stormark, H. E. Fosse, S. Pallesen e M. Hysing, "The association between sleep problems and academic performance in primary school-aged children: findings from a Norwegian longitudinal population--based study", 2019.

18. L. Sluggett, S. L. Wagner e R. L. Harris, "Sleep duration and obesity in children and adolescents", 2019.

19. L. J. Meltzer e H. E. Montgomery-Downs, "Sleep in the family", 2011.

20. J. A. Mindell e A. A. Williamson, "Benefits of a bedtime routine in young children: sleep, development, and beyond", 2018.

21. S. Moturi e K. Avis, "Assessment and treatment of common pediatric sleep disorders", 2010.

22. L. D. Akacem, K. P. Wright Jr. e M. K. LeBourgeois, "Bedtime and evening light exposure influence circadian timing in preschool-age children: a field study", 2016.

23. S. Moturi e K. Avis, op. cit.

24. L. J. Meltzer e H. E. Montgomery-Downs, op. cit.

25. G. C. Patton et al., "Our future: a *Lancet* commission on adolescent health and wellbeing", 2016.

26. S. J. Crowley, A. R. Wolfson, L. Tarokh e M. A. Carskadon, "An update on adolescent sleep: new evidence informing the perfect storm model", 2018.

27. K. M. Keyes, J. Maslowsky, A. Hamilton e J. Schulenberg, "The great sleep recession: changes in sleep duration among US adolescents, 1991-2012", 2015.

28. L. Matricciani, T. Olds e J. Petkov, "In search of lost sleep: secular trends in the sleep time of school-aged children and adolescents", 2012.

29. M. Hirshkowitz et al., "National Sleep Foundation's sleep time duration recommendations: methodology and results summary", 2015.

30. S. Paruthi et al., "Recommended amount of sleep for pediatric populations: a consensus statement of the American Academy of Sleep Medicine", 2016.

31. M. A. Carskadon, "Sleep in adolescents: the perfect storm", 2011.

32. M. Gradisar, G. Gardner e H. Dohnt, "Recent worldwide sleep patterns and problems during adolescence: a review and metaanalysis of age, region, and sleep", 2011.

33. C. E. Basch, C. H. Basch, K. V. Ruggles e S. Rajan, "Prevalence of sleep duration on an average school night among 4 nationally representative successive samples of American high school students, 2007-2013", 2014.

34. J. Owens, "Adolescent Sleep Working Group and Committee on Adolescence. Insufficient sleep in adolescents and young adults: an update on causes and consequences", 2014.

35. J. P. Chaput et al., "Systematic review of the relationships between sleep duration and health indicators in school-aged children and youth", 2016.

36. L. R. McKnight-Eily et al., "Relationships between hours of sleep and health-risk behaviors in US adolescent students", 2011.

37. L. Sluggett, S. L. Wagner e R. L. Harris, op. cit.

38. T. Shochat, M. Cohen-Zion e O. Tzischinsky, "Functional consequences of inadequate sleep in adolescents: a systematic review", 2014; M. Hysing, A. G. Harvey, S. J. Linton, K. G. Askeland e B. Sivertsen, "Sleep and academic performance in later adolescence: results from a large population-based study", 2016.

39. D. W. Beebe, J. Field, M. M. Miller, L. E. Miller e E. LeBlond, "Impact of multi-night experimentally induced short sleep on adolescent performance in a simulated classroom", 2017.

40. S. Godsell e J. White, "Adolescent perceptions of sleep and influences on sleep behaviour: a qualitative study", 2019.

41. T. R. Van Dyk, S. P. Becker e K. C. Byars, "Rates of mental health symptoms and associations with self--reported sleep quality and sleep hygiene in adolescents presenting for insomnia treatment", 2019.

42. T. Roenneberg et al., "A marker for the end of adolescence", 2004.

43. K. Porcheret et al., "Chronotype and environmental light exposure in a student population", 2018.

44. K. S. Jankowski, M. Fajkowska, E. Domaradzka e A. Wytykowska, "Chronotype, social jetlag and sleep loss in relation to sex steroids", 2019.

45. O. G. Jenni, P. Achermann e M. A. Carskadon, "Homeostatic sleep regulation in adolescents", 2005.

46. D. J. Taylor, O. G. Jenni, C. Acebo e M. A. Carskadon, "Sleep tendency during extended wakefulness: insights into adolescent sleep regulation and behavior", 2005.

47. R. Basheer, R. E. Strecker, M. M. Thakkar e R. W. McCarley, "Adenosine and sleep-wake regulation", 2004.

48. Ibid.

49. G. Illingworth, "The challenges of adolescent sleep", 2020.

50. N. Cain e M. Gradisar, "Electronic media use and sleep in school-aged children and adolescents: a review", 2010.

51. J. M. Twenge, Z. Krizan e G. Hisler, "Decreases in self-reported sleep duration among US adolescents 2009-2015 and association with new media screen time", 2017.

52. K. A. Bartel, M. Gradisar e P. Williamson, "Protective and risk factors for adolescent sleep: a meta--analytic review", 2015.

53. L. Vernon, K. L. Modecki e B. L. Barber, "Mobile phones in the bedroom: trajectories of sleep habits and subsequent adolescent psychosocial development", 2018.

54. K. M. Orzech, M. A. Grandner, B. M. Roane e M. A. Carskadon, "Digital media use in the 2h before bedtime is associated with sleep variables in university students", 2016.

55. A. A. Perrault et al., "Reducing the use of screen electronic devices in the evening is associated with improved sleep and daytime vigilance in adolescents", 2019.

56. M. Wittmann, J. Dinich, M. Merrow e T. Roenneberg, "Social jetlag: misalignment of biological and social time", 2006.

57. S. J. Crowley, C. Acebo e M. A. Carskadon, "Sleep, circadian rhythms, and delayed phase in adolescence", 2007.

58. S. J. Crowley et al., "A longitudinal assessment of sleep timing, circadian phase, and phase angle of entrainment across human adolescence", 2014.

59. W. M. Troxel e A. R. Wolfson, "The intersection between sleep science and policy: introduction to the special issue on school start times", 2017.

60. K. E. Minges e N. S. Redeker, "Delayed school start times and adolescent sleep: a systematic review of the experimental evidence", 2016; J. M. Bowers e A. Moyer, "Effects of school start time on students' sleep duration, daytime sleepiness, and attendance: a meta-analysis", 2017; A. G. Wheaton, D. P. Chapman e J. B. Croft, "School start times, sleep, behavioral, health, and academic outcomes: a review of the literature", 2016.

61. R. G. Foster, "Sleep, circadian rhythms and health", 2020.

62. R. Kobak, C. Abbott, A. Zisk e N. Bounoua, "Adapting to the changing needs of adolescents: parenting practices and challenges to sensitive attunement", 2017.

63. S. L. Blunden, J. Chapman e G. A. Rigney, "Are sleep education programs successful? The case for improved and consistent research efforts", 2012; S. Blunden e G. Rigney, "Lessons learned from sleep education in schools: a review of dos and don'ts", 2015.

64. E. R. Facer-Childs, B. Middleton, D. J. Skene e A. P. Bagshaw, "Resetting the late timing of 'night owls' has a positive impact on mental health and performance", 2019.

65. T. R. Van Dyk et al., "Feasibility and emotional impact of experimentally extending sleep in short--sleeping adolescents", 2017.

66. G. Livingston et al., "Dementia prevention, intervention, and care: 2020 report of the *Lancet* Commission", 2020.

67. A. M. V. Wennberg, M. N. Wu, P. B. Rosenberg e A. P. Spira, "Sleep disturbance, cognitive decline, and dementia: a review", 2017.

68. M. M. Ohayon, M. A. Carskadon, C. Guilleminault e M. V. Vitiello, "Meta-analysis of quantitative sleep parameters from childhood to old age in healthy individuals: developing normative sleep values across the human lifespan", 2004.

69. D. J. Dijk, J. F. Duffy e C. A. Czeisler, "Age-related increase in awakenings: impaired consolidation of nonREM sleep at all circadian phases", 2001.

70. D. L. Bliwise, "Sleep in normal aging and dementia", 1993.

71. C. A. Czeisler et al., "Association of sleep-wake habits in older people with changes in output of circadian pacemaker", 1992.

72. J. F. Duffy et al., "Peak of circadian melatonin rhythm occurs later within the sleep of older subjects", 2002.

73. B. Sherman, C. Wysham e B. Pfohl, "Age-related changes in the circadian rhythm of plasma cortisol in man", 1985.

74. J. F. Duffy et al., op. cit.

75. E. J. van Someren, "Circadian and sleep disturbances in the elderly", 2000.

76. C. A. Czeisler et al., "Association of sleep-wake habits in older people with changes in output of circadian pacemaker", 1992.

77. M. Munch et al., "Age-related attenuation of the evening circadian arousal signal in humans", 2005.

78. J. M. Zeitzer et al., "Do plasma melatonin concentrations decline with age?", 1999.
79. S. Farajnia et al., "Evidence for neuronal desynchrony in the aged suprachiasmatic nucleus clock", 2012.
80. J. N. Zhou, M. A. Hofman e D. F. Swaab, "VIP neurons in the human SCN in relation to sex, age, and Alzheimer's disease", 1995.
81. L. Pagani et al., "Serum factors in older individuals change cellular clock properties", 2011.
82. S. J. Crowley, S. W. Cain, A. C. Burns, C. Acebo e M. A. Carskadon, "Increased sensitivity of the circadian system to light in early/mid-puberty", 2015.
83. J. F. Duffy, J. M. Zeitzer e C. A. Czeisler, "Decreased sensitivity to phase-delaying effects of moderate intensity light in older subjects", 2007.
84. F. M. Cuthbertson, S. N. Peirson, K. Wulff, R. G. Foster e S. M. Downes, "Blue light-filtering intraocular lenses: review of potential benefits and side effects", 2009.
85. I. Alexander et al., "Impact of cataract surgery on sleep in patients receiving either ultraviolet-blocking or blue-filtering intraocular lens implants", 2014.
86. D. J. Dijk e C. A. Czeisler, "Contribution of the circadian pacemaker and the sleep homeostat to sleep propensity, sleep structure, electroencephalographic slow waves, and sleep spindle activity in humans", 1995.
87. A. Gadie, M. Shafto, Y. Leng, R. A Kievit e Ç. A. N. Cam, "How are age-related differences in sleep quality associated with health outcomes? An epidemiological investigation in a UK cohort of 2406 adults", 2017.
88. C. Schmidt, P. Peigneux e C. Cajochen, "Age-related changes in sleep and circadian rhythms: impact on cognitive performance and underlying neuroanatomical networks", 2012.
89. M. F. Pengo, C. H. Won e G. Bourjeily, "Sleep in women across the life span", 2018.
90. C. J. Stepnowsky e S. Ancoli-Israel, "Sleep and its disorders in seniors", 2008.
91. Ibid.
92. A. M. V. Wennberg, M. N. Wu, P. B. Rosenberg e A. P. Spira, op. cit.
93. S. S. Cheung, "Responses of the hands and feet to cold exposure", 2015.
94. C. Oshima-Saeki, Y. Taniho, H. Arita e E. Fujimoto, "Lower-limb warming improves sleep quality in elderly people living in nursing homes", 2017.
95. H. A. Middelkoop, D. A. Smilde-van den Doel, A. K., Neven, H. A. Kamphuisen e C. P. Springer, "Subjective sleep characteristics of 1,485 males and females aged 50-93: effects of sex and age, and factors related to self-evaluated quality of sleep", 1996; D. Fonda, "Nocturia: a disease or normal ageing?", 1999.
96. L. van Dijk, D. G. Kooij e F. G. Schellevis, "Nocturia in the Dutch adult population", 2002.
97. J. F. Duffy, K. Scheuermaier e K. R. Loughlin, "Age-related sleep disruption and reduction in the circadian rhythm of urine output: contribution to nocturia?", 2016.
98. K. Sugaya, S. Nishijima, M. Miyazato, K. Kadekawa e Y. Ogawa, "Effects of melatonin and rilmazafone on nocturia in the elderly", 2007.
99. Y. Homma et al., "Nocturia in the adult: classification on the basis of largest voided volume and nocturnal urine production", 2000.
100. J. F. Duffy, K. Scheuermaier e K. R. Loughlin, op. cit.
101. M. H. Jin e D. G. Moon, "Practical management of nocturia in urology", 2008.
102. Ibid.
103. J. F. Duffy, K. Scheuermaier e K. R. Loughlin, op. cit.
104. D. G. Moon et al., "Antidiuretic hormone in elderly male patients with severe nocturia: a circadian study", 2004.
105. R. Asplund, B. Sundberg e P. Bengtsson, "Oral desmopressin for nocturnal polyuria in elderly subjects: a double-blind, placebo-controlled randomized exploratory study", 1999; M. Oelke, B. Fangmeyer, J. Zinke e J. H. Witt, "Nocturia in men with benign prostatic hyperplasia", 2018.
106. M. G. Umlauf et al., "Obstructive sleep apnea, nocturia and polyuria in older adults", 2004.
107. D. Margel, T. Shochat, O. Getzler, P. M. Livne e G. Pillar, "Continuous positive airway pressure reduces nocturia in patients with obstructive sleep apnea", 2006.
108. A. Charloux, C. Gronfier, E. Lonsdorfer-Wolf, F. Piquard e G. Brandenberger, "Aldosterone release during the sleep-wake cycle in humans", 1999.

109. R. B. Stewart, M. T. Moore, F. E. May, R. G. Marks e W. E. Hale, "Nocturia: a risk factor for falls in the elderly", 1992.

110. R. Asplund, S. Johansson, S. Henriksson e G. Isacsson, "Nocturia, depression and antidepressant medication", 2005.

111. R. Asplund, "Nocturia in relation to sleep, health, and medical treatment in the elderly", 2005.

112. S. A. Hall et al., "Commonly used antihypertensives and lower urinary tract symptoms: results from the Boston Area Community Health (BACH) Survey", 2012.

113. S. Washino, Y. Ugata, K. Saito e T. Miyagawa, "Calcium channel blockers are associated with nocturia in men aged 40 years or older", 2021.

114. M. Salman et al., "Effect of calcium channel blockers on lower urinary tract symptoms: a systematic review", 2017.

115. A. M. V. Wennberg, M. N. Wu, P. B. Rosenberg e A. P. Spira, op. cit.

116. A. Rongve, B. F. Boeve e D. Aarsland, "Frequency and correlates of caregiver-reported sleep disturbances in a sample of persons with early dementia", 2010.

117. S. L. Naismith et al., "Sleep disturbance relates to neuropsychological functioning in late-life depression", 2011.

118. A. M. V. Wennberg, M. N. Wu, P. B. Rosenberg e A. P. Spira, op. cit.

119. S. Ancoli-Israel, M. R. Klauber, N. Butters, L. Parker e D. F. Kripke, "Dementia in institutionalized elderly: relation to sleep apnea", 1991.

120. I. Jaussent et al., "Excessive sleepiness is predictive of cognitive decline in the elderly", 2012.

121. A. M. V. Wennberg, M. N. Wu, P. B. Rosenberg e A. P. Spira, op. cit.

122. L. Ayalon et al., "Adherence to continuous positive airway pressure treatment in patients with Alzheimer's disease and obstructive sleep apnea", 2006.

123. Alzheimer's Association, "2016 Alzheimer's disease facts and figures", 2016.

124. C. R., Jack Jr. et al., "Tracking pathophysiological processes in Alzheimer's disease: an updated hypothetical model of dynamic biomarkers", 2013.

125. S. Kar e R. Quirion, "Amyloid beta peptides and central cholinergic neurons: functional interrelationship and relevance to Alzheimer's disease pathology", 2004; S. Kar, S. P. Slowikowski, D. Westaway e H. T. Mount, "Interactions between beta-amyloid and central cholinergic neurons: implications for Alzheimer's disease", 2004.

126. H. R. Song, Y. S. Woo, H. R. Wang, T. Y. Jun e W. M. Bahk, "Effect of the timing of acetylcholinesterase inhibitor ingestion on sleep", 2013.

127. C. F. Hatfield, J. Herbert, E. J. van Someren, J. R. Hodges, e M. H. Hastings, "Disrupted daily activity/rest cycles in relation to daily cortisol rhythms of home-dwelling patients with early Alzheimer's dementia", 2004.

128. A. M. V. Wennberg, M. N. Wu, P. B. Rosenberg e A. P. Spira, op. cit.

129. Ibid.

130. E. A. Hahn, H. X. Wang, R. Andel e L. Fratiglioni, "A change in sleep pattern may predict Alzheimer disease", 2014.

131. J. Benito-Leon, F. Bermejo-Pareja, S. Vega e E. D. Louis, "Total daily sleep duration and the risk of dementia: a prospective population-based study", 2009.

132. A. S. Lim, M. Kowgier, L. Yu, A. S. Buchman e D. A. Bennett, "Sleep fragmentation and the risk of incident Alzheimer's disease and cognitive decline in older persons", 2013.

133. J. E. Kang et al., "Amyloid-beta dynamics are regulated by orexin and the sleep-wake cycle", 2009.

134. L. Xie et al., "Sleep drives metabolite clearance from the adult brain", 2013.

135. B. C. Reeves et al., "Glymphatic system impairment in Alzheimer's disease and idiopathic normal pressure hydrocephalus", 2020.

136. E. Shokri-Kojori et al., "β-Amyloid accumulation in the human brain after one night of sleep deprivation", 2018.

137. S. Cordone, L. Annarumma, P. M. Rossini e L. De Gennaro, "Sleep and beta-amyloid deposition in Alzheimer disease: insights on mechanisms and possible innovative treatments", 2019.

138. S. Sundaram et al., "Inhibition of casein kinase 1delta/epsilon improves cognitive-affective behavior and reduces amyloid load in the APP-PS1 mouse model of Alzheimer's disease", 2019.

139. E. Tandberg, J. P. Larsen e K. Karlsen, "A community-based study of sleep disorders in patients with Parkinson's disease", 1998.

140. R. L. Nussbaum e C. E. Ellis, "Alzheimer's disease and Parkinson's disease", 2003.

141. C. H. Schenck, "The spectrum of disorders causing violence during sleep", 2019.

142. T. Kudo, D. H. Loh, D. Truong, Y. Wu e C. S. Colwell, "Circadian dysfunction in a mouse model of Parkinson's disease", 2011; L. D. Willison, T. Kudo, D. H. Loh, D. Kuljis e C. S. Colwell, "Circadian dysfunction may be a key component of the non-motor symptoms of Parkinson's disease: insights from a transgenic mouse model", 2013.

143. S. M. McCurry et al., "Increasing walking and bright light exposure to improve sleep in community--dwelling persons with Alzheimer's disease: results of a randomized, controlled trial", 2011.

144. A. M. V. Wennberg, M. N. Wu, P. B. Rosenberg e A. P. Spira, op. cit.

145. M. Ettcheto et al., "Benzodiazepines and related drugs as a risk factor in Alzheimer's disease dementia", 2019.

146. W. B. Mendelson, "A review of the evidence for the efficacy and safety of trazodone in insomnia", 2005.

147. J. Molano e B. V. Vaughn, "Approach to insomnia in patients with dementia", 2014.

148. A. M. V. Wennberg, M. N. Wu, P. B. Rosenberg e A. P. Spira, op. cit.

149. J. F. Duffy, J. M. Zeitzer e C. A. Czeisler, op. cit.

150. T. Shochat, J. Martin, M. Marler e S. Ancoli-Israel, "Illumination levels in nursing home patients: effects on sleep and activity rhythms", 2000.

151. R. Martins da Silva, P. Afonso, M. Fonseca e T. Teodoro, "Comparing sleep quality in institutionalized and non-institutionalized elderly individuals", 2020.

152. R. F. Riemersma-van der Lek et al., "Effect of bright light and melatonin on cognitive and noncognitive function in elderly residents of group care facilities: a randomized controlled trial", 2008.

153. M. G. Figueiro, "Light, sleep and circadian rhythms in older adults with Alzheimer's disease and related dementias", 2017.

154. M. Chapell et al., "Myopia and night-time lighting during sleep in children and adults", 2001.

155. J. A. Guggenheim, C. Hill e T. F. Yam, "Myopia, genetics, and ambient lighting at night in a UK sample", 2003.

156. B. M. Gee, K., Lloyd, J. Sutton e T. McOmber, "Weighted blankets and sleep quality in children with autism spectrum disorders: a single-subject design", 2020.

9. O TEMPO FORA DA MENTE [pp. 195-215]

1. D. Dawson e K. Reid, "Fatigue, alcohol and performance impairment", *Nature*, 1997.

2. K. Blatter e C. Cajochen, "Circadian rhythms in cognitive performance: methodological constraints, protocols, theoretical underpinnings", 2007.

3. D. Goldstein, C. S. Hahn, L. Hasher, U. J. Wiprzycka e P. D. Zelazo, "Time of day, intellectual performance, and behavioral problems in morning versus evening type adolescents: is there a synchrony effect?", 2007; G. Zerbini e M. Merrow, "Time to learn: how chronotype impacts education", 2017; V. Van der Vinne, et al., "Timing of examinations affects school performance differently in early and late chronotypes", 2015.

4. K. Blatter e C. Cajochen, op. cit.

5. 567. H. P. Van Dongen, G. Maislin, J. M. Mullington e D. F. Dinges, "The cumulative cost of additional wakefulness: dose-response effects on neurobehavioral functions and sleep physiology from chronic sleep restriction and total sleep deprivation", 2003; G. Belenky et al., "Patterns of performance degradation and restoration during sleep restriction and subsequent recovery: a sleep dose-response study", 2003.

6. J. Lim e D. F. Dinges, "A meta-analysis of the impact of short-term sleep deprivation on cognitive variables", 2010.

7. J. S. Durmer e D. F. Dinges, "Neurocognitive consequences of sleep deprivation", 2005.

8. S. Bioulac et al., "Risk of motor vehicle accidents related to sleepiness at the wheel: a systematic review and meta-analysis", 2018.

9. C. B. Saper, P. M. Fuller, N. P. Pedersen, J. Lu, e T. E. Scammell, "Sleep state switching", 2010.

10. M. M. Mitler et al., "Catastrophes, sleep, and public policy: consensus report", 1988.

11. D. Bendor, e M. A. Wilson, "Biasing the content of hippocampal replay during sleep", 2012.

12. S. S. Yoo, P. T. Hu, N. Gujar, F. A. Jolesz e M. P. Walker, "A deficit in the ability to form new human memories without sleep", 2007.

13. J. L. Ong et al., "Auditory stimulation of sleep slow oscillations modulates subsequent memory encoding through altered hippocampal function", 2018.

14. L. Marshall e J. Born, "The contribution of sleep to hippocampus-dependent memory consolidation", 2007.

15. P. J. Colvonen, L. D. Straus, D. Acheson e P. Gehrman, "A review of the relationship between emotional learning and memory, sleep, and PTSD", 2019.

16. J. Axelsson et al., "Beauty sleep: experimental study on the perceived health and attractiveness of sleep deprived people", 2010.

17. D. Schmid, D. Erlacher, A. Klostermann, R. Kredel e E. J., Hossner, E. J. "Sleep-dependent motor memory consolidation in healthy adults: a meta-analysis", 2020.

18. M. Schonauer, T. Geisler e S. Gais, "Strengthening procedural memories by reactivation in sleep", 2014.

19. I. T. Kurniawan, J. N. Cousins, P. L. Chong, e M. W. Chee, "Procedural performance following sleep deprivation remains impaired despite extended practice and an afternoon nap", 2016.

20. U. Wagner, S. Gais, H. Haider, R. Verleger e J. Born, "Sleep inspires insight", 2004.

21. G. Murray, "Diurnal mood variation in depression: a signal of disturbed circadian function?", 2007; A. Wirz-Justice, "Diurnal variation of depressive symptoms", 2008.

22. K. Wulff, S. Gatti, J. G. Wettstein e R. G. Foster, "Sleep and circadian rhythm disruption in psychiatric and neurodegenerative disease", 2010.

23. G. Murray, op. cit.

24. J. P. Roiser, Howes, O. D., Chaddock, C. A., Joyce, E. M. e McGuire, P., "Neural and behavioral correlates of aberrant salience in individuals at risk for psychosis", 2013.

25. Benca, R. M., Obermeyer, W. H., Thisted, R. A. e Gillin, J. C., "Sleep and psychiatric disorders. A meta-analysis", 1992.

26. Kessler, R. C. et al. "Lifetime prevalence and age-of-onset distributions of mental disorders in the World Health Organization's World Mental Health Survey Initiative", 2007.

27. K. Wulff, D. J. Dijk, B. Middleton, R. G. Foster e E. M. Joyce, "Sleep and circadian rhythm disruption in schizophrenia", 2012.

28. Manoach, D. S. e Stickgold, R., "Does abnormal sleep impair memory consolidation in schizophrenia?", 2009.

29. Cohrs, S., "Sleep disturbances in patients with schizophrenia: impact and effect of antipsychotics", 2008.

30. Manoach, D. S. e Stickgold, R., op. cit.; Cohrs, S., op. cit.; Martin, J. et al. "Actigraphic estimates of circadian rhythms and sleep/wake in older schizophrenia patients", 2001; L. Martin, D. V. Jeste, e S. Ancoli-Israel, "Older schizophrenia patients have more disrupted sleep and circadian rhythms than age-matched comparison subjects", 2005; K. Wulff, E. Joyce, B. Middleton, D. J. Dijk e R. G. Foster, "The suitability of actigraphy, diary data, and urinary melatonin profiles for quantitative assessment of sleep disturbances in schizophrenia: a case report", 2006; K. Wulff, K. Porcheret, E. Cussans, e R. G. Foster, "Sleep and circadian rhythm disturbances: multiple genes and multiple phenotypes", 2009.

31. Cohrs, S., op. cit.; Goldman, M. et al., "Biological predictors of 1-year outcome in schizophrenia in males and females", 1996; J. R. Hofstetter, Lysaker, P. H. e Mayeda, A. R. "Quality of sleep in patients with schizophrenia is associated with quality of life and coping", 2005.

32. L. A. Auslander e D. V. Jeste, "Perceptions of problems and needs for service among middle-aged and elderly outpatients with schizophrenia and related psychotic disorders", 2002.

33. C. L. Ehlers, E. Frank e D. J. Kupfer, "Social zeitgebers and biological rhythms. A unified approach to understanding the etiology of depression", 1988; E. Chemerinski et al., "Insomnia as a predictor for symptom worsening following antipsychotic withdrawal in schizophrenia", 2002.

34. K. Wulff, S. Gatti, J. G. Wettstein e R. G. Foster, "Sleep and circadian rhythm disruption in psychiatric and neurodegenerative disease", 2010.

35. K. Wulff, D. J. Dijk, B. Middleton, R. G. Foster e E. M. Joyce, "Sleep and circadian rhythm disruption in schizophrenia", 2012.

36. Ibid.

37. D. Pritchett et al., "Evaluating the links between schizophrenia and sleep and circadian rhythm disruption", 2012.

38. Ibid.; P. L. Oliver et al., "Disrupted circadian rhythms in a mouse model of schizophrenia", 2012; D. Pritchett et al., "Deletion of metabotropic glutamate receptors 2 and 3 (mGlu2 and mGlu3) in mice disrupts sleep and wheel-running activity, and increases the sensitivity of the circadian system to light", 2015.

39. P. J. Uhlhaas e W. Singer, "Neural synchrony in brain disorders: relevance for cognitive dysfunctions and pathophysiology", 2006; G. Richardson e S. Wang-Weigand, "Effects of long-term exposure to ramelteon, a melatonin receptor agonist, on endocrine function in adults with chronic insomnia", 2009.

40. D. Pritchett et al., op. cit.; A. Jagannath, S. N. Peirso e R. G. Foster, "Sleep and circadian rhythm disruption in neuropsychiatric illness", 2013.

41. D. Pritchett et al., op. cit.

42. A. Jagannath, S. N. Peirso e R. G. Foster., op. cit.

43. D. Freeman, et al., "The effects of improving sleep on mental health (OASIS): a randomised controlled trial with mediation analysis", 2017.

44. P. K. Alvaro, R. M. Roberts, e J. K. Harris, "A systematic review assessing bidirectionality between sleep disturbances, anxiety, and depression", 2013.

45. T. R. Goldstein, J. A. Bridge e D. A. Brent, D. A., "Sleep disturbance preceding completed suicide in adolescents", 2008.

46. M. E. Rumble et al., "The relationship of person-specific eveningness chronotype, greater seasonality, and less rhythmicity to suicidal behavior: a literature review", 2018.

47. A. K. Gold e L. G. Sylvia, "The role of sleep in bipolar disorder", 2016.

48. T. H. Monk, A. Germain e C. F. Reynolds, "Sleep disturbance in bereavement", 2008.

49. T. Noguchi, K. Lo, T. Diemer e D. K. Welsh, "Lithium effects on circadian rhythms in fibroblasts and suprachiasmatic nucleus slices from Cry knockout mice", 2016.

50. H. R. Sanghani et al., "Patient fibroblast circadian rhythms predict lithium sensitivity in bipolar disorder", 2020.

10. QUANDO TOMAR REMÉDIOS [pp. 216-43]

1. M. J. R. Desborough e D. M. Keeling, "The aspirin story — from willow to wonder drug", 2017.

2. F. Levi, C. Le Louarn e A. Reinberg, "Timing optimizes sustained-release indomethacin treatment of osteoarthritis", 1985.

3. M. Maurer, J. P. Ortonne, e T. Zuberbier, "Chronic urticaria: an internet survey of health behaviours, symptom patterns and treatment needs in European adult patients", 2009.

4. G. Labrecque e M. C. Vanier, "Biological rhythms in pain and in the effects of opioid analgesics", 1995.

5. S. S. Rund, A. J. O'Donnell, J. E. Gentile e S. E. Reece, "Daily rhythms in mosquitoes and their consequences for malaria transmission", 2016.

6. M. H. Smolensky et al., "Diurnal and twenty-four hour patterning of human diseases: acute and chronic common and uncommon medical conditions", 2015.

7. Ibid.

8. R. A. Jamieson, "Acute perforated peptic ulcer: frequency and incidence in the West of Scotland", 1955.

9. D. A. Kujubu e S. R. Aboseif, "An overview of nocturia and the syndrome of nocturnal polyuria in the elderly", 2008.

10. M. C. Barloese, P. J. Jennum, N. T. Lund e R. H. Jensen, "Sleep in cluster headache – beyond a temporal rapid eye movement relationship?", 2015.

11. M. H. Smolensky et al., op. cit.

12. H. J. Durrington, S. N. Farrow, A. S. Loudon e D. W. Ray, "The circadian clock and asthma", 2014.

13. T. Nihei et al., "Circadian variation of Rho-kinase activity in circulating leukocytes of patients with vasospastic angina", 2014.

14. K. K. Truong, M. T. Lam, M. A. Grandner, C. S. Sassoon, e A. Malhotra, "Timing matters: circadian rhythm in sepsis, obstructive lung disease, obstructive sleep apnea, and cancer", 2016.

15. J. T. Scott, "Morning stiffness in rheumatoid arthritis", 1960; M. Cutolo, "Chronobiology and the treatment of rheumatoid arthritis", 2012.

16. M. H. Smolensky, A. Reinberg e G. Labrecque, "Twenty-four hour pattern in symptom intensity of viral and allergic rhinitis: treatment implications", 1995.

17. M. H. Smolensky et al., op. cit.

18. W. Van Oosterhout et al., "Chronotypes and circadian timing in migraine", 2018.

19. W. J. Elliott, "Circadian variation in the timing of stroke onset: a meta-analysis", 1998.

20. A. Suarez-Barrientos et al., "Circadian variations of infarct size in acute myocardial infarction", 2011; J. E. Muller et al., "Circadian variation in the frequency of sudden cardiac death", 1987.

21. N. Khachiyants, D. Trinkle, S. J. Son e K. Y. Kim, "Sundown syndrome in persons with dementia: an update", 2011.

22. M. Gallerani et al., "The time for suicide", 1996.

23. M. H. Smolensky et al., op. cit.; R. Allada e J. Bass, "Circadian mechanisms in medicine", 2021; G. Kaur, C. L. Phillips, K. Wong, A. J. McLachlan e B. Saini, B. "Timing of administration: for commonly-prescribed medicines in Australia", 2016.

24. A. A. Mangoni e S. H. Jackson, "Age-related changes in pharmacokinetics and pharmacodynamics: basic principles and practical applications", 2004.

25. J. J. Coleman e S. K. Pontefract, "Adverse drug reactions", 2016.

26. G. N. Asher, A. H. Corbett e R. L. Hawke, "Common herbal dietary supplement-drug interactions", 2017.

27. M. Baraldo, "The influence of circadian rhythms on the kinetics of drugs in humans", 2008.

28. W. J. Elliott, op. cit.

29. S. R. Mehta et al., "The circadian pattern of ischaemic heart disease events in Indian population", 1998.

30. J. J. Stubblefield e J. D. Lechleiter, "Time to target stroke: examining the circadian system in stroke", 2019.

31. F. A. Scheer et al., "The human endogenous circadian system causes greatest platelet activation during the biological morning independent of behaviors", 2011.

32. S. C. McLoughlin, P. Haines e G. A. FitzGerald, "Clocks and cardiovascular function", 2015.

33. P. M. Wong, B. P. Hasler, T. W. Kamarck, M. F. Muldoon e S. B. Manuck, "Social jetlag, chronotype, and cardiometabolic risk", 2015; C. J. Morris, T. E. Purvis, K. Hu e F. A. Scheer, "Circadian misalignment increases cardiovascular disease risk factors in humans", 2016.

34. S. S. Thosar, M. P. Butler e S. A. Shea, "Role of the circadian system in cardiovascular disease", 2018; R. Manfredini et al., "Circadian variation in stroke onset: identical temporal pattern in ischemic and hemorrhagic events", 2005; M. U. Butt Zakaria e H. M. Hussain, "Circadian pattern of onset of ischaemic and haemorrhagic strokes, and their relation to sleep/wake cycle", 2009.

35. A. Suarez-Barrientos et al., op. cit.

36. S. B. Duss et al., "The role of sleep in recovery following ischemic stroke: a review of human and animal data", 2017.

37. A. Hodor, S. Palchykova, F. Baracchi, D. Noain e C. L. Bassetti, C. L., "Baclofen facilitates sleep, neuroplasticity, and recovery after stroke in rats", 2014; O. Parra et al., "Early treatment of obstructive apnoea and stroke outcome: a randomised controlled trial", 2011; C. Zunzunegui, B. Gao, E. Cam, A. Hodor e C. L. Bassetti,

"Sleep disturbance impairs stroke recovery in the rat", 2011; M. K. Fleming, et al., "Sleep disruption after brain injury is associated with worse motor outcomes and slower functional recovery", 2020.

38. D. G. Hackam e J. D. Spence, "Antiplatelet therapy in ischemic stroke and transient ischemic attack", 2019.

39. T. N. Bonten, et al., "Time-dependent effects of aspirin on blood pressure and morning platelet reactivity: a randomized cross-over trial", 2015; M. Buurma, J. J. K. van Diemen, A. Thijs, M. E. Numans e T. N. Bonten, "Circadian rhythm of cardiovascular disease: the potential of chronotherapy with aspirin", 2019.

40. R. C. Hermida et al., "Bedtime hypertension treatment improves cardiovascular risk reduction: the Hygia Chronotherapy Trial", 2019.

41. S. Mayor, "Taking antihypertensives at bedtime nearly halves cardiovascular deaths when compared with morning dosing", 2019.

42. Sanders, G. D. et al. *Angiotensin-Converting Enzyme Inhibitors (ACEIs), Angiotensin II Receptor Antagonists (ARBs), and Direct Renin Inhibitors for Treating Essential Hypertension: An Update; AHRQ Comparative Effectiveness Reviews*, 2011

43. S. A. Hall et al., "Commonly used antihypertensives and lower urinary tract symptoms: results from the Boston Area Community Health (BACH) Survey", 2012.

44. M. Salman et al., "Effect of calcium channel blockers on lower urinary tract symptoms: a systematic review", 2017.

45. R. Altman, H. L. Luciardi, J. Muntaner e R. N. Herrera, "The antithrombotic profile of aspirin. Aspirin resistance, or simply failure?", 2004.

46. F. A. Scheer et al., "The human endogenous circadian system causes greatest platelet activation during the biological morning independent of behaviors", 2011.

47. L. L. Zhu, L. C. Xu, Y. Chen, Q. Zhou e S. Zeng, "Poor awareness of preventing aspirin-induced gastrointestinal injury with combined protective medications", 2012.

48. R. Plakogiannis e H. Cohen, "Optimal low-density lipoprotein cholesterol lowering — morning versus evening statin administration", 2007.

49. S. N. Peirson e R. G. Foster, "Bad light stops play", 2011.

50. M. C. Ede, "Circadian rhythms of drug effectiveness and toxicity", 1973.

51. E. Esposito et al., "Potential circadian effects on translational failure for neuroprotection", 2020.

52. Ibid.

53. A. Shankar e C. T. Williams, "The darkness and the light: diurnal rodent models for seasonal affective disorder", 2021.

54. J. P. Segal, K. A. Tresidder, C. Bhatt, I. Gilron e N. Ghasemlou, "Circadian control of pain and neuroinflammation", 2018.

55. J. T. Scott, op. cit.

56. F. Buttgereit, J. S. Smolen, A. N. Coogan e C. Cajochen, "Clocking in: chronobiology in rheumatoid arthritis", 2015.

57. S. W. Broner e J. M. Cohen, "Epidemiology of cluster headache", 2009.

58. M. J. Burish, Z. Chen e S. H. Yoo, "Emerging relevance of circadian rhythms in headaches and neuropathic pain", 2019.

59. R. Noseda e R. Burstein, "Migraine pathophysiology: anatomy of the trigeminovascular pathway and associated neurological symptoms, CSD, sensitization and modulation of pain", 2013.

60. T. D. Rozen e R. S. Fishman, "Cluster headache in the United States of America: demographics, clinical characteristics, triggers, suicidality, and personal burden", 2018.

61. M. C. Barloese, P. J. Jennum, N. T. Lund e R. H. Jensen, op. cit.

62. M. J. Burish, Z. Chen e S. H. Yoo, op. cit.

63. Headache Classification Committee of the International Headache Society (IHS), The International Classification of Headache Disorders, 2018.

64. W. F. Stewart, R. B. Lipton, D. D. Celentano e M. L. Reed, "Prevalence of migraine headache in the United States. Relation to age, income, race, and other sociodemographic factors", 1992.

65. D. Hemelsoet, K. Hemelsoet e D. Devreese, "The neurological illness of Friedrich Nietzsche", 2008.
66. W. Van Oosterhout et al., op. cit.
67. D. Borsook et al., "Sex and the migraine brain", 2014.
68. J. C. Ong et al., "Can circadian dysregulation exacerbate migraines?", 2018.
69. K. C. Brennan et al., "Casein kinase Iδ mutations in familial migraine and advanced sleep phase", 2013.
70. M. J. Burish, Z. Chen e S. H. Yoo, op. cit.
71. V. Leso et al., "Shift work and migraine: a systematic review", 2020.
72. Z. Chen, "What's next for chronobiology and drug discovery", 2017.
73. A. S. Johansson, J. Brask, B. Owe-Larsson, J. Hetta e G. B. Lundkvist, "Valproic acid phase shifts the rhythmic expression of Period2::Luciferase", 2011.
74. K. R. Biggs e R. A. Prosser, "GABAB receptor stimulation phase-shifts the mammalian circadian clock in vitro", 1998.
75. S. P. Glasser, "Circadian variations and chronotherapeutic implications for cardiovascular management: a focus on COER verapamil", 1999.
76. M. J. Burish, Z. Chen e S. H. Yoo, op. cit.
77. M. Mwamburi, E. J. Liebler e A. T. Tenaglia, "Review of noninvasive vagus nerve stimulation (gammaCore): efficacy, safety, potential impact on comorbidities, and economic burden for episodic and chronic cluster headache", 2017.
78. G. Labrecque e M. C. Vanier, op. cit.
79. I. Gilron, J. M. Bailey e E. G. Vandenkerkhof, "Chronobiological characteristics of neuropathic pain: clinical predictors of diurnal pain rhythmicity", 2013.
80. M. J. Burish, Z. Chen e S. H. Yoo, op. cit.
81. J. Zhang et al., "Regulation of peripheral clock to oscillation of substance P contributes to circadian inflammatory pain", 2012.
82. J. Gong, A. Chehrazi-Raffle, S. Reddi e R. Salgia, "Development of PD-1 and PD-L1 inhibitors as a form of cancer immunotherapy: a comprehensive review of registration trials and future considerations", 2018.
83. E. Filipski et al., "Disruption of circadian coordination accelerates malignant growth in mice", 2003.
84. L. Fu, H. Pelicano, J. Liu, P. Huang e C. Lee, "The circadian gene Period2 plays an important role in tumor suppression and DNA damage response in vivo", 2002.
85. A. Mteyrek, E. Filipski, C. Guettier, A. Okyar e F. Lévi, "Clock gene Per2 as a controller of liver carcinogenesis", 2016.
86. B. J. Altman et al., "MYC disrupts the circadian clock and metabolism in cancer cells", 2015.
87. P. P. Dakup et al., "The circadian clock protects against ionizing radiation-induced cardiotoxicity", 2020.
88. J. Hansen, "Night shift work and risk of breast cancer", 2017.
89. E. S. Schernhammer et al., "Rotating night shifts and risk of breast cancer in women participating in the nurses' health study", 2001.
90. M. Lozano-Lorca et al., "Night shift work, chronotype, sleep duration, and prostate cancer risk: CAPLIFE study", 2020; T. C. Erren, P. Morfeld e V. J. Gross, "Night shift work, chronotype, and prostate cancer risk: incentives for additional analyses and prevention", 2015; K. Papantoniou et al., "Night shift work, chronotype and prostate cancer risk in the MCC-Spain case-control study", 2015.
91. E. S. Schernhammer et al., op. cit.; A. N. Viswanathan, S. E. Hankinson e E. S. Schernhammer, "Night shift work and the risk of endometrial cancer", 2007; E. S. Schernhammer et al., "Night-shift work and risk of colorectal cancer in the nurses' health study", 2003; K. Papantoniou et al., "Rotating night shift work and colorectal cancer risk in the nurses' health studies", 2018; L. R. Wegrzyn et al., "Rotating night-shift work and the risk of breast cancer in the nurses' health studies", 2017.
92. K. Papantoniou et al., "Breast cancer risk and night shift work in a case-control study in a Spanish population", 2016.
93. J. Hansen, "Light at night, shiftwork, and breast cancer risk", 2001.
94. E. Cordina-Duverger et al., "Night shift work and breast cancer: a pooled analysis of population-based case-control studies with complete work history", 2018.

95. K. Straif et al., "Carcinogenicity of shift-work, painting, and fire-fighting", 2007.
96. O. Tokumaru et al., "Incidence of cancer among female flight attendants: a meta-analysis", 2006.
97. E. Pukkala et al., "Cancer incidence among 10,211 airline pilots: a Nordic study", 2003; P. R. Band et al., "Cohort study of Air Canada pilots: mortality, cancer incidence, and leukemia risk", 1996.
98. N. M. Kettner et al., "Circadian homeostasis of liver metabolism suppresses hepatocarcinogenesis", 2016.
99. B. S. C. Koritala et al., "Night shift schedule causes circadian dysregulation of DNA repair genes and elevated DNA damage in humans", 2021.
100. L. Fu e N. M. Kettner, "The circadian clock in cancer development and therapy", 2013.
101. Ibid.
102. M. Y. Yang et al., "Downregulation of circadian clock genes in chronic myeloid leukemia: alternative methylation pattern of hPER3", 2006.
103. J. Samulin Erdem et al., "Mechanisms of breast cancer in shift workers: DNA methylation in five core circadian genes in nurses working night shifts", 2017.
104. S. Sulli et al., "Pharmacological activation of REV-ERBs is lethal in cancer and oncogene-induced senescence", 2018.
105. T. Oshima et al., "Cell-based screen identifies a new potent and highly selective CK2 inhibitor for modulation of circadian rhythms and cancer cell growth", 2019.
106. Y. Bu et al., "A PERK-miR-211 axis suppresses circadian regulators and protein synthesis to promote cancer cell survival", 2018.
107. J. F. Grutsch et al., "Validation of actigraphy to assess circadian organization and sleep quality in patients with advanced lung cancer", 2011.
108. L. M. H. Steur et al., "Sleep-wake rhythm disruption is associated with cancer-related fatigue in pediatric acute lymphoblastic leukemia", 2020.
109. O. Palesh et al., "Relationship between subjective and actigraphy-measured sleep in 237 patients with metastatic colorectal cancer", 2017.
110. P. F. Innominato et al., "Circadian rhythm in rest and activity: a biological correlate of quality of life and a predictor of survival in patients with metastatic colorectal cancer", 2009; F. Lévi et al., "Wrist actimetry circadian rhythm as a robust predictor of colorectal cancer patients survival", 2014.
111. P. Nurse, "A journey in science: cell-cycle control", 2017.
112. S. Li, A. Balmain e C. M. Counter, "A model for RAS mutation patterns in cancers: finding the sweet spot", 2018.
113. Y. Tsuchiya, I. Minami, H. Kadotani, T. Todo, e E. Nishida, "Circadian clock-controlled diurnal oscillation of Ras/ERK signaling in mouse liver", 2013.
114. A. Relogio et al., "Ras-mediated deregulation of the circadian clock in cancer", 2014.
115. L. Jacob, M. Freyn, M. Kalder, K. Dinas e K. Kostev, "Impact of tobacco smoking on the risk of developing 25 different cancers in the UK: a retrospective study of 422,010 patients followed for up to 30 years", 2018.
116. S. Zienolddiny et al., "Analysis of polymorphisms in the circadian-related genes and breast cancer risk in Norwegian nurses working night shifts", 2013.
117. E. Levy-Lahad e E. Friedman, "Cancer risks among BRCA1 and BRCA2 mutation carriers", 2007.
118. K. N. Buchi, J. G. Moore, W. J. Hrushesky, R. B. Sothern e N. H. Rubin, "Circadian rhythm of cellular proliferation in the human rectal mucosa", 1991; G. Frentz, U. Moller, P. Holmich e I. J. Christensen, "On circadian rhythms in human epidermal cell proliferation", 1991.
119. W. J. Hrushesky, "Circadian timing of cancer chemotherapy", 1985.
120. G. E. Rivard, C. Infante-Rivard, C. Hoyoux e J. Champagne, "Maintenance chemotherapy for childhood acute lymphoblastic leukaemia: better in the evening", 1985.
121. F. Lévi et al., "Chronotherapy of colorectal cancer metastases", 2001.
122. F. Lévi, A. Okyar, S. Dlong, P. F. Innominato e J. Clairambault, "Circadian timing in cancer treatments", 2010; R. J. W. Hill, P. F. Innominato, F. Lévi e A. Ballesta, "Optimizing circadian drug infusion schedules towards personalized cancer chronotherapy", 2020.

123. S. Chan et al., "Could time of whole brain radiotherapy delivery impact overall survival in patients with multiple brain metastases?", 2016.

124. R. J. W. Hill, P. F. Innominato, F. Lévi e A. Ballesta, op. cit.

125. K. Papantoniou et al., op. cit.

126. G. B. Lim, "Surgery: circadian rhythms influence surgical outcomes", 2018.

127. C. A. Czeisler, C. A. Pellegrini e R. M. Sade, "Should sleep-deprived surgeons be prohibited from operating without patients' consent?", 2013.

128. F. Lévi e A. Okyar, "Circadian clocks and drug delivery systems: impact and opportunities in chronotherapeutics", 2011.

11. A CORRIDA ARMAMENTISTA CIRCADIANA [pp. 244-59]

1. K. Man, A. Loudon e A. Chawla, "Immunity around the clock", 2016; C. Scheiermann, Y. Kunisaki e P. S. Frenette, P. S. "Circadian control of the immune system", 2013.

2. A. B. Lyons, L. Moy, R. Moy e R. Tung, "Circadian rhythm and the skin: a review of the literature", 2019.

3. Ibid.

4. Ibid.

5. C. Scheiermann, Y. Kunisaki e P. S. Frenette, P. S., op. cit.

6. S. Chen, K. K. Fuller, J. C. Dunlap e J. J. Loros, "A pro- and anti-inflammatory axis modulates the macrophage circadian clock", 2020.

7. R. S. Edgar et al., "Cell autonomous regulation of herpes and influenza virus infection by the circadian clock", 2016.

8. S. Sengupta et al., "Circadian control of lung inflammation in influenza infection", 2019.

9. J. E. Long et al., "Morning vaccination enhances antibody response over afternoon vaccination: a cluster-randomised trial", 2016.

10. M. Vinciguerra et al., "Exploitation of host clock gene machinery by hepatitis viruses B and C", 2013.

11. G. Benegiamo et al., "Mutual antagonism between circadian protein period 2 and hepatitis C virus replication in hepatocytes", 2013.

12. R. S. Edgar et al., op. cit.

13. X. Zhuang, S. B. Rambhatla, A. G. Lai e J. A. McKeating, "Interplay between circadian clock and viral infection", 2017.

14. R. S. Edgar et al., "Cell autonomous regulation of herpes and influenza virus infection by the circadian clock", 2016.

15. S. Sengupta et al., "Circadian control of lung inflammation in influenza infection", 2019.

16. K. Spiegel, J. F. Sheridan e E. Van Cauter, "Effect of sleep deprivation on response to immunization", 2002.

17. D. J. Taylor, K. Kelly, M. L. Kohut e K. S. Song, "Is insomnia a risk factor for decreased influenza vaccine response?", 2007.

18. A. A. Prather et al., "Sleep and antibody response to hepatitis B vaccination", 2012; T. Lange, B. Perras, H. L. Fehm e J. Born, "Sleep enhances the human antibody response to hepatitis A vaccination", 2003.

19. R. Glaser e J. K. Kiecolt-Glaser, "Stress-induced immune dysfunction: implications for health", 2005.

20. R. Maidstone et al., "Shift work is associated with positive COVID-19 status in hospitalised patients", 2021.

21. J. N. Morey, I. A. Boggero, A. B. Scott e S. C. Segerstrom, "Current directions in stress and human immune function", 2015; S. C. Segerstrom e G. E. Miller, "Psychological stress and the human immune system: a meta-analytic study of 30 years of inquiry", 2004.

22. M. Irwin et al., "Partial sleep deprivation reduces natural killer cell activity in humans", 1994.

23. J. N. Morey, I. A. Boggero, A. B. Scott e S. C. Segerstrom, "Current directions in stress and human immune function", 2015.

24. M. Cutolo, "Chronobiology and the treatment of rheumatoid arthritis", 2012.

25. R. H. Straub e M. Cutolo, "Involvement of the hypothalamic-pituitary-adrenal/gonadal axis and the peripheral nervous system in rheumatoid arthritis: viewpoint based on a systemic pathogenetic role", 2001.

26. P. J. Hotez e J. R. Herricks, "Impact of the neglected tropical diseases on human development in the organisation of islamic cooperation nations", 2015.

27. J. L. Waite, E. Suh, P. A. Lynch e M. B. Thomas, "Exploring the lower thermal limits for development of the human malaria parasite, *Plasmodium falciparum*", 2019.

28. M. J. Dobson, "Malaria in England: a geographical and historical perspective", 1994.

29. S. S. Rund, A. J. O'Donnell, J. E. Gentile e S. E. Reece, "Daily rhythms in mosquitoes and their consequences for malaria transmission", 2016.

30. C. P. Nixon, "*Plasmodium falciparum* gametocyte transit through the cutaneous microvasculature: a new target for malaria transmission-blocking vaccines?", 2016; E. Meibalan e M. Marti, "Biology of malaria transmission", 2017.

31. C. A. Long, e F. Zavala, "Immune responses in malaria", 2017.

32. B. Lell, C. H. Brandts, W. Graninger e P. G. Kremsner, "The circadian rhythm of body temperature is preserved during malarial fever", 2000.

33. S. E. Reece, K. F. Prior e N. Mideo, "The life and times of parasites: rhythms in strategies for within--host survival and between-host transmission", 2017.

34. F. Rijo-Ferreira et al., "The malaria parasite has an intrinsic clock", 2020.

35. P. Carvalho Cabral, M. Olivier e N. Cermakian, "The complex interplay of parasites, their hosts, and circadian clocks", 2019.

36. A. J. O'Donnell, P. Schneider, H. G. McWatters e S. E. Reece, "Fitness costs of disrupting circadian rhythms in malaria parasites", 2011.

37. R. S. Edgar et al., op. cit.

38. B. Lell, C. H. Brandts, W. Graninger e P. G. Kremsner, op. cit.

39. K. F. Prior et al., "Timing of host feeding drives rhythms in parasite replication", 2018; I. C. Hirako et al., "Daily rhythms of TNFalpha expression and food intake regulate synchrony of plasmodium stages with the host circadian cycle", 2018.

40. X. Zhuang, S. B. Rambhatla, A. G. Lai e J. A. McKeating, op. cit.

41. S. Descamps, "Breeding synchrony and predator specialization: a test of the predator swamping hypothesis in seabirds", 2019.

42. P. Lavtar et al., "Association of circadian rhythm genes ARNTL/BMAL1 and CLOCK with multiple sclerosis", 2018.

43. S. Gustavsen et al., "Shift work at young age is associated with increased risk of multiple sclerosis in a Danish population", 2016.

44. S. F. Dowell e M. S. Ho, "Seasonality of infectious diseases and severe acute respiratory syndrome — what we don't know can hurt us", 2004.

45. J. Babcock e H. J. Krouse, "Evaluating the sleep/wake cycle in persons with asthma: three case scenarios", 2010.

46. H. J. Durrington, S. N. Farrow, A. S. Loudon e D. W. Ray, "The circadian clock and asthma", 2014.

47. S. Ray e A. B. Reddy, "COVID-19 management in light of the circadian clock", 2020.

12. A HORA DE COMER [pp. 260-73]

1. The GBD 2015 Obesity Collaborators. "Health effects of overweight and obesity in 195 countries over 25 years", 2017.

2. G. Eknoyan, "A history of obesity, or how what was good became ugly and then bad", 2006.

3. K. Yaffe et al., "Cardiovascular risk factors across the life course and cognitive decline: a pooled cohort study", 2021.

4. S. Kwok et al., "Obesity: a critical risk factor in the COVID-19 pandemic", 2020.

5. A. Kalsbeek, S. la Fleur e E. Fliers, "Circadian control of glucose metabolism", 2014.

6. M. M. Adeva-Andany, R. Funcasta-Calderon, C. Fernandez-Fernandez, E. Castro-Quintela e N. Carneiro-Freire, "Metabolic effects of glucagon in humans", 2019.

7. J. Weeke e H. J. Gundersen, "Circadian and 30 minutes variations in serum TSH and thyroid hormones in normal subjects", 1978.

8. K. Lieb, M. Reincke, D. Riemann e U. Voderholzer, "Sleep deprivation and growth-hormone secretion", 2000.

9. M. Tsai, A. Asakawa, H. Amitani e A. Inui, "Stimulation of leptin secretion by insulin", 2012.

10. N. M. Thie, T. Kato, G. Bader, J. Y. Montplaisir e G. J. Lavigne, "The significance of saliva during sleep and the relevance of oro-motor movements", 2002.

11. H. Duboc, B. Coffin, e L. Siproudhis, "Disruption of circadian rhythms and gut motility: an overview of underlying mechanisms and associated pathologies", 2020.

12. B. Vaughn, S. Rotolo e H. Roth, "Circadian rhythm and sleep influences on digestive physiology and disorders", 2014.

13. R. A. Jamieson, "Acute perforated peptic ulcer; frequency and incidence in the West of Scotland", 1955.

14. H. Yamamoto, K. Nagai e H. Nakagawa, "Role of SCN in daily rhythms of plasma glucose, FFA, insulin and glucagon", 1987; A. N. Van den Pol e T. Powley, "A fine-grained anatomical analysis of the role of the rat suprachiasmatic nucleus in circadian rhythms of feeding and drinking", 1979.

15. A. Kalsbeek, S. la Fleur e E. Fliers, "Circadian control of glucose metabolism", 2014.

16. Ibid.

17. F. W. Turek et al., "Obesity and metabolic syndrome in circadian Clock mutant mice", 2005.

18. K. A. Stokkan, S. Yamazaki, H. Tei, Y. Sakaki e M. Menaker, "Entrainment of the circadian clock in the liver by feeding", 2001.

19. A. Chaix, T. Lin, H. D. Le, M. W. Chang e S. Panda, "Time-restricted feeding prevents obesity and metabolic syndrome in mice lacking a circadian clock", 2019.

20. C. H. Kroenke et al., "Work characteristics and incidence of type 2 diabetes in women", 2007; Y. Suwazono et al., "Shiftwork and impaired glucose metabolism: a 14-year cohort study on 7104 male workers", 2009; A. Pan, E. S. Schernhammer, Q. Sun e F. B. Hu, "Rotating night shift work and risk of type 2 diabetes: two prospective cohort studies in women", 2011; Z. Shan et al., "Rotating night shift work and adherence to unhealthy lifestyle in predicting risk of type 2 diabetes: results from two large US cohorts of female nurses", 2008.

21. D. E. Cumming et al., "A preprandial rise in plasma ghrelin levels suggests a role in meal initiation in humans", 2001.

22. S. M. Schmid, M. Hallschmid, K. Jauch-Chara, J. Born e B. Schultes, "A single night of sleep deprivation increases ghrelin levels and feelings of hunger in normal-weight healthy men", 2008; O. Froy, "Metabolism and circadian rhythms — implications for obesity", 2010.

23. K. Spiegel, E. Tasali P. Penev, e E. Van Cauter, "Brief communication: sleep curtailment in healthy young men is associated with decreased leptin levels, elevated ghrelin levels, and increased hunger and appetite", 2004.

24. K. Spiegel, R. Leproult e E. van Cauter, "Impact of sleep debt on metabolic and endocrine function", 1999.

25. A. Van Drongelen, C. R. Boot, S. L. Merkus, T. Smid e A. J. van der Beek, "The effects of shift work on body weight change — a systematic review of longitudinal studies", 2011.

26. J. Licinio, "Longitudinally sampled human plasma leptin and cortisol concentrations are inversely correlated", 1998; R. Heptulla et al., "Temporal patterns of circulating leptin levels in lean and obese adolescents: relationships to insulin, growth hormone, and free fatty acids rhythmicity", 2001.

27. A. G. Izquierdo, A. B. Crujeiras, F. F. Casanueva e M. C. Carreira, "Leptin, obesity, and leptin resistance: where are we 25 years later?", 2019.

28. P. Cohen e B. M. Spiegelman, "Cell biology of fat storage", 2016.

29. E. Maury, H. K. Hong e J. Bass, "Circadian disruption in the pathogenesis of metabolic syndrome", 2014; D. Gnocchi, M. Pedrelli, E. Hurt-Camejo e P. Parini, "Lipids around the clock: focus on circadian rhythms and lipid metabolism", 2015.

30. D. J. Gottlieb et al., "Association of sleep time with diabetes mellitus and impaired glucose tolerance", 2005.

31. F. P. Cappuccio et al., "Meta-analysis of short sleep duration and obesity in children and adults", 2008.
32. E. Belyavskiy, E. Pieske-Kraighe e M. Tadic, "Obstructive sleep apnea, hypertension, and obesity: a dangerous triad", 2019.
33. H. S. Driver I. Shulman, F. C. Baker e R. Buffenstein, "Energy content of the evening meal alters nocturnal body temperature but not sleep", 1999.
34. D. S. Strand, D. Kim e D. A. Peura, "25 years of proton pump inhibitors: a comprehensive review", 2017.
35. J. G. Hatlebakk, P. O. Katz, L. Camacho-Lobato e D. O. Castell, "Proton pump inhibitors: better acid suppression when taken before a meal than without a meal", 2000.
36. H. K. Jung, R. S. Choung e N. J. Talley, "Gastroesophageal reflux disease and sleep disorders: evidence for a causal link and therapeutic implications", 2010.
37. J. G. Hatlebakk, P. O. Katz, B. Kuo e D. O. Castell, "Nocturnal gastric acidity and acid breakthrough on different regimens of omeprazole 40 mg daily", 1998.
38. A. U. Syed et al., "Adenylyl cyclase 5-generated cAMP controls cerebral vascular reactivity during diabetic hyperglycemia", 2019.
39. A. Sanchez et al., "Role of sugars in human neutrophilic phagocytosis", 1973.
40. P. Cohen e B. M. Spiegelman, op. cit.

13. COMO ENCONTRAR SEU RITMO NATURAL [pp. 274-92]

1. C. N. Rotimi, F. Tekola-Ayele, J. L. Baker e D. Shriner, "The African diaspora: history, adaptation and health", 2016.
2. Q. Yang et al., "Added sugar intake and cardiovascular diseases mortality among US adults", 2014.
3. K. L. Stanhope, "Sugar consumption, metabolic disease and obesity: the state of the controversy", 2016.
4. S. I. Sherwani, H. A. Khan, A. Ekhzaimy, A. Masood e M. K. Sakharkar, M. K., "Significance of HbA1c test in diagnosis and prognosis of diabetic patients", 2016.
5. A. Fildes et al., "Probability of an obese person attaining normal body weight: cohort study using electronic health records", 2015.
6. S. A. Shea, M. F. Hilton, K. Hu e F. A. Scheer, "Existence of an endogenous circadian blood pressure rhythm in humans that peaks in the evening", 2011.
7. J. Licinio, "Longitudinally sampled human plasma leptin and cortisol concentrations are inversely correlated", 1998.
8. J. M. Selfridge, K. Moyer, D. G. Capelluto e C. V. Finkielstein, "Opening the debate: how to fulfill the need for physicians' training in circadian-related topics in a full medical school curriculum", 2015.
9. G. Atkinson e T. Reilly, "Circadian variation in sports performance", 1996; P. De Goede, J. Wefers, E. C. Brombacher, P. Schrauwen e A. Kalsbeek, "Circadian rhythms in mitochondrial respiration", 2018.
10. D. Van Moorsel et al., "Demonstration of a day-night rhythm in human skeletal muscle oxidative capacity", 2016.
11. C. E. Kline et al., "Circadian variation in swim performance", 2007.
12. K. M. Zitting, et al., "Human resting energy expenditure varies with circadian phase", 2018.
13. E. Facer-Childs e R. Brandstaetter, "The impact of circadian phenotype and time since awakening on diurnal performance in athletes", 2015.
14. A. F. Vieira, R. R. Costa, R. C. Macedo, L. Coconcelli e L. F. Kruel, "Effects of aerobic exercise performed in fasted v. fed state on fat and carbohydrate metabolism in adults: a systematic review and meta-analysis", 2016; K. Iwayama et al., "Exercise increases 24h fat oxidation only when it is performed before breakfast", 2015.
15. K. M. Zitting, et al., "Human resting energy expenditure varies with circadian phase", 2018.
16. S. R. Colberg, C. R. Grieco e C. T. Somma, "Exercise effects on postprandial glycemia, mood, and sympathovagal balance in type 2 diabetes", 2014; A. Borror, G. Zieff, C. Battaglini e L. Stoner, "The effects of postprandial exercise on glucose control in individuals with type 2 diabetes: a systematic review", 2018.

17. S. G. Reebs e N. Mrosovsky, "Effects of induced wheel running on the circadian activity rhythms of Syrian hamsters: entrainment and phase response curve", 1989.

18. S. D. Youngstedt, J. A. Elliott e D. F. Kripke, "Human circadian phase-response curves for exercise", 2019.

19. P. Lewis, H. W. Korf, L. Kuffer, J. V. Gross e T. C. Erren, "Exercise time cues (zeitgebers) for human circadian systems can foster health and improve performance: a systematic review", 2018.

20. K. Spiegel, E. Tasali P. Penev, e E. Van Cauter, "Brief communication: sleep curtailment in healthy young men is associated with decreased leptin levels, elevated ghrelin levels, and increased hunger and appetite", 2004.

21. A. V. Nedeltcheva e F. A. Scheer, "Metabolic effects of sleep disruption, links to obesity and diabetes", 2014.

22. I. Z. Zimberg et al., "Short sleep duration and obesity: mechanisms and future perspectives", 2012; C. M. Depner, E. R. Stothard e K. P. Wright Jr., "Metabolic consequences of sleep and circadian disorders", 2014.

23. Q. Shi, T. S. Ansari, O. P. McGuinness, D. H. Wasserman e C. H. Johnson, "Circadian disruption leads to insulin resistance and obesity", 2013.

24. D. J. Stenvers, F. Scheer, P. Schrauwen, S. E. la Fleur e A. Kalsbeek, "Circadian clocks and insulin resistance", 2019.

25. M. Virtanen et al., "Long working hours and alcohol use: systematic review and meta-analysis of published studies and unpublished individual participant data", 2015.

26. R. G. Foster, "Sleep, circadian rhythms and health", 2020.

27. K. C. Summa et al., "Disruption of the circadian clock in mice increases intestinal permeability and promotes alcohol-induced hepatic pathology and inflammation", 2013.

28. S. M. Bailey, "Emerging role of circadian clock disruption in alcohol-induced liver disease", 2018.

29. Ibid.

30. C. I. Eastman, K. T. Stewart e M. R. Weed, "Evening alcohol consumption alters the circadian rhythm of body temperature", 1994.

31. T. Danel, C. Libersa e Y. Touitou, "The effect of alcohol consumption on the circadian control of human core body temperature is time dependent", 2001.

32. K. Daimon, N. Yamada, T. Tsujimoto, e S. Takahashi, "Circadian rhythm abnormalities of deep body temperature in depressive disorders", 1992.

33. L. C. Lack e K. Lushington, "The rhythms of human sleep propensity and core body temperature", 1996.

34. T. Danel, C. Libersa e Y. Touitou, op. cit.

35. S. Miyata et al., "REM sleep is impaired by a small amount of alcohol in young women sensitive to alcohol", 2004.

36. E. Simou, J. Britton e J. Leonardi-Bee, "Alcohol and the risk of sleep apnoea: a systematic review and meta-analysis", 2018.

37. R. G. Foster, op. cit.

38. D. J. Stenvers, F. Scheer, P. Schrauwen, S. E. la Fleur e A. Kalsbeek, "Circadian clocks and insulin resistance", 2019; A. R. Gallant, J. Lundgren e V. Drapeau, "The night-eating syndrome and obesity", 2012.

39. Y. Kara, S. Tuzun, C. Oner e E. E. Simsek, "Night eating syndrome according to obesity groups and the related factors", 2020; A. R. Gallant, J. Lundgren e V. Drapeau, op. cit.; S. Bo et al., "Consuming more of daily caloric intake at dinner predisposes to obesity. A 6-year population-based prospective cohort study", 2014.

40. M. Garaulet et al. "Timing of food intake predicts weight loss effectiveness", 2013.

41. D. Jakubowicz, M. Barnea, J. Wainstein e O. Froy, "High caloric intake at breakfast vs. dinner differentially influences weight loss of overweight and obese women", 2013; D. Jakubowicz et al., "High-energy breakfast with low-energy dinner decreases overall daily hyperglycaemia in type 2 diabetic patients: a randomised clinical trial", 2015.

42. C. Ekmekcioglu e Y. Touitou, "Chronobiological aspects of food intake and metabolism and their relevance on energy balance and weight regulation", 2011.

43. A. T. Hutchison, G. A. Wittert e L. K. Heilbronn, "Matching meals to body clocks — impact on weight and glucose metabolism", 2017.

44. S. Bo et al., op. cit.
45. C. J. Morris et al., "Endogenous circadian system and circadian misalignment impact glucose tolerance via separate mechanisms in humans", 2015.
46. R. Sender, S. Fuchs e R. Milo, "Revised estimates for the number of human and bacteria cells in the body", 2016.
47. M. G. Saklayen, "The global epidemic of the metabolic syndrome", 2018.
48. Z. Eelderink-Chen et al., "A circadian clock in a non-photosynthetic prokaryote", 2021; J. K. Paulose, J. M. Wrigh, A. G. Patel, e V. M. Cassone, "Human gut bacteria are sensitive to melatonin and express endogenous circadian rhythmicity", 2016.
49. C. A. Thaiss et al., "Microbiota diurnal rhythmicity programs host transcriptome oscillations", 2016; X. Liang, F. D. Bushma e G. A. FitzGerald, "Rhythmicity of the intestinal microbiota is regulated by gender and the host circadian clock", 2015.
50. V. Leone et al., "Effects of diurnal variation of gut microbes and high-fat feeding on host circadian clock function and metabolism", 2015.
51. C. A. Thaiss et al., op. cit.
52. S. G. Parkar, A. Kalsbeek e J. F. Cheeseman, "Potential role for the gut microbiota in modulating host circadian rhythms and metabolic health", 2019.
53. Z. Kuang et al., "The intestinal microbiota programs diurnal rhythms in host metabolism through histone deacetylase 3", 2019.
54. E. Rinninella et al., "What is the healthy gut microbiota composition? A changing ecosystem across age, environment, diet, and diseases", 2019.
55. C. Depommier et al., "Supplementation with *Akkermansia muciniphila* in overweight and obese human volunteers: a proof-of-concept exploratory study", 2019.
56. A. W. Janssen e S. Kersten, "The role of the gut microbiota in metabolic health", 2015.
57. A. E. Rosselot, C. I. Hong e S. R. Moore, "Rhythm and bugs: circadian clocks, gut microbiota, and enteric infections", 2016.
58. R. M. Voigt et al., "The circadian clock mutation promotes intestinal dysbiosis", 2016.
59. A. Mukherji, A. Kobiita, T. Ye e P. Chambon, "Homeostasis in intestinal epithelium is orchestrated by the circadian clock and microbiota cues transduced by TLRs", 2013.
60. Z. Kuang et al., op. cit.
61. T. D. Butler e J. E. Gibbs, "Circadian host-microbiome interactions in immunity", 2020.
62. M. Murakami et al., "Gut microbiota directs PPARgamma-driven reprogramming of the liver circadian clock by nutritional challenge", 2016.
63. J. L. Round e S. K. Mazmanian, "The gut microbiota shapes intestinal immune responses during health and disease", 2009.
64. T. D. Butler e J. E. Gibbs, op. cit.
65. D. Zheng, K. Ratiner e E. Elinav, "Circadian influences of diet on the microbiome and immunity", 2020.
66. Y. Li, Y. Hao, F. Fan e B. Zhang, "The role of microbiome in insomnia, circadian disturbance and depression", 2018.
67. A. E. Rosselot, C. I. Hong e S. R. Moore, op. cit.
68. L. V. Hill e J. A. Embil, "Vaginitis: current microbiologic and clinical concepts", 1986.
69. S. Bahijri et al., "Relative metabolic stability, but disrupted circadian cortisol secretion during the fasting month of Ramadan", 2013.
70. A. S. BaHammam e A. S. Almeneessier, "Recent evidence on the impact of Ramadan diurnal intermittent fasting, mealtime, and circadian rhythm on cardiometabolic risk: a review", 2020.

14. O FUTURO CIRCADIANO [pp. 293-311]

1. Institute of Medicine (IOM). *To Err is Human: Building a Safer Health System*, 2000.

2. J. M. Brensilver, L. Smith e C. S. Lyttle, "Impact of the Libby Zion case on graduate medical education in internal medicine", 1998.

3. T. P. Grantcharov, L. Bardram, P. Funch-Jensen e J. Rosenberg, "Laparoscopic performance after one night on call in a surgical department: prospective study", 2001; B. J. Eastridge et al., "Effect of sleep deprivation on the performance of simulated laparoscopic surgical skill", 2003.

4. D. C. Baldwin Jr. e S. R. Daugherty, "Sleep deprivation and fatigue in residency training: results of a national survey of first- and second-year residents", 2004.

5. K. M. Fargen e C. L. Rosen, "Are duty hour regulations promoting a culture of dishonesty among resident physicians?", 2013.

6. J. Temple, "Resident duty hours around the globe: where are we now?", 2014.

7. S. R. Moonesinghe, J. Lowery, N. Shahi, A. Millen e J. D. Beard, "Impact of reduction in working hours for doctors in training on postgraduate medical education and patients' outcomes: systematic review", 2011.

8. D. Pritchett et al., "Evaluating the links between schizophrenia and sleep and circadian rhythm disruption", 2012.

9. P. O'Connor et al., A mixed-methods examination of the nature and frequency of medical error among junior doctors, 2019.

10. L. McClelland, J. Holland, J. P. Lomas, N. Redfern e E. Plunkett, "A national survey of the effects of fatigue on trainees in anaesthesia in the UK", 2017.

11. G. Giorgi et al., "Work-related stress in the banking sector: a review of incidence, correlated factors, and major consequences", 2017.

12. A. B. Blackmer e J. A. Feinstein, "Management of sleep disorders in children with neurodevelopmental disorders: a review", 2016.

13. Ibid.

14. Ibid.

15. M. B. Wasdell et al., A randomized, placebo-controlled trial of controlled release melatonin treatment of delayed sleep phase syndrome and impaired sleep maintenance in children with neurodevelopmental disabilities, 2008.

16. A. B. Blackmer e J. A. Feinstein, op. cit.

17. J. A. Owens e J. A. Mindell, "Pediatric insomnia", 2011.

18. J. L. Blumer, R. L. Findling, W. J. Shih, C. Soubrane, e M. D. Reed, "Controlled clinical trial of zolpidem for the treatment of insomnia associated with attention-deficit/hyperactivity disorder in children 6 to 17 years of age", 2009.

19. E. C. S. Landsend, N. Lagali e T. P. Utheim, "Congenital aniridia – a comprehensive review of clinical features and therapeutic approach", 2021.

20. H. Abouzeid et al., "PAX6 aniridia and interhemispheric brain anomalies", 2009.

21. A. E. Hanish, J. A. Butman, F. Thomas, J. Yao e J. C. Han, "Pineal hypoplasia, reduced melatonin and sleep disturbance in patients with PAX6 haploinsufficiency", 2016.

22. R. R. Auger et al., "Clinical practice guideline for the treatment of intrinsic circadian rhythm sleep-wake disorders: advanced sleep-wake phase disorder (ASWPD), delayed sleep-wake phase disorder (DSWPD), non-24-hour sleep-wake rhythm disorder (N24SWD), and irregular sleep-wake rhythm disorder (ISWRD). An update for 2015: an American Academy of Sleep Medicine clinical practice guideline", 2015.

23. A. E. Hanish, J. A. Butman, F. Thomas, J. Yao e J. C. Han, "Pineal hypoplasia, reduced melatonin and sleep disturbance in patients with PAX6 haploinsufficiency", 2016.

24. J. S. Emens e C. I. Eastman, "Diagnosis and treatment of non24-h sleep-wake disorder in the blind", 2017.

25. T. M. Burke et al., "Combination of light and melatonin time cues for phase advancing the human circadian clock", 2013.

26. M. R. Smith, C. Lee, S. J. Crowley, L. F. Fogg e C. I. Eastman, "Morning melatonin has limited benefit as a soporific for daytime sleep after night work", 2005.

27. A. E. Hanish, J. A. Butman, F. Thomas, J. Yao e J. C. Han, op. cit.

28. W. S. Warren e V. M. Cassone, "The pineal gland: photoreception and coupling of behavioral, metabolic, and cardiovascular circadian outputs", 1995.

29. S. P. Fisher e D. Sugden, "Endogenous melatonin is not obligatory for the regulation of the rat sleep--wake cycle", 2010.

30. W. B. Quay, "Precocious entrainment and associated characteristics of activity patterns following pinalectomy and reversal of photoperiod", 1970.

31. S. Deacon, J. English, J. Tate e J. Arendt, "Atenolol facilitates light-induced phase shifts in humans", 1998.

32. J. Arendt, "Melatonin: countering chaotic time cues", 2019.

33. J. S. Takahashi, "Transcriptional architecture of the mammalian circadian clock", 2017; K. H. Cox e J. S. Takahashi, "Circadian clock genes and the transcriptional architecture of the clock mechanism", 2019; A. Jagannath et al., "The CRTC1-SIK1 pathway regulates entrainment of the circadian clock", 2013.

34. S. Pushpakom et al., "Drug repurposing: progress, challenges and recommendations", 2019.

35. I. Goldstein, A. L. Burnett, R. C. Rosen, P. W. Park, e V. J. Stecher, "The serendipitous story of Sildenafil: an unexpected oral therapy for erectile dysfunction", 2019.

APÊNDICE 2 [pp. 321-5]

1. M. Burton et al., "The effect of handwashing with water or soap on bacterial contamination of hands", 2011.

2. T. Jefferson et al., "Physical interventions to interrupt or reduce the spread of respiratory viruses: systematic review", 2008.

3. M. Zasloff, "The antibacterial shield of the human urinary tract", 2013.

4. A. M. McDermott, "Antimicrobial compounds in tears", 2013.

5. E. V. Valore, C. H. Park, S. L. Igreti e T. Ganz, "Antimicrobial components of vaginal fluid", 2002.

6. A. M. Edstrom et al., "The major bactericidal activity of human seminal plasma is zinc-dependent and derived from fragmentation of the semenogelins", 2008.

7. L. B. Nicholson, "The immune system", 2016.

8. S. Chen, K. K. Fuller, J. C. Dunlap e J. J. Loros, "A pro- and anti-inflammatory axis modulates the macrophage circadian clock", 2020.

9. A. Sanchez et al., "Role of sugars in human neutrophilic phagocytosis", 1973.

10. L. B. Nicholson, op. cit.

Referências bibliográficas

ABBOTT, S.; VIDENOVIC, A. "Chronic sleep disturbance and neural injury: links to neurodegenerative disease". *Nat Sci Sleep*, v. 8, pp. 55-61, 2016. Disponível em: <doi:10.2147/NSS.S78947>.

ABELL, J. et al. "Recurrent short sleep, chronic insomnia symptoms and salivary cortisol: a 10-year follow-up in the Whitehall II study". *Psychoneuroendocrinology*, v. 68, pp. 91-9, 2016. Disponível em: <doi:10.1016/j.psyneuen.2016.02.021>.

ABOUZEID, H.et al. "PAX6 aniridia and interhemispheric brain anomalies". *Mol Vis*, v. 15, pp. 2074-83, 2009.

ACHESON, A.; RICHARDS, J.; WIT, H. "Effects of sleep deprivation on impulsive behaviors in men and women". *Physiol Behav*, v. 91, pp. 579-87, 2007. Disponível em: <doi:10.1016/j.physbeh.2007.03.020>.

ACKERMANN, S. et al. "Associations between basal cortisol levels and memory retrieval in healthy young individuals". *J Cogn Neurosci*, v. 25, pp. 1896-907, 2013. Disponível em: <doi:10.1162/jocn_a_00440>.

ADEVA-ANDANY, M. et al. "Metabolic effects of glucagon in humans". *J Clin Transl Endocrinol*, v. 15, pp. 45-53, 2019. Disponível em: doi:10.1016/j.jcte.2018.12.005>.

AKACEM, L.; WRIGHT, Kenneth;.LEBOURGEOIS, Monique. "Bedtime and evening light exposure influence circadian timing in preschool-age children: a field study". *Neurobiol Sleep Circadian Rhythms*, v. 1, pp. 27-31, 2016. Disponível em <doi:10.1016/j.nbscr.2016.11.002>.

AKERSTEDT, T. "Psychosocial stress and impaired sleep". *Scand J Work Environ Health*, v. 32, pp. 493-501, 2006.

ALBRECHT, U. "Timing to perfection: the biology of central and peripheral circadian clocks". *Neuron*, v. 74, pp. 246-60, 2012. Disponível em: <doi:10.1016/j.neuron. 2012.04.006>.

ALEXANDER, I. et al. "Impact of cataract surgery on sleep in patients receiving either ultraviolet-blocking or blue-filtering intraocular lens implants". *Invest Ophthalmol Vis Sci*, v. 55, pp. 4999-5004, 2014. Disponível em: <doi:10.1167/iovs.14-14054>.

ALLADA, R.; BASS, J. "Circadian mechanisms in medicine". *N Engl J Med*, v. 384, pp. 550-61, 2021. Disponível em: <doi:10.1056/NEJMra1802337>.

ALLEY, J. et al. "Associations between oxytocin and cortisol reactivity and recovery in response to psychological stress and sexual arousal". *Psychoneuroendocrinology*, v. 106, pp. 47-56, 2019. Disponível em: <doi:10.1016/j.psyneuen.2019.03.031>

ALTMAN, B. et al. "MYC disrupts the circadian clock and metabolism in cancer cells". *Cell Metab*, v. 22, pp. 1009-19, 2015. Disponível em: <doi:10.1016/j.cmet.2015.09. 003>.

ALTMAN, R. et al. "The antithrombotic profile of aspirin. Aspirin resistance, or simply failure?". *Thromb J*, v. 2, p. 1, 2004. Disponível em: <doi:10.1186/1477-9560-2-1>.

ALVARO, P.; ROBERTS, R.; HARRIS, J. "A systematic review assessing bidirectionality between sleep disturbances, anxiety, and depression". *Sleep*, v. 36, pp. 1059-68, 2013. Disponível em: <doi:10.5665/sleep.2810>.

ALZHEIMER'S ASSOCIATION. 2016 Alzheimer's disease facts and figures. *Alzheimers Dement*, v. 12, pp. 459-509, 2016. Disponível em: <doi:10.1016/j.jalz.2016.03.001>.

AMERICAN ACADEMY OF SLEEP MEDICINE. *International Classification of Sleep Disorders*, 3ª ed., 2014.

ANCOLI-ISRAEL, S.; AYALON, L.; SALZMAN, C. Sleep in the elderly: normal variations and common sleep disorders. *Harv Rev Psychiatry*, v. 16, pp. 279-86, 2008. Disponível em: <doi:10.1080/1067322080 2432210>.

ANCOLI-ISRAEL, S. et al. "Dementia in institutionalized elderly: relation to sleep apnea". *J Am Geriatr Soc*, v. 39, pp. 258-63, 1991. Disponível em: <doi:10.1111/j.1532-5415.1991.tb01647.x >.

ANCOLI-ISRAEL, S. et al. "A pedigree of one family with delayed sleep phase syndrome". *Chronobiol Int*, v. 18, pp. 831-40, 2001. Disponível em: <doi:10.1081/cbi-100107518>.

ANDERSON, S.; FITZGERALD, G. "Sexual dimorphism in body clocks". *Science*, v. 369, pp. 1164-5, 2020. Disponível em: <doi:10.1126/science.abd4964>.

ANDREWS, C. et al. "Sleep-wake disturbance related to ocular disease: a systematic review of phase-shifting pharmaceutical therapies". *Transl Vis Sci Technol*, v. 8, n. 49, 2019. Disponível em: <doi:10.1167/tvst.8.3.49>

ANDREWS, R. al. "Abnormal cortisol metabolism and tissue sensitivity to cortisol in patients with glucose intolerance". *J Clin Endocrinol Metab*, v. 87, pp. 5587-93, 2002. Disponível em: <doi:10.1210/jc.2002-020048>

ARENDT, J. "Melatonin in humans: it's about time". *J Neuroendocrinol*, v. 17, pp. 537-8, 2005. Disponível em: <doi:10.1111/j.1365-2826.2005.01333.x>

______. "Does melatonin improve sleep? Efficacy of melatonin". *BMJ*, v. 332, p. 550, 2006. Disponível em: <doi:10.1136/bmj.332.7540.550>

______. "Shift work: coping with the biological clock". *Occup Med (Lond)*, v. 60, pp. 10-20, 2010. Disponível em: <doi:10.1093/occmed/kqp162>

______. "Melatonin: countering chaotic time cues". *Front Endocrinol (Lausanne)*, v. 10, p. 391, 2019. Disponível em: <doi:10.3389/fendo.2019.00391>

ARENDT, J.; SKENE, D. J. "Melatonin as a chronobiotic". *Sleep Med Rev*, v. 9, pp. 25-39, 2005. Disponível em: <doi:10.1016/j.smrv.2004.05.002>

ASHER, G.; CORBETT, A.; HAWKE, R. "Common herbal dietary supplement-drug interactions". *Am Fam Physician*, v. 96, pp. 101-7, 2017.

ASPLUND, R. "Nocturia in relation to sleep, health, and medical treatment in the elderly". *BJU Int*, v. 96, supl. 1, pp. 15-21, 2005. Disponível em: <doi:10.1111/j.1464-410X.2005.05653.x>

ASPLUND, R. et al. "Nocturia, depression and antidepressant medication". *BJU Int*, v. 95, pp. 820-3, 2005. Disponível em: <doi:10.1111/j.1464-410X.2005.05408.x>.

ASPLUND, R.; SUNDBERG, B.; BENGTSSON, P. "Oral desmopressin for nocturnal polyuria in elderly subjects: a double-blind, placebo-controlled randomized exploratory study". *BJU Int*, v. 83, pp. 591-5, 1999. Disponível em: <doi:10.1046/j.1464-410x.1999.00012.x>.

ATKINSON, G.; REILLY, T. "Circadian variation in sports performance". *Sports Med*, v. 21, pp. 292-312, 1996. Disponível em: <doi:10.2165/00007256-199621040-00005>.

AUGER, R. et al. "Clinical practice guideline for the treatment of intrinsic circadian rhythm sleep-wake disorders: advanced sleep-wake phase disorder (ASWPD), delayed sleep-wake phase disorder (DSWPD), non-24-hour sleep-wake rhythm disorder (N24SWD), and irregular sleep-wake rhythm disorder (ISWRD). An update for 2015: an American Academy of Sleep Medicine clinical practice guideline". *J Clin Sleep Med*, v. 11, pp. 1199-236, 2015. Disponível em: <doi:10.5664/jcsm.5100>.

AUSLANDER, L.; JESTE, D. "Perceptions of problems and needs for service among middle-aged and elderly outpatients with schizophrenia and related psychotic disorders". *Community Ment Health J*, v. 38, pp. 391-402, 2002.

AXELSSON, J. et al. "Beauty sleep: experimental study on the perceived health and attractiveness of sleep deprived people". *BMJ*, v. 341, p. c6614, 2010. Disponível em: <doi:10.1136/bmj.c6614>.

AYALON, L. et al. "Adherence to continuous positive airway pressure treatment in patients with Alzheimer's disease and obstructive sleep apnea". *Am J Geriatr Psychiatry*, v. 14, pp. 176-80, 2006. Disponível em: ‹doi:10.1097/01. JGP.0000192484.12684.cd›.

BABCOCK, J.; KROUSE, H. "Evaluating the sleep/wake cycle in persons with asthma: three case scenarios". *J Am Acad Nurse Pract*, v. 22, pp. 270-7, 2000. Disponível em: ‹doi:10.1111/j.1745-7599.2010.00505.x›.

BADER, G.; ENGDAL, S. "The influence of bed firmness on sleep quality". *Appl Ergon*, v. 31, pp. 487-97, 2000.

BAGATELL, C. et al. "Effects of endogenous testosterone and estradiol on sexual behavior in normal young men". *J Clin Endocrinol Metab*, v. 78, pp. 711-6, 1994. Disponível em: ‹doi:10.1210/j.cem.78.3.8126146›.

BAHAMMAM, A.; ALMENEESSIER, A. "Recent evidence on the impact of Ramadan diurnal intermittent fasting, mealtime, and circadian rhythm on cardiometabolic risk: a review". *Front Nutr*, v. 7, n. 28, 2020. Disponível em: ‹doi:10.3389/fnut.2020.00028›.

BAHIJRI, S. et al. "Relative metabolic stability, but disrupted circadian cortisol secretion during the fasting month of Ramadan". *PLoS One*, v. 8, p. e60917, 2013. Disponível em: ‹doi:10.1371/journal.pone.0060917›.

BAILEY, S. "Emerging role of circadian clock disruption in alcohol-induced liver disease". *Am J Physiol Gastrointest Liver Physiol*, v. 315, pp. G364-73, 2018. Disponível em: ‹doi:10.1152/ajpgi.00010.2018›.

BAIRD, B. et al. "Frequent lucid dreaming associated with increased functional connectivity between frontopolar cortex and temporoparietal association areas". *Sci Rep*, v. 8, p. 17798, 2018. Disponível em: ‹doi:10.1038/s41598-018-36190-w›.

BAKER, F.; DRIVER, H. "Circadian rhythms, sleep, and the menstrual cycle". *Sleep Med*, v. 8, pp. 613-22, 2007. Disponível em: ‹doi:10.1016/j.sleep.2006.09.011›.

BAKER, F. et al."Sleep problems during the menopausal transition: prevalence, impact, and management challenges". *Nat Sci Sleep*, v. 10, pp. 73-95, 2018. Disponível em: ‹doi:10.2147/NSS. S125807›.

BALDWIN, D. Jr.; DAUGHERTY,. "Sleep deprivation and fatigue in residency training: results of a national survey of first- and second-year residents". *Sleep*, v. 27, pp. 217-23, 2004. Disponível em: ‹doi:10.1093/sleep/27.2.217›.

BALSALOBRE, A.; DAMIOLA, F.; SCHIBLER, U. "A serum shock induces circadian gene expression in mammalian tissue culture cells". *Cell*, v. 93, pp. 929-37, 1998. Disponível em: ‹doi:10.1016/s0092-8674(00)81199-x›.

BAND, P. et al. "Cohort study of Air Canada pilots: mortality, cancer incidence, and leukemia risk". *Am J Epidemiol*, v. 143, pp. 137-43, 1996. Disponível em: ‹doi:10.1093/oxfordjournals.aje.a008722›.

BANKS, S.; DINGES, D. "Behavioral and physiological consequences of sleep restriction". *J Clin Sleep Med*, v. 3, pp. 519-28, 2007.

BARALDO, M. "The influence of circadian rhythms on the kinetics of drugs in humans". *Expert Opin Drug Metab Toxicol*, v. 4, pp. 175-92, 2008. Disponível em: ‹doi:10.1517/17425255.4.2.175›.

BARANSKI, J.; PIGEAU, R. "Self-monitoring cognitive performance during sleep deprivation: effects of modafinil, d-amphetamine and placebo". *J Sleep Res*, v. 6, pp. 84-91, 1997.

BARANSKI, J. et al. "Effects of sleep loss on team decision making: motivational loss or motivational gain?". *Hum Factors*, v. 49, pp. 646-60, 2007. Disponível em: ‹doi:10.1518/001872007X215728›.

BARLOESE, M. C. et al. "Sleep in cluster headache — beyond a temporal rapid eye movement relationship?". *Eur J Neurol*, v. 22, pp. 656-64, 2015. Disponível em: ‹doi:10.1111/ene.12623›.

BARNES, C.; WAGNER, D. "Changing to daylight saving time cuts into sleep and increases workplace injuries". *J Appl Psychol*, v. 94, pp. 1305-17, 2009. Disponível em: ‹doi:10.1037/a0015320›.

BARRETT-CONNOR, E. et al. "The association of testosterone levels with overall sleep quality, sleep architecture, and sleep-disordered breathing". *J Clin Endocrinol Metab*, v. 93, pp. 2602-9, 2008. Disponível em: ‹doi:10.1210/jc.2007- 2622›

BARTEL, K.; GRADISAR, M.; WILLIAMSON, P. "Protective and risk factors for adolescent sleep: a meta-analytic review". *Sleep Med Rev*, v. 21, pp. 72-85, 2015. Disponível em: ‹doi:10.1016/j.smrv.2014.08.002›.

BASCH, C. et al. "Prevalence of sleep duration on an average school night among 4 nationally representative successive samples of American high school students, 2007-2013". *Prev Chronic Dis*, v. 11, p. E216, 2014. Disponível em: ‹doi:10.5888/pcd11.140383›.

BASHEER, R. et al. "Adenosine and sleep-wake regulation". *Prog Neurobiol*, v. 73, pp. 379-96, 2004. Disponível em: <doi:10.1016/j.pneurobio.2004.06.004>.

BASNER, M. et al. "Aircraft noise: effects on macro- and microstructure of sleep". *Sleep Med*, v. 9, pp. 382-7, 2008. Disponível em: <doi:10.1016/j.sleep.2007.07.002>.

BATESON, P. et al. "Developmental plasticity and human health". *Nature*, v. 430, pp. 419-21, 2004. Disponível em: <doi:10.1038/nature02725>.

BECCUTI, G. et al. "Timing of food intake: Sounding the alarm about metabolic impairments? A systematic review". *Pharmacol Res*, v. 125, pp. 132-41, 2017. Disponível em: <doi:10.1016/j.phrs.2017.09.005>.

BEEBE, D. et al. "Impact of multi-night experimentally induced short sleep on adolescent performance in a simulated classroom". *Sleep*, v. 40, 2017. Disponível em: <doi:10.1093/sleep/zsw035>.

BEIHL, D.; LIESE, A.; HAFFNER, S. "Sleep duration as a risk factor for incident type 2 diabetes in a multiethnic cohort". *Ann Epidemiol*, v. 19, pp. 351-7, 2009. Disponível em: <doi:10.1016/j.annepidem.2008.12.001>.

BELENKY, G. et al. "Patterns of performance degradation and restoration during sleep restriction and subsequent recovery: a sleep dose-response study". *J Sleep Res*, v. 12, pp. 1-12, 2003. Disponível em: <doi:10.1046/j.1365-2869. 2003.00337.x>.

BELL, A.; HINDE, K.; NEWSON, L. "Who was helping? The scope for female cooperative breeding in early Homo". *PLoS One*, v. 8, p. e83667, 2013. Disponível em: <doi:10.1371/journal.pone.0083667>.

BELYAVSKIY, E.; PIESKE-KRAIGHER, E.; TADIC, M. "Obstructive sleep apnea, hypertension, and obesity: a dangerous triad". *J Clin Hypertens (Greenwich)*, v. 21, pp. 1591-3, 2019. Disponível em: <doi:10.1111/jch.13688>.

BEN SIMON, E. et al. "Overanxious and underslept". *Nat Hum Behav*, v. 4, pp. 100-10, 2020. Disponível em: <doi:10.1038/s41562-019- 0754-8>.

BENCA, R. et al. "Sleep and psychiatric disorders. A meta-analysis". *Arch Gen Psychiatry*, v. 49, pp. 651-68; discussão pp. 669-70, 1992. Disponível em: <doi:10.1001/archpsyc.1992.01820080059010>.

BENDOR, D.; WILSON, M. "Biasing the content of hippocampal replay during sleep". *Nat Neurosci*, v. 15, pp. 1439-44, 2012. Disponível em: <doi:10.1038/nn.3203>.

BENEGIAMO, G. et al. "Mutual antagonism between circadian protein period 2 and hepatitis C virus replication in hepatocytes". *PLoS One*, v. 8, p. e60527, 2013. Disponível em: <doi:10.1371/journal.pone.0060527>.

BENITO-LEON, J. "Total daily sleep duration and the risk of dementia: a prospective population-based study". *Eur J Neurol*, v. 16, pp. 990-7, 2009. Disponível em: <doi:10.1111/j.1468- 1331.2009.02618.x>.

BERK, M. "Sleep and depression — theory and practice". *Aust Fam Physician*, v. 38, pp. 302-4, 2009.

BERSON, D; DUNN, F; TAKAO, M. "Phototransduction by retinal ganglion cells that set the circadian clock". *Science*, v. 295, pp. 1070-3, 2002. Disponível em: <doi:10.1126/science.1067262>.

BIGGS, K; PROSSER, R. "GABAB receptor stimulation phase-shifts the mammalian circadian clock in vitro". *Brain Res*, v. 807, pp. 250-4, 1998. Disponível em: <doi:10.1016/s0006-8993(98)00820-8>.

BIOULAC, S. et al. "Risk of motor vehicle accidents related to sleepiness at the wheel: a systematic review and meta-analysis". *Sleep*, v. 41, 2018. Disponível em: <doi:10.1093/sleep/zsy075>

BLACKMER, A.; FEINSTEIN, J. "Management of sleep disorders in children with neurodevelopmental disorders: a review". *Pharmacotherapy*, v. 36, pp. 84-98, 2016. Disponível em: <doi:10.1002/phar.1686>

BLATTER, K.; CAJOCHEN, C. "Circadian rhythms in cognitive performance: methodological constraints, protocols, theoretical underpinnings". *Physiol Behav*, v. 90, pp. 196-208, 2007. Disponível em: <doi:10.1016/j.physbeh.2006.09.009>.

BLIWISE, D. "Sleep in normal aging and dementia". *Sleep*, v. 16, pp. 40-81, 1993. Disponível em: <doi:10.1093/sleep/16.1.40>.

BLUMEN, M. et al. "Effect of sleeping alone on sleep quality in female bed partners of snorers". *Eur Respir J*, v. 34, pp. 1127-31, 2009. Disponível em: <doi:10.1183/09031936.00012209>.

BLUMER, J. "Controlled clinical trial of zolpidem for the treatment of insomnia associated with attention-deficit/hyperactivity disorder in children 6 to 17 years of age". *Pediatrics*, v. 123, pp. e770-6, 2009. Disponível em: <doi:10.1542/peds.2008-2945>.

BLUNDEN, S.; CHAPMAN, J.; RIGNEY, G. "Are sleep education programs successful? The case for improved and consistent research efforts". *Sleep Med Rev*, v. 16, pp. 355-70, 2012. Disponível em: <doi:10.1016/j.smrv.2011.08.002>.

BLUNDEN, S.; RIGNEY, G. "Lessons learned from sleep education in schools: a review of dos and don'ts". *J Clin Sleep Med*, v. 11, pp. 671-80, 2015. Disponível em: <doi:10.5664/jcsm.4782>.

BO, S. et al. "Consuming more of daily caloric intake at dinner predisposes to obesity. A 6-year population-based prospective cohort study". *PLoS One*, v. 9, p. e108467, 2014. Disponível em: <doi:10.1371/journal.pone.0108467>.

BOING, S.; RANDERATH, W. "Chronic hypoventilation syndromes and sleep-related hypoventilation". *J Thorac Dis*, v. 7, pp. 1273-85, 2015. Disponível em: <doi:10. 3978/j.issn.2072-1439.2015.06.10>.

BOIVIN, D. "Diurnal and circadian variation of sleep and alertness in men vs. naturally cycling women". *Proc Natl Acad Sci USA*, v. 113, pp. 10980-85, 2016. Disponível em: <doi:10.1073/pnas.1524484113>.

BOIVIN, D.; TREMBLAY, G.; JAMES, F. "Working on atypical schedules". *Sleep Med*, v. 8, pp. 578-89, 2007. Disponível em: <doi:10.1016/j.sleep.2007.03.015>.

BONTEN, T. et al. "Time-dependent effects of aspirin on blood pressure and morning platelet reactivity: a randomized cross-over trial". *Hypertension*, v. 65, pp. 743-50, 2015. Disponível em: <doi:10.1161/HYPERTENSIONAHA.114.04980>.

BONVALET, M. et al. "Autoimmunity in narcolepsy". *Curr Opin Pulm Med*, v. 23, pp. 522-9, 2017. Disponível em: <doi:10.1097/MCP.0000000000000426>.

BORROR, A. "The effects of postprandial exercise on glucose control in individuals with type 2 diabetes: a systematic review". *Sports Med*, v. 48, pp. 1479-91, 2018. Disponível em: <doi:10.1007/s40279-018-0864-x>.

BORSOOK, D. et al. "Sex and the migraine brain". *Neurobiol Dis*, v. 68, pp. 200-214, 2014. Disponível em: <doi:10.1016/j.nbd.2014.03.008>.

BOWERS, J.; MOYER, A. "Effects of school start time on students' sleep duration, daytime sleepiness, and attendance: a meta-analysis". *Sleep Health*, v. 3, pp. 423-31, 2017. Disponível em: <doi:10.1016/j.sleh.2017.08.004>.

BOWLES, N. et al. "Chronotherapy for hypertension". *Curr Hypertens Rep*, v. 20, p. 97, 2018. Disponível em: <doi:10.1007/s11906-018-0897-4>.

BRENNAN, K. et al. "Casein kinase Iδ mutations in familial migraine and advanced sleep phase". *Sci Transl Med*, v. 5, pp. 183ra156-11, 2013. Disponível em: <doi:10.1126/scitranslmed.3005784>.

BRENSILVER, J. M.; SMITH, L.; LYTTLE, C. S. "Impact of the Libby Zion case on graduate medical education in internal medicine". *Mt Sinai J Med*, v. 65, pp. 296-300, 1998.

BRESLAU, N. "The epidemiology of trauma, PTSD, and other post-trauma disorders". *Trauma Violence Abuse*, v. 10, pp. 198-210, 2009. Disponível em: <doi:10.1177/1524838009334448>.

BRONER, S.; COHEN, J. "Epidemiology of cluster headache". *Curr Pain Headache Rep*, v. 13, pp. 141-6, 2009. Disponível em: <doi:10.1007/s11916-009-0024-y>.

BROWN, M.; QUAN, S.; EICHLING, P. "Circadian rhythm sleep disorder, free-running type in a sighted male with severe depression, anxiety, and agoraphobia". *J Clin Sleep Med*, v. 7, pp. 93-4, 2011.

BRUNI, O. et al. "Longitudinal study of sleep behavior in normal infants during the first year of life". *J Clin Sleep Med*, v. 10, pp. 1119-27, 2014. Disponível em: <doi:10.5664/jcsm.4114>.

BU, Y. et al. "A PERK-miR-211 axis suppresses circadian regulators and protein synthesis to promote cancer cell survival". *Nat Cell Biol*, v. 20, pp. 104-15, 2018. Disponível em: <doi:10.1038/s41556-017-0006-y>.

BUCHI, K. et al. "Circadian rhythm of cellular proliferation in the human rectal mucosa". *Gastroenterology*, v. 101, pp. 410-5, 1991. Disponível em: <doi:10.1016/0016-5085(91)90019-h>.

BUCKLEY, T.; SCHATZBERG, A. "On the interactions of the hypothalamic-pituitary-adrenal (HPA) axis and sleep: normal HPA axis activity and circadian rhythm, exemplary sleep disorders". *J Clin Endocrinol Metab*, v. 90, pp. 3106-14, 2005. Disponível em: <doi:10.1210/jc.2004-1056>.

BULLA, M. et al. "Marine biorhythms: bridging chronobiology and ecology". *Philos Trans R Soc Lond B Biol Sci*, v. 372, 2017. Disponível em: <doi:10.1098/rstb.2016.0253>.

BURISH, M.; CHEN, Z.; YOO, S. "Emerging relevance of circadian rhythms in headaches and neuropathic pain". *Acta Physiol (Oxf)*, v. 225, p. e13161, 2015. Disponível em: <doi:10.1111/apha.13161>.

BURKE, T. et al. "Combination of light and melatonin time cues for phase advancing the human circadian clock". *Sleep*, v. 36, pp. 1617-24, 2013. Disponível em: ‹doi:10.5665/sleep.3110›.

BURNHAM, M. et al. "Nighttime sleep-wake patterns and self-soothing from birth to one year of age: a longitudinal intervention study". *J Child Psychol Psychiatry*, v. 43, pp. 713-25, 2002. Disponível em: ‹doi:10.1111/1469-7610.00076›.

BURTON, M. et al. "The effect of handwashing with water or soap on bacterial contamination of hands". *Int J Environ Res Public Health*, v. 8, pp. 97-104, 2011. Disponível em: ‹doi:10.3390/ijerph8010097›.

BUTLER, T.; GIBBS, J. "Circadian host-microbiome interactions in immunity". *Front Immunol*, v. 11, p. 1783, 2020. Disponível em: ‹doi:10.3389/fimmu.2020.01783›.

BUTT, M.; ZAKARIA, M.; HUSSAIN, H. "Circadian pattern of onset of ischaemic and haemorrhagic strokes, and their relation to sleep/wake cycle". *J Pak Med Assoc*, v. 59, pp. 129-32, 2009.

BUTTGEREIT, F. et al. "Clocking in: chronobiology in rheumatoid arthritis". *Nat Rev Rheumatol*, v. 11, pp. 349-56, 2015. Disponível em: ‹doi:10.1038/nrrheum.2015.31›.

BUURMA, M. et al. "Circadian rhythm of cardiovascular disease: the potential of chronotherapy with aspirin". *Front Cardiovasc Med*, v. 6, p. 84, 2019. Disponível em: ‹doi:10.3389/fcvm.2019.00084›.

CAI, Q. et al. "Multiplex limited penetrable horizontal visibility graph from EEG signals for driver fatigue detection". *Int J Neural Syst*, v. 29, p. 1850057, 2019. Disponível em: ‹doi:10.1142/S0129065718500570›.

CAIN, N.; GRADISAR, M. "Electronic media use and sleep in school-aged children and adolescents: a review". *Sleep Med*, v. 11, pp. 735-42, 2010. Disponível em: ‹doi:10.1016/j.sleep.2010.02.006›.

CAJOCHEN, C. et al. "High sensitivity of human melatonin, alertness, thermoregulation, and heart rate to short wavelength light". *J Clin Endocrinol Metab*, v. 90, pp. 1311-6, 2005. Disponível em: ‹doi:10.1210/jc.2004-0957›.

CAJOCHEN, C. et al. "Evening exposure to a light-emitting diodes (LED)-backlit computer screen affects circadian physiology and cognitive performance". *J Appl Physiol (1985)*, v. 110, pp. 1432-8, 2011. Disponível em: ‹doi:10.1152/japplphysiol.00165.2011›.

CAMPBELL, S.; MURPHY, P. "Extraocular circadian phototransduction in humans". *Science*, v. 279, pp. 396-9, 1998.

CAPPUCCIO, F. et al. "Meta-analysis of short sleep duration and obesity in children and adults". *Sleep*, v. 31, pp. 619-26, 2008. Disponível em: ‹doi:10.1093/sleep/31.5.619›.

CARSKADON, M. "Sleep in adolescents: the perfect storm". *Pediatr Clin North Am*, v. 58, pp. 637-47, 2011. Disponível em: ‹doi:10.1016/j.pcl.2011.03.003›.

CARVALHO CABRAL, P.; OLIVIER, M.; CERMAKIAN, N. "The complex interplay of parasites, their hosts, and circadian clocks". *Front Cell Infect Microbiol*, v. 9, p. 425, 2019. Disponível em: ‹doi:10.3389/fcimb.2019.00425›.

CASETTA, G.; NOLFO, A. P.; PALAGI, E. "Yawn contagion promotes motor synchrony in wild lions, *Panthera leo*". *Animal Behaviour*, v. 174, pp. 149-59, 2021.

CHAIX, A. et al. "Time-restricted feeding prevents obesity and metabolic syndrome in mice lacking a circadian clock". *Cell Metab*, v. 29, pp. 303-19 e304, 2019. Disponível em: ‹doi:10.1016/j.cmet.2018.08.004›.

CHAN, S. et al. "Could time of whole brain radiotherapy delivery impact overall survival in patients with multiple brain metastases?". *Ann Palliat Med*, v. 5. pp. 267-79, 2016. Disponível em: ‹doi:10.21037/apm.2016.09.05›.

CHANEY, C.; GOETZ, T. G.;VALEGGIA, C. "A time to be born: variation in the hour of birth in a rural population of Northern Argentina". *Am J Phys Anthropol*, v. 166, pp. 975-8, 2018. Disponível em: ‹doi:10.1002/ajpa.23483›.

CHANG, A. M. et al. "Evening use of light-emitting eReaders negatively affects sleep, circadian timing, and next-morning alertness". *Proc Natl Acad Sci USA*, v. 112, pp. 1232-7, 2015. Disponível em: ‹doi:10.1073/pnas.1418490112›.

CHAPELL, M. et al. "Myopia and night-time lighting during sleep in children and adults". *Percept Mot Skills*, v. 92, pp. 640-2, 2001. Disponível em: ‹doi:10.2466/pms.2001.92.3.640›.

CHAPUT, J. P. et al. "Systematic review of the relationships between sleep duration and health indicators in school-aged children and youth". *Appl Physiol Nutr Metab*, v. 41, pp. S266-82, 2016. Disponível em: ‹doi:10.1139/apnm-2015-0627›.

CHARLOUX, A. et al. "Aldosterone release during the sleep-wake cycle in humans". *Am J Physiol*, v. 276, pp. E43-9, 1999. Disponível em: <doi:10.1152/ajpendo. 1999.276.1.E43>.

CHARRON, G. et al. "Pineal rhythm of N-acetyltransferase activity and melatonin in the male badger, Meles meles L, under natural daylight: relationship with the photoperiod". *J Pineal Res*, v. 11, pp. 80-5, 1991. Disponível em: <doi:10.1111/j.1600-079x.1991.tb00460.x>.

CHEE, M. W.; CHUAH, L. Y. "Functional neuroimaging insights into how sleep and sleep deprivation affect memory and cognition". *Curr Opin Neurol*, v. 21, pp. 417-23, 2008. Disponível em: <doi:10.1097/WCO.0b013e3283052cf7>.

CHELLAPPA, S. L. et al. "Non-visual effects of light on melatonin, alertness and cognitive performance: can blue-enriched light keep us alert?". *PLoS One*, v. 6, p. e16429, 2011. Disponível em: <doi:10.1371/journal.pone.0016429>.

CHEMERINSKI, E. et al. "Insomnia as a predictor for symptom worsening following antipsychotic withdrawal in schizophrenia". *Compr Psychiatry*, v. 43, pp. 393-6, 2002.

CHEN, S. et al. "A pro- and antiinflammatory axis modulates the macrophage circadian clock". *Front Immunol*, v. 11, p. 867, 2020. Disponível em: <doi:10.3389/fimmu.2020.00867>.

CHEN, Z. "What's next for chronobiology and drug discovery". *Expert Opin Drug Discov*, v. 12, pp. 1181-5, 2017. Disponível em: <doi:10.1080/17460441.2017.1378179>.

CHEUNG, S. S. "Responses of the hands and feet to cold exposure". *Temperature (Austin)*, v. 2, pp. 105-20, 2015. Disponível em: <doi:10.1080/23328940.2015.1008890>.

CHIBA, S. et al. "High rebound mattress toppers facilitate core body temperature drop and enhance deep sleep in the initial phase of nocturnal sleep". *PLoS One*, v. 13, p. e0197521, 2018. Disponível em: <doi:10.1371/journal.pone. 0197521>.

CHO, K. "Chronic 'jet lag' produces temporal lobe atrophy and spatial cognitive deficits". *Nat Neurosci*, v. 4, pp. 567-8, 2001. Disponível em: <doi:10.1038/88384>.

CHO, K. et al. "Chronic jet lag produces cognitive deficits". *J Neurosci*, v. 20, pp. RC66, 2000.

CINTRON, D. et al. "Efficacy of menopausal hormone therapy on sleep quality: systematic review and meta-analysis". *Endocrine*, v. 55, pp. 702-11, 2017. Disponível em: <doi:10.1007/s12020-016-1072-9>.

CLEMENS, Z.; FABO, D.; HALASZ, P. "Overnight verbal memory retention correlates with the number of sleep spindles". *Neuroscience*, v. 132, pp. 529-35, 2005. Disponível em: <doi:10.1016/j.neuroscience.2005.01.011>.

COHEN, P.; SPIEGELMAN, B. M. "Cell biology of fat storage". *Mol Biol Cell*, v. 27, pp. 2523-7, 2016. Disponível em: <doi:10.1091/mbc.E15-10-0749>.

COHRS, S. "Sleep disturbances in patients with schizophrenia: impact and effect of antipsychotics". *CNS Drugs*, v. 22, pp. 939-62, 2008. Disponível em: <doi:10.2165/00023210-200822110-00004>.

COLBERG, S. R.; GRIECO, C. R.; SOMMA, C. T. "Exercise effects on postprandial glycemia, mood, and sympathovagal balance in type 2 diabetes". *J Am Med Dir Assoc*, v. 15, pp. 261-6, 2014. Disponível em: <doi:10.1016/j.jamda.2013.11.026>.

COLEMAN, J. J.; PONTEFRACT, S. K. "Adverse drug reactions". *Clin Med (Lond)*, v. 16, pp. 481-5, 2016. Disponível em: <doi:10.7861/clinmedicine.16-5-481>.

COLVONEN, P. J. et al. "A review of the relationship between emotional learning and memory, sleep, and PTSD". *Curr Psychiatry Rep*, v. 21, p. 2, 2019. Disponível em: <doi:10.1007/s11920-019-0987-2>.

CONDON, R. G.; SCAGLION, R. "The ecology of human birth seasonality". *Hum Ecol*, v. 10, pp. 495-511, 1982. Disponível em: <doi:10.1007/BF01531169>.

COOK, J. D. et al. "Ability of the Fitbit Alta HR to quantify and classify sleep in patients with suspected central disorders of hypersomnolence: a comparison against polysomnography". *J Sleep Res*, v. 28, p. e12789, 2019. Disponível em: <doi:10.1111/jsr.12789>.

COOKE, P. S. et al"Estrogens in Male Physiology". *Physiol Rev*, v. 97, pp. 995-1043, 2017. Disponível em: <doi:10.1152/physrev.00018.2016>.

COPPETA, L.; PAPA, F.; MAGRINI, A. "Are shiftwork and indoor work related to D3 vitamin deficiency? A systematic review of current evidences". *J Environ Public Health*, v. 2018, p. 8468742, 2018. Disponível em: <doi:10.1155/2018/8468742>.

CORDINA-DUVERGER, E. et al. "Night shift work and breast cancer: a pooled analysis of population-based case-control studies with complete work history". *Eur J Epidemiol*, v. 33, pp. 369-79, 2018. Disponível em: <doi:10.1007/s10654-018-0368-x>.

CORDONE, S. et al. "Sleep and beta-amyloid deposition in Alzheimer disease: insights on mechanisms and possible innovative treatments". *Front Pharmacol*, v., p. 69510, 2019. Disponível em: <doi:10.3389/fphar.2019.00695>.

COSTA, G.; DI MILIA, L. "Aging and shift work: a complex problem to face". *Chronobiol Int*, v. 25, pp. 165-81, 2008. Disponível em: <doi:10.1080/07420520802103410>.

COX, K. H.; TAKAHASHI, J. S. "Circadian clock genes and the transcriptional architecture of the clock mechanism". *J Mol Endocrinol*, v. 63, pp. R93-R102, 2019. Disponível em: <doi:10.1530/JME-19-0153>.

CRAMER BORNEMANN, M. A.; SCHENCK, C. H.; MAHOWALD, M. W. "A review of sleep-related violence: the demographics of sleep forensics referrals to a single center". *Chest*, v. 155, pp. 1059-66, 2019. Disponível em: <doi:10.1016/j.chest.2018.11.010>.

CRONIN, R. S. et al. "An individual participant data meta-analysis of maternal going-to-sleep position, interactions with fetal vulnerability, and the risk of late stillbirth". *EClinicalMedicine*, v. 10, pp. 49-57, 2019. Disponível em: <doi:10.1016/j.eclinm.2019.03.014>.

CROWLEY, S. J. et al. "A longitudinal assessment of sleep timing, circadian phase, and phase angle of entrainment across human adolescence". *PLoS One*, v. 9, p. e112199, 2014. Disponível em: <doi:10.1371/journal.pone.0112199>.

CROWLEY, S. J.; ACEBO, C.; CARSKADON, M. A. "Sleep, circadian rhythms, and delayed phase in adolescence". *Sleep Med*, v. 8, pp. 602-12, 2007. Disponível em: <doi:10.1016/j.sleep.2006.12.002>.

CROWLEY, S. J. et al. "Increased sensitivity of the circadian system to light in early/mid-puberty". *J Clin Endocrinol Metab*, v. 100, pp. 4067-73, 2015. Disponível em: <doi:10.1210/jc. 2015-2775>.

CROWLEY, S. J. et al. "An update on adolescent sleep: new evidence informing the perfect storm model". *J Adolesc*, v. 67, pp. 55-65, 2018. Disponível em: <doi:10.1016/j.adolescence.2018.06.001>.

CUMMINGS, D. E. et al. "A preprandial rise in plasma ghrelin levels suggests a role in meal initiation in humans". *Diabetes*, v. 50, pp. 1714-9, 2001. Disponível em: <doi:10.2337/diabetes.50.8.1714>.

CUTHBERTSON, F. M. et al. "Blue light-filtering intraocular lenses: review of potential benefits and side effects". *J Cataract Refract Surg*, v. 35, pp. 1281-97, 2009. Disponível em: <doi:10.1016/j.jcrs.2009.04.017>.

CUTOLO, M. "Chronobiology and the treatment of rheumatoid arthritis". *Curr Opin Rheumatol*, v. 24, pp. 312-8, 2012. Disponível em: <doi:10.1097/BOR.0b013e3283521 c78>.

CZEISLER, C. A.; DIJK, D. J. "Use of bright light to treat maladaptation to night shift work and circadian rhythm sleep disorders". *J Sleep Res*, v. 4, pp. 70-3, 1995.

CZEISLER, C. A. et al. "Association of sleep-wake habits in older people with changes in output of circadian pacemaker". *Lancet*, v. 340, pp. 933-96, 1992. Disponível em: <doi:10.1016/0140-6736(92)92817-y>.

CZEISLER, C. A. et al. "Stability, precision, and near-24-hour period of the human circadian pacemaker". *Science*, v. 284, pp. 2177-81, 1999.

CZEISLER, C. A.; PELLEGRINI, C. A; SADE, R. M. "Should sleep-deprived surgeons be prohibited from operating without patients' consent?". *Ann Thorac Surg*, v. 95, pp. 757-66, 2013. Disponível em: <doi:10.1016/j.athoracsur.2012.11.052>.

DAHL, R. E.; LEWIN, D. S. "Pathways to adolescent health: sleep regulation and behavior" *J Adolesc Health*, v. 31, pp. 175-84, 2002.

DAIMON, K. et al. "Circadian rhythm abnormalities of deep body temperature in depressive disorders". *J Affect Disord*, v. 26, pp. 191-8, 1992. Disponível em: <doi:10.1016/0165-0327(92)90015-x>.

DAKUP, P. P. et al. "The circadian clock protects against ionizing radiation-induced cardiotoxicity". *FASEB J*, v. 34, pp. 3347-58, 2020. Disponível em: <doi:10.1096/fj.201901850RR>.

DALZIEL, J. R.; JOB, R. F. "Motor vehicle accidents, fatigue and optimism bias in taxi drivers". *Accid Anal Prev*, v. 29, pp. 489-94, 1997. Disponível em: <doi:10.1016/s0001-4575(97)00028-6>.

DANEL, T.; LIBERSA, C.; TOUITOU, Y. "The effect of alcohol consumption on the circadian control of human core body temperature is time dependent". *Am J Physiol Regul Integr Comp Physiol*, v. 281, pp. 152-5, 2001. Disponível em: <doi:10.1152/ajpregu.2001.281.1.R52>.

DAUVILLIERS, Y. "Insomnia in patients with neurodegenerative conditions". *Sleep Med*, v. 8, supl. 4, pp. S27-34, 2007. Disponível em: <doi:10.1016/S1389-9457(08) 70006-6>.

DAVIS, S.; MIRICK, D. K. "Circadian disruption, shift work and the risk of cancer: a summary of the evidence and studies in Seattle". *Cancer Causes Control*, v. 17, pp. 539-45, 2006. Disponível em: <doi:10.1007/s10552-005-9010-9>.

DAWSON, D.; REID, K. "Fatigue, alcohol and performance impairment". *Nature*, v. 388, p. 235, 1997. Disponível em: <doi:10.1038/40775>.

DE GOEDE, P. et al. "Circadian rhythms in mitochondrial respiration". *J Mol Endocrinol*, v. 60, pp. 1115-R130, 2018. Disponível em: <doi:10.1530/JME-17-0196>.

DEACON, S. et al. "Atenolol facilitates light-induced phase shifts in humans". *Neurosci Lett*, v. 242, pp. 53-6, 1998. Disponível em: <doi:10.1016/s0304-3940(98)00024-x>.

DEAN, K.; MURRAY, R. M. "Environmental risk factors for psychosis". *Dialogues Clin Neurosci*, v. 7, pp. 69-80, 2005.

DEBRUINE, L. et al. "Evidence for menstrual cycle shifts in women's preferences for masculinity: a response to Harris (in press), 'Menstrual cycle and facial preferences reconsidered'". *Evol Psychol*, v. 8, pp. 768-75, 2010.

DEPNER, C. M.; STOTHARD, E. R.; WRIGHT, K. P., Jr. "Metabolic consequences of sleep and circadian disorders". *Curr Diab Rep*, v. 14, p. 507, 2014. Disponível em: <doi:10.1007/s11892-014-0507-z>.

DEPOMMIER, C. et al. "Supplementation with *Akkermansia muciniphila* in overweight and obese human volunteers: a proof-of-concept exploratory study". *Nat Med*, v. 25, pp. 1096-103, 2019. Disponível em: <doi:10.1038/s41591-019- 0495-2>.

DESBOROUGH, M. J. R.; KEELING, D. M. "The aspirin story - from willow to wonder drug". *Br J Haematol*, v. 177, pp. 674-83, 2017. Disponível em: <doi:10.1111/bjh.14520>.

DESCAMPS, S. "Breeding synchrony and predator specialization: a test of the predator swamping hypothesis in seabirds". *Ecol Evol*, v. 9, pp. 1431-6, 2019. Disponível em: <doi:10.1002/ece3.4863>.

DIETRICH, A.; MCDANIEL, W. F. "Endocannabinoids and exercise". *Br J Sports Med*, pp. 536-41, v. 38. Disponível em: <doi:10.1136/bjsm.2004.011718>.

DIJK, D. J.; CZEISLER, C. A. "Contribution of the circadian pacemaker and the sleep homeostat to sleep propensity, sleep structure, electroencephalographic slow waves, and sleep spindle activity in humans". *J Neurosci*, v. 15, pp. 3526-38, 1995.

DIJK, D. J.; DUFFY, J. F.; CZEISLER, C. A. "Age-related increase in awakenings: impaired consolidation of nonREM sleep at all circadian phases". *Sleep*, v. 24, pp. 565-77, 2001. Disponível em: <doi:10.1093/sleep/24.5.565>.

DIMITROV, S. et al. "Cortisol and epinephrine control opposing circadian rhythms in T cell subsets". *Blood*, v. 113, pp. 5134-43, 2009. Disponível em: <doi:10.1182/blood-2008-11-190769>.

DINGES, D. F. et al. "Cumulative sleepiness, mood disturbance, and psychomotor vigilance performance decrements during a week of sleep restricted to 4-5 hours per night". *Sleep*, v. 20, pp. 267-77, 1997.

DOAN, T. et al. "Nighttime breastfeeding behavior is associated with more nocturnal sleep among first-time mothers at one month postpartum". *J Clin Sleep Med*, v. 10, pp. 313-9, 2014. Disponível em: <doi:10.5664/jcsm.3538>.

DOBSON, M. J. "Malaria in England: a geographical and historical perspective". *Parassitologia*, v. 36, pp. 35-60, 1994.

DOLEZAL, B. A. et al. "Interrelationship between sleep and exercise: a systematic review". *Adv Prev Med*, v. 2017, p. 1364387, 2002. Disponível em: <doi:10.1155/2017/1364387>.

DONSKOY, I.; LOGHMANEE, D. "Insomnia in adolescence". *Med Sci (Basel)*, v. 6, 2018. Disponível em: <doi:10.3390/medsci6030072>.

DOTY, R. L. et al. "Changes in the intensity and pleasantness of human vaginal odors during the menstrual cycle". *Science*, v. 190, pp. 1316-8, 1975. Disponível em: <doi:10.1126/science.1239080>.

DOWELL, S. F.; HO, M. S. "Seasonality of infectious diseases and severe acute respiratory syndrome – what we don't know can hurt us". *Lancet Infect Dis*, v. 4, pp. 704-8, 2004. Disponível em: <doi:10.1016/S1473-3099(04)01177-6>.

DRIVER, H. S. et al. "Energy content of the evening meal alters nocturnal body temperature but not sleep". *Physiol Behav*, v. 68, pp. 17-23, 1999. Disponível em: <doi:10.1016/s0031-9384(99)00145-6>.

DUBOC, H.; COFFIN, B.; SIPROUDHIS, L. "Disruption of circadian rhythms and gut motility: an overview of underlying mechanisms and associated pathologies". *J Clin Gastroenterol*, v. 54, pp. 405-14, 2020. Disponível em: <doi:10.1097/MCG.0000000000001333>.

DUFFY, J. F. et al. "Peak of circadian melatonin rhythm occurs later within the sleep of older subjects". *Am J Physiol Endocrinol Metab*, v. 292, pp. E297-303, 2002. Disponível em: <doi:10.1152/ajpendo.00268.2001>.

DUFFY, J. F.; SCHEUERMAIER, K.; LOUGHLIN, K. R. "Age-related sleep disruption and reduction in the circadian rhythm of urine output: contribution to nocturia?". *Curr Aging Sci*, v. 9, pp. 34-43, 2016. Disponível em: <doi:10.2174/187460 9809666151130220343>.

DUFFY, J. F.; ZEITZER, J. M.; CZEISLER, C. A. "Decreased sensitivity to phase-delaying effects of moderate intensity light in older subjects". *Neurobiol Aging*, v. 28, pp. 799-807, 2007. Disponível em: <doi:10.1016/j.neurobiolaging.2006.03.005>.

DUNCAN, W. C. et al. "A biphasic daily pattern of slow wave activity during a two-day 90-minute sleep-wake schedule". *Arch Ital Biol*, v. 147, pp. 117-30, 2009.

DURMER, J. S.; DINGES, D. F. "Neurocognitive consequences of sleep deprivation". *Semin Neurol*, v. 25, pp. 117-29, 2005. Disponível em: <doi:10.1055/s-2005- 867080>.

DURRINGTON, H. J. et al. "The circadian clock and asthma". *Thorax*, v. 69, pp. 90-2, 2014. Disponível em: <doi:10.1136/thoraxjnl2013-203482>.

DUSS, S. B. et al. "The role of sleep in recovery following ischemic stroke: a review of human and animal data". *Neurobiol Sleep Circadian Rhythms*, v. 2, pp. 94-105, 2017. Disponível em: <doi:10.1016/j.nbscr.2016.11.003>.

DWORAK, M. et al. "Impact of singular excessive computer game and television exposure on sleep patterns and memory performance of school-aged children". *Pediatrics*, v. 120, pp. 978-85, 2007. Disponível em: <doi:10.1542/peds.2007-0476>.

EASTMAN, C. I.; STEWART, K. T; WEED, M. R. "Evening alcohol consumption alters the circadian rhythm of body temperature". *Chronobiol Int*, v. 11, pp. 141-2, 1994. Disponível em: <doi:10.3109/07420529409055901>.

EASTRIDGE, B. J. et al. "Effect of sleep deprivation on the performance of simulated laparoscopic surgical skill". *Am J Surg*, v. 186, pp. 169-74, 2003. Disponível em: <doi:10.1016/s0002-9610(03)00183-1>.

ECKERT, D. J.; SWEETMAN, A. "Impaired central control of sleep depth propensity as a common mechanism for excessive overnight wake time: implications for sleep apnea, insomnia and beyond". *J Clin Sleep Med*, v. 16, pp. 341-3, 2020. Disponível em: <doi:10.5664/jcsm.8268>.

EDE, M. C. "Circadian rhythms of drug effectiveness and toxicity". *Clin Pharmacol Ther*, v. 14, pp. 925-35, 1973. Disponível em: <doi:10.1002/cpt1973146925>.

EDGAR, R. S. et al. "Cell autonomous regulation of herpes and influenza virus infection by the circadian clock". *Proc Natl Acad Sci USA*, v. 113, pp. 10085-90, 2016. Disponível em: <doi:10.1073/pnas.1601895113>.

EDSTROM, A. M. et al. "The major bactericidal activity of human seminal plasma is zinc-dependent and derived from fragmentation of the semenogelins". *J Immunol*, v. 181, pp. 3413-21, 2008. Disponível em: <doi:10.4049/jimmunol.181.5.3413>.

EELDERINK-CHEN, Z. et al. "A circadian clock in a non-photosynthetic prokaryote". *Sci Adv*, v. 7, 2001. Disponível em: <doi:10.1126/sciadv.abe2086>.

EHLERS, C. L.; FRANK, E.; KUPFER, D. J. "Social zeitgebers and biological rhythms. A unified approach to understanding the etiology of depression". *Arch Gen Psychiatry*, v. 45, pp. 948-52, 1988. Disponível em: <doi:10.1001/archpsyc. 1988.01800340076012>.

EKIRCH, A. R. "Segmented sleep in pre-industrial societies". *Sleep*, v. 39, pp. 715-6, 2016. Disponível em: <doi:10.5665/sleep.5558>.

______. *At Day's Close: A History of Nighttime*. Nova York: W. W. Norton and Company, 2005.

EKMEKCIOGLU, C.; TOUITOU, Y. "Chronobiological aspects of food intake and metabolism and their relevance on energy balance and weight regulation". *Obes Rev*, v. 12, pp. 14-25, 2011. Disponível em: <doi:10.1111/j.1467-789X. 2010.00716.x>.

EKNOYAN, G. "A history of obesity, or how what was good became ugly and then bad". *Adv Chronic Kidney Dis*, v. 13, pp. 421-7, 2006. Disponível em: <doi:10.1053/j.ackd.2006.07.002>.

ELLIOTT, W. J. "Circadian variation in the timing of stroke onset: a meta-analysis". *Stroke*, v. 29, pp. 992-6, 1998. Disponível em: <doi:10.1161/01.str.29.5.992>.

EMENS, J. S.; EASTMAN, C. I. "Diagnosis and treatment of non24-h sleep-wake disorder in the blind". *Drugs*, v. 77, pp. 637-50, 2017. Disponível em: <doi:10.1007/s40265-017-0707-3>.

ERREN, T. C.; MORFELD, P.; GROSS, V. J. "Night shift work, chronotype, and prostate cancer risk: incentives for additional analyses and prevention". *Int J Cancer*, v. 137, pp. 1784-5, 2015. Disponível em: <doi:10.1002/ijc.29524>.

ESBENSEN, A. J.; SCHWICHTENBERG, A. J. "Sleep in neurodevelopmental disorders". *Int Rev Res Dev Disabil*, v. 51, pp. 153-91, 2016. Disponível em: <doi:10.1016/bs.irrdd.2016.07.005>.

ESPOSITO, E. et al. "Potential circadian effects on translational failure for neuroprotection". *Nature*, v. 582, pp. 395-8, 2020. Disponível em: <doi:10.1038/s41586-020-2348-z>.

ETTCHETO, M. et al. "Benzodiazepines and related drugs as a risk factor in Alzheimer's disease dementia". *Front Aging Neurosci*, v. 11, p. 344., 2019 Disponível em: <doi:10.3389/fnagi.2019.00344>.

EXTON, M. S. et al. "Coitus-induced orgasm stimulates prolactin secretion in healthy subjects". *Psychoneuroendocrinology*, v. 26, pp. 287-94, 2001. Disponível em: <doi:10.1016/s0306-4530(00)00053-6>.

FABBIAN, F. et al. "Chronotype, gender and general health". *Chronobiol Int*, v. 33, pp. 863-82, 2016. Disponível em: <doi:10.1080/07420528.2016.1176927>.

FACER-CHILDS, E.; BRANDSTAETTER, R. "The impact of circadian phenotype and time since awakening on diurnal performance in athletes". *Curr Biol*, v. 25, pp. 518-22, 2015. Disponível em: <doi:10.1016/j.cub.2014.12.036>.

FACER-CHILDS, E. R. et al. "Resetting the late timing of 'night owls' has a positive impact on mental health and performance". *Sleep Med*, v. 60, pp. 236-47, 2019. Disponível em: <doi:10.1016/j.sleep.2019.05.001>.

FANG, B. et al. "Effect of subjective and objective sleep quality on subsequent peptic ulcer recurrence in older adults". *J Am Geriatr Soc*, v. 67, pp. 1454-60, 2019. Disponível em: <doi:10.1111/jgs.15871>.

FARAJNIA, S. et al. "Evidence for neuronal desynchrony in the aged suprachiasmatic nucleus clock". *J Neurosci*, v. 32, pp. 5891-9, 2012. Disponível em: <doi:10.1523/JNEUROSCI.0469-12.2012>.

FARGEN, K. M.; ROSEN, C. L. "Are duty hour regulations promoting a culture of dishonesty among resident physicians?". *J Grad Med Educ*, v. 5, pp. 553-5, 2013. Disponível em: <doi:10.4300/JGME-D-13-00220.1>.

FEILLET, C. et al. "Sexual dimorphism in circadian physiology is altered in LXRalpha deficient mice". *PLoS One*, v. 11, p. e0150665, 2016. Disponível em: <doi:10.1371/journal.pone.0150665>.

FERENTINOS, P.; PAPARRIGOPOULOS, T. "Zopiclone and sleepwalking". *Int J Neuropsychopharmacol*, v. 12, pp. 141-2, 2009. Disponível em: <doi:10.1017/S1461145708009541>.

FERINI-STRAMBI, L. et al. "Restless legs syndrome and Parkinson disease: a causal relationship between the two disorders?". *Front Neurol*, v. 9, p. 551, 2018. Disponível em: <doi:10.3389/fneur.2018.00551>.

FERNANDEZ-MENDOZA, J. et al. "Sleep misperception and chronic insomnia in the general population: role of objective sleep duration and psychological profiles". *Psychosom Med*, v. 73, pp. 88-97, 2011. Disponível em: <doi:10. 1097/PSY.0b013e3181fe365a>.

FERRACIOLI-ODA, E.; QAWASMI, A.; BLOCH, M. H. "Meta-analysis: melatonin for the treatment of primary sleep disorders". *PLoS One*, v. 8, p. e63773, 2013. Disponível em: <doi:10.1371/journal.pone.0063773>.

FIETZE, I. et al. "The effect of room acoustics on the sleep quality of healthy sleepers". *Noise Health*, v. 18, pp. 240-6, 2016. Disponível em: <doi:10.4103/1463-1741.192480>.

FIGUEIRO, M. G. "Light, sleep and circadian rhythms in older adults with Alzheimer's disease and related dementias". *Neurodegener Dis Manag*, v. 7, pp. 119-45, 2017. Disponível em: <doi:10.2217/nmt-2016-0060>.

FIGUEIRO, M. G. et al. "The impact of light from computer monitors on melatonin levels in college students". *Neuro Endocrinol Lett*, v. 32, pp. 158-63, 2011.

FILDES, A. et al. "Probability of an obese person attaining normal body weight: cohort study using electronic health records". *Am J Public Health*, v. 105, pp. e54-9, 2015. Disponível em: <doi:10.2105/AJPH.2015.302773>.

FILIPSKI, E. et al. "Disruption of circadian coordination accelerates malignant growth in mice". *Pathol Biol (Paris)*, v. 51, pp. 216-9, 2003. Disponível em: <doi:10.1016/s0369-8114(03)00034-8>.

FILLINGER, L. et al. "Rapid glass sponge expansion after climate-induced Antarctic ice shelf collapse". *Curr Biol*, v. 23, pp. 1330-4, 2013. Disponível em: ‹doi:10.1016/j.cub.2013.05.051›.

FINDLEY, L. J.; SURATT, P. M. "Serious motor vehicle crashes: the cost of untreated sleep apnoea". *Thorax*, v. 56, p. 505, 2001. Disponível em: ‹doi:10.1136/thorax.56.7.505›

FINO, E. et al. "(Not so) Smart sleep tracking through the phone: findings from a polysomnography study testing the reliability of four sleep applications". *J Sleep Res*, v. 29, p. e12935, 2020. Disponível em: ‹doi:10.1111/jsr.12935›.

FISCHER, D. et al. "Chronotypes in the US – influence of age and sex". *PLoS One*, v. 12, p. e0178782, 2017. Disponível em: ‹doi:10.1371/journal.pone.0178782›.

FISHER, S. P.; SUGDEN, D. "Endogenous melatonin is not obligatory for the regulation of the rat sleep-wake cycle". *Sleep*, v. 33, pp. 833-40, 2010. Disponível em: ‹doi:10.1093/sleep/33.6.833›.

FLEMING, M. K. et al. "Sleep disruption after brain injury is associated with worse motor outcomes and slower functional recovery". *Neurorehabil Neural Repair*, v. 34, pp. 661-71, 2020. Disponível em: ‹doi:10.1177/1545968320929669›.

FOLKARD, S. "Do permanent night workers show circadian adjustment? A review based on the endogenous melatonin rhythm". *Chronobiol Int*, v. 25, pp. 215-24, 2008.

FONDA, D. "Nocturia: a disease or normal ageing?". *BJU Int*, v. 84, supl. 1, pp. 13-5, 1999. Disponível em: ‹doi:10.1046/j.1464-410x.1999.00055.x›.

FORGET, D.; MORIN, C. M.; BASTIEN, C. H. "The role of the spontaneous and evoked k-complex in good-sleeper controls and in individuals with insomnia". *Sleep*, v. 34, pp. 1251-60, 2011. Disponível em: ‹doi:10.5665/SLEEP.1250›.

FOSTER, R. G. "Shedding light on the biological clock". *Neuron*, v. 20, pp. 829-32, 1998.

______. "There is no mystery to sleep". *Psych J*, v. 7, pp. 206-8, 2018. Disponível em: ‹doi:10.1002/pchj.247›.

______. "Sleep, circadian rhythms and health". *Interface Focus*, v. 10, p. 20190098, 2020. Disponível em: ‹doi:10.1098/rsfs.2019.0098›.

FOSTER, R. G.; HUGHES, S.; PEIRSON, S. N. "Circadian photoentrainment in mice and humans". *Biology (Basel)*, v. 9, 2020. Disponível em: ‹doi:10.3390/biology9070180›.

FOSTER, R. G.; ROENNEBERG, T. "Human responses to the geophysical daily, annual and lunar cycles". *Curr Biol*, v. 18, pp. 1784-94, 2008. Disponível em: ‹doi:10.1016/j.cub.2008.07.003›.

FOSTER, R. G. et al. "Circadian photoreception in the retinally degenerate mouse (rd/rd)". *J Comp Physiol A*, v. 169, pp. 39-50, 1991.

FOSTER, R. G. et al. "Photoreceptors regulating circadian behavior: a mouse model". *J Biol Rhythms*, v. 8, supl., pp. S17-23, 1993.

FRANKLIN, K. A., Sahlin, C., Stenlund, H. e Lindberg, E. "Sleep apnoea is a common occurrence in females". *Eur Respir J*, v. 41, pp. 610-5, 2013. Disponível em: ‹doi:10.1183/09031936.00212711›.

FREEDMAN, M. S. et al. "Regulation of mammalian circadian behavior by non-rod, non-cone, ocular photoreceptors". *Science*, v. 284, pp. 502-4, 1999.

FREEDMAN, R. R. "Hot flashes: behavioral treatments, mechanisms, and relation to sleep". *Am J Med*, v. 118, supl. 12B, pp. 124-30, 2005. Disponível em: ‹doi:10.1016/j.amjmed.2005.09.046›.

FREEMAN, D. et al. "The effects of improving sleep on mental health (OASIS): a randomised controlled trial with mediation analysis". *Lancet Psychiatry*, v. 4, pp. 749-58, 2017. Disponível em: ‹doi:10.1016/S2215-0366(17)30328-0›.

FRENTZ, G. et al. "On circadian rhythms in human epidermal cell proliferation". *Acta Derm Venereol*, v. 71, pp. 85-7, 1991.

FRIEDMAN, M. "Analysis, nutrition, and health benefits of tryptophan". *Int J Tryptophan Res*, v. 11, p. 1178646918802282, 2018. Disponível em: ‹doi:10.1177/1178646918802282›.

FRITZ, J. et al. "A chronobiological evaluation of the acute effects of daylight saving time on traffic accident risk". *Curr Biol*, v. 30, pp. 729-35.e2, 2020. Disponível em: ‹doi:10.1016/j.cub.2019.12.045›.

FROY, O. "Metabolism and circadian rhythms – implications for obesity". *Endocr Rev*, v. 31, pp. 1-24, 2010. Disponível em: ‹doi:10.1210/er.2009-0014›.

FU, L.; KETTNER, N. M. "The circadian clock in cancer development and therapy". *Prog Mol Biol Transl Sci*, v. 119, pp. 221-82, 2013. Disponível em: <doi:10.1016/B978-0-12-396971-2.00009-9>.

FU, L. et al. "The circadian gene Period2 plays an important role in tumor suppression and DNA damage response in vivo". *Cell*, v. 111, pp. 41-50, 2002. Disponível em: <doi:10.1016/s0092- 8674(02)00961-3>.

FUKUDA, K.; ISHIHARA, K. "Routine evening naps and night-time sleep patterns in junior high and high school students". *Psychiatry Clin Neurosci*, v. 56, pp. 229-30, 2002. Disponível em: <doi:10.1046/j. 1440-1819.2002.00986.x>.

GADIE, A. et al. "How are age-related differences in sleep quality associated with health outcomes? An epidemiological investigation in a UK cohort of 2406 adults". *BMJ Open*, v. 7, p. e014920, 2017. Disponível em: <doi:10.1136/bmjopen-2016-014920>.

GAINE, M. E.; CHATTERJEE, S.; ABEL, T. "Sleep deprivation and the epigenome". *Front Neural Circuits*, v. 12, p. 14, 2018. Disponível em: <doi:10.3389/fncir.2018.00014>.

GALLANT, A. R.; LUNDGREN, J.; DRAPEAU, V. "The night-eating syndrome and obesity". *Obes Rev*, v. 13, pp. 528-36, 2012. Disponível em: <doi:10.1111/j.1467-789X. 2011.00975.x>.

GALLERANI, M. et al. "The time for suicide". *Psychol Med*, v. 26, pp. 867-70, 1996. Disponível em: <doi:10.1017/s0033291700037909>.

GANGWISCH, J. E. et al. "Sleep duration as a risk factor for diabetes incidence in a large U.S. sample". *Sleep*, v. 30, pp. 1667-73, 2007. Disponível em: <doi:10.1093/sleep/30.12.1667>.

GANGWISCH, J. E. et al. "Inadequate sleep as a risk factor for obesity: analyses of the NHANES I". *Sleep*, v. 28, pp. 1289-96, 2005. Disponível em: <doi:10.1093/sleep/28.10.1289>.

GARAULET, M. et al. "Timing of food intake predicts weight loss effectiveness". *Int J Obes (Lond)*, v. 37, pp. 604-11, 2013. Disponível em: <doi:10.1038/ijo.2012.229>.

GARCIA, J. E.; JONES, G. S.; WRIGHT, G. L., Jr. "Prediction of the time of ovulation". *Fertil Steril*, v. 36, pp. 308-15, 1981.

GAVRILOFF, D. et al. "Sham sleep feedback delivered via actigraphy biases daytime symptom reports in people with insomnia: Implications for insomnia disorder and wearable devices". *J Sleep Res*, v. 27, p. e12726, 2018. Disponível em: <doi:10.1111/jsr.12726>.

GAY, C. L. et al. "Sleep patterns and fatigue in new mothers and fathers". *Biol Res Nurs*, v. 5, pp. 311-8, 2004. Disponível em: <doi:10.1177/1099800403262142>.

GAYLOR, E. E. et al. "A longitudinal follow-up study of young children's sleep patterns using a developmental classification system". *Behav Sleep Med*, v. 3, pp. 44-61, 2005. Disponível em: <doi:10.1207/s15402010bsm0301_6>.

GEE, B. M. et al. "Weighted blankets and sleep quality in children with autism spectrum disorders: a single--subject design". *Children (Basel)*, v. 8, 2020. Disponível em: <doi:10.3390/children8010010>.

GIEDKE, H.; SCHWARZLER, F. "Therapeutic use of sleep deprivation in depression". *Sleep Med Rev*, v. 6, pp. 361-77, 2002.

GIESBRECHT, T. et al. "Acute dissociation after 1 night of sleep loss". *J Abnorm Psychol*, v. 116, pp. 599-606, 2007. Disponível em: <doi:10.1037/0021-843X.116.3.599>.

GILDERSLEEVE, K.; HASELTON, M. G.; FALES, M. R. "Do women's mate preferences change across the ovulatory cycle? A meta-analytic review". *Psychol Bull*, v. 140, pp. 1205-59, 2014. Disponível em: <doi:10.1037/a0035438.

GILRON, I.; BAILEY, J. M.; VANDENKERKHOF, E. G. "Chronobiological characteristics of neuropathic pain: clinical predictors of diurnal pain rhythmicity". *Clin J Pain*, v. 29, pp. 755-9, 2013. Disponível em: <doi:10.1097/AJP.0b013e318275f287>.

GIORGI, G. et al. Work-related stress in the banking sector: a review of incidence, correlated factors, and major consequences. *Front Psychol*, v. 8, pp. 2166, 2017. Disponível em: <doi:10.3389/fpsyg.2017.02166>.

GIUNTELLA, O.; MAZZONNA, F. "Sunset time and the economic effects of social jetlag: evidence from US time zone borders". *J Health Econ*, v. 65, pp. 210-26, 2019. Disponível em: <doi:10.1016/j.jhealeco.2019.03.007>.

GLASER, R.; KIECOLT-GLASER, J. K. "Stress-induced immune dysfunction: implications for health". *Nat Rev Immunol*, v. 5, pp. 243-51, 2005. Disponível em: <doi:10.1038/nri1571>.

GLASSER, S. P. "Circadian variations and chronotherapeutic implications for cardiovascular management: a focus on COER verapamil". *Heart Dis*, v. 1, pp. 226-32, 1999.

GNOCCHI, D. et al. "Lipids around the clock: focus on circadian rhythms and lipid metabolism". *Biology (Basel)*, v. 4, pp. 104-32, 2015. Disponível em: <doi:10.3390/biology4010104>.

GODER, R., Scharffetter, F., Aldenhoff, J. B. e Fritzer, G. "Visual declarative memory is associated with non-rapid eye movement sleep and sleep cycles in patients with chronic non-restorative sleep". *Sleep Med*, v. 8, pp. 503-8, 2007. Disponível em: <doi:10.1016/j.sleep.2006.11.014>.

GODSELL, S. e WHITE, J. "Adolescent perceptions of sleep and influences on sleep behaviour: a qualitative study". *J Adolesc*, v. 73, pp. 18-25, 2019. Disponível em: <doi:10.1016/j.adolescence.2019.03.010>.

GOLD, A. K.; SYLVIA, L. G. "The role of sleep in bipolar disorder". *Nat Sci Sleep*, v. 8, pp. 207-14, 2016. Disponível em: <doi:10.2147/NSS.S85754>.

GOLDMAN, M. et al. "Biological predictors of 1-year outcome in schizophrenia in males and females". *Schizophr Res*, v. 21, pp. 65-73, 1996.

GOLDSTEIN, D. et al. "Time of day, intellectual performance, and behavioral problems in morning versus evening type adolescents: is there a synchrony effect?". *Pers Individ Dif*, v. 42, pp. 431-40, 2007. Disponível em: <doi:10.1016/j.paid.2006.07.008>.

GOLDSTEIN, I. et al. "The serendipitous story of Sildenafil: an unexpected oral therapy for erectile dysfunction". *Sex Med Rev*, v. 7, pp. 115-28, 2019. Disponível em: <doi:10.1016/j.sxmr.2018.06.005>.

GOLDSTEIN, T. R.; BRIDGE, J. A.; BRENT, D. A. "Sleep disturbance preceding completed suicide in adolescents". *J Consult Clin Psychol*, v. 76, pp. 84-91, 2008. Disponível em: <doi:10.1037/0022-006X.76.1.84>.

GONG, J. et al. "Development of PD-1 and PD-L1 inhibitors as a form of cancer immunotherapy: a comprehensive review of registration trials and future considerations". *J Immunother Cancer*, v. 6, p. 8, 2018. Disponível em: <doi:10.1186/s40425-018-0316-z>.

GOTTLIEB, D. J. et al. "Association of sleep time with diabetes mellitus and impaired glucose tolerance". *Arch Intern Med*, v. 165, pp. 863-7, 2005. Disponível em: <doi:10.1001/archinte.165.8.863>.

GOYAL, D. et al. "Patterns of sleep disruption and depressive symptoms in new mothers". *J Perinat Neonatal Nurs* v. 21, pp. 123-9, 2007. Disponível em: <doi:10.1097/01.JPN.0000270629.58746.96>.

GRADISAR, M.; GARDNER, G.; DOHNT, H. "Recent worldwide sleep patterns and problems during adolescence: a review and metaanalysis of age, region, and sleep". *Sleep Med*, v. 12, pp. 110-8, 2011. Disponível em: <doi:10.1016/j.sleep.2010.11.008>.

GRANTCHAROV, T. P. et al. "Laparoscopic performance after one night on call in a surgical department: prospective study". *BMJ*, v. 323, pp. 1222-3, 2001. Disponível em: <doi:10.1136/bmj.323.7323.1222>.

GRAY, S. L. et al. "Cumulative use of strong anticholinergics and incident dementia: a prospective cohort study". *JAMA Intern Med*, v. 175, pp. 401-7, 2015. Disponível em: <doi:10.1001/jamainternmed.2014.7663>.

GREEN, A. et al. "Evening light exposure to computer screens disrupts human sleep, biological rhythms, and attention abilities". *Chronobiol Int*, v. 34, pp. 855-65, 2017. Disponível em: <doi:10.1080/07420528.2017.1324878>.

GREENBERG, D. B. "Clinical dimensions of fatigue". *Prim Care Companion J Clin Psychiatry*, v. 4, pp. 90-3, 2002. Disponível em: <doi:10.4088/pcc.v04n0301>.

GREENE, R. W.; BJORNESS, T. E.; SUZUKI, A. "The adenosine-mediated, neuronal-glial, homeostatic sleep response". *Curr Opin Neurobiol*, v. 44, pp. 236-42, 2017. Disponível em: <doi:10.1016/j.conb.2017.05.015>.

GRUTSCH, J. F. et al. "Validation of actigraphy to assess circadian organization and sleep quality in patients with advanced lung cancer". *J Circadian Rhythms*, v. 9, p. 4, 2011. Disponível em: <doi:10.1186/1740-3391-9-4>.

GUADAGNA, S. et al. "Plant extracts for sleep disturbances: a systematic review". *Evid Based Complement Alternat Med*, v. 2020, p. 3792390, 2020. Disponível em: <doi:10.1155/2020/3792390>.

GUGGENHEIM, J. A.; HILL, C.; YAM, T. F. "Myopia, genetics, and ambient lighting at night in a UK sample". *Br J Ophthalmol*, v. 87, pp. 580-2, 2003. Disponível em: <doi:10.1136/bjo.87.5.580>.

GUSTAVSEN, S. et al. "Shift work at young age is associated with increased risk of multiple sclerosis in a Danish population". *Mult Scler Relat Disord*, v. 9, pp. 104-9, 2016. Disponível em: <doi:10.1016/j.msard.2016.06.010>.

HACKAM, D. G.; SPENCE, J. D. "Antiplatelet therapy in ischemic stroke and transient ischemic attack". *Stroke*, v. 50, pp. 773-8, 2019. Disponível em: <doi:10.1161/STROKEAHA.118.023954>.

HADLOW, N. C. et al. "The effects of season, daylight saving and time of sunrise on serum cortisol in a large population". *Chronobiol Int*, v. 31, pp. 243-51, 2014. Disponível em: <doi:10.3109/07420528.2013.844162>.

HAHN, E. A. et al. "A change in sleep pattern may predict Alzheimer disease". *Am J Geriatr Psychiatry*, v. 22, pp. 1262-71, 2014. Disponível em: <doi:10.1016/j.jagp.2013.04.015>.

HALL, S. A. et al. "Commonly used antihypertensives and lower urinary tract symptoms: results from the Boston Area Community Health (BACH) Survey". *BJU Int*, v. 109, pp. 1676-84, 2012. Disponível em: <doi:10.1111/j.1464- 410X.2011.10593.x>.

HANDLEY, S. *Sleep in Early Modern England*. New Haven: Yale University Press, 2016.

HANISH, A. E. et al. "Pineal hypoplasia, reduced melatonin and sleep disturbance in patients with PAX6 haploinsufficiency". *J Sleep Res*, v. 25, pp. 16-22, 2016. Disponível em: <doi:10.1111/jsr.12345>.

HANSEN, J. "Light at night, shiftwork, and breast cancer risk". *J Natl Cancer Inst*, v. 93, pp. 1513-5, 2001. Disponível em: <doi:10.1093/jnci/93.20.1513>.

______. "Risk of breast cancer after night and shift work: current evidence and ongoing studies in Denmark". *Cancer Causes Control*, v. 17, pp. 531-7, 2006. Disponível em: <doi:10.1007/s10552-005-9006-5>.

______. "Night shift work and risk of breast cancer". *Curr Environ Health Rep*, v. 4, pp. 325-39, 2017. Disponível em: <doi:10.1007/s40572-017-0155-y>.

HARBARD, E. et al. "What's keeping teenagers up? Prebedtime behaviors and actigraphy-assessed sleep over school and vacation". *J Adolesc Health*, v. 58, pp. 426-32, 2016. Disponível em: <doi:10.1016/j.jadohealth.2015.12.011>.

HARDING, E. C.; FRANKS, V. P.; WISDEN, W. "The temperature dependence of sleep". *Front Neurosci*, v. 13, p. 336, 2019. Disponível em: <doi:10.3389/fnins.2019. 00336>.

HARRISON, Y. "The impact of daylight saving time on sleep and related behaviours". *Sleep Med Rev*, v. 17, pp. 285-92, 2013. Disponível em: <doi:10.1016/j.smrv. 2012.10.001>.

HARRISON, Y.; HORNE, J. A. "The impact of sleep deprivation on decision making: a review". *J Exp Psychol Appl*, v. 6, pp. 236-49, 2000.

HARTMANN, E.; BREZLER, T. "A systematic change in dreams after 9/11/01". *Sleep*, v. 31, pp. 213-8, 2008. Disponível em: <doi:10.1093/sleep/31.2.213>.

HATFIELD, C. F. et al. "Disrupted daily activity/rest cycles in relation to daily cortisol rhythms of home-dwelling patients with early Alzheimer's dementia". *Brain*, v. 127, pp. 1061-74, 2004. Disponível em: <doi:10.1093/brain/awh129>.

HATLEBAKK, J. G. et al. "Proton pump inhibitors: better acid suppression when taken before a meal than without a meal". *Aliment Pharmacol Ther*, v. 14, pp. 1267-72, 2000. Disponível em: <doi:10.1046/j.1365-2036.2000.00829.x>.

HATLEBAKK, J. G. et al. "Nocturnal gastric acidity and acid breakthrough on different regimens of omeprazole 40 mg daily". *Aliment Pharmacol Ther*, v. 12, pp. 1235-40, 1998. Disponível em: <doi:10.1046/j.1365-2036.1998.00426.x>.

HATTAR, S. et al. "Melanopsin and rod-cone photoreceptive systems account for all major accessory visual functions in mice". *Nature*, v. 424, pp. 76-81, 2003. Disponível em: <doi:10.1038/nature01761>.

HAZELHOFF, E. M. et al. "Beginning to see the light: lessons learned from the development of the circadian system for optimizing light conditions in the neonatal intensive care unit". *Front Neurosci*, v. 15, p. 634034, 2021. Disponível em: <doi:10.3389/fnins.2021.634034>.

HE, Q. et al. "Risk of dementia in long-term benzodiazepine users: evidence from a meta-analysis of observational studies". *J Clin Neurol*, v. 15, pp. 9-19, 2019. Disponível em: <doi:10.3988/jcn.2019.15.1.9>.

HEADACHE CLASSIFICATION COMMITTEE OF THE INTERNATIONAL HEADACHE SOCIETY (IHS). The International Classification of Headache Disorders, 3ª ed. *Cephalalgia*, v. 38, pp. 1-211, 2018. Disponível em: <doi:10.1177/0333102417738202>.

HELFRICH-FORSTER, C. et al. "Women temporarily synchronize their menstrual cycles with the luminance and gravimetric cycles of the Moon". *Sci Adv*, v. 7, 2021. Disponível em: <doi:10.1126/sciadv.abe1358>.

HEMELSOET, D.; HEMELSOET, K; DEVREESE, D. "The neurological illness of Friedrich Nietzsche". *Acta Neurol Belg*, v. 108, pp. 9-16, 2008.

HEPTULLA, R. et al. "Temporal patterns of circulating leptin levels in lean and obese adolescents: relationships to insulin, growth hormone, and free fatty acids rhythmicity". *J Clin Endocrinol Metab*, v. 86, pp. 90-6, 2001. Disponível em: <doi:10.1210/jcem.86.1.7136>.

HERCULANO-HOUZEL, S. "The human brain in numbers: a linearly scaled-up primate brain". *Front Hum Neurosci*, v. 3, p. 31, 2009. Disponível em: <doi:10.3389/neuro.09.031.2009.

HERMIDA, R. C. et al. "Bedtime hypertension treatment improves cardiovascular risk reduction: the Hygia Chronotherapy Trial". *Eur Heart J*, 2019. Disponível em: <doi:10.1093/eurheartj/ehz754>.

HERXHEIMER, A.; PETRIE, K. J. "Melatonin for the prevention and treatment of jet lag". *Cochrane Database Syst Rev*, CD001520, 2002. Disponível em: <doi:10.1002/14651858.CD001520>.

HILL, L. V.; EMBIL, J. A. "Vaginitis: current microbiologic and clinical concepts". *CMAJ*, v. 134, pp. 321-31, 1986.

HILL, R. J. W. et al "Optimizing circadian drug infusion schedules towards personalized cancer chronotherapy". *PLoS Comput Biol*, v. 16, p. e1007218, 2020. Disponível em: <doi:10.1371/journal. pcbi.1007218>.

HIRAKO, I. C. et al. "Daily rhythms of TNFalpha expression and food intake regulate synchrony of plasmodium stages with the host circadian cycle". *Cell Host Microbe*, v. 23, pp. 796-808 e796, 2018. Disponível em: <doi:10.1016/j.chom.2018.04.016>.

HIROTSU, C.; TUFIK, S.; ANDERSEN, M. L. "Interactions between sleep, stress, and metabolism: from physiological to pathological conditions". *Sleep Sci*, v. 8, pp. 143-52, 2015. Disponível em: <doi:10.1016/j.slsci.2015.09.002>.

HIRSHKOWITZ, M. et al. "National Sleep Foundation's sleep time duration recommendations: methodology and results summary". *Sleep Health*, v. 1, pp. 40-3, 2015. Disponível em: <doi:10.1016/j.sleh.2014.12.010>.

HO MIEN, I. et al. "Effects of exposure to intermittent versus continuous red light on human circadian rhythms, melatonin suppression, and pupillary constriction". *PLoS One*, v. 9, p. e96532, 2014. Disponível em: <doi:10.1371/journal.pone.0096532>.

HODOR, A. et al. "Baclofen facilitates sleep, neuroplasticity, and recovery after stroke in rats". *Ann Clin Transl Neurol*, v. 1, pp. 765-77, 2014. Disponível em: <doi:10.1002/acn3.115>.

HOFSTETTER, J. R.; LYSAKER, P. H.; MAYEDA, A. R. "Quality of sleep in patients with schizophrenia is associated with quality of life and coping". *BMC Psychiatry*, v. 5, p. 13, 2005. Disponível em: <doi:10.1186/1471-244X-5-13>.

HOLLANDER, L. E. et al. "Sleep quality, estradiol levels, and behavioral factors in late reproductive age women". *Obstet Gynecol*, v. 98, pp. 391-7, 2001. Disponível em: <doi:10.1016/s0029-7844(01)01485-5>

HOMMA, Y. et al. "Nocturia in the adult: classification on the basis of largest voided volume and nocturnal urine production". *J Urol*, v. 163, pp. 777-81, 2000. Disponível em: <doi:10.1016/s0022-5347(05)67802-0>.

HONMA, K.; HONMA, S.; Wada, T. "Entrainment of human circadian rhythms by artificial bright light cycles". *Experientia*, v. 43, pp. 572-4, 1987.

HORNE, J. A. "Sleep loss and 'divergent' thinking ability". *Sleep*, v. 11, pp. 528-36, 1988. Disponível em: <doi:10.1093/sleep/11.6.528>.

HOTEZ, P. J.; HERRICKS, J. R. "Impact of the neglected tropical diseases on human development in the organisation of islamic cooperation nations". *PLoS Negl Trop Dis*, v. 9, p. e0003782, 2015. Disponível em: <doi:10.1371/journal.pntd.0003782>.

HRUSHESKY, W. J. "Circadian timing of cancer chemotherapy". *Science*, v. 228, pp. 73-5, 1985. Disponível em: <doi:10.1126/science.3883493>.

HUNTER, L. P.; RYCHNOVSKY, J. D.; YOUNT, S. M. "A selective review of maternal sleep characteristics in the postpartum period". *J Obstet Gynecol Neonatal Nurs*, v. 38, pp. 60-8, 2009. Disponível em: <doi:10.1111/j.1552-6909.2008.00309.x>.

HUTCHISON, A. T.; WITTERT, G. A.; HEILBRONN, L. K. "Matching meals to body clocks — impact on weight and glucose metabolism". *Nutrients*, v. 9. Disponível em: <doi:10.3390/nu9030222 (2017).

HYSING, M. et al. "Sleep and academic performance in later adolescence: results from a large population-based study". *J Sleep Res*, v. 25, pp. 318-24, 2016. Disponível em: <doi:10.1111/jsr.12373>.

ILIAS, I. et al. "Do lunar phases influence menstruation? A year-long retrospective study". *Endocr Regul*, v. 47, pp. 121-2, 2013. Disponível em: <doi:10.4149/endo_2013_ 03_121>.

ILLINGWORTH, G. The challenges of adolescent sleep. *Interface Focus*, v. 10, p. 20190080, 2020. Disponível em: <doi:10.1098/rsfs.2019.0080>.

INNOMINATO, P. F. et al. "Circadian rhythm in rest and activity: a biological correlate of quality of life and a predictor of survival in patients with metastatic colorectal cancer". *Cancer Res*, v. 69, pp. 4700-7, 2019. Disponível em: <doi:10.1158/0008-5472.CAN-08-4747>.

INSTITUTE OF MEDICINE (IOM). *To Err is Human: Building a Safer Health System*. Washington: National Academy Press, 2000.

IRWIN, M. "Effects of sleep and sleep loss on immunity and cytokines". *Brain Behav Immun*, v. 16, pp. 503-12, 2002.

IRWIN, M. et al. "Partial sleep deprivation reduces natural killer cell activity in humans". *Psychosom Med*, v. 56, pp. 493-8, 1994. Disponível em: <doi:10.1097/00006842-199411000-00004>.

IWAYAMA, K. et al. "Exercise increases 24-h fat oxidation only when it is performed before breakfast". *EBio-Medicine*, v. 2, pp. 2003-9, 2015. Disponível em: <doi:10. 1016/j.ebiom.2015.10.029>.

IZQUIERDO, A. G. et al. "Leptin, obesity, and leptin resistance: where are we 25 years later?". *Nutrients*, v. 11, 2019. Disponível em: <doi:10.3390/nu11112704>.

JACK, C. R.; Jr et al. "Tracking pathophysiological processes in Alzheimer's disease: an updated hypothetical model of dynamic biomarkers". *Lancet Neurol*, v. 12, pp. 207-16, 2003. Disponível em: <doi:10.1016/S1474-4422(12) 70291-0>.

JACOB, L.et al. "Impact of tobacco smoking on the risk of developing 25 different cancers in the UK: a retrospective study of 422,010 patients followed for up to 30 years". *Oncotarget*, v. 9, pp. 17420-9, 2018. Disponível em: <doi:10.18632/oncotarget.24724>.

JACOBSON, B. H.; BOOLANI, A.; SMITH, D. B. "Changes in back pain, sleep quality, and perceived stress after introduction of new bedding systems". *J Chiropr Med*, v. 8, pp. 1-8, 2009. Disponível em: <doi:10.1016/j.jcm.2008.09.002>.

JAGANNATH, A. et al. "Adenosine integrates light and sleep signalling for the regulation of circadian timing in mice". *Nat Commun*, v. 12, p. 2113, 2021. Disponível em: <doi:10.1038/s41467-021-22179-z>.

JAGANNATH, A. et al. "The CRTC1-SIK1 pathway regulates entrainment of the circadian clock". *Cell*, v. 154, pp. 1100-11, 2013. Disponível em: <doi:10.1016/j.cell. 2013.08.004>.

JAGANNATH, A.; PEIRSON, S. N.; FOSTER, R. G. "Sleep and circadian rhythm disruption in neuropsychiatric illness". *Curr Opin Neurobiol*, v. 23, pp. 888-94, 2013. Disponível em: <doi:10.1016/j.conb.2013.03.008>.

JAKUBOWICZ, D. et al. "High-energy breakfast with low-energy dinner decreases overall daily hyperglycaemia in type 2 diabetic patients: a randomised clinical trial". *Diabetologia*, v. 58, pp. 912-9, 2015. Disponível em: <doi:10. 1007/s00125-015-3524-9>.

JAKUBOWICZ, D. et al. "High caloric intake at breakfast vs. dinner differentially influences weight loss of overweight and obese women". *Obesity (Silver Spring)*, v. 21, pp. 2504-12, 2013. Disponível em: <doi:10.1002/oby.20460>.

JAMIESON, R. A. "Acute perforated peptic ulcer; frequency and incidence in the West of Scotland". *Br Med J*, v. 2, pp. 222-7, 1995. Disponível em: <doi:10.1136/bmj.2.4933.222>.

JANKOWSKI, K. S. et al. "Chronotype, social jetlag and sleep loss in relation to sex steroids". *Psychoneuroendocrinology*, v. 108, pp. 87-93, 2019. Disponível em: <doi:10.1016/j.psyneuen.2019.05.027>.

JANSSEN, A. W.; KERSTEN, S. "The role of the gut microbiota in metabolic health". *FASEB J*, v. 29, pp. 3111-23, 2015. Disponível em: <doi:10.1096/fj.14-269514>.

JAUSSENT, I. et al. "Excessive sleepiness is predictive of cognitive decline in the elderly". *Sleep*, v. 35, pp. 1201-7, 2012. Disponível em: <doi:10.5665/sleep.2070>.

JEFFERSON, T. et al. "Physical interventions to interrupt or reduce the spread of respiratory viruses: systematic review". *BMJ*, v. 336, pp. 77-80, 2008. Disponível em: <doi:10.1136/bmj.39393.510347.BE>.

JEHAN, S. et al. "Obesity, obstructive sleep apnea and type 2 diabetes mellitus: epidemiology and pathophysiologic insights". *Sleep Med Disord*, v. 2, pp. 52-8, 2018.

JEN, R. et al. "Sleep in chronic obstructive pulmonary disease: evidence gaps and challenges". *Can Respir J*, v. 2016, p. 7947198, 2016. Disponível em: <doi:10.1155/2016/7947198>.

JENNI, O. G.; ACHERMANN, P.; CARSKADON, M. A. "Homeostatic sleep regulation in adolescents". *Sleep*, v. 28, pp. 1446-54, 2005. Disponível em: <doi:10.1093/sleep/28.11.1446>.

JIN, M. H.; MOON, D. G. "Practical management of nocturia in urology". *Indian J Urol*, v. 24, pp. 289-94, 2008. Disponível em: <doi:10.4103/0970-1591.42607>.

JOCZ, P.; STOLARSKI, M.; JANKOWSKI, K. S. "Similarity in chronotype and preferred time for sex and its role in relationship quality and sexual satisfaction". *Front Psychol*, v. 9, p. 443, 2018. Disponível em: <doi:10.3389/fpsyg.2018.00443>.

JOHANSSON, A. S. et al. "Valproic acid phase shifts the rhythmic expression of Period2::Luciferase". *J Biol Rhythms*, v. 26, pp. 541-51, 2011. Disponível em: <doi:10.1177/0748730411419775>.

JOHNSON, E. O.; ROTH, T.; BRESLAU, N. "The association of insomnia with anxiety disorders and depression: exploration of the direction of risk". *J Psychiatr Res*, v. 40, pp. 700-8, 2006. Disponível em: <doi:10.1016/j.jpsychires.2006.07.008>.

JONES, K.; HARRISON, Y. "Frontal lobe function, sleep loss and fragmented sleep". *Sleep Med Rev*, v. 5, pp. 463-75, 2001. Disponível em: <doi:10.1053/smrv.2001.0203>.

JONES, S. E. et al. "Genome-wide association analyses of chronotype in 697,828 individuals provides insights into circadian rhythms". *Nat Commun*, v. 10, p. 343, 2019. Disponível em: <doi:10.1038/s41467-018-08259-7>.

JUNG, H. K.; CHOUNG, R. S.; TALLEY, N. J. "Gastroesophageal reflux disease and sleep disorders: evidence for a causal link and therapeutic implications". *J Neurogastroenterol Motil*, v. 16, pp. 22-9, 2010. Disponível em: <doi:10.5056/jnm.2010.16.1.22>.

JUNGER, J. et al. "Do women's preferences for masculine voices shift across the ovulatory cycle?". *Horm Behav*, v. 106, pp. 122-34, 2018. Disponível em: <doi:10.1016/j.yhbeh.2018.10.008>.

KAHN-GREENE, E. T. et al. "The effects of sleep deprivation on symptoms of psychopathology in healthy adults". *Sleep Med*, v. 8, pp. 215-21, 2007. Disponível em: <doi:10.1016/j.sleep.2006.08.007>.

KAHOL, K. et al. "Effect of fatigue on psychomotor and cognitive skills". *Am J Surg*, v. 195, 2008, pp. 195-204, 1962. Disponível em: <doi:10.1016/j.amjsurg.2007.10.004>.

KAISER, I. H.; HALBERG, F. "Circadian periodic aspects of birth". *Ann NY Acad Sci*, v. 98, pp. 1056-68. Disponível em: <doi:10.1111/j.1749-6632.1962.tb30618.x>.

KAKIZAKI, M. et al. "Sleep duration and the risk of breast cancer: the Ohsaki Cohort Study". *Br J Cancer*, v. 99, pp. 1502-5, 2008. Disponível em: <doi:10.1038/sj.bjc. 6604684>.

KALAFATAKIS, K.; RUSSELL, G. M.; LIGHTMAN, S. L. "Mechanisms in endocrinology: does circadian and ultradian glucocorticoid exposure affect the brain?". *Eur J Endocrinol*, v. 180, pp. 173-89, 2019. Disponível em: <doi:10.1530/EJE-18-0853>.

KALMBACH, D. A., Arnedt, J. T., Pillai, V. e Ciesla, J. A. "The impact of sleep on female sexual response and behavior: a pilot study". *J Sex Med*, v. 12, p. 1221-32, 2015. Disponível em: <doi:10.1111/jsm.12858>.

KALSBEEK, A.; LA FLEUR, S.; FLIERS, E. "Circadian control of glucose metabolism". *Mol Metab*, v. 3, pp. 372-83, 2014. Disponível em: <doi:10.1016/j.molmet.2014.03.002>.

KANAYA, H. J. et al. "A sleep-like state in Hydra unravels conserved sleep mechanisms during the evolutionary development of the central nervous system". *Sci Adv*, v. 6, 2020. Disponível em: <doi:10.1126/sciadv.abb9415>.

KANESHWARAN, K. et al. "Sleep fragmentation, microglial aging, and cognitive impairment in adults with and without Alzheimer's dementia". *Sci Adv*, v. 5, p. eaax7331, 2019. Disponível em: <doi:10.1126/sciadv.aax7331>.

KANG, J. E. et al. "Amyloid-beta dynamics are regulated by orexin and the sleep-wake cycle". *Science*, v. 326, pp. 1005-7, 2009. Disponível em: <doi:10.1126/science. 1180962>.

KANG, W. et al. "The menstrual cycle associated with insomnia in newly employed nurses performing shift work: a 12-month follow-up study". *Int Arch Occup Environ Health*, v. 92, pp. 227-35, 2019. Disponível em: <doi:10.1007/s00420-018-1371-y>.

KAPSIMALIS, F.; KRYGER, M. H. "Gender and obstructive sleep apnea syndrome, part 2: mechanisms". *Sleep*, v. 25, pp. 499-506, 2002.

KAR, S.; QUIRION, R. "Amyloid beta peptides and central cholinergic neurons: functional interrelationship and relevance to Alzheimer's disease pathology". *Prog Brain Res*, v. 145, pp. 261-74, 2004. Disponível em: <doi:10.1016/S0079-6123(03)45018-8>.

KAR, S. et al. "Interactions between beta-amyloid and central cholinergic neurons: implications for Alzheimer's disease". *J Psychiatry Neurosci*, v. 29, pp. 427- 41, 2004.

KARA, Y. et al. "Night eating syndrome according to obesity groups and the related factors". *J Coll Physicians Surg Pak*, v. 30, pp. 833-8, 2020. Disponível em: <doi:10.29271/jcpsp.2020.08.833>.

KAUR, G. et al. "Timing of administration: for commonly-prescribed medicines in Australia". *Pharmaceutics*, v. 8, 2016. Disponível em: <doi:10.3390/pharmaceutics8020013>.

KAUSHIK, M. K. et al. "Continuous intrathecal orexin delivery inhibits cataplexy in a murine model of narcolepsy". *Proc Natl Acad Sci USA*, v. 115, pp. 6046-51, 2018. Disponível em: <doi:10.1073/pnas.1722686115>.

KAZEMI, R.; ALIGHANBARI, N.; ZAMANIAN, Z. "The effects of screen light filtering software on cognitive performance and sleep among night workers". *Health Promot Perspect*, v. 9, pp. 233-40, 2019. Disponível em: <doi:10.15171/hpp.2019.32>.

KELMAN, B. B. "The sleep needs of adolescents". *J Sch Nurs*, v. 15, pp. 14-9, 1999.

KENNEDY, H. P. et al. "Negotiating sleep: a qualitative study of new mothers". *J Perinat Neonatal Nurs*, v. 21, pp. 114-22, 2007. Disponível em: <doi:10.1097/01.JPN.0000270628.51122.1d>.

KERDELHUE, B. et al. "Timing of initiation of the preovulatory luteinizing hormone surge and its relationship with the circadian cortisol rhythm in the human". *Neuroendocrinology*, v. 75, pp. 158-63, 2002. Disponível em: <doi:10.1159/000048233>.

KESSLER, R. C. et al. "Lifetime prevalence and age-of-onset distributions of mental disorders in the World Health Organization's World Mental Health Survey Initiative". *World Psychiatry*, v. 6, pp. 168-76, 2007.

KETTNER, N. M. et al. "Circadian homeostasis of liver metabolism suppresses hepatocarcinogenesis". *Cancer Cell*, v. 30, pp. 909-24, 2016. Disponível em: <doi:10.1016/j.ccell.2016.10.007>.

KEYES, K. M., Maslowsky, J., Hamilton, A. e Schulenberg, J. "The great sleep recession: changes in sleep duration among US adolescents, 1991-2012". *Pediatrics*, v. 135, pp. 460-8, 2015. Disponível em: <doi:10.1542/peds.2014-2707>.

KHACHIYANTS, N., Trinkle, D., Son, S. J. e Kim, K. Y. "Sundown syndrome in persons with dementia: an update". *Psychiatry Investig*, v. 8, pp. 275-87, 2011. Disponível em: <doi:10.4306/pi.2011.8.4.275>.

KILLGORE, W. D. et al. "Sleep deprivation reduces perceived emotional intelligence and constructive thinking skills". *Sleep Med*, v. 9, pp. 517-26, 2008. Disponível em: <doi:10.1016/j.sleep.2007.07.003>.

KILLGORE, W. D. et al. "The effects of 53 hours of sleep deprivation on moral judgment". *Sleep*, v. 30, pp. 345-52, 2007. Disponível em: <doi:10.1093/sleep/30.3.345>.

KILLGORE, W. D.; BALKIN, T. J.; WESENSTEN, N. J. "Impaired decision making following 49 h of sleep deprivation". *J Sleep Res*, v. 15, pp. 7-13, 2006. Disponível em: <doi:10.1111/j.1365-2869.2006.00487.x>.

KIM, A. M. et al. "Tongue fat and its relationship to obstructive sleep apnea". *Sleep*, v. 37, pp. 1639-48, 2014. Disponível em: <doi:10.5665/sleep.4072>.

KIVELA, L.; PAPADOPOULOS, M. R.; ANTYPA, N. "Chronotype and psychiatric disorders". *Curr Sleep Med Rep*, v. 4, pp. 94-103, 2018. Disponível em: <doi:10.1007/s40675-018-0113-8>.

KLEITMAN, N. "Basic rest-activity cycle — 22 years later". *Sleep*, v. 5, pp. 311-7, 1982. Disponível em: <doi:10.1093/sleep/5.4.311>.

KLEITMAN, V. "Studies on the physiology of sleep: VIII. Diurnal variation in performance". *Am J Physiol*, v. 104, pp. 449-56, 1933.

KLINE, C. E. et al. "Circadian variation in swim performance". *J Appl Physiol (1985)*, v. 102, pp. 641-9, 2007. Disponível em: <doi:10.1152/japplphysiol.00910.2006>.

KNUTSON, K. L. et al. "The metabolic consequences of sleep deprivation". *Sleep Med Rev*, v. 11, p. 163-78, 2007. Disponível em: <doi:10.1016/j.smrv.2007.01.002>.

KO, P. R. et al. "Consumer sleep technologies: a review of the landscape". *J Clin Sleep Med*, v. 11, pp. 1455-61, 2015. Disponível em: <doi:10.5664/jcsm.5288>.

KOBAK, R. et al. "Adapting to the changing needs of adolescents: parenting practices and challenges to sensitive attunement". *Curr Opin Psychol*, v. 15, pp. 137-42, 2017. Disponível em: <doi:10.1016/j.copsyc.2017.02.018>.

KOMASI, S. et al. "Dreams content and emotional load in cardiac rehabilitation patients and their relation to anxiety and depression". *Ann Card Anaesth*, v. 21, pp. 388-92, 2018. Disponível em: <doi:10.4103/aca.ACA_210_17>.

KORITALA, B. S. C. et al. "Night shift schedule causes circadian dysregulation of DNA repair genes and elevated DNA damage in humans". *J Pineal Res*, v. 70, p. e12726, 2021. Disponível em: <doi:10.1111/jpi.12726>.

KOSTIS, J. B.; ROSEN, R. C. "Central nervous system effects of beta-adrenergic-blocking drugs: the role of ancillary properties". *Circulation*, v. 75, pp. 204-12, 1987. Disponível em: <doi:10.1161/01.cir.75.1.204>.

KOVANEN, L. et al. "Circadian clock gene polymorphisms in alcohol use disorders and alcohol consumption". *Alcohol Alcohol*, v. 45, pp. 303-11, 2010. Disponível em: <doi:10.1093/alcalc/agq035>.

KRAUCHI, K. et al. "Sleep on a high heat capacity mattress increases conductive body heat loss and slow wave sleep". *Physiol Behav*, v. 185, pp. 23-30, 2018. Disponível em: <doi:10.1016/j.physbeh.2017.12.014>.

KRAUCHI, K. et al. "Functional link between distal vasodilation and sleep-onset latency?". *Am J Physiol Regul Integr Comp Physiol*, v. 278, pp. 1741-8, 2000. Disponível em: <doi:10.1152/ajpregu.2000.278.3.R1741>.

KRAVITZ, H. M.; JOFFE, H. "Sleep during the perimenopause: a SWAN story". *Obstet Gynecol Clin North Am*, v. 38, pp. 567-86, 2011. Disponível em: <doi:10.1016/j.ogc.2011.06.002>.

KRAVITZ, H. M. et al. "Sleep difficulty in women at midlife: a community survey of sleep and the menopausal transition". *Menopause*, v. 10, pp. 19-28, 2003. Disponível em: <doi:10.1097/00042192-200310010-00005>.

KROEGER, M. "Oxytocin: key hormone in sexual intercourse, parturition, and lactation". *Birth Gaz*, v. 13, pp. 28-30, 1996.

KROENKE, C. H. et al. "Work characteristics and incidence of type 2 diabetes in women". *Am J Epidemiol*, v. 165, pp. 175-83, 2007. Disponível em: <doi:10.1093/aje/kwj355>.

KRUGER, T. H. et al. "Orgasm-induced prolactin secretion: feedback control of sexual drive?". *Neurosci Biobehav Rev*, v. 26, pp. 31-44. Disponível em: <doi:10.1016/s0149- 7634(01)00036-7 (2002).

KRUIJVER, F. P.; SWAAB, D. F. "Sex hormone receptors are present in the human suprachiasmatic nucleus". *Neuroendocrinology*, v. 75, pp. 296-305, 2002. Disponível em: <doi:10.1159/000057339>.

KUANG, Z. et al. "The intestinal microbiota programs diurnal rhythms in host metabolism through histone deacetylase 3". *Science*, v. 365, pp. 1428-34, 2019. Disponível em: <doi:10.1126/science.aaw3134>.

KUDO, T. et al."Circadian dysfunction in a mouse model of Parkinson's disease". *Exp Neurol*, v. 232, pp. 66-75, 2011. Disponível em: <doi:10.1016/j.expneurol.2011.08.003>.

KUJUBU, D. A.; ABOSEIF, S. R. "An overview of nocturia and the syndrome of nocturnal polyuria in the elderly". *Nat Clin Pract Nephrol*, v. 4, pp. 426-35, 2008. Disponível em: <doi:10.1038/ncpneph0856>.

KUNDERMANN, B. et al. "The effect of sleep deprivation on pain". *Pain Res Manag*, v. 9, pp. 25-32, 2004. Disponível em: <doi:10.1155/2004/949187>.

KURNIAWAN, I. T. et al."Procedural performance following sleep deprivation remains impaired despite extended practice and an afternoon nap". *Sci Rep*, v. 6, p. 36001, 2016. Disponível em: <doi:10.1038/srep36001>.

KUUKASJÄRVI, S. et al. "Attractiveness of women's body odors over the menstrual cycle: the role of oral contraceptives and receiver sex". *Behavioral Ecology*, v. 15, pp. 579-84, 2004.

KWOK, S. et al. "Obesity: a critical risk factor in the covid-19 pandemic". *Clin Obes*, v. 10, p. e12403, 2020. Disponível em: <doi:10.1111/cob.12403>.

LABRECQUE, G.; VANIER, M. C. "Biological rhythms in pain and in the effects of opioid analgesics". *Pharmacol Ther*, v. 68, pp. 129-47, 1995. Disponível em: <doi:10.1016/0163-7258(95)02003-9>.

LACK, L. C.; LUSHINGTON, K. "The rhythms of human sleep propensity and core body temperature". *J Sleep Res*, v. 5, pp. 1-11, 1996. Disponível em: <doi:10.1046/j.1365-2869.1996.00005.x>.

LAL, S. K.; CRAIG, A. "A critical review of the psychophysiology of driver fatigue". *Biol Psychol*, v. 55, pp. 173-94, 2001.

LAMOND, N. et al. "The dynamics of neurobehavioural recovery following sleep loss". *J Sleep Res*, v. 16, pp. 33-41, 2007. Disponível em: <doi:10.1111/j.1365-2869. 2007.00574.x>.

LANCEL, M. et al. "Progesterone induces changes in sleep comparable to those of agonistic GABAA receptor modulators". *Am J Physiol*, v. 271, pp. E763-72, 1996. Disponível em: <doi:10.1152/ajpendo.1996.271.4.E763>.

LANDIS, C. A., Savage, M. V., Lentz, M. J. e Brengelmann, G. L. "Sleep deprivation alters body temperature dynamics to mild cooling and heating not sweating threshold in women". *Sleep*, v. 12, pp. 101-8, 1998. Disponível em: <doi:10.1093/sleep/21.1.101>.

LANDSEND, E. C. S.; LAGALI, N.; UTHEIM, T. P. "Congenital aniridia – a comprehensive review of clinical features and therapeutic approach". *Surv Ophthalmol*. 2021. Disponível em: <doi:10.1016/j.survophthal.2021.02.011>.

LANGE, T. et al. "Sleep enhances the human antibody response to hepatitis A vaccination". *Psychosom Med*, v. 65, pp. 831-5, 2003. Disponível em: <doi:10.1097/01.psy.0000091382.61178.f1>.

LAPOSKY, A. D. et al. "Sleep and circadian rhythms: key components in the regulation of energy metabolism". *FEBS Lett*, v. 582, pp. 142-51, 2008. Disponível em: <doi:10.1016/j.febslet.2007.06.079>.

LASTELLA, M. et al. "Sex and sleep: perceptions of sex as a sleep promoting behavior in the general adult population". *Front Public Health*, v. 7, p. 33, 2019. Disponível em: <doi:10.3389/fpubh.2019.00033>.

LAVRETSKY, H.; NEWHOUSE, P. A. "Stress, inflammation, and aging". *Am J Geriatr Psychiatry*, v. 20, pp. 729-33, 2012. Disponível em: <doi:10.1097/JGP.0b013e31826573cf>.

LAVTAR, P. et al. "Association of circadian rhythm genes ARNTL/BMAL1 and CLOCK with multiple sclerosis". *PLoS One*, v. 13, p. e0190601, 2018. Disponível em: <doi:10.1371/journal.pone.0190601>.

LAWSON, C. C. et al. "Rotating shift work and menstrual cycle characteristics". *Epidemiology*, v. 22, pp. 305-12, 2011. Disponível em: <doi:10.1097/EDE.0b013e3182130016>.

LEAL-CERRO, A. et al. "Influence of cortisol status on leptin secretion". *Pituitary*, v. 4, pp. 111-6, 2001. Disponível em: <doi:10.1023/a:1012903330944>.

LEBOURGEOIS, M. K. et al. "The relationship between reported sleep quality and sleep hygiene in Italian and American adolescents". *Pediatrics*, v. 115, pp. 257-65, 2005. Disponível em: <doi:10.1542/peds.2004-0815H>.

LELL, B. et al. "The circadian rhythm of body temperature is preserved during malarial fever". *Wien Klin Wochenschr*, v. 112, pp. 1014-5, 2000.

LEMMER, B. "The sleep-wake cycle and sleeping pills". *Physiol Behav*, v. 90, pp. 285-93, 2007. Disponível em: <doi:10.1016/j.physbeh.2006.09.006>.

______. "No correlation between lunar and menstrual cycle – an early report by the French physician J. A. Murat in 1806". *Chronobiol Int*, v. 36, pp. 587-90, 2019. Disponível em: <doi:10.1080/07420528.2019.1583669>.

LENG, Y. et al. "Association between circadian rhythms and neurodegenerative diseases". *Lancet Neurol*, v. 18, pp. 307-18, 2019. Disponível em: <doi:10.1016/S1474-4422(18)30461-7>.

LEONE, V. et al. "Effects of diurnal variation of gut microbes and high-fat feeding on host circadian clock function and metabolism". *Cell Host Microbe*, v. 17, pp. 681-9, 2015. Disponível em: <doi:10.1016/j.chom.2015.03.006>.

LERNER, I. et al. "Baseline levels of rapid eye movement sleep may protect against excessive activity in fear-related neural circuitry". *J Neurosci*, v. 37, pp. 1123-44, 2017. Disponível em: <doi:10.1523/JNEUROSCI.0578-17.2017>.

LESO, V. et al. "Shift work and migraine: a systematic review". *J Occup Health*, v. 62, p. e12116, 2020. Disponível em: <doi:10.1002/1348-9585.12116>.

LEVANDOVSKI, R. et al. "Depression scores associated with chronotype and social jetlag in a rural population". *Chronobiol Int*, v. 28, pp. 771-8, 2011. Disponível em: <doi: 10.3109/07420528.2011.602445>.

LEVI, F.; HALBERG, F. "Circaseptan (about-7-day) bioperiodicity – spontaneous and reactive – and the search for pacemakers". *Ric Clin Lab*, v. 12, pp. 323-70, 1982. Disponível em: <doi:10.1007/BF02909422>.

LÉVI, F.; OKYAR, A. "Circadian clocks and drug delivery systems: impact and opportunities in chronotherapeutics". *Expert Opin Drug Deliv*, v. 8, pp. 1535-41, 2011. Disponível em: <doi:10.1517/17425247.2011.618184>.

LÉVI, F. et al. "Chronotherapy of colorectal cancer metastases". *Hepatogastroenterology*, v. 48, pp. 320-2, 2001.

LÉVI, F. et al. "Wrist actimetry circadian rhythm as a robust predictor of colorectal cancer patients survival". *Chronobiol Int*, v. 31, pp. 891-900, 2014. Disponível em: <doi:10.3109/07420528.2014.924523>.

LEVI, F.; LE LOUARN, C.; REINBERG, A. "Timing optimizes sustained-release indomethacin treatment of osteoarthritis". *Clin Pharmacol Ther*, v. 37, pp. 77-84, 1985. Disponível em: <doi:10.1038/clpt.1985.15>.

LÉVI, F. et al. "Circadian timing in cancer treatments". *Annu Rev Pharmacol Toxicol*, v. 50, pp. 377-421, 2010. Disponível em: <doi:10.1146/annurev.pharmtox.48.113006.094626>.

LEVY, P. et al. "Intermittent hypoxia and sleep-disordered breathing: current concepts and perspectives". *Eur Respir J*, v. 32, pp. 1082-95, 2008. Disponível em: <doi:10.1183/09031936.00013308>.

LEVY-LAHAD, E.; FRIEDMAN, E. "Cancer risks among BRCA1 and BRCA2 mutation carriers". *Br J Cancer*, v. 96, pp. 11-5, 2007. Disponível em: <doi:10.1038/sj.bjc.6603535>.

LEWCZUK, B. et al. "Influence of electric, magnetic, and electromagnetic fields on the circadian system: current stage of knowledge". *Biomed Res Int*, v. 2014, p. 169459, 2014. Disponível em: <doi:10.1155/2014/169459>.

LEWIS, C. A. et al. "Effects of hormonal contraceptives on mood: a focus on emotion recognition and reactivity, reward processing, and stress response". *Curr Psychiatry Rep*, v. 21, p. 115, 2019. Disponível em: <doi:10.1007/s11920- 019-1095-z>.

LEWIS, P. et al."Exercise time cues (zeitgebers) for human circadian systems can foster health and improve performance: a systematic review". *BMJ Open Sport Exerc Med*, v. 4, p. e000443, 2018. Disponível em: <doi:10.1136/bmjsem-2018-000443>.

LI, S., BALMAIN, A.; COUNTER, C. M. "A model for RAS mutation patterns in cancers: finding the sweet spot". *Nat Rev Cancer*, v. 18, pp. 767-77, 2018. Disponível em: <doi:10.1038/s41568-018-0076-6>.

LI, Y. et al. "The role of microbiome in insomnia, circadian disturbance and depression". *Front Psychiatry*, v. 9, p. 669, 2018. Disponível em: <doi:10.3389/fpsyt.2018.00669>.

LIANG, X.; BUSHMAN, F. D.; FITZGERALD, G. A. "Rhythmicity of the intestinal microbiota is regulated by gender and the host circadian clock". *Proc Natl Acad Sci USA*, v. 112, pp. 10479-84, 2015. Disponível em: <doi:10.1073/pnas. 1501305112>.

LICINIO, J. "Longitudinally sampled human plasma leptin and cortisol concentrations are inversely correlated". *J Clin Endocrinol Metab*, v. 83, p. 1042, 1998. Disponível em: <doi:10.1210/jcem.83.3.4668-3>.

LIEB, K. et al. "Sleep deprivation and growth-hormone secretion". *Lancet*, v. 356, pp. 2096-7, 2000. Disponível em: <doi:10.1016/S0140-6736(05)74304-X>.

LIM, A. S. et al. "Sleep fragmentation and the risk of incident Alzheimer's disease and cognitive decline in older persons". *Sleep*, v. 36, pp. 1027-32, 2013. Disponível em: <doi:10.5665/sleep.2802>.

LIM, G. B. "Surgery: circadian rhythms influence surgical outcomes". *Nat Rev Cardiol*, v. 15, p. 5, 2018. Disponível em: <doi:10.1038/nrcardio.2017.186>.

LIM, J.; DINGES, D. F. "A meta-analysis of the impact of short-term sleep deprivation on cognitive variables". *Psychol Bull*, v. 136, pp. 375-89, 2010. Disponível em: <doi:10.1037/a0018883>.

LINDBERG, E. et al. "Sleep time and sleep-related symptoms across two generations — results of the community--based RHINE and RHINESSA studies". *Sleep Med*, v. 69, pp. 8-13, 2020. Disponível em: <doi:10.1016/j.sleep.2019.12.017>.

LINDBLOM, N. et al. "Bright light exposure of a large skin area does not affect melatonin or bilirubin levels in humans". *Biol Psychiatry*, v. 48, pp. 1098-104, 2000.

LINDBLOM, N. et al. "No evidence for extraocular light induced phase shifting of human melatonin, cortisol and thyrotropin rhythms". *Neuroreport*, v. 11, pp. 713-7, 2000.

LITTLE, A. C.; JONES, B. C.; BURRISS, R. P. "Preferences for masculinity in male bodies change across the menstrual cycle". *Horm Behav*, v. 51, pp. 633-9, 2007. Disponível em: <doi:10.1016/j.yhbeh.2007.03.006>.

LIVINGSTON, G. et al. "Dementia prevention, intervention, and care: 2020 report of the *Lancet* Commission". *Lancet*, v. 396, pp. 413-46, 2020. Disponível em: <doi:10.1016/S0140-6736(20)30367-6>.

LOCKLEY, S. W. et al. "Tasimelteon for non-24-hour sleep-wake disorder in totally blind people (SET and RESET): two multicentre, randomised, double-masked, placebo-controlled phase 3 trials". *Lancet*, v. 386, pp. 1754-64, 2015. Disponível em: <doi:10.1016/S0140-6736(15)60031-9>.

LOK, R. et al. "Light, alertness, and alerting effects of white light: a literature overview". *J Biol Rhythms*, v. 33, pp. 589-601, 2018. Disponível em: <doi:10.1177/0748730418796443>.

LONG, C. A.; ZAVALA, F. "Immune responses in malaria". *Cold Spring Harb Perspect Med*, v. 7, 2017. Disponível em: <doi:10.1101/cshperspect.a025577>.

LONG, J. E. et al. "Morning vaccination enhances antibody response over afternoon vaccination: a cluster-randomised trial". *Vaccine*, v. 34, pp. 2679-85, 2016. Disponível em: <doi:10.1016/j.vaccine.2016.04.032>.

LORTON, D. et al. "Bidirectional communication between the brain and the immune system: implications for physiological sleep and disorders with disrupted sleep". *Neuroimmunomodulation*, v. 13, pp. 357-74, 2006. Disponível em: <doi:10.1159/000104864>.

LOWREY, P. L. et al. "Positional syntenic cloning and functional characterization of the mammalian circadian mutation tau". *Science*, v. 288, pp. 483-92, 2000. Disponível em: <doi:10.1126/science.288.5465.483>.

LOZANO-LORCA, M. et al. "Night shift work, chronotype, sleep duration, and prostate cancer risk: CAPLIFE study". *Int J Environ Res Public Health*, v. 17, 2020. Disponível em: <doi:10.3390/ijerph17176300>.

LUCAS, R. J.; DOUGLAS, R. H.; FOSTER, R. G. "Characterization of an ocular photopigment capable of driving pupillary constriction in mice". *Nat Neurosci*, v. 4, pp. 621-6, 2001. Disponível em: <doi:10.1038/88443>.

LUCAS, R. J. e.t al "Regulation of the mammalian pineal by non-rod, non-cone, ocular photoreceptors". *Science*, v. 284, pp. 505-7, 1999.

LUCIDI, F. et al. "Sleep-related car crashes: risk perception and decision-making processes in young drivers". *Accid Anal Prev*, v. 38, p. 302-9, 2006. Disponível em: <doi:10.1016/j.aap.2005.09.013>.

LUNDIN, C. et al. "Combined oral contraceptive use is associated with both improvement and worsening of mood in the different phases of the treatment cycle — a double-blind, placebo-controlled randomized trial". *Psychoneuroendocrinology*, v. 76, pp. 135-43, 2017. Disponível em: <doi:10.1016/j.psyneuen.2016.11.033>.

LUO, G. et al. "Autoimmunity to hypocretin and molecular mimicry to flu in type 1 narcolepsy". *Proc Natl Acad Sci USA*, v. 115, p. E12323-E12332, 2018. Disponível em: <doi:10.1073/pnas.1818150116>.

LUYSTER, F. S. et al. "Sleep: a health imperative". *Sleep*, v. 35, pp. 727-34, 201. Disponível em: <doi:10.5665/sleep.1846>.

LYONS, A. B. et al. "Circadian rhythm and the skin: a review of the literature". *J Clin Aesthet Dermatol*, v. 12, pp. 42-5, 2019.

LYTLE, J., MWATHA, C. e DAVIS, K. K. "Effect of lavender aromatherapy on vital signs and perceived quality of sleep in the intermediate care unit: a pilot study". *Am J Crit Care*, v. 23, pp. 24-9, 2014. Disponível em: <doi:10.4037/ajcc2014958>.

MAEMURA, K.; TAKEDA, V.; NAGAI, R. "Circadian rhythms in the CNS and peripheral clock disorders: role of the biological clock in cardiovascular diseases". *J Pharmacol Sci*, v. 103, pp. 134-8, 2007.

MAHONEY, C. E. et al"The neurobiological basis of narcolepsy". *Nat Rev Neurosci*, v. 20, pp. 83-93, 2019. Disponível em: <doi:10.1038/s41583-018-0097-x>.

MAIDSTONE, R. et al. "Shift work is associated with positive covid-19 status in hospitalised patients". *Thorax*, v. 76, pp. 601-6, 2021. Disponível em: <doi:10.1136/thoraxjnl-2020-216651>.

MAN, K.; LOUDON, A.; CHAWLA, A. "Immunity around the clock". *Science*, v. 354, pp. 999-1003, 2016. Disponível em: <doi:10.1126/science.aah4966>.

MANBER, R.; ARMITAGE, R. "Sex, steroids, and sleep: a review". *Sleep*, v. 22, pp. 540-55, 1999.

MANFREDINI, R. et al. "Circadian variation in stroke onset: identical temporal pattern in ischemic and hemorrhagic events". *Chronobiol Int*, v. 22, pp. 417-53, 2005. Disponível em: <doi:10.1081/CBI-200062927>.

MANFREDINI, R. et al. "Daylight saving time and myocardial infarction: should we be worried? A review of the evidence". *Eur Rev Med Pharmacol Sci*, v. 22, pp. 750-5, 2018. Disponível em: <doi:10.26355/eurrev_201802_14306>.

MANGONI, A. A.; JACKSON, S. H. "Age-related changes in pharmacokinetics and pharmacodynamics: basic principles and practical applications". *Br J Clin Pharmacol*, v. 57, pp. 6-14, 2004. Disponível em: <doi:10.1046/j.1365-2125. 2003.02007.x>.

MANN, K. et al. "Temporal relationship between nocturnal erections and rapid eye movement episodes in healthy men". *Neuropsychobiology*, v. 47, pp. 109-14, 2003. Disponível em: <doi:10.1159/000070019>.

MANOACH, D. S.; STICKGOLD, R. "Does abnormal sleep impair memory consolidation in schizophrenia?". *Front Hum Neurosci*, v. 3, n. 21, 2009. Disponível em: <doi:10.3389/neuro.09.021.2009>.

MARGEL, D. et al "Continuous positive airway pressure reduces nocturia in patients with obstructive sleep apnea". *Urology*, v. 67, pp. 974-7, 2006. Disponível em: <doi:10.1016/j.urology. 2005.11.054>.

MARQUIE, J. C. et al. "Chronic effects of shift work on cognition: findings from the VISAT longitudinal study". *Occup Environ Med*, v. 72, pp. 258-64, 2015. Disponível em: <doi:10.1136/oemed-2013-101993>.

MARSHALL, L.; BORN, J. "The contribution of sleep to hippocampus-dependent memory consolidation". *Trends Cogn Sci*, v. 11, pp. 442-50, 2007. Disponível em: <doi:10.1016/j.tics.2007.09.001>.

MARSHALL, M. "The lasting misery of coronavirus long-haulers". *Nature*, v. 585, pp. 339-41, 2020. Disponível em: <doi:10.1038/d41586-020-02598-6>.

MARTIN, J. et al. "Actigraphic estimates of circadian rhythms and sleep/wake in older schizophrenia patients". *Schizophr Res*, v. 47, pp. 77-86, 2001.

MARTIN, J. L.; JESTE, D. V.; ANCOLI-ISRAEL, S. "Older schizophrenia patients have more disrupted sleep and circadian rhythms than age-matched comparison subjects". *J Psychiatr Res*, v. 39, pp. 251-9, 2005. Disponível em: <doi:10.1016/j.jpsychires.2004.08.011>.

MARTINS DA SILVA, R. et al. "Comparing sleep quality in institutionalized and non-institutionalized elderly individuals". *Aging Ment Health*, v. 24, pp. 1452-8, 2020. Disponível em: <doi:10.1080/13607863.2019.1619168>.

MASCETTI, G. G. "Unihemispheric sleep and asymmetrical sleep: behavioral, neurophysiological, and functional perspectives". *Nat Sci Sleep*, v. 8, pp. 221-38, 2016. Disponível em: <doi:10.2147/NSS.S71970>.

MATRICCIANI, L.; OLDS, T.; PETKOV, J. "In search of lost sleep: secular trends in the sleep time of school-aged children and adolescents". *Sleep Med Rev*, v. 16, pp. 203-11, 2012. Disponível em: <doi:10.1016/j.smrv.2011.03.005>.

MATRICCIANI, L. et al. "Children's sleep and health: A meta-review". *Sleep Med Rev*, v. 46, pp. 136-50, 2019. Disponível em: <doi:10.1016/j.smrv.2019.04.011>.

MAURER, M.; ORTONNE, J. P.; ZUBERBIER, T. "Chronic urticaria: an internet survey of health behaviours, symptom patterns and treatment needs in European adult patients". *Br J Dermatol*, v. 160, pp. 633-41, 2009. Disponível em: <doi:10.1111/j.1365-2133.2008.08920.x>.

MAURY, E.; HONG, H. K.; BASS, J. "Circadian disruption in the pathogenesis of metabolic syndrome". *Diabetes Metab*, v. 40, pp. 338-46, 2014. Disponível em: <doi:10.1016/j.diabet.2013.12.005>.

MAYOR, S. "Taking antihypertensives at bedtime nearly halves cardiovascular deaths when compared with morning dosing", study finds. *BMJ*, v. 367, p. l6173, 2019. Disponível em: <doi:10.1136/bmj.l6173>.

McCLELLAND, L. et al. "A national survey of the effects of fatigue on trainees in anaesthesia in the UK". *Anaesthesia*, v. 72, pp. 1069-77, 2017. Disponível em: <doi:10.1111/anae.13965>.

McCURRY, S. M. et al. "Increasing walking and bright light exposure to improve sleep in community-dwelling persons with Alzheimer's disease: results of a randomized, controlled trial". *J Am Geriatr Soc*, v. 59, pp. 1393-1402, 2011. Disponível em: <doi:10.1111/j.1532-5415.2011.03519.x>.

McCURRY, S. M. et al. "Telephone-based cognitive behavioral therapy for insomnia in perimenopausal and postmenopausal women with vasomotor symptoms: a MsFLASH randomized clinical trial". *JAMA Intern Med*, v. 176, pp. 913-20, 2016. Disponível em: <doi:10.1001/jamainternmed.2016.1795>.

McDERMOTT, A. M. "Antimicrobial compounds in tears". *Exp Eye Res*, v. 117, pp. 53-61, 2013. Disponível em: <doi:10.1016/j.exer.2013.07.014>.

McHILL, A. W. et al. "Later circadian timing of food intake is associated with increased body fat". *Am J Clin Nutr*, v. 106, pp. 1213-9, 2017. Disponível em: <doi:10.3945/ajcn.117.161588>.

McKENNA, B. S., DICKINSON; D. L., ORFF, H. J.; DRUMMOND, S. P. "The effects of one night of sleep deprivation on known-risk and ambiguous-risk decisions". *J Sleep Res*, v. 16, pp. 245-52, 2007. Disponível em: <doi:10.1111/j.1365- 2869.2007.00591.x>.

McKNIGHT-EILY, L. R. et al. "Relationships between hours of sleep and health-risk behaviors in US adolescent students". *Prev Med*, v. 53, pp. 271-3, 2011. Disponível em: <doi:10.1016/j.ypmed.2011.06.020>.

McLOUGHLIN, S. C.; HAINES, P.; FITZGERALD, G. A. "Clocks and cardiovascular function". *Methods Enzymol*, v. 552, pp. 211-28, 2015. Disponível em: <doi:10.1016/bs.mie.2014.11.029>.

MEAIDI, A. et al. "The sensory construction of dreams and nightmare frequency in congenitally blind and late blind individuals". *Sleep Med*, v. 15, pp. 586-95, 2014. Disponível em: ‹doi:10.1016/j.sleep.2013.12.008›.

MEDEIROS, S. L. S. et al. "Cyclic alternation of quiet and active sleep states in the octopus". *iScience*, v. 24, p. 102223, 2021. Disponível em: ‹doi:10.1016/j.isci.2021.102223›.

MEDNICK, S. C. et al. "The critical role of sleep spindles in hippocampal-dependent memory: a pharmacology study". *J Neurosci*, v. 33, pp. 4494-504, 2013. Disponível em: ‹doi:10.1523/JNEUROSCI.3127-12.2013›.

MEDNICK, S. C.; CHRISTAKIS, N. A.; FOWLER, J. H. "The spread of sleep loss influences drug use in adolescent social networks". *PLoS One*, v. 5, p. e9775, 2010. Disponível em: ‹doi:10.1371/journal.pone.0009775›.

MEERLO, P.; SGOIFO, A.; SUCHECKI, D. "Restricted and disrupted sleep: effects on autonomic function, neuroendocrine stress systems and stress responsivity". *Sleep Med Rev*, v. 12, pp. 197-210, 2008. Disponível em: ‹doi:10.1016/j.smrv.2007.07.007›.

MEERS, J. M.; NOWAKOWSKI, S. "Sleep, premenstrual mood disorder, and women's health". *Curr Opin Psychol*, v. 34, pp. 43-9, 2020. Disponível em: ‹doi:10.1016/j.copsyc.2019.09.003›.

MEERS, J. M.; BOWER, J. L.; ALFANO, C. A. "Poor sleep and emotion dysregulation mediate the association between depressive and premenstrual symptoms in young adult women". *Arch Womens Ment Health*, v. 23, pp. 351-9, 2020. Disponível em: ‹doi:10.1007/s00737-019-00984-2›.

MEHTA, R.; ZHU, R. J. "Blue or red? Exploring the effect of color on cognitive task performances". *Science*, v. 323, pp. 1226-9, 2009. Disponível em: ‹doi:10.1126/science.1169144›.

MEHTA, S. R. et al. "The circadian pattern of ischaemic heart disease events in Indian population". *J Assoc Physicians India*, v. 46, pp. 767-71, 1998.

MEIBALAN, E.; MARTI, M. "Biology of malaria transmission". *Cold Spring Harb Perspect Med*, v. 7. Disponível em: ‹doi:10.1101/cshperspect.a025452›.

MEISINGER, C. et al. "Sleep disturbance as a predictor of type 2 diabetes mellitus in men and women from the general population". *Diabetologia*, v. 48, pp. 235-41, 2005. Disponível em: ‹doi:10.1007/s00125-004-1634-x›.

MELTZER, L. J.; MONTGOMERY-DOWNS, H. E. "Sleep in the family". *Pediatr Clin North Am*, v. 58, pp. 765-74, 2011. Disponível em: ‹doi:10.1016/j.pcl.2011.03.010›.

MENDELSON, W. B. "A review of the evidence for the efficacy and safety of trazodone in insomnia". *J Clin Psychiatry*, v. 66, pp. 469-76, 2005. Disponível em: ‹doi:10.4088/jcp.v66n0409›.

METS, M. et al. "Effects of coffee on driving performance during prolonged simulated highway driving". *Psychopharmacology* (*Berl*), v. 222, pp. 337-42, 2012. Disponível em: ‹doi:10.1007/s00213-012-2647-7›.

MIDDELKOOP, H. A. et al. "Subjective sleep characteristics of 1,485 males and females aged 50-93: effects of sex and age, and factors related to self-evaluated quality of sleep". *J Gerontol A Biol Sci Med Sci*, v. 51, pp. M108-15, 1996. Disponível em: ‹doi:10.1093/gerona/51a.3.m108›.

MILLAR, L. J. et al. "Neonatal hypoxia ischaemia: mechanisms, models, and therapeutic challenges". *Front Cell Neurosci*, v. 11, p. 78, 2017. Disponível em: ‹doi:10.3389/fncel.2017.00078.

MILLER, B. H.; TAKAHASHI, J. S. "Central circadian control of female reproductive function". *Front Endocrinol* (*Lausanne*), v. 4, p. 195, 2013. Disponível em: ‹doi:10.3389/fendo.2013.00195›.

MILNER, C. E. e COTE, K. A. "Benefits of napping in healthy adults: impact of nap length, time of day, age, and experience with napping". *J Sleep Res*, v. 18, pp. 272-81, 2009. Disponível em: ‹doi:10.1111/j.1365-2869.2008.00718.x.

MINDELL, J. A. e WILLIAMSON, A. A. "Benefits of a bedtime routine in young children: sleep, development, and beyond". *Sleep Med Rev*,m v. 40, pp. 93-108, 2018. Disponível em: ‹doi:10.1016/j.smrv.2017.10.007›.

MINDELL, J. A. et al. "Behavioral treatment of bedtime problems and night wakings in infants and young children". *Sleep*, v. 29, pp. 1263-76, 2006.

MINGES, K. E.; REDEKER, N. S. "Delayed school start times and adolescent sleep: a systematic review of the experimental evidence". *Sleep Med Rev*, v. 28, pp. 86-95, 2016. Disponível em: ‹doi:10.1016/j.smrv.2015.06.002›.

MISTLBERGER, R. E. "Circadian regulation of sleep in mammals: role of the suprachiasmatic nucleus". *Brain Res Rev*, v. 49, pp. 429-54, 2005. Disponível em: ‹doi:10.1016/j.brainresrev.2005.01.005›.

MITLER, M. M. et al. "Catastrophes, sleep, and public policy: consensus report". *Sleep*, v. 11, pp. 100-9, 1988. Disponível em: <doi:10.1093/sleep/11.1.100>.

MIYATA, S. et al. "REM sleep is impaired by a small amount of alcohol in young women sensitive to alcohol". *Intern Med*, v. 43, pp. 679-84, 2004. Disponível em: <doi:10.2169/internalmedicine.43.679>.

MOE, K. E. "Hot flashes and sleep in women". *Sleep Med Rev*, v. 8, pp. 487-97, 2004. Disponível em: <doi:10.1016/j.smrv.2004.07.005>.

MOLANO, J.; VAUGHN, B. V. "Approach to insomnia in patients with dementia". *Neurol Clin Pract*, v. 4, pp. 7-15, 2014. Disponível em: <doi:10.1212/CPJ.0b013 e3182a78edf>.

MONK, T. H.; GERMAIN, A.; REYNOLDS, C. F. "Sleep disturbance in bereavement". *Psychiatr Ann*, v. 38, pp. 671-5, 2008. Disponível em: <doi:10.3928/00485713-20081001-06>.

MOON, D. G. et al. "Antidiuretic hormone in elderly male patients with severe nocturia: a circadian study". *BJU Int*, v. 94, pp. 571-5, 2004. Disponível em: <doi:10. 1111/j.1464-410X.2004.05003.x>.

MOONESINGHE, S. R. et al. "Impact of reduction in working hours for doctors in training on postgraduate medical education and patients' outcomes: systematic review". *BMJ*, v. 342, p. d1580, 2011. Disponível em: <doi:10.1136/bmj.d1580>.

MOORE, R. Y. e LENN, v. J. "A retinohypothalamic projection in the rat". *J Comp Neurol*, v. 146, pp. 1-14, 1972. Disponível em: <doi:10.1002/cne.901460102>

MOREY, J. N. et al. "Current directions in stress and human immune function". *Curr Opin Psychol*, v. 5, pp. 13-7, 2015. Disponível em: <doi:10.1016/j.copsyc.2015.03.007>.

MORRIS, C. J. et al. "Endogenous circadian system and circadian misalignment impact glucose tolerance via separate mechanisms in humans". *Proc Natl Acad Sci USA*, v. 112, pp. E2225-34, 2015. Disponível em: <doi:10.1073/pnas. 1418955112>.

MORRIS, C. J. et al. "Circadian misalignment increases cardiovascular disease risk factors in humans". *Proc Natl Acad Sci USA*, v. 113, pp. E1402-11, 2016. Disponível em: <doi:10.1073/pnas.1516953113>.

MOTURI, S.; AVIS, K. "Assessment and treatment of common pediatric sleep disorders". *Psychiatry (Edgmont)*, v. 7, pp. 24-37, 2010.

MROSOVSKY, N. "Masking: history, definitions, and measurement". *Chronobiol Int*, v. 16, pp. 415-29, 1999. Disponível em: <doi:10.3109/07420529908998717>.

MTEYREK, A. et al. "Clock gene Per2 as a controller of liver carcinogenesis". *Oncotarget*, v. 7, pp. 85832-47, 2016. Disponível em: <doi:10.18632/oncotarget.11037>.

MUECKE, S. "Effects of rotating night shifts: literature review". *J Adv Nurs*, v. 50, pp. 433-9, 2005. Disponível em: <doi:10.1111/j.1365-2648.2005.03409.x>.

MUKHERJI, A. et al. "Homeostasis in intestinal epithelium is orchestrated by the circadian clock and microbiota cues transduced by TLRs". *Cell*, v. 153, pp. 812-27, 2013. Disponível em: <doi:10.1016/j.cell.2013.04.020>.

MULLER, J. E. et al. "Circadian variation in the frequency of sudden cardiac death". *Circulation*, v. 75, pp. 131-8, 1987. Disponível em: <doi:10.1161/01.cir.75.1.131>

MUNCH, M. et al. "Age-related attenuation of the evening circadian arousal signal in humans". *Neurobiol Aging*, v. 26, pp. 1307-19, 2005. Disponível em: <doi:10.1016/j.neurobiolaging.2005.03.004>.

MURAKAMI, M. et al. "Gut microbiota directs PPARgamma-driven reprogramming of the liver circadian clock by nutritional challenge". *EMBO Rep*, v. 17, pp. 1292-303, 2016. Disponível em: <doi:10.15252/embr.201642463>.

MURRAY, G. "Diurnal mood variation in depression: a signal of disturbed circadian function?". *J Affect Disord*, v. 102, pp. 47-53, 2007. Disponível em: <doi:10.1016/j.jad.2006.12.001>.

MURRAY, K. et al. "The relations between sleep, time of physical activity, and time outdoors among adult women". *PLoS One*, v. 12, p. e0182013, 2017. Disponível em: <doi:10.1371/journal.pone.0182013>.

MWAMBURI, M.; LIEBLER, E. J.; TENAGLIA, A. T. "Review of noninvasive vagus nerve stimulation (gammaCore): efficacy, safety, potential impact on comorbidities, and economic burden for episodic and chronic cluster headache". *Am J Manag Care*, v. 23, pp. S317-25, 2017.

NAGOSHI, E. et al. "Circadian gene expression in individual fibroblasts: cell-autonomous and self-sustained oscillators pass time to daughter cells". *Cell*, v. 119, pp. 693-705, 2004. Disponível em: <doi:10.1016/j.cell.2004.11.015>.

NAISMITH, S. L. et al. "Sleep disturbance relates to neuropsychological functioning in late-life depression". *J Affect Disord*, v. 132, pp. 139-45, 2011. Disponível em: <doi:10.1016/j.jad.2011.02.027>.

NAYLOR, E. "Tidally rhythmic behaviour of marine animals". *Symp Soc Exp Biol*, v. 39, pp. 63-93, 1985.

NEDELTCHEVA, A. V. e SCHEER, F. A. "Metabolic effects of sleep disruption, links to obesity and diabetes". *Curr Opin Endocrinol Diabetes Obes*, v. 21, pp. 293-8, 2014. Disponível em: <doi:10.1097/MED.0000000000000082>.

NELLORE, A.; RANDALL, T. D. "Narcolepsy and influenza vaccination - the inappropriate awakening of immunity". *Ann Transl Med*, v. 4, p. S29, 2016. Disponível em: <doi:10.21037/atm.2016.10.60>.

NICHOLSON, L. B. "The immune system". *Essays Biochem*, v. 60, pp. 275-301, 2016. Disponível em: <doi:10.1042/EBC20160017>.

NIHEI, T. et al. "Circadian variation of Rho-kinase activity in circulating leukocytes of patients with vasospastic angina". *Circ J*, v. 78, pp. 1183-90, 2014. Disponível em: <doi:10.1253/circj.cj-13-1458>.

NIXON, C. P. "*Plasmodium falciparum* gametocyte transit through the cutaneous microvasculature: a new target for malaria transmission-blocking vaccines?". *Hum Vaccin Immunother*, v. 12, pp. 3189-95, 2016. Disponível em: <doi:10.1080/21645515.2016.1183076>.

NOGUCHI, T. et al. "Lithium effects on circadian rhythms in fibroblasts and suprachiasmatic nucleus slices from Cry knockout mice". *Neurosci Lett*, v. 619, pp. 49-53, 2016. Disponível em: <doi:10.1016/j.neulet.2016.02.030>.

NOJKOV, B. et al. "The impact of rotating shift work on the prevalence of irritable bowel syndrome in nurses". *Am J Gastroenterol*, v. 105, pp. 842-7, 2010. Disponível em: <doi:10.1038/ajg.2010.48>.

NOSEDA, R.; BURSTEIN, R. "Migraine pathophysiology: anatomy of the trigeminovascular pathway and associated neurological symptoms, CSD, sensitization and modulation of pain". *Pain*, v. 154, supl. 1. Disponível em: <doi:10.1016/j.pain.2013.07.021>.

NOVAK, M.; WINKELMAN, J. W.; UNRUH, M. "Restless legs syndrome in patients with chronic kidney disease". *Semin Nephrol*, v. 35, pp. 347-58, 2015. Disponível em: <doi:10.1016/j.semnephrol.2015.06.006>.

NURMINEN, T. "Shift work and reproductive health". *Scand J Work Environ Health*, v. 24, supl. 3, pp. 28-34, 1998.

NURSE, P. "A journey in science: cell-cycle control". *Mol Med*, v. 22, pp. 112-9, 2017. Disponível em: <doi:10.2119/molmed.2016.00189>.

NUSSBAUM, R. L.; ELLIS, C. E. Alzheimer's disease and Parkinson's disease. *N Engl J Med*, v. 348, pp. 1356-64, 2003. Disponível em: <doi:10.1056/NEJM2003ra020003>.

NUTT, D.; WILSON, S.; PATERSON, L. "Sleep disorders as core symptoms of depression". *Dialogues Clin Neurosci*, v. 10, pp. 329-36, 2008.

O'BRIEN, E. M.; MINDELL, J. A. "Sleep and risk-taking behavior in adolescents". *Behav Sleep Med*, v. 3, pp. 113-33, 2005. Disponível em: <doi:10.1207/s15402010bsm0303_1>.

O'CALLAGHAN, F.; MUURLINK, O.; REID, V. "Effects of caffeine on sleep quality and daytime functioning". *Risk Manag Healthc Policy*, v. 11, pp. 263-71, 2018. Disponível em: <doi:10.2147/RMHP.S156404>.

O'CONNOR, P. et al. A mixed-methods examination of the nature and frequency of medical error among junior doctors. *Postgrad Med J*, v. 95, pp. 583-9, 2019. Disponível em: <doi:10.1136/postgradmedj-2018-135897>.

O'DONNELL, A. J. et al. "Fitness costs of disrupting circadian rhythms in malaria parasites". *Proc Biol Sci*, v. 278, pp. 2429-36, 2011. Disponível em: <doi:10.1098/rspb.2010.2457>.

OBEYSEKARE, J. L. et al. "Delayed sleep timing and circadian rhythms in pregnancy and transdiagnostic symptoms associated with postpartum depression". *Transl Psychiatry*, v. 10, p. 14, 2020. Disponível em: <doi:10.1038/s41398-020-0683-3>.

OELKE, M. et al. "Nocturia in men with benign prostatic hyperplasia". *Aktuelle Urol*, v. 49, pp. 319-27, 2018. Disponível em: <doi:10.1055/a-0650-3700>.

OGINSKA, H.; POKORSKI, J. "Fatigue and mood correlates of sleep length in three age-social groups: school children, students, and employees". *Chronobiol Int*, v. 23, pp. 1317-28, 2006. Disponível em: <doi:10.1080/07420520601089349>.

OHAYON, M. M. et al. "Meta-analysis of quantitative sleep parameters from childhood to old age in healthy individuals: developing normative sleep values across the human lifespan". *Sleep*, v. 27, pp. 1255-73, 2004. Disponível em: <doi:10.1093/sleep/27.7.1255>.

OKEN, B. S., Salinsky, M. C. e Elsas, S. M. "Vigilance, alertness, or sustained attention: physiological basis and measurement". *Clin Neurophysiol*, v. 117, pp. 1885-901, 2006. Disponível em: <doi:10.1016/j.clinph.2006.01.017>.

OLIVEIRA, I.; DEPS, P. D.; ANTUNES, J. "Armadillos and leprosy: from infection to biological model". *Rev Inst Med Trop Sao Paulo*, v. 61, p. e44, 2019. Disponível em: <doi:10.1590/S1678-9946201961044>.

OLIVER, P. L. et al. "Disrupted circadian rhythms in a mouse model of schizophrenia". *Curr Biol*, v. 22, pp. 314-9, 2012. Disponível em: <doi:10.1016/j.cub.2011.12.051>.

ONG, J. C. et al. "Can circadian dysregulation exacerbate migraines?". *Headache*, v. 58, pp. 1040-51, 2018. Disponível em: <doi:10.1111/head.13310>.

ONG, J. L. et al. "Auditory stimulation of sleep slow oscillations modulates subsequent memory encoding through altered hippocampal function". *Sleep*, v. 41, 2018. Disponível em: <doi:10.1093/sleep/zsy031>.

ORZECH, K. M. et al. "Digital media use in the 2 h before bedtime is associated with sleep variables in university students". *Comput Human Behav*, v. 55, pp. 43-50, 2016. Disponível em: <doi:10.1016/j.chb.2015.08.049>.

OSHIMA, T. et al. "Cell-based screen identifies a new potent and highly selective CK2 inhibitor for modulation of circadian rhythms and cancer cell growth". *Sci Adv*, v. 5, p. eaau9060, 2019. Disponível em: <doi:10.1126/sciadv.aau9060>.

OSHIMA-SAEKI, C. et al. "Lower-limb warming improves sleep quality in elderly people living in nursing homes". *Sleep Sci*, v. 10, pp. 87-91, 2017. Disponível em: <doi:10.5935/1984-0063.20170016>.

OSLER, M.; JORGENSEN, M. B. "Associations of benzodiazepines, z-drugs, and other anxiolytics with subsequent dementia in patients with affective disorders: a nationwide cohort and nested case-control study". *Am J Psychiatry*, v. 177, pp. 497-505, 2020. Disponível em: <doi:10.1176/appi.ajp.2019. 19030315>.

OUANES, S.; POPP, J. "High cortisol and the risk of dementia and Alzheimer's disease: a review of the literature". *Front Aging Neurosci*, v. 11, p. 43, 2019. Disponível em: <doi:10.3389/fnagi.2019.00043>.

OWENS, J. "Adolescent Sleep Working Group and Committee on Adolescence. Insufficient sleep in adolescents and young adults: an update on causes and consequences". *Pediatrics*, v. 134, pp. e921-32, 2014. Disponível em: <doi:10.1542/peds.2014-1696>.

OWENS, J. A.; MINDELL, J. A. "Pediatric insomnia". *Pediatr Clin North Am*, v. 58, pp. 555-69, 2011. Disponível em: <doi:10.1016/j.pcl.2011.03.011>.

PAGANI, L. et al. "Serum factors in older individuals change cellular clock properties". *Proc Natl Acad Sci USA*, v. 108, pp. 7218-23, 2011. Disponível em: <doi:10.1073/pnas.1008882108>.

PALAGINI, L.; ROSENLICHT, N. "Sleep, dreaming, and mental health: a review of historical and neurobiological perspectives". *Sleep Med Rev*, v. 15, pp. 179-86, 2011. Disponível em: <doi:10.1016/j.smrv.2010.07.003>.

PALESH, O. et al. "Relationship between subjective and actigraphy-measured sleep in 237 patients with metastatic colorectal cancer". *Qual Life Res*, v. 26, pp. 2783-91, 2017. Disponível em: <doi:10.1007/s11136-017-1617-2>.

PALMER, J. D.; UDRY, J. R.; MORRIS, N. M. "Diurnal and weekly, but no lunar rhythms in human copulation". *Hum Biol*, v. 54, pp. 111-21, 1982.

PAN, A. et al. "Rotating night shift work and risk of type 2 diabetes: two prospective cohort studies in women". *PLoS Med*, v. 8, p. e1001141, 2011. Disponível em: <doi:10.1371/journal.pmed. 1001141>.

PAPANTONIOU, K. et al. "Breast cancer risk and night shift work in a case-control study in a Spanish population". *Eur J Epidemiol*, v. 31, pp. 867-78, 2016. Disponível em: <doi:10.1007/s10654-015-0073-y>.

PAPANTONIOU, K. et al. "Night shift work, chronotype and prostate cancer risk in the MCC-Spain case-control study". *Int J Cancer*, v. 137, pp. 1147-57, 2015. Disponível em: <doi:10.1002/ijc.29400>.

PAPANTONIOU, K. et al. "Rotating night shift work and colorectal cancer risk in the nurses' health studies". *Int J Cancer*, v. 143, pp. 2709-17, 2018. Disponível em: <doi:10.1002/ijc.31655>.

PARKAR, S. G.; KALSBEEK, A.; CHEESEMAN, J. F. "Potential role for the gut microbiota in modulating host circadian rhythms and metabolic health". *Microorganisms*, v. 7, 2019. Disponível em: <doi:10.3390/microorganisms7020041>.

PARRA, O. et al. "Early treatment of obstructive apnoea and stroke outcome: a randomised controlled trial". *Eur Respir J*, v. 37, pp. 1128-36, 2011. Disponível em: <doi:10.1183/09031936.00034410 >.

PARRY, B. L. et al. "Reduced phase-advance of plasma melatonin after bright morning light in the luteal, but not follicular, menstrual cycle phase in premenstrual dysphoric disorder: an extended study". *Chronobiol Int*, v. 28, pp. 415-24, 2011. Disponível em: <doi:10.3109/07420528.2011.567365>.

PARUTHI, S. et al. "Recommended amount of sleep for pediatric populations: a consensus statement of the American Academy of Sleep Medicine". *J Clin Sleep Med*, v. 12, pp. 785-6, 2016. Disponível em: <doi:10.5664/jcsm.5866>.

PATEL, D.; STEINBERG, J.; PATEL, P. "Insomnia in the elderly: a review". *J Clin Sleep Med*, v. 14, pp. 1017-24, 2018. Disponível em: <doi:10.5664/jcsm.7172>.

PATKE, A. et al. "Mutation of the human circadian clock gene cry1 in familial delayed sleep phase disorder". *Cell*, v. 169, pp. 203-15.e213, 2017. Disponível em: <doi:10. 1016/j.cell.2017.03.027>.

PATRICK, L. R. "Restless legs syndrome: pathophysiology and the role of iron and folate". *Altern Med Rev*, v. 12, pp. 101-12, 2007.

PATTON, G. C. et al. "Our future: a *Lancet* commission on adolescent health and wellbeing". *Lancet*, v. 387, pp. 2423-78, 2016. Disponível em: <doi:10.1016/S0140- 6736(16)00579-1>.

PAULOSE, J. K. et al. "Human gut bacteria are sensitive to melatonin and express endogenous circadian rhythmicity". *PLoS One*, v. 11, p. e0146643, 2016. Disponível em: <doi:10.1371/journal. pone.0146643>.

PAULSON, S. et al. "Dreaming: a gateway to the unconscious?". *Ann NY Acad Sci*, v. 1406, pp. 28-45, 2017. Disponível em: <doi:10. 1111/nyas.13389>.

PEIRSON, S. N.; FOSTER, R. G. "Bad light stops play". *EMBO Rep*, v. 12, p. 380, 2011. Disponível em: <doi:10.1038/embor.2011.70>.

PENGO, M. F.; WON, C. H., BOURJEILY, G. "Sleep in women across the life span". *Chest*, v. 154, pp. 196-206, 2018. Disponível em: <doi:10.1016/j.chest.2018.04.005>.

PEREZ-LOPEZ, F. R.; PILZ, S.; CHEDRAUI, P. "Vitamin D supplementation during pregnancy: an overview". *Curr Opin Obstet Gynecol*, v. 32, pp. 316-21, 2020. Disponível em: <doi:10.1097/GCO.0000000000000641>.

PERRAULT, A. A. et al. "Reducing the use of screen electronic devices in the evening is associated with improved sleep and daytime vigilance in adolescents". *Sleep*, v. 42, 2019. Disponível em: <doi:10.1093/sleep/zsz125>.

PERRY-JENKINS, M. et al. "Shift work, role overload, and the transition to parenthood". *J Marriage Fam*, v. 69, pp. 123-38, 2007. Disponível em: <doi: 10.1111/j.1741-3737.2006.00349.x>.

PHAN, T. X.; MALKANI, R. G. "Sleep and circadian rhythm disruption and stress intersect in Alzheimer's disease". *Neurobiol Stress*, v. 10, p. 100133, 2019. Disponível em: <doi:10.1016/j.ynstr.2018.10.001>.

PHILIP, P.; AKERSTEDT, T. "Transport and industrial safety, how are they affected by sleepiness and sleep restriction?". *Sleep Med Rev*, v. 10, pp. 347-56, 2006. Disponível em: <doi:10.1016/j.smrv.2006.04.002>.

PILCHER, J. J.; HUFFCUTT, A. I. "Effects of sleep deprivation on performance: a meta-analysis". *Sleep*, v. 19, pp. 318-26, 1996. Disponível em: <doi:10.1093/sleep/19.4.318>.

PILCHER, J. J., LAMBERT, B. J. e HUFFCUTT, A. I. "Differential effects of permanent and rotating shifts on self--report sleep length: a meta-analytic review". *Sleep*, v. 23, pp. 155-63, 2000.

PITTENDRIGH, C. S. "Temporal organization: reflections of a Darwinian clock-watcher". *Annu Rev Physiol*, v. 55, pp. 16-54, 1993. Disponível em: <doi:10.1146/annurev. ph.55.030193.000313>.

PITTLER, M. H.; ERNST, E. "Kava extract for treating anxiety". *Cochrane Database Syst Rev*, 2003, CD003383. Disponível em: <doi:10.1002/14651858.CD003383>.

PLAKOGIANNIS, R.; COHEN, H. "Optimal low-density lipoprotein cholesterol lowering — morning versus evening statin administration". *Ann Pharmacother*, v. 41, pp. 106-10, 2007. Disponível em: <doi:10.1345/aph.1G659>.

POBLANO, A.; HARO, R.; ARTEAGA, C. "Neurophysiologic measurement of continuity in the sleep of fetuses during the last week of pregnancy and in newborns". *Int J Biol Sci*, v. 4, pp. 23-8, 2007. Disponível em: <doi:10.7150/ijbs.4.23>.

PORCHERET, K. et al. "Chronotype and environmental light exposure in a student population". *Chronobiol Int*, v. 35, pp. 1365-74, 2018. Disponível em: <doi:10.1080/07420528.2018.1482556>.

PORCHERET, K. et al. "Investigation of the impact of total sleep deprivation at home on the number of intrusive memories to an analogue trauma". *Transl Psychiatry*, v. 9, p. 104, 2019. Disponível em: <doi:10.1038/s41398-019-0403-z>.

PORCHERET, K. et al. "Psychological effect of an analogue traumatic event reduced by sleep deprivation". *Sleep*, v. 38, pp. 1017-25, 2015. Disponível em: ‹doi:10.5665/sleep.4802›.

POSTOLACHE, T. T. et al. "Seasonal spring peaks of suicide in victims with and without prior history of hospitalization for mood disorders". *J Affect Disord*, v. 121, pp. 88-93, 2010. Disponível em: ‹doi:10.1016/j.jad.2009.05.015›.

PRATHER, A. A. et al. "Sleep and antibody response to hepatitis B vaccination". *Sleep*, v. 35, pp. 1063-9, 2012. Disponível em: ‹doi:10.5665/sleep.1990›.

PRIOR, K. F. et al. "Timing of host feeding drives rhythms in parasite replication". *PLoS Pathog*, v. 14, p. e1006900, 2018. Disponível em: ‹doi:10.1371/journal.ppat. 1006900›.

PRITCHETT, D. et al. "Deletion of metabotropic glutamate receptors 2 and 3 (mGlu2 and mGlu3) in mice disrupts sleep and wheel-running activity, and increases the sensitivity of the circadian system to light". *PLoS One*, v. 10, p. e0125523, 2015. Disponível em: ‹doi:10.1371/journal.pone.0125523›.

PRITCHETT, D. et al. "Evaluating the links between schizophrenia and sleep and circadian rhythm disruption". *J Neural Transm (Vienna)*, v. 119, pp. 1061-75, 2012. Disponível em: ‹doi:10.1007/s00702-012-0817-8.

PROSERPIO, P. et al. "Insomnia and menopause: a narrative review on mechanisms and treatments". *Climacteric*, v. 23, pp. 539-49, 2020. Disponível em: ‹doi:10.1080/13697137.2020.1799973›.

PROVENCIO, I. et al. "Melanopsin: an opsin in melanophores, brain, and eye". *Proc Natl Acad Sci USA*, v. 95, pp. 340-5, 1998.

PUKKALA, E. et al. "Cancer incidence among 10,211 airline pilots: a Nordic study". *Aviat Space Environ Med*, v. 74, pp. 699-706, 2003.

PUSHPAKOM, S. et al. "Drug repurposing: progress, challenges and recommendations". *Nat Rev Drug Discov*, v. 18, pp. 41-58, 2019. Disponível em: ‹doi:10.1038/nrd.2018.168›.

QUAY, W. B. "Precocious entrainment and associated characteristics of activity patterns following pinalectomy and reversal of photoperiod". *Physiol Behav*, v. 5, pp. 1281-90, 1970. Disponível em: ‹doi:10.1016/0031-9384(70)90041-7›

RALPH, M. R. et al. "Transplanted suprachiasmatic nucleus determines circadian period". *Science*, v. 247, pp. 975-8, 1990.

RANDALL, M. "Labour in the agriculture industry, UK: February 2018". *Office for National Statistics, UK*, pp. 1-11, 2018.

RANDAZZO, A. C., Muehlbach, M. J., Schweitzer, P. K. e Walsh, J. K. "Cognitive function following acute sleep restriction in children ages 10-14". *Sleep*, v. 21, pp. 861-8, 2018.

RATTENBORG, v. C. et al. "Evidence that birds sleep in mid-flight". *Nat Commun*, v. 7, p. 12468, 2016. Disponível em: ‹doi:10.1038/ncomms12468›.

RAY, S.; REDDY, A. B. "COVID-19 management in light of the circadian clock". *Nat Rev Mol Cell Biol*, v. 21, pp. 494-5, 2020. Disponível em: ‹doi:10.1038/s41580-020-0275-3›.

RAYMANN, R. J.; SWAAB, D. F.; VAN SOMEREN, E. J. "Skin temperature and sleep-onset latency: changes with age and insomnia". *Physiol Behav*, v. 90, pp. 257-66, 2007. Disponível em: ‹doi:10.1016/j.physbeh.2006.09.008›.

REDDY, S. V. et al."Bruxism: a literature review". *J Int Oral Health*, v. 6, pp. 105-9, 2014.

REEBS, S. G.; MROSOVSKY, N. "Effects of induced wheel running on the circadian activity rhythms of Syrian hamsters: entrainment and phase response curve". *J Biol Rhythms*, v. 4, pp. 39-48, 1989. Disponível em: ‹doi:10.1177/074873048900400103›.

REECE, S. E.; PRIOR, K. F.; MIDEO, N. "The life and times of parasites: rhythms in strategies for within-host survival and between-host transmission". *J Biol Rhythms*, v. 32, pp. 516-33, 2017. Disponível em: ‹doi:10.1177/0748730417718904›.

REEVES, B. C. et al. "Glymphatic system impairment in Alzheimer's disease and idiopathic normal pressure hydrocephalus". *Trends Mol Med*, v. 26, pp. 285-95, 2020. Disponível em: ‹doi:10.1016/j.molmed.2019.11.008›.

REFINETTI, R. "Time for sex: nycthemeral distribution of human sexual behavior". *J Circadian Rhythms*, v. 3, p. 4, 2005. Disponível em: ‹doi:10.1186/1740-3391-3-4›.

REICHERT, C. F. et al. "Sleep-wake regulation and its impact on working memory performance: the role of adenosine". *Biology (Basel)*, v. 5, 2016. Disponível em: <doi:10.3390/biology5010011>.

REID, K. J. et al. "Familial advanced sleep phase syndrome". *Arch Neurol*, v. 58, pp. 1089-94, 2001. Disponível em: <doi:10.1001/archneur.58.7.1089>.

RELOGIO, A. et al. "Ras-mediated deregulation of the circadian clock in cancer". *PLoS Genet*, v. 10, p. e1004338, 2014. Disponível em: <doi:10.1371/journal.pgen.1004338>.

REVONSUO, A. "The reinterpretation of dreams: an evolutionary hypothesis of the function of dreaming". *Behav Brain Sci*, v. 23, pp. 877-901, 2000; discussão pp. 904-1121. Disponível em: <doi:10.1017/s0140525x00004015>.

RICHARDS, J.; GUMZ, M. L. "Advances in understanding the peripheral circadian clocks". *FASEB J*, v. 26, pp. 3602-13, 2012. Disponível em: <doi:10.1096/fj.12-203554>.

RICHARDSON, G.; WANG-WEIGAND, S. "Effects of long-term exposure to ramelteon, a melatonin receptor agonist, on endocrine function in adults with chronic insomnia". *Hum Psychopharmacol*, v. 24, pp. 103-11, 2009. Disponível em: <doi:10.1002/hup.993>.

RICHTER, K. et al. "Two in a bed: the influence of couple sleeping and chronotypes on relationship and sleep. An overview". *Chronobiol Int*, v. 33, pp. 1464-72, 2016. Disponível em: <doi:10.10 80/07420528.2016.1220388>.

RIEMANN, D.; VODERHOLZER, U. "Primary insomnia: a risk factor to develop depression?". *J Affect Disord*, v. 76, pp. 255-9, 2003.

RIEMERSMA-VAN DER LEK, R. F. et al. "Effect of bright light and melatonin on cognitive and noncognitive function in elderly residents of group care facilities: a randomized controlled trial". *JAMA*, v. 299, pp. 2642-55, 2008. Disponível em: <doi:10.1001/jama.299.22.2642>.

RIJO-FERREIRA, F.; TAKAHASHI, J. S. "Genomics of circadian rhythms in health and disease". *Genome Med*, v. 11, n. 82, 2019. Disponível em: <doi:10.1186/s13073-019- 0704-0>.

RIJO-FERREIRA, F. et al. "The malaria parasite has an intrinsic clock". *Science*, v. 368, pp. 746-53, 2020. Disponível em: <doi:10.1126/science.aba2658>.

RINNINELLA, E. et al. "What is the healthy gut microbiota composition? A changing ecosystem across age, environment, diet, and diseases". *Microorganisms*, v. 7, 2019. Disponível em: <doi:10.3390/microorganisms7010014>.

RIVARD, G. E. et al. "Maintenance chemotherapy for childhood acute lymphoblastic leukaemia: better in the evening". *Lancet*, v. 2, pp. 1264-6, 1985. Disponível em: <doi:10.1016/s0140-6736(85)91551-x>.

RIVKEES, S. A. "Developing circadian rhythmicity in infants". *Pediatrics*, v. 112, pp. 373-81, 2003. Disponível em: <doi:10.1542/peds.112.2.373>.

ROBERTSON, S.; LOUGHRAN, S.; MACKENZIE, K. "Ear protection as a treatment for disruptive snoring: do ear plugs really work?". *J Laryngol Otol*, v. 120, pp. 381-4, 2006. Disponível em: <doi:10.1017/S0022215106000363>.

ROEHRS, T.; ROTH, T. "Sleep, sleepiness, and alcohol use". *Alcohol Res Health*, v. 25, pp. 101-9, 2001.

______. "Sleep, sleepiness, sleep disorders and alcohol use and abuse". *Sleep Med Rev*, v. 5, pp. 287-97, 2001. Disponível em: <doi:10.1053/smrv.2001.0162>.

ROEHRS, T. et al. "Sleep loss and REM sleep loss are hyperalgesic". *Sleep*, v. 29, pp. 145-51, 2006. Disponível em: <doi:10.1093/sleep/29.2.145>.

ROENNEBERG, T. et al. "A marker for the end of adolescence". *Curr Biol*, v. 14, pp. 11038-9, 2004. Disponível em: <doi:10.1016/j.cub.2004.11.039>.

ROENNEBERG, T. et al. "Social jetlag and obesity". *Curr Biol*, v. 22, pp. 939-43, 2002. Disponível em: <doi:10.1016/j.cub.2012.03.038>.

ROENNEBERG, T. et al. "Why should we abolish daylight saving time?". *J Biol Rhythms*, v. 34, pp. 227-30, 2019. Disponível em: <doi:10.1177/0748730419854197>.

ROENNEBERG, T.; KUMAR, C. J.; MERROW, M. "The human circadian clock entrains to sun time". *Curr Biol*, v. 17, pp. 144-5, 2007. Disponível em: <doi:10.1016/j.cub.2006.12.011>.

ROISER, J. P.et al. "Neural and behavioral correlates of aberrant salience in individuals at risk for psychosis". *Schizophr Bull*, v. 39, pp. 1328-36, 2013. Disponível em: <doi:10.1093/schbul/sbs147>.

ROMÁN-GÁLVEZ, R. M. et al. "Factors associated with insomnia in pregnancy: a prospective Cohort Study". *Eur J Obstet Gynecol Reprod Biol*, v. 221, pp. 70-75, 2018. Disponível em: <doi:10.1016/j.ejogrb.2017.12.007>.

RONGVE, A.; BOEVE, B. F.; AARSLAND, D. "Frequency and correlates of caregiver-reported sleep disturbances in a sample of persons with early dementia". *J Am Geriatr Soc*, v. 58, pp. 480-6, 2010. Disponível em: <doi:10.1111/j.1532- 5415.2010.02733.x>.

ROSSELOT, A. E.; HONG, C. I.; MOORE, S. R. "Rhythm and bugs: circadian clocks, gut microbiota, and enteric infections". *Curr Opin Gastroenterol*, v. 32, pp. 7-11, 2016. Disponível em: <doi:10.1097/MOG.0000000000000227>.

ROTIMI, C. N. et al. "The African diaspora: history, adaptation and health". *Curr Opin Genet Dev*, v. 41, pp. 77-84, 2016. Disponível em: <doi:10.1016/j.gde.2016.08.005>.

ROUDER, J. N.; MOREY, R. D. "A Bayes factor meta-analysis of Bem's ESP claim". *Psychon Bull Rev*, v. 18, pp. 682-9, 2011. Disponível em: <doi:10.3758/s13423-011-0088-7>.

ROUND, J. L.; MAZMANIAN, S. K. "The gut microbiota shapes intestinal immune responses during health and disease". *Nat Rev Immunol*, v. 9, pp. 313-23, 2009. Disponível em: <doi:10.1038/nri2515>.

ROZEN, T. D.; FISHMAN, R. S. "Cluster headache in the United States of America: demographics, clinical characteristics, triggers, suicidality, and personal burden". *Headache*, v. 52, pp. 99-113, 2012. Disponível em: <doi:10.1111/j.1526-4610.2011.02028.x>.

RUDDICK-COLLINS, L. C. et al. "The big breakfast study: chrono-nutrition influence on energy expenditure and bodyweight". *Nutr Bull*, v. 43, pp. 174-83, 2018. Disponível em: <doi:10. 1111/nbu.12323>.

RUMBLE, M. E. et al. "The relationship of person-specific eveningness chronotype, greater seasonality, and less rhythmicity to suicidal behavior: a literature review". *J Affect Disord*, v. 227, pp. 721-30, 2018. Disponível em: <doi:10.1016/j.jad.2017.11.078>.

RUND, S. S. et al. "Daily rhythms in mosquitoes and their consequences for malaria transmission". *Insects*, v. 7. Disponível em: <doi:10.3390/insects7020014 (2016).

SAKLAYEN, M. G. "The global epidemic of the metabolic syndrome". *Curr Hypertens Rep*, v. 20, n. 12, 2018. Disponível em: <doi:10.1007/s11906-018-0812-z>.

SALK, R. H.; HYDE, J. S.; ABRAMSON, L. Y. "Gender differences in depression in representative national samples: meta-analyses of diagnoses and symptoms". *Psychol Bull*, v. 143, pp. 783-822, 2017. Disponível em: <doi:10.1037/bul0000102>.

SALMAN, M. et al. "Effect of calcium channel blockers on lower urinary tract symptoms: a systematic review". *Biomed Res Int*, v. 2017, p. 4269875, 2017. Disponível em: <doi:10.1155/2017/4269875>.

SAMULIN ERDEM, J. et al. "Mechanisms of breast cancer in shift workers: DNA methylation in five core circadian genes in nurses working night shifts". *J Cancer*, v. 8, pp. 2876-84, 2017. Disponível em: <doi:10.7150/jca.21064>.

SANCHEZ, A. et al. "Role of sugars in human neutrophilic phagocytosis". *Am J Clin Nutr*, v. 26, pp. 1180-4, 1973. Disponível em: <doi:10.1093/ajcn/26.11.1180>.

SANDERS, G. D. et al. In: *Angiotensin-Converting Enzyme Inhibitors (ACEIs), Angiotensin II Receptor Antagonists (ARBs), and Direct Renin Inhibitors for Treating Essential Hypertension: An Update; AHRQ Comparative Effectiveness Reviews*, 2011.

SANGHANI, H. R. et al. "Patient fibroblast circadian rhythms predict lithium sensitivity in bipolar disorder". *Mol Psychiatry*, 2020. Disponível em: <doi:10.1038/s41380-020-0769-6>.

SANTOS, M.; HOFMANN, R. J. "Ocular manifestations of obstructive sleep apnea". *J Clin Sleep Med*, v. 13, pp. 1345-8, 2017. Disponível em: <doi:10.5664/jcsm.6812.

SAPER, C. B. et al. "Sleep state switching". *Neuron*, v. 68, pp. 1023-42, 2010. Disponível em: <doi:10.1016/j.neuron.2010.11.032>.

SATEIA, M. J. "International classification of sleep disorders — third edition: highlights and modifications". *Chest*, v. 146, pp. 1387-94, 2014. Disponível em: <doi:10.1378/chest.14-0970>.

SCHEER, F. A. et al. "Repeated melatonin supplementation improves sleep in hypertensive patients treated with beta-blockers: a randomized controlled trial". *Sleep*, v. 35, pp. 1395-402, 2012. Disponível em: <doi:10.5665/sleep.2122>.

SCHEER, F. A. et al. "The human endogenous circadian system causes greatest platelet activation during the biological morning independent of behaviors". *PLoS One*, v. 6, p. e24549, 2011. Disponível em: <doi:10.1371/journal. pone.0024549>.

SCHEIERMANN, C.; KUNISAKI, Y.; FRENETTE, P. S. "Circadian control of the immune system". *Nat Rev Immunol*, v. 13, pp. 190-8, 2013. Disponível em: <doi:10.1038/nri3386>.

SCHENCK, C. H. "The spectrum of disorders causing violence during sleep". *Sleep Science and Practice*, v. 3, n. 2, pp. 1-14, 2019.

SCHERNHAMMER, E. S. et al. "Night-shift work and risk of colorectal cancer in the nurses' health study". *J Natl Cancer Inst*, v. 95, pp. 825-8, 2003. Disponível em: <doi:10.1093/jnci/95.11.825>.

SCHERNHAMMER, E. S. et al. "Rotating night shifts and risk of breast cancer in women participating in the nurses' health study". *J Natl Cancer Inst*, v. 93, pp. 1563-8, 2001. Disponível em: <doi:10.1093/jnci/93.20.1563>.

SCHMID, D. et al. "Sleep-dependent motor memory consolidation in healthy adults: a meta-analysis". *Neurosci Biobehav Rev*, v. 118, pp. 270-81, 2020. Disponível em: <doi:10. 1016/j.neubiorev.2020.07.028>.

SCHMID, S. M. et al. "A single night of sleep deprivation increases ghrelin levels and feelings of hunger in normal-weight healthy men". *J Sleep Res*, v. 17, pp. 331-4, 2008. Disponível em: <doi:10.1111/j. 1365-2869.2008.00662.x>.

SCHMIDT, C.; PEIGNEUX, P.; CAJOCHEN, C. "Age-related changes in sleep and circadian rhythms: impact on cognitive performance and underlying neuroanatomical networks". *Front Neurol*, v. 3, pp. 118, 2012. Disponível em: <doi: 10.3389/fneur.2012.00118>.

SCHMIDT, M. H.; SCHMIDT, H. S. "Sleep-related erections: neural mechanisms and clinical significance". *Curr Neurol Neurosci Rep*, v. 4, pp. 170-8, 2004. Disponível em: <doi:10.1007/s11910-004-0033-5>.

SCHONAUER, M.; GEISLER, T.; GAIS, S. "Strengthening procedural memories by reactivation in sleep". *J Cogn Neurosci*, v. 26, pp. 143-53, 2014. Disponível em: <doi:10.1162/jocn_a_00471>.

SCHULKIN, J. "In honor of a great inquirer: Curt Richter". *Psychobiology*, v. 17, pp. 113-14, 1989.

SCHWARZ, J. et al. "Does sleep deprivation increase the vulnerability to acute psychosocial stress in young and older adults?". *Psychoneuroendocrinology*, v. 96, pp. 155-65, 2018. Disponível em: <doi:10.1016/j. psyneuen.2018.06.003>.

SCHWARZ, J. F. et al. "Shortened night sleep impairs facial responsiveness to emotional stimuli". *Biol Psychol*, v. 93, pp. 41-4, 2003. Disponível em: <doi:10.1016/j.biopsycho.2013.01.008>.

SCOTT, J. P.; MCNAUGHTON, L. R.; POLMAN, R. C. "Effects of sleep deprivation and exercise on cognitive, motor performance and mood". *Physiol Behav*, v. 87, pp. 396-408, 2006. Disponível em: <doi:10.1016/j. physbeh.2005.11.009>.

SCOTT, J. T. "Morning stiffness in rheumatoid arthritis". *Ann Rheum Dis*, v. 19, pp. 361-8, 1960. Disponível em: <doi:10.1136/ard.19.4.361>.

SCOTT, L. D. et al. "The relationship between nurse work schedules, sleep duration, and drowsy driving". *Sleep*, v. 30, pp. 1801-7, 2007. Disponível em: <doi:10.1093/sleep/30.12.1801>.

SEGAL, J. P. et al. "Circadian control of pain and neuroinflammation". *J Neurosci Res*, v. 96, pp. 1002-20, 2018. Disponível em: <doi:10.1002/jnr.24150>.

SEGERSTROM, S. C.; MILLER, G. E. "Psychological stress and the human immune system: a meta-analytic study of 30 years of inquiry". *Psychol Bull*, v. 130, pp. 601-30, 2004. Disponível em: <doi:10.1037/0033-2909.130.4.601>.

SEKARAN, S. et al. "Calcium imaging reveals a network of intrinsically light-sensitive inner-retinal neurons". *Curr Biol*, v. 13, pp. 1290-8, 2003.

SELFRIDGE, J. M. et al. "Opening the debate: how to fulfill the need for physicians' training in circadian-related topics in a full medical school curriculum". *J Circadian Rhythms*, v. 13, p. 7, 2015. Disponível em: <doi:10.5334/jcr.ah>.

SELLIX, M. T.; MENAKER, M. "Circadian clocks in the ovary". *Trends Endocrinol Metab*, v. 21, pp. 628-36, 2010. Disponível em: <doi:10.1016/j.tem.2010.06.002>.

SELVI, Y. et al. "Mood changes after sleep deprivation in morningness-eveningness chronotypes in healthy individuals". *J Sleep Res*, v. 16, pp. 241-4, 2017. Disponível em: <doi:10.1111/j.1365-2869. 2007.00596.x>.

SENDER, R.; FUCHS, S.; MILO, R. "Revised estimates for the number of human and bacteria cells in the body". *PLoS Biol*, v. 14, p. e1002533, 2016. Disponível em: <doi:10.1371/journal.pbio.1002533>.

SENGUPTA, S. et al. "Circadian control of lung inflammation in influenza infection". *Nat Commun*, v. 10, p. 4107, 2019. Disponível em: <doi:10.1038/s41467-019-11400-9>.

SHAN, Z. et al. "Rotating night shift work and adherence to unhealthy lifestyle in predicting risk of type 2 diabetes: results from two large US cohorts of female nurses". *BMJ*, v. 363, p. k4641, 2018. Disponível em: <doi:10.1136/bmj.k4641>.

SHANKAR, A.; WILLIAMS, C. T. "The darkness and the light: diurnal rodent models for seasonal affective disorder". *Dis Model Mech*, v. 14, 2021. Disponível em: <doi:10.1242/dmm.047217>.

SHANNON, S. et al. "Cannabidiol in anxiety and sleep: a large case series". *Perm J*, v. 23, p. 18-041, 2019. Disponível em: <doi:10.7812/TPP/18-041>.

SHANWARE, N. P. et al. "Casein kinase 1-dependent phosphorylation of familial advanced sleep phase syndrome--associated residues controls PERIOD 2 stability". *J Biol Chem*, v. 286, pp. 12766-74, 2011. Disponível em: <doi:10.1074/jbc.M111.224014>.

SHARKEY, J. T.; CABLE, C.; OLCESE, J. "Melatonin sensitizes human myometrial cells to oxytocin in a protein kinase C alpha/extracellular-signal regulated kinase-dependent manner". *J Clin Endocrinol Metab*, v. 95, pp. 2902-8, 2010. Disponível em: <doi:10.1210/jc.2009-2137>.

SHARMA, V.; MAZMANIAN, D. "Sleep loss and postpartum psychosis". *Bipolar Disord*, v. 5, pp. 98-105, 2003.

SHAVER, J. L.; WOODS, N. F. "Sleep and menopause: a narrative review". *Menopause*, v. 22, pp. 899-915, 2015. Disponível em: <doi:10.1097/GME.0000000000000499>.

SHEA, S. A. et al. "Existence of an endogenous circadian blood pressure rhythm in humans that peaks in the evening". *Circ Res*, v. 108, pp. 980-4, 2011. Disponível em: <doi:10.1161/CIRCRESAHA. 110.233668>.

SHERMAN, B.; WYSHAM, C.; PFOHL, B. "Age-related changes in the circadian rhythm of plasma cortisol in man". *J Clin Endocrinol Metab*, v. 61, pp. 439-43, 1985. Disponível em: <doi:10.1210/jcem-61-3-439>.

SHERWANI, S. I. et al. "Significance of HbA1c test in diagnosis and prognosis of diabetic patients". *Biomark Insights*, v. 11, pp. 95-104, 2016. Disponível em: <doi:10.4137/BMI.S38440>.

SHI, S. Q. et al. "Circadian disruption leads to insulin resistance and obesity". *Curr Biol*, v. 23, pp. 372-81, 2013. Disponível em: <doi:10.1016/j.cub.2013.01.048>.

SHINOMIYA, K. et al. "Effects of kava-kava extract on the sleep-wake cycle in sleep-disturbed rats". *Psychopharmacology (Berl)*, v. 180, pp. 564-9, 2015. Disponível em: <doi:10.1007/s00213-005-2196-4>.

SHOCHAT, T.; COHEN-ZION, M.; TZISCHINSKY, O. "Functional consequences of inadequate sleep in adolescents: a systematic review". *Sleep Med Rev*, v. 18, pp. 75-87, 2014. Disponível em: <doi:10.1016/j.smrv.2013.03.005>.

SHOCHAT, T. et al. "Illumination levels in nursing home patients: effects on sleep and activity rhythms". *J Sleep Res*, v. 9, pp. 373-9, 2000. Disponível em: <doi:10.1046/j.1365-2869.2000.00221.x>.

SHOKRI-KOJORI, E. et al. "β-Amyloid accumulation in the human brain after one night of sleep deprivation". *Proc Natl Acad Sci USA*, v. 115, pp. 4483-8, 2018. Disponível em: <doi:10.1073/pnas.1721694115>.

SILVESTRI, R.; ARICO, I. "Sleep disorders in pregnancy". *Sleep Sci*, v. 12, pp. 232-9, 2019. Disponível em: <doi:10.5935/1984-0063.20190098>.

SIMMONS, R. G. et al. "Predictors of contraceptive switching and discontinuation within the first 6 months of use among Highly Effective Reversible Contraceptive Initiative Salt Lake study participants". *Am J Obstet Gynecol*, v. 220, pp. 376 e371-6 e312, 2019. Disponível em: <doi:10.1016/j.ajog.2018.12.022>.

SIMOU, E., BRITTON, J.; LEONARDI-BEE, J. "Alcohol and the risk of sleep apnoea: a systematic review and meta-analysis". *Sleep Med*, v. 42, pp. 38-46, 2018. Disponível em: <doi:10.1016/j.sleep.2017.12.005>.

SINGH, S. et al. "Parasomnias: a comprehensive review". *Cureus*, v. 10, p. e3807, 2018. Disponível em: <doi:10.7759/cureus.3807>.

SINGLETON, R. A., Jr.; WOLFSON, A. R. "Alcohol consumption, sleep, and academic performance among college students". *J Stud Alcohol Drugs*, v. 70, pp. 355-63, 2009. Disponível em: <doi:10.15288/jsad.2009.70.355>.

SIPILÄ, J. O., RUUSKANEN, J. O., Rautava, P. e Kytö, V. "Changes in ischemic stroke occurrence following daylight saving time transitions". *Sleep Med*, v. 27-28, pp. 20-24, 2016. Disponível em: <doi:10.1016/j.sleep.2016.10.009>.

SLEEP HEALTH FOUNDATION. *Asleep on the job: costs of inadequate sleep in Australia*, ago. 2017. PDF do relatório disponível em: <https://www. sleephealthfoundation.org.au/>.

SLUGGETT, L.; WAGNER, S. L.; HARRIS, R. L. "Sleep duration and obesity in children and adolescents". *Can J Diabetes*, v. 43, pp. 146-52, 2019. Disponível em: <doi:10.1016/j.jcjd.2018.06.006>.

SMITH, K. et al. "Do progestin-only contraceptives contribute to the risk of developing depression as implied by Beta-Arrestin 1 levels in leukocytes? A pilot study". *Int J Environ Res Public Health*, v. 15, 2016. Disponível em: <doi:10.3390/ijerph15091966>.

SMITH, M. R. et al. "Morning melatonin has limited benefit as a soporific for daytime sleep after night work". *Chronobiol Int*, v. 22, pp. 873-88, 2005. Disponível em: <doi:10.1080/07420520500263193>.

SMOLENSKY, M. H. et al. "Diurnal and twenty-four hour patterning of human diseases: acute and chronic common and uncommon medical conditions". *Sleep Med Rev*, v. 21, pp. 12-22, 2015. Disponível em: <doi:10.1016/j.smrv.2014.06.005>.

SMOLENSKY, M. H.; REINBERG, A.; LABRECQUE, G. "Twenty-four hour pattern in symptom intensity of viral and allergic rhinitis: treatment implications". *J Allergy Clin Immunol*, v. 95, pp. 1084-96, 1995. Disponível em: <doi:10.1016/s0091-6749(95)70212-1>.

SONG, H. R. et al. "Effect of the timing of acetylcholinesterase inhibitor ingestion on sleep". *Int Clin Psychopharmacol*, v. 28, pp. 346-8, 2013. Disponível em: <doi:10.1097/YIC.0b013e328364f58d>.

SONI, B. G. et al. "Novel retinal photoreceptors". *Nature*, v. 394, pp. 27-8, 1998. Disponível em: <doi:10.1038/27794.

SPIEGEL, K.; LEPROULT, R.; VAN CAUTER, E. "Impact of sleep debt on metabolic and endocrine function". *Lancet*, v. 354, pp. 1435-9, 1999. Disponível em: <doi:10.1016/S0140-6736(99)01376-8>.

SPIEGEL, K.; SHERIDAN, J. F.; VAN CAUTER, E. "Effect of sleep deprivation on response to immunization". *JAMA*, v. 288, pp. 1471-2, 2002. Disponível em: <doi:10.1001/jama.288.12.1471-a>.

SPIEGEL, K. et al. "Brief communication: sleep curtailment in healthy young men is associated with decreased leptin levels, elevated ghrelin levels, and increased hunger and appetite". *Ann Intern Med*, v. 141, pp. 846-50, 2004. Disponível em: <doi:10.7326/0003-4819-141-11-200412070-00008>.

SPIRA, A. P. et al. "Impact of sleep on the risk of cognitive decline and dementia". *Curr Opin Psychiatry*, v. 27, pp. 478-83, 2014. Disponível em: <doi:10.1097/YCO.0000000000000106>.

SPONG, J. et al. "Melatonin supplementation in patients with complete tetraplegia and poor sleep". *Sleep Disord*, v. 2013, p. 128197, 2013. Disponível em: <doi:10.1155/2013/128197>.

STABOULIDOU, I. et al. "The influence of lunar cycle on frequency of birth, birth complications, neonatal outcome and the gender: a retrospective analysis". *Acta Obstet Gynecol Scand*, v. 87, pp. 875-9, 2008. Disponível em: <doi:10.1080/00016340802233090>.

STAMATAKIS, K. A.; PUNJABI, N. M. "Effects of sleep fragmentation on glucose metabolism in normal subjects". *Chest*, v. 137, pp. 95-101, 2010. Disponível em: <doi:10.1378/chest.09-0791>.

STANHOPE, K. L. "Sugar consumption, metabolic disease and obesity: the state of the controversy". *Crit Rev Clin Lab Sci*, v. 53, pp. 52-67, 2016. Disponível em: <doi: 10.3109/10408363.2015.1084990>.

STENVERS, D. J. et al."Nutrition and the circadian timing system". *Prog Brain Res*, v. 199, pp. 359-76, 2012. Disponível em: <doi:10.1016/B978-0-444-59427-3.00020-4>.

STENVERS, D. J. et al. "Circadian clocks and insulin resistance". *Nat Rev Endocrinol*, v. 15, pp. 75-89, 2019. Disponível em: <doi:10.1038/s41574-018-0122-1>.

STEPHAN, F. K.; ZUCKER, I. "Circadian rhythms in drinking behavior and locomotor activity of rats are eliminated by hypothalamic lesions. *Proc Natl Acad Sci USA*, v. 69, pp. 1583-6, 1972. Disponível em: <doi:10.1073/pnas.69.6.1583>.

STEPNOWSKY, C. J.; ANCOLI-ISRAEL, S. "Sleep and its disorders in seniors". *Sleep Med Clin*, v. 3, pp. 281-93, 2008. Disponível em: <doi:10.1016/j.jsmc.2008.01.011>.

STEUR, L. M. H. et al. "Sleep-wake rhythm disruption is associated with cancer-related fatigue in pediatric acute lymphoblastic leukemia". *Sleep*, v. 43, 2020. Disponível em: <doi:10.1093/sleep/zsz320>.

STEWART, R. B. et al. "Nocturia: a risk factor for falls in the elderly". *J Am Geriatr Soc*, v. 40, pp. 1217-20, 1992. Disponível em: <doi:10.1111/j.1532-5415.1992.tb03645.x>.

STEWART, W. F. et al. "Prevalence of migraine headache in the United States. Relation to age, income, race, and other sociodemographic factors". *JAMA*, v. 267, pp. 64-9, 1992.

STOKKAN, K. A. et al. "Entrainment of the circadian clock in the liver by feeding". *Science*, v. 291, pp. 490-3, 2001. Disponível em: <doi:10.1126/science.291.5503.490>.

STORMARK, K. M. et al. "The association between sleep problems and academic performance in primary school-aged children: findings from a Norwegian longitudinal population-based study". *PLoS One*, v. 14, p. e0224139, 2019. Disponível em: <doi:10.1371/journal.pone.0224139>.

STRAIF, K. et al. "Carcinogenicity of shift-work, painting, and fire-fighting". *Lancet Oncol*, v. 8, pp. 1065-6, 2007. Disponível em: <doi:10.1016/S1470-2045(07)70373-X.

STRAND, D. S.; KIM, D.; PEURA, D. A. "25 years of proton pump inhibitors: a comprehensive review". *Gut Liver*, v. 11, pp. 27-37, 2017. Disponível em: <doi:10.5009/gnl15502>.

STRAUB, R. H.; CUTOLO, M. "Involvement of the hypothalamic-pituitary-adrenal/gonadal axis and the peripheral nervous system in rheumatoid arthritis: viewpoint based on a systemic pathogenetic role". *Arthritis Rheum*, v. 44, pp. 493-507, 2001. Disponível em: <doi:10.1002/1529-0131 (200103)44:3<493::AID--ANR95>3.0.CO;2-U>.

STREMLER, R. et al. "A behavioral-educational intervention to promote maternal and infant sleep: a pilot randomized, controlled trial". *Sleep*, v. 29, pp. 1609-15, 2006. Disponível em: <doi:10.1093/sleep/29.12.1609>.

STUBBLEFIELD, J. J.; LECHLEITER, J. D. "Time to target stroke: examining the circadian system in stroke". *Yale J Biol Med*, v. 92, pp. 349-57, 2019.

STUTZ, J.; EIHOLZER, R.; SPENGLER, C. M. "Effects of evening exercise on sleep in healthy participants: a systematic review and metaanalysis". *Sports Med*, v. 49, pp. 269-87, 2019. Disponível em: <doi:10.1007/s40279-018-1015-0>.

SU, H. W. et al. "Detection of ovulation, a review of currently available methods". *Bioeng Transl Med*, v. 2, pp. 238-46, 2017. Disponível em: <doi:10.1002/btm2.10058>.

SUAREZ-BARRIENTOS, A. et al. "Circadian variations of infarct size in acute myocardial infarction". *Heart*, v. 97, pp. 970-6, 2011. Disponível em: <doi:10.1136/hrt.2010.212621>.

SUGAYA, K. et al. "Effects of melatonin and rilmazafone on nocturia in the elderly". *J Int Med Res*, v. 35, pp. 685-91, 2007. Disponível em: <doi:10.1177/147323000703500513>.

SULLI, G. et al. "Pharmacological activation of REV-ERBs is lethal in cancer and oncogene-induced senescence". *Nature*, v. 553, pp. 351-5, 2018. Disponível em: <doi:10.1038/nature25170>.

SUMMA, K. C. et al. "Disruption of the circadian clock in mice increases intestinal permeability and promotes alcohol-induced hepatic pathology and inflammation". *PLoS One*, v. 8, p. e67102, 2013. Disponível em: <doi:10.1371/journal.pone.0067102>.

SUNDARAM, S. et al. "Inhibition of casein kinase 1delta/epsilon improves cognitive-affective behavior and reduces amyloid load in the APP-PS1 mouse model of Alzheimer's disease". *Sci Rep*, v. 9, p. 13743, 2019. Disponível em: <doi:10.1038/s41598-019-50197-x>.

SUWAZONO, Y. et al. "Shiftwork and impaired glucose metabolism: a 14-year cohort study on 7104 male workers". *Chronobiol Int*, v. 26, pp. 926-41, 2009. Disponível em: <doi:10.1080/07420520903044422>.

SWAAB, D. F.; HOFMAN, M. A. "An enlarged suprachiasmatic nucleus in homosexual men". *Brain Res*, v. 537, pp. 141-8, 1990. Disponível em: <doi:10.1016/0006- 8993(90)90350-k>.

SWAAB, D. F.; FLIERS, E.; PARTIMAN, T. S. "The suprachiasmatic nucleus of the human brain in relation to sex, age and senile dementia". *Brain Res*, v. 342, pp. 37-44, 1985. Disponível em: <doi:10.1016/0006-8993(85)91350-2>.

SWAAB, D. F.; GOOREN, L. J.; HOFMAN, M. A. "Brain research, gender and sexual orientation". *J Homosex*, v. 28, pp. 283-301. Disponível em: <doi:10.1300/J082v28n03_07>, 1995.

SYED, A. U. et al. "Adenylyl cyclase 5-generated CAMP controls cerebral vascular reactivity during diabetic hyperglycemia". *J Clin Invest*, v. 129, pp. 3140-52, 2019. Disponível em: <doi:10.1172/JCI124705>.

TAKAHASHI, J. S. "Transcriptional architecture of the mammalian circadian clock". *Nat Rev Genet*, v. 18, pp. 164-79, 2017. Disponível em: <doi:10.1038/nrg.2016.150>.

TANDBERG, E.; LARSEN, J. P.; KARLSEN, K. "A community-based study of sleep disorders in patients with Parkinson's disease". *Mov Disord*, v. 13, pp. 895-9, 1998. Disponível em: <doi:10.1002/mds.870130606>.

TAYLOR, D. J. et al. "Sleep tendency during extended wakefulness: insights into adolescent sleep regulation and behavior". *J Sleep Res*, v. 14, pp. 239-44, 2015. Disponível em: <doi:10.1111/j.1365-2869.2005.00467.x>.

TAYLOR, D. J. et al. "Is insomnia a risk factor for decreased influenza vaccine response?". *Behav Sleep Med*, v. 15, pp. 270-87, 2017. Disponível em: <doi:10.1080/15402002.2015.1126596>.

TEKRIWAL, A. et al. "REM sleep behaviour disorder: prodromal and mechanistic insights for Parkinson's disease". *J Neurol Neurosurg Psychiatry*, v. 88, pp. 445-51, 2017. Disponível em: <doi:10.1136/jnnp-2016-314471>.

TEMPESTA, D. et al. "Lack of sleep affects the evaluation of emotional stimuli". *Brain Res Bull*, v. 82, pp. 104-8, 2010. Disponível em: <doi:10.1016/j.brainresbull.2010.01.014>.

TEMPLE, J. "Resident duty hours around the globe: where are we now?". *BMC Med Educ*, v. 14, supl. 1, p. S8, 2014. Disponível em: <doi:10.1186/1472-6920-14-S1-S8.

THAISS, C. A. et al. "Microbiota diurnal rhythmicity programs host transcriptome oscillations". *Cell*, v. 167, pp. 1495-510 e1412, 2016. Disponível em: <doi:10.1016/j.cell.2016.11.003>.

THAM, E. K.; SCHNEIDER, N.; BROEKMAN, B. F. "Infant sleep and its relation with cognition and growth: a narrative review". *Nat Sci Sleep*, v. 9, pp. 135-49, 2017. Disponível em: <doi:10.2147/NSS.S125992>.

THE GBD 2015 OBESITY COLLABORATORS. "Health effects of overweight and obesity in 195 countries over 25 years". *N Engl J Med*, v. 377, pp. 13-27, 2017. Disponível em: <doi:10.1056/NEJMoa1614362>.

THE LIGHTING HANDBOOK: Reference and Application (Illuminating Engineering Society of North America/Lighting Handbook) 10ª ed. Illuminating Engineering, 2019.

THIE, N. M. et al. "The significance of saliva during sleep and the relevance of oro-motor movements". *Sleep Med Rev*, v. 6, pp. 213-27, 2002. Disponível em: <doi:10.1053/smrv.2001.0183>.

THOMAS, C. et al. "High-intensity exercise in the evening does not disrupt sleep in endurance runners". *Eur J Appl Physiol*, v. 120, pp. 359-68, 2020. Disponível em: <doi:10.1007/s00421-019- 04280-w>.

THORPY, M. J. "Classification of sleep disorders". *Neurotherapeutics*, v. 9, pp. 687-701, 2012. Disponível em: <doi:10.1007/s13311-012-0145-6>.

THOSAR, S. S.; BUTLER, M. P.; SHEA, S. A. "Role of the circadian system in cardiovascular disease". *J Clin Invest*, v. 128, pp. 2157-67, 2018. Disponível em: <doi:10.1172/JCI80590>.

TODD, W. D. "Potential pathways for circadian dysfunction and sundowning-related behavioral aggression in Alzheimer's disease and related dementias". *Front Neurosci*, v. 14, p. 910, 2020. Disponível em: <doi:10.3389/fnins. 2020.00910>.

TOH, K. L. et al. "An hPer2 phosphorylation site mutation in familial advanced sleep phase syndrome". *Science*, v. 291, pp. 1040-3, 2001. Disponível em: <doi:10.1126/science.1057499>.

TOKUMARU, O. et al. "Incidence of cancer among female flight attendants: a meta-analysis". *J Travel Med*, v. 13, pp. 127-32, 2006. Disponível em: <doi:10.1111/j.1708-8305.2006.00029.x>.

TOLWINSKI, N. S. Introduction: "Drosophila – A model system for developmental biology". *J Dev Biol*, v. 5, 2017. Disponível em: <doi:10.3390/jdb5030009>.

TORTOROLO, F.; FARREN, F.; RADA, G. "Is melatonin useful for jet lag?". *Medwave*, v. 15, supl. 3, p. e6343, 2015. Disponível em: <doi:10.5867/medwave.2015.6343>.

TRENELL, M. I.; MARSHALL, V. S.; ROGERS, V. L. "Sleep and metabolic control: waking to a problem?". *Clin Exp Pharmacol Physiol*, v. 34, pp. 1-9, 2007. Disponível em: <doi:10.1111/j.1440-1681.2007.04541.x>.

TROXEL, W. M.; WOLFSON, A. R. "The intersection between sleep science and policy: introduction to the special issue on school start times". *Sleep Health*, v. 3, pp. 419-22, 2017. Disponível em: <doi:10.1016/j.sleh.2017.10.001>.

TROXEL, W. M. et al. "Sleep symptoms predict the development of the metabolic syndrome". *Sleep*, v. 33, pp. 1633-40, 2010. Disponível em: <doi:10.1093/sleep/33.12.1633>.

TRUONG, K. K. et al. "Timing matters: circadian rhythm in sepsis, obstructive lung disease, obstructive sleep apnea, and cancer". *Ann Am Thorac Soc*, v. 13, pp. 1144-54, 2016. Disponível em: <doi:10.1513/AnnalsATS.201602-125FR>.

TSAI, M. et al. "Stimulation of leptin secretion by insulin". *Indian J Endocrinol Metab*, v. 16, pp. S543-8, 2012. Disponível em: <doi:10.4103/2230-8210.105570>.

TSUCHIYA, Y. et al. "Circadian clock-controlled diurnal oscillation of Ras/ERK signaling in mouse liver". *Proc Jpn Acad Ser B Phys Biol Sci*, v. 89, pp. 59-65, 2013. Disponível em: <doi:10.2183/pjab.89.59>.

TUCKER, A. M. et al. "Effects of sleep deprivation on dissociated components of executive functioning". *Sleep*, v. 33, pp. 47-57, 2010. Disponível em: <doi:10.1093/sleep/33.1.47>.

TUREK, F. W. et al. "Obesity and metabolic syndrome in circadian Clock mutant mice". *Science*, v. 308, pp. 1043-5, 2005. Disponível em: <doi:10.1126/science.1108750>.

TURNER, J. et al. "A prospective study of delayed sleep phase syndrome in patients with severe resistant obsessive-compulsive disorder". *World Psychiatry*, v. 6, pp. 108-11, 2007.

TWENGE, J. M.; KRIZAN, Z.; HISLER, G. "Decreases in self-reported sleep duration among U.S. adolescents 2009-2015 and association with new media screen time". *Sleep Med*, v. 39, pp. 47-53, 2017. Disponível em: <doi:10.1016/j.sleep.2017.08.013>.

UHLHAAS, P. J.; SINGER, W. "Neural synchrony in brain disorders: relevance for cognitive dysfunctions and pathophysiology". *Neuron*, v. 52, pp. 155-68, 2006. Disponível em: <doi:10.1016/j.neuron.2006.09.020>.

UMLAUF, M. G. et al. "Obstructive sleep apnea, nocturia and polyuria in older adults". *Sleep*, v. 27, pp. 139-44, 2004. Disponível em: <doi:10.1093/sleep/27.1.139>.

UNDERWOOD, H.; STEELE, C. T.; ZIVKOVIC, B. "Circadian organization and the role of the pineal in birds". *Microsc Res Tech*, v. 53, pp. 48-62, 2001. Disponível em: <doi:10.1002/jemt.1068>.

VALORE, E. V. et al. "Antimicrobial components of vaginal fluid". *Am J Obstet Gynecol*, v. 187, pp. 561-8, 2002. Disponível em: <doi:10.1067/mob.2002.125280>.

VAN CAUTER, E. et al. "Impact of sleep and sleep loss on neuroendocrine and metabolic function". *Horm Res*, v. 67, supl. 1, pp. 2-9, 2007. Disponível em: <doi:10.1159/000097543>.

VAN CAUTER, E. et al. "Metabolic consequences of sleep and sleep loss". *Sleep Med*, v. 9, supl. 1, S23-8, 2008. Disponível em: <doi:10.1016/S1389-9457(08)70013-3>.

VAN DEN POL, A. N.; POWLEY, T. "A fine-grained anatomical analysis of the role of the rat suprachiasmatic nucleus in circadian rhythms of feeding and drinking". *Brain Res*, v. 160, pp. 307-26, 1979. Disponível em: <doi:10.1016/0006-8993(79)90427-x>.

VAN DER VALK, E. S.; SAVAS, M.; VAN ROSSUM, E. F. C. "Stress and obesity: are there more susceptible individuals?". *Curr Obes Rep*, v. 7, pp. 193-203, 2018. Disponível em: <doi:10.1007/s13679-018-0306-y>.

VAN DER VINNE, V. et al. "Timing of examinations affects school performance differently in early and late chronotypes". *J Biol Rhythms*, v. 30, pp. 53-60, 2015. Disponível em: <doi:10.1177/0748730414564786>.

VAN DIJK, L.; KOOIJ, D. G.; SCHELLEVIS, F. G. "Nocturia in the Dutch adult population". *BJU Int*, v. 90, pp. 644-8, 2002. Disponível em: <doi:10.1046/j.1464- 410x.2002.03011.x>.

VAN DONGEN, H. P. et al. "The cumulative cost of additional wakefulness: dose-response effects on neurobehavioral functions and sleep physiology from chronic sleep restriction and total sleep deprivation". *Sleep*, v. 26, pp. 117-26, 2003. Disponível em: <doi:10.1093/sleep/26.2.117>.

VAN DRONGELEN, A. et al. "The effects of shift work on body weight change — a systematic review of longitudinal studies". *Scand J Work Environ Health*, v. 37, 2011, pp. 263-75. Disponível em: <doi:10.5271/sjweh.3143>.

VAN DYK, T. R. et al. "Feasibility and emotional impact of experimentally extending sleep in short-sleeping adolescents". *Sleep*, v. 40, 2017. Disponível em: <doi:10.1093/sleep/zsx123>.

VAN DYK, T. R.; BECKER, S. P.; BYARS, K. C. "Rates of mental health symptoms and associations with self-reported sleep quality and sleep hygiene in adolescents presenting for insomnia treatment". *J Clin Sleep Med*, v. 15, pp. 1433-42, 2019. Disponível em: <doi:10.5664/jcsm.7970>.

VAN MAANEN, A. et al. "The effects of light therapy on sleep problems: A systematic review and meta-analysis". *Sleep Med Rev*, v. 29, pp. 52-62, 2016. Disponível em: <doi:10.1016/j.smrv.2015.08.009>.

VAN MOORSEL, D. et al. "Demonstration of a day-night rhythm in human skeletal muscle oxidative capacity". *Mol Metab*, v. 5, pp. 635-45, 2016. Disponível em: <doi:10.1016/j.molmet.2016.06.012>.

VAN OOSTERHOUT, W. et al. "Chronotypes and circadian timing in migraine". *Cephalalgia*, v. 38, pp. 617-25, 2018. Disponível em: <doi:10.1177/0333102417698953>.

VAN REEN, E. e KIESNER, J. "Individual differences in self-reported difficulty sleeping across the menstrual cycle". *Arch Womens Ment Health*, v. 19, pp. 599-608, 2016. Disponível em: <doi:10.1007/s00737-016-0621-9>.

VAN SOMEREN, E. J. "Circadian and sleep disturbances in the elderly". *Exp Gerontol*, v. 35, pp. 1229-37, 2000. Disponível em: <doi:10.1016/s0531-5565(00)00191-1>.

VAUGHN, B.; ROTOLO, S.; ROTH, H. "Circadian rhythm and sleep influences on digestive physiology and disorders". *ChronoPhysiology and Therapy*, v. 4, pp. 67-77, 2014. Disponível em: <doi:https://doi.org/10.2147/CPT.S44806>.

VENKATRAMAN, V. et al. "Sleep deprivation elevates expectation of gains and attenuates response to losses following risky decisions". *Sleep*, v. 30, pp. 603-9, 2007. Disponível em: <doi:10. 1093/sleep/30.5.603>.

VERHEGGEN, R. J. et al. "Complete absence of evening melatonin increase in tetraplegics". *FASEB J*, v. 26, pp. 3059-64, 2012. Disponível em: <doi:10.1096/fj.12-205401>.

VERLANDER, L. A.; BENEDICT, J. O.; HANSON, D. P. "Stress and sleep patterns of college students". *Percept Mot Skills*, v. 88, pp. 893-8, 1999. Disponível em: <doi:10.2466/pms.1999.88.3.893>.

VERNON, L.; MODECKI, K. L.; BARBER, B. L. "Mobile phones in the bedroom: trajectories of sleep habits and subsequent adolescent psychosocial development". *Child Dev*, v. 89, pp. 66-77, 2018. Disponível em: <doi:10.1111/cdev.12836>.

VIEIRA, A. F. et al. "Effects of aerobic exercise performed in fasted v. fed state on fat and carbohydrate metabolism in adults: a systematic review and meta-analysis". *Br J Nutr*, v. 116, pp. 1153-64, 2016. Disponível em: <doi:10.1017/S0007114516003160>.

VINCIGUERRA, M. et al. "Exploitation of host clock gene machinery by hepatitis viruses B and C". *World J Gastroenterol*, v. 19, pp. 8902-9, 2013. Disponível em: <doi:10.3748/wjg.v19.i47.8902>.

VIRTANEN, M. et al. "Long working hours and alcohol use: systematic review and meta-analysis of published studies and unpublished individual participant data". *BMJ*, v. 350, p. g7772, 2015. Disponível em: <doi:10.1136/bmj.g7772>.

VISWANATHAN, A. N., HANKINSON, S. E.; SCHERNHAMMER, E. S. "Night shift work and the risk of endometrial cancer". *Cancer Res*, v. 67, pp. 10618-22, 2007. Disponível em: <doi:10.1158/0008-5472.CAN-07-2485>.

VOIGT, R. M. et al. "The circadian clock mutation promotes intestinal dysbiosis". *Alcohol Clin Exp Res*, v. 40, pp. 335-47, 2016. Disponível em: <doi:10.1111/acer.12943>.

VYAS, M. V. et al. "Shift work and vascular events: systematic review and meta-analysis". *BMJ*, v. 34, 5p. e4800, 2012. Disponível em: <doi:10.1136/bmj.e4800>.

VYAZOVSKIY, V. V. et al. "Local sleep in awake rats". *Nature*, v. 472, pp. 443-7, 2011. Disponível em: <doi:10.1038/nature10009>.

VYAZOVSKIY, V. V.; FOSTER, R. G. "Sleep: a biological stimulus from our nearest celestial neighbor?". *Curr Biol*, v. 24, pp. 1557-60, 2014. Disponível em: <doi:10.1016/j.cub.2014.05.027>.

WAGNER, U. et al. "Sleep inspires insight". *Nature*, v. 427, pp. 352-5, 2004. Disponível em: <doi:10.1038/nature02223>.

WAITE, J. L. et al. "Exploring the lower thermal limits for development of the human malaria parasite, *Plasmodium falciparum*". *Biol Lett*, v. 15, p. 20190275, 2009. Disponível em: <doi:10.1098/rsbl.2019.0275>.

WALKER, M. P. "The role of slow wave sleep in memory processing". *J Clin Sleep Med*, v. 5, pp. S20-6, 2009.

WALKER, M. P.; STICKGOLD, R. "Sleep, memory, and plasticity". *Annu Rev Psychol*, v. 57, pp. 139-66, 2006. Disponível em: <doi:10.1146/annurev.psych.56.091103.070307>.

WALTERS, A. S. "Clinical identification of the simple sleep-related movement disorders". *Chest*, v. 131, pp. 1260-6, 2005. Disponível em: <doi:10.1378/chest.06-1602>.

WALTERS, J. F. et al. "Effect of menopause on melatonin and alertness rhythms investigated in constant routine conditions". *Chronobiol Int*, v. 22, pp. 859-72, 2005. Disponível em: <doi:10.1080/07420520500263193>.

WARREN, W. S.; CASSONE, V. M. "The pineal gland: photoreception and coupling of behavioral, metabolic, and cardiovascular circadian outputs". *J Biol Rhythms*, v. 10, pp. 64-79, 1995. Disponível em: <doi:10.1177/074873049501000106>.

WASDELL, M. B. et al. A randomized, placebo-controlled trial of controlled release melatonin treatment of delayed sleep phase syndrome and impaired sleep maintenance in children with neurodevelopmental disabilities. *J Pineal Res*, v. 44, pp. 57-64, 2008. Disponível em: <doi:10.1111/j.1600-079X.2007.00528.x>.

WASHINO, S. et al. "Calcium channel blockers are associated with nocturia in men aged 40 years or older". *J Clin Med*, v. 10, 2021. Disponível em: <doi:10.3390/jcm10081603>.

WATERHOUSE, J. et al. "Further assessments of the relationship between jet lag and some of its symptoms". *Chronobiol Int*, v. 22, pp. 121-36, 2005. Disponível em: <doi:10.1081/cbi-200036909>.

WEAVER, M. D. et al. "Adverse impact of polyphasic sleep patterns in humans: Report of the National Sleep Foundation sleep timing and variability consensus panel". *Sleep Health*, 2021. Disponível em: <doi:10.1016/j.sleh.2021.02.009>.

WEEKE, J. e GUNDERSEN, H. J. "Circadian and 30 minutes variations in serum TSH and thyroid hormones in normal subjects". *Acta Endocrinol (Copenh)*, v. 89, pp. 659-72, 1978. Disponível em: <doi:10.1530/acta.0.0890659>.

WEGRZYN, L. R. et al. "Rotating night-shift work and the risk of breast cancer in the nurses' health studies". *Am J Epidemiol*, v. 186, pp. 532-40, 2017. Disponível em: <doi:10.1093/aje/kwx140>.

WEHR, T. A. "In short photoperiods, human sleep is biphasic". *J Sleep Res*, v. 1, pp. 103-7, 1992.

WEHRENS, S. M. T. et al. "Meal timing regulates the human circadian system". *Curr Biol*, v. 27 pp. 1768-75.e3, 2017,. Disponível em: <doi:10.1016/j.cub.2017.04.059>.

WELSH, D. K., Logothetis, D. E., Meister, M. e Reppert, S. M. "Individual neurons dissociated from rat suprachiasmatic nucleus express independently phased circadian firing rhythms". *Neuron*, v. 14, pp. 697-706, 1995.

WENNBERG, A. et al. "Sleep disturbance, cognitive decline, and dementia: a review". *Semin Neurol*, v. 37, pp. 395-406, 2017. Disponível em: <doi:10.1055/s-0037-1604351>.

WHEATON, A.; CHAPMAN, D.; CROFT, J. "School start times, sleep, behavioral, health, and academic outcomes: a review of the literature". *J Sch Health*, v. 86, pp. 363-81, 2016. Disponível em: <doi:10.1111/josh.12388>.

WHELAN, A. et al. "Systematic review of melatonin levels in individuals with complete cervical spinal cord injury". *J Spinal Cord Med*, v. 43, n. 5, pp. 565-78, 2020. Disponível em: <doi:10.1080/10790268.2018. 1505312>.

WICK, J. "The history of benzodiazepines". *Consult Pharm*, v. 28, pp. 538-48, 2013. Disponível em: <doi:10.4140/TCP.n.2013.538>.

WILCOX, A.; WEINBERG, C.; BAIRD, D. "Timing of sexual intercourse in relation to ovulation. Effects on the probability of conception, survival of the pregnancy, and sex of the baby". *N Engl J Med*, v. 333, pp. 1517-21, 1995. Disponível em: <doi:10.1056/NEJM199512073332301>.

WILLIAMS, M.; JACOBSON, A. "Effect of copulins on rating of female attractiveness, mate-guarding, and self--perceived sexual desirability". *Evolutionary Psychology*, v. 14, 2016.

WILLISON, L. D. et al. "Circadian dysfunction may be a key component of the non-motor symptoms of Parkinson's disease: insights from a transgenic mouse model". *Exp Neurol*, v. 243, pp. 57-66, 2013. Disponível em: <doi:10.1016/j.expneurol.2013.01.014>.

WINER, G. et al. "Fundamentally misunderstanding visual perception. Adults' belief in visual emissions". *Am Psychol*, v. 57, pp. 417-24, 2002. Disponível em: <doi:10.1037//0003-066x.57. 6-7.417>.

WINTERS, S. "Diurnal rhythm of testosterone and luteinizing hormone in hypogonadal men". *J Androl*, v. 12, pp. 185-90, 1991.

WIRZ-JUSTICE, A. "Diurnal variation of depressive symptoms". *Dialogues Clin Neurosci*, v. 10, pp. 337-43, 2008.

WITTMANN, M. et al. "Social jetlag: misalignment of biological and social time". *Chronobiol Int*, v. 23, pp. 497-509, 2006. Disponível em: <doi:10.1080/07420520500545979>.

WOLLNIK, F.; TUREK, F. "Estrous correlated modulations of circadian and ultradian wheel-running activity rhythms in LEW/Ztm rats". *Physiol Behav*, v. 43, pp. 389-96, 1998. Disponível em: ‹doi:10.1016/0031-9384(88)90204-1›.

WONG, P. et al. "Social jetlag, chronotype, and cardiometabolic risk". *J Clin Endocrinol Metab*, v. 100, pp. 4612-20, 2015. Disponível em: ‹doi:10.1210/jc.2015-2923›

WRIGHT, K. Jr.; CZEISLER, C. "Absence of circadian phase resetting in response to bright light behind the knees". *Science*, v. 297, p. 571, 2002. Disponível em: ‹doi:10.1126/science.1071697›

WRIGHT, K. Jr. et al. "Entrainment of the human circadian clock to the natural light-dark cycle". *Curr Biol*, v. 23, pp. 1554-8, 2013. Disponível em: ‹doi:10.1016/j.cub.2013.06.039›.

WULFF, K.; SIEGMUND, R. "Emergence of circadian rhythms in infants before and after birth: evidence for variations by parental influence". *Z Geburtshilfe Neonatol*, v. 206, pp. 166-71, 2002. Disponível em: ‹doi:10.1055/s-2002-34963›.

WULFF, K. et al. "Sleep and circadian rhythm disruption in schizophrenia". *Br J Psychiatry*, v. 200, pp. 308-16, 2012. Disponível em: ‹doi:10.1192/bjp.bp.111.096321›.

WULFF, K. et al. "Sleep and circadian rhythm disruption in psychiatric and neurodegenerative disease". *Nat Rev Neurosci*, v. 11, pp. 589-99, 2010. Disponível em: ‹doi:10.1038/nrn2868›.

WULFF, K. et al. "The suitability of actigraphy, diary data, and urinary melatonin profiles for quantitative assessment of sleep disturbances in schizophrenia: a case report". *Chronobiol Int*, v. 23, pp. 485-95, 2006. Disponível em: ‹doi:10.1080/07420520500545987›.

WULFF, K. et al. "Sleep and circadian rhythm disturbances: multiple genes and multiple phenotypes". *Curr Opin Genet Dev*, v. 19, pp. 237-46, 2009. Disponível em: ‹doi:10.1016/j.gde.2009.03.007›.

XIE, L. et al. "Sleep drives metabolite clearance from the adult brain". *Science*, v. 342, pp. 373-7, 2013. Disponível em: ‹doi:10.1126/science.1241224›.

XIE, M. et al. "Diurnal and seasonal changes in semen quality of men in subfertile partnerships". *Chronobiol Int*, v. 35, pp. 1375-84, 2018. Disponível em: ‹doi:10.1080/07420528.2018.1483942›.

YAFFE, K. et al. "Cardiovascular risk factors across the life course and cognitive decline: a pooled cohort study". *Neurology*, 2021. Disponível em: ‹doi:10.1212/WNL.0000000000011747›.

YAMAMOTO, H.; NAGAI, K.; NAKAGAWA, H. "Role of SCN in daily rhythms of plasma glucose, FFA, insulin and glucagon". *Chronobiol Int*, v. 4, pp. 483-91, 1987. Disponível em: ‹doi:10.3109/07420528709078539›.

YAMAZAKI, S.; GOTO, M.; MENAKER, M. "No evidence for extraocular photoreceptors in the circadian system of the Syrian hamster". *J Biol Rhythms*, v. 14, pp. 197-201, 1999. Disponível em: ‹doi:10.1177/074873099129000605›.

YANG, M. et al. "Downregulation of circadian clock genes in chronic myeloid leukemia: alternative methylation pattern of hPER3". *Cancer Sci*, v. 97, pp. 1298-1307, 2006. Disponível em: ‹doi:10.1111/j.1349-7006.2006.00331.x›.

YANG, Q. et al. "Added sugar intake and cardiovascular diseases mortality among US adults". *JAMA Intern Med*, v. 174, pp. 516-24, 2014. Disponível em: ‹doi:10.1001/jamainternmed.2013.13563›.

YETISH, G. et al. "Natural sleep and its seasonal variations in three pre-industrial societies". *Curr Biol*, v. 25, pp. 2862-8, 2015. Disponível em: ‹doi:10.1016/j.cub.2015.09.046›.

YONKERS, K. et al. "The influence of cyclic hormonal contraception on expression of premenstrual syndrome". *J Womens Health (Larchmt)*, v. 26, pp. 321-8, 2017. Disponível em: ‹doi:10.1089/jwh.2016.5941›.

YONKERS, K.; O'BRIEN, P. M.; ERIKSSON, E. "Premenstrual syndrome". *Lancet*, v. 371, pp. 1200-10, 2008. Disponível em: ‹doi:10.1016/S0140-6736(08)60527-9›.

YOO, S. et al. "A deficit in the ability to form new human memories without sleep". *Nat Neurosci*, v. 10, pp. 385-92, 2007. Disponível em: ‹doi:10.1038/nn1851›.

YOUNG, M.; BRAY, M. "Potential role for peripheral circadian clock dyssynchrony in the pathogenesis of cardiovascular dysfunction". *Sleep Med*, v. 8, pp. 656-67, 2007. Disponível em: ‹doi:10.1016/j.sleep.2006.12.010›

YOUNGSTEDT, S.; ELLIOTT, J.; KRIPKE, D. "Human circadian phase-response curves for exercise". *J Physiol*, v. 597, pp. 2253-68, 2019. Disponível em: ‹doi:10.1113/JP276943›.

ZAIDI, F. et al. "Short-wavelength light sensitivity of circadian, pupillary, and visual awareness in humans lacking an outer retina". *Curr Biol*, v. 17, pp. 2122-8, 2007. Disponível em: <doi:10.1016/j.cub.2007.11.034>.

ZANKERT, S. et al. "HPA axis responses to psychological challenge linking stress and disease: what do we know on sources of intraand interindividual variability?". *Psychoneuroendocrinology*, v. 105, pp. 86-97, 2019. Disponível em: <doi:10.1016/j.psyneuen.2018.10.027>.

ZASLOFF, M. "The antibacterial shield of the human urinary tract". *Kidney Int*, v. 83, pp. 548-50, 2013. Disponível em: <doi:10.1038/ki.2012.467>.

ZEITZER, J. et al. "Do plasma melatonin concentrations decline with age?". *Am J Med*, v. 107, pp. 432-6, 1999. Disponível em: <doi:10.1016/s0002-9343(99)00266-1>.

ZERBINI, G.; MERROW, M. "Time to learn: how chronotype impacts education". *Psych J*, v. 6, pp. 263-76, 2017. Disponível em: <doi:10.1002/pchj.178>.

ZHANG, H. et al. "Measurable health effects associated with the daylight saving time shift". *PLoS Comput Biol*, v. 16, p. e1007927, 2020. Disponível em: <doi:10.1371/journal.pcbi.1007927>.

ZHANG, J. et al. "Regulation of peripheral clock to oscillation of substance P contributes to circadian inflammatory pain". *Anesthesiology*, v. 117, pp. 149-60, 2012. Disponível em: <doi:10.1097/ALN.0b013e31825b4fc1>.

ZHENG, D.; RATINER, K.; ELINAV, Eran. "Circadian influences of diet on the microbiome and immunity". *Trends Immunol*, v. 41, pp. 512-30, 2020. Disponível em: <doi:10.1016/j.it.2020.04.005>.

ZHOU, J.; HOFMAN, M.; SWAAB, D. "VIP neurons in the human SCN in relation to sex, age, and Alzheimer's disease". *Neurobiol Aging*, v. 16, pp. 571-6, 1995. Disponível em: <doi:10.1016/0197-4580(95)00043-e>.

ZHU, L. et al. "Poor awareness of preventing aspirin-induced gastrointestinal injury with combined protective medications". *World J Gastroenterol*, v. 18, pp. 3167-72, 2012. Disponível em: <doi:10.3748/wjg.v18.i24.3167>.

ZHUANG, X. et al. "Interplay between circadian clock and viral infection". *J Mol Med (Berl)*, v. 95, pp. 1283-9, 2017. Disponível em: <doi:10.1007/s00109-017-1592-7>.

ZIENOLDDINY, S. et al. "Analysis of polymorphisms in the circadian-related genes and breast cancer risk in Norwegian nurses working night shifts". *Breast Cancer Res*, v. 15, p. 153, 2013. Disponível em: <doi:10.1186/bcr3445>.

ZIMBERG, I. et al. "Short sleep duration and obesity: mechanisms and future perspectives". *Cell Biochem Funct*, v. 30, pp. 524-9, 2012. Disponível em: <doi:10.1002/cbf.2832>.

ZITTING, K. M. et al. "Human resting energy expenditure varies with circadian phase". *Curr Biol*, v. 28, pp. 3685-90 e3683, 2018. Disponível em: <doi:10.1016/j.cub.2018.10.005>.

ZUNZUNEGUI, C. "Sleep disturbance impairs stroke recovery in the rat". *Sleep*, v. 34, pp. 1261-9, 2011. Disponível em: <doi:10.5665/SLEEP.1252>

Índice remissivo

As tabelas estão indicadas em **negrito** e as figuras em *itálico*.

ESTA OBRA FOI COMPOSTA PELA ABREU'S SYSTEM EM INES LIGHT
E IMPRESSA EM OFSETE PELA LIS GRÁFICA SOBRE PAPEL PÓLEN NATURAL
DA SUZANO S.A. PARA A EDITORA SCHWARCZ EM AGOSTO DE 2023